中国轻工业"十三五"规划教材

食用菌栽培与加工技术

主 编

郝涤非 许俊齐

中国轻工业出版社

图书在版编目(CIP)数据

食用菌栽培与加工技术/郝涤非,许俊齐主编．--北京:中国轻工业
出版社,2021.8

ISBN 978-7-5184-2215-9

Ⅰ.①食… Ⅱ.①郝… Ⅲ.①食用菌—蔬菜园艺—高等
学校—教材②食用菌—蔬菜加工—高等学校—教材 Ⅳ.①S646

中国版本图书馆 CIP 数据核字(2019)第 049472 号

责任编辑:张　靓　秦　功　　责任终审:劳国强　　整体设计:锋尚设计
策划编辑:张　靓　　　　　　责任校对:吴大鹏　　责任监印:张　可

出版发行:中国轻工业出版社(北京东长安街 6 号,邮编:100740)
印　　刷:三河市国英印务有限公司
经　　销:各地新华书店
版　　次:2021 年 8 月第 1 版第 2 次印刷
开　　本:720×1000　1/16　印张:23.5
字　　数:400 千字
书　　号:ISBN 978-7-5184-2215-9　定价:48.00 元
邮购电话:010-65241695
发行电话:010-85119835　传真:85113293
网　　址:http://www.chlip.com.cn
Email:club@ chlip.com.cn
如发现图书残缺请与我社邮购联系调换
210910J2C102ZBW

本书编写人员

主　　编　郝涤非（江苏食品药品职业技术学院）
　　　　　许俊齐（江苏农林职业技术学院）

副 主 编　田小曼（杨凌职业技术学院）
　　　　　翁　梁（江苏食品药品职业技术学院）

编写人员　陈　羽（沈阳药科大学）
　　　　　任利霞（北京艾克赛德生物工程有限公司）

前　言

　　食用菌产业是变废为宝的循环农业，是我国的新兴战略产业，也是我国建设生态农业不可或缺的一部分。我国是世界食用菌人工栽培历史最为悠久、栽培种类最多的国家，在我国农业的种植业中，食用菌的产值仅次于粮、油、果、菜，居第5位，高于棉花、茶叶和桑蚕业。食用菌生产已遍及我国的大江南北、城市乡村，千姿百态的食用菌作为健康食品，成为大众餐桌的美味佳肴，食用菌产业已经成为农业增效、农民增收的好途径。工厂化食用菌的生产，将先进的生物技术、工业技术和信息技术广泛应用到食用菌工厂化领域，开启了我国食用菌生产的新模式，成为保障食品、药品安全和稳定市场供求的有效手段。随着加工技术的不断进步，食用菌产业链已与食品、药品生产接轨，进一步造福人类社会。创新才有活力和后劲，继承方能健康可持续发展，这些都需要技术人才的不断培养，而教材建设对人才培养目标的实现起着重要作用。

　　本教材由教学一线的资深教师、行业企业技术人员跨区域联合编写，并吸收了行业专家、教学名师的意见和建议。教材系统介绍了食用菌的生物学特性、制种技术、栽培技术、加工技术等理论知识和实践技能，追踪食用菌产业最新研究成果及行业先进技术，融"基本知识"、"习题""技能训练"、"拓展"于一体。理论知识以"必需、够用、利发展"为度，实践环节突出重点与难点，侧重于系统性、应用性和可操作性，体现出对技能型人才的培养要求。

　　本教材由江苏食品药品职业技术学院郝涤非教授、江苏农林职业技术学院许俊齐老师担任主编，杨凌职业技术学院田小曼、江苏食品药品职业技术学院翁梁二位主讲教师担任副主编，沈阳药科大学陈羽博士及北京艾克赛德生物工程有限公司任利霞董事参加编写。具体编写分工为：项目一、项目六（部分内容）、项目十一、各项目中的"常见问题与处理"、"拓展"、书后附录及"习题"（部分内容）、"技能训练"（部分内容）由郝涤非编写；项目七、项目八、项目九及项目六（部分内容）由许俊齐编写；项目二、项目十由田小曼编写；项目四、项目五由翁梁编写；项目三由陈羽编写；任利霞参与了"技能训练"编写。全书由郝涤非负责统稿。江苏农林职业技术学院宋金耀教授审阅了全部书稿并提出宝贵意见，在此表示衷心感谢。

　　本教材吸收食用菌产业最新研究成果及行业生产发展的新理念，充分考虑高职高专学生的认知起点与思维理念，在概念学习、技能获得、问题解决、思维发展等方面与学生的心理特点相适应，图文并茂，寓教于乐，深入浅出。既可供农艺、园林、园艺、林学、种植、生物技术等专业学生使用，也可供食品、药品等专业学生学习、参考。各院校可根据自己的需要和学时，选择性地讲授相关内容。本书可作为相关专业教学用书，也可作为职业培训及生产一线技术人员、科研人员的参考书。

本教材以讲义形式在江苏食品药品职业技术学院的使用和不断更新，奠定了正式出版的基础；江苏农林职业技术学院的食用菌教学实训基地的建设与良性运转，为教材中参数控制提供了参考依据；杨凌职业技术学院的食用菌教学实践对其进行了有益的补充。由于书稿主要在节假日和休息时间完成，家人的理解与支持，单位领导、出版社领导的信任与鼓励，给编写工作增添了动力。

教材编写过程中，参考了许多国内同行的论著及网上资料，材料来源难以一一注明，在此向原作者表示诚挚的感谢。

由于我们的水平有限，书中不妥之处敬请读者批评指正。

编者

目 录 CONTENTS

项目一

绪论

教学目标

1. 掌握食用菌的概念及分类地位。
2. 理解食用菌的价值。
3. 了解食用菌产业的历史及发展趋势。

基本知识

重点与难点：食用菌的概念、食用和药用价值及食用菌产业的特点。
考核要求：掌握食用菌的概念、营养组成和营养特点。

食用菌是可以食用或药用的大型真菌的统称。人们平时吃的平菇、香菇、银耳等，都是食用菌。食用菌既是一种独特的菌类蔬菜，也是一种重要的菌类药材，是食品和制药工业的重要资源。我国栽培和利用食用菌的历史悠久，自然植被的种类繁多，菌类资源及用于食用菌人工栽培的工、农业副产品丰富，具有发展食用菌产业极为有利的条件。

一、食用菌的概念及生物学分类地位

1. 食用菌的概念

食用菌是能形成大型肉质或胶质的子实体或菌核类组织，并能供人们食用或药用的大型真菌。

常见的食用菌如香菇、平菇、猴头菌、黑木耳、银耳、金针菇、双孢菇、鸡腿菇、杏鲍菇、白灵菇、姬松茸等。它们都具有较高的营养价值，历来被列为宴席上的美味佳肴。

常见的药用菌有灵芝、冬虫夏草、茯苓、马勃、竹荪、天麻、姬松茸、羊肚菌等。它们都有一定的药用价值，在我国的中药宝库中一直是治病的良药。

2. 食用菌的生物学分类地位

最早的生物分类系统是两界学说，在这个系统中，真菌划分为植物界，是植物界里的一个亚门。随着人们对生物认识水平的提高，相继出现了三界学说、四界学说和五界学说。在三界学说中，真菌仍属于植物界。在四界学说中，真菌被划为原生生物界。直到五界系统诞生以后，真菌才独立成为真菌界。

两界系统（1753年）：动物界、植物界；

三界系统（1860年）：原生生物界、动物界、植物界；

四界系统（1956年）：植物界、动物界、原始生物界、菌界；

五界系统（1969年）：动物界、植物界、原生生物界、真菌界、原核生物界。

真菌界在生物分类中独立为一界，是分类学上的一大进展。五界学说的优点是有纵有横，既反映了纵向的阶段系统发育，又反映了横向的分支发展，能够比较清楚地说明植物、动物和真菌的演化情况。真菌界的主要类群包括酵母菌、霉菌和大型真菌。食用菌主要分布在真菌界的担子菌门和子囊菌门。

食用菌种类多、分布广，与人类的生活密切相关，在自然界中占有重要的地位。有研究统计显示，目前自然界中现存的真菌大约有20万~25万种，能形成大型子实体的真菌约有14000种，其中可以食用的2000多种。中国已报道的食用真菌将近1000种，其中已被食用的大约有350多种，具有传统药用价值的达300多种。能够人工栽培的有92种，商业化栽培的30多种。当然，新的菌种还在不断的被发现。多数食用菌是菜肴中的珍品，因此，也可以说食用菌是一类菌类蔬菜。

食用菌与动植物及其他微生物相比具有不同的特点，概括如下：

（1）食用菌没有根、茎、叶，不含叶绿素，不能通过光合作用制造营养，依靠共生、寄生或腐生的生活方式来生存。

（2）食用菌的细胞壁大多由几丁质和纤维素等物质组成，有真正的细胞核，这是与细菌、放线菌的明显区别。

（3）食用菌细胞中贮藏的养料是真菌多糖和脂肪，而不是绿色植物中的淀粉。

（4）食用菌的大多数菌丝体由分支或不分支的细胞组成，菌丝体不断繁殖发育形成新的子实体，能产生孢子并能进行有性和无性繁殖，可连续不断的繁殖后代。

二、食用菌的价值

1. 食用菌的食用价值

食用菌具备三个功能：①营养功能。能提供蛋白质、糖类、脂肪、矿物质、维生素及其他生理活性物质；②嗜好功能。色香味俱佳，口感好，可以刺激食欲；③生理功能。有保健作用，可参与人体代谢，维持、调节或改善体内环境的平衡，提高人体免疫力，增强人体防病治病的能力，从而达到延年益寿的作用。④文化功能。在世界各地，只要有华人，就有黑木耳的传统食用方法，人们把食用黑木耳作为思念故乡和对祖国文化的怀念。提到灵芝，人们就会联想到《白蛇传》中白素贞盗取灵芝仙草救活许仙的爱情故事等。

从所含各种营养物质的比例和质量来看，食用菌是高蛋白、低脂肪、低热量、富含多种矿物质元素和维生素的功能性食品。

（1）蛋白质　一般食用菌中蛋白质含量，按干重计算，通常为19%~35%，而稻米仅含7.3%，小麦为13.2%，大豆39.1%，牛奶为25%；按湿重计算，食用菌中蛋白质含量平均约为3.5%，比芦笋和卷心菜高2倍，比柑橘高4倍，比苹果高12倍，而白萝卜只含0.6%，大白菜只含1.1%，鲜牛乳2.8%~3.4%。因此，食用菌的蛋白质含量虽低于动物肉类食品，但却高于其他大多数食物甚至包括牛奶。大力发展食用菌产业，是解决世界性粮食不足，特别是严重缺乏蛋白质的有效途径。

目前食品中蛋白质含量的测定一般采用凯氏定氮法，用测得的总氮量乘以6.25得到蛋白质的含量。由于食用菌中含有较多的非蛋白氮，计算食用菌中蛋白质含量一般以乘以4.38为宜。

食用菌中蛋白质的消化率较高，大约70%在人体内消化酶作用下，分解成氨基酸被人体吸收，如蘑菇干粉蛋白质超过42%，蛋白质消化率高达88.3%。

通常栽培的食用菌含有18种氨基酸，其中包括人类所必需的8种氨基酸。大多食用菌中必需氨基酸占氨基酸总量的40%以上，符合联合国粮农组织对优质食品的定义。食用菌还含有多种呈味氨基酸，使之具有诱人的鲜味。

（2）脂肪　不同食用菌的脂肪含量占其干重的1.1%~8.3%，平均为4%。食用菌有三个突出的特点：①脂肪含量低，低热量，但天然粗脂肪齐全。包括游离脂肪酸和一酰甘油、二酰甘油、三酰甘油、甾醇、甾醇酯、磷酸酯等。②非饱和脂肪酸含量高，且以亚油酸为主。目前所栽培的几种主要食用菌的非饱和脂肪酸含量约占总脂肪酸的72%。③植物甾醇尤其是麦角甾醇含量较高。麦角甾醇是维生素D的前体，它在紫外线照射下可转变为维生素D_2，可促进钙的吸收，预防佝偻病、软骨病。

（3）糖类　糖类（不确切的称呼是"碳水化合物"）是食用菌中含量最高的组分，一般占干重的50%~70%。其中营养性糖类含量为2%~10%，包括海藻糖（菌糖）和糖醇。这两种糖是食用菌的甜味成分，它们经水解生成葡萄糖被吸收利用。食用菌中的可溶性多糖成分具有多种生理活性，尤其是具有抗肿瘤作用。

食用菌糖类中戊糖胶的含量一般不超过3%，但银耳、木耳的戊糖胶含量较高，银耳中戊糖胶占其糖类中的14%。戊糖胶是一种黏性物质，具有较强的吸附作用。可以帮助人体将有害的粉尘、纤维排出体外。

食用菌中还含有丰富的糖原和甲壳素，后者是食用菌膳食纤维的主要成分，膳食纤维包括纤维素、半纤维素、木质素及果胶、藻胶、甲壳素等，膳食纤维虽不能被人体吸收，但具有多种保健功能。

平菇含有 7.4%～27.6% 的纤维素成分，双孢蘑菇为 10.4%。高纤维素膳食可减少糖尿病人对胰岛素的需求，并稳定患者的血糖浓度。

随着我国城乡居民生活水平的逐渐提高，食物精细化程度越来越强，动物性食物所占比例大大增加，而膳食纤维的摄入量却明显降低，所谓"生活越来越好，纤维越来越少"。由此导致一些所谓"现代文明病"，如肥胖症、糖尿病、高脂血症等，以及一些与膳食纤维过少有关的疾病，如肠癌、便秘、肠道息肉等发病率日渐增高。故食用菌摄取习惯的养成，有利于缓解这一状况。

（4）维生素　食用菌含有多种维生素，如维生素 A、B 族维生素、维生素 C、叶酸等，特别是维生素 B_1、维生素 B_2、维生素 B_{12}、麦角甾醇、烟酸等的含量比其他植物性食品高得多。

在干重情况下，子实体中维生素 B_1 含量，草菇为 0.35mg/g，双孢蘑菇为1.14mg/g，香菇为 7.8mg/g；维生素 B_2 含量，草菇为 1.63～2.98mg/g，双孢蘑菇和香菇为 5.0mg/g。

胶质菌的胡萝卜素、维生素 E 含量高于肉质菌，肉质菌中的草菇、香菇维生素总量高于胶质菌。

（5）矿物质　食用菌含有多种矿物质元素。子实体中含有钙、镁、磷、硫、钾、钠等大量元素，其中伞菌子实体中钾和磷含量最为丰富。食用菌还含有铁、铜、锰、锌等微量元素，铁的含量最高，锌与锰含量也较为丰富。

一般每 100g 鲜菇中含有 0.5～1.2g 人体需要的矿物质，它是蔬菜的 2 倍，特别是钾、磷含量较高，在鲜菇灰分中钾占 50%～60%，是重要的碱性食品，可中和胃酸，对高血压患者十分有益。食用菌所含有的钙、铁、锌等元素易被人体吸收。因此，多吃食用菌可以减少矿物质缺乏症。

（6）核酸　微生物的特点是核酸含量较高。常见食用菌的核酸含量见表 1-1。

表 1-1　　　　　　　　四种食用菌的核酸含量（干重）　　　　　　　单位:%

种类	DNA	RNA	核酸总量
双孢蘑菇	0.17±0.01	2.49±0.08	2.65
鲍鱼菇	0.37±0.02	2.56±0.10	2.93
凤尾菇	0.21±0.02	3.85±0.05	4.06
草菇	0.29±0.01	3.59±0.20	3.88

核酸可促进细胞的新陈代谢，达到细胞水平的年轻化，具有广泛的营养保健

作用。核酸三大益生功能为：①抗氧化性、抗紫外吸收性。利于美容养颜，减少皱纹和青春痘。②助长性。维持细胞的生长发育，修复衰老细胞。③抗衰老、防病治癌。防治头发变白，增强机体免疫力，降低体内胆固醇含量，提高呼吸功能，有助于防治心脏病、白内障、糖尿病、关节炎等多种疾病。

核酸经消化吸收后，嘌呤化合物成分经分解产生尿酸，一般完全由尿排出，不在身体某些关节处积累，但对个别嘌呤代谢障碍的人，尿酸积累多了，可能会导致痛风病。痛风患者、血尿酸高者、肾功能不全者不宜多食核酸含量丰富的食物。

联合国的蛋白质顾问组建议，成人摄入核酸的安全限量为每日4g，而从微生物食品中摄入的核酸不能超过2g。在常见的食用菌中，凤尾菇核酸含量相对较高，占干重的4.06%，占湿重的0.51%，即使如此，每人每天食用392.5g鲜凤尾菇也是安全的。据统计，2010年我国居民每人每天平均消费食用菌45.3g，392.5g鲜凤尾菇是平均消费量的8.7倍。如食用核酸含量低的其他食用菌，摄入量可以再放宽些，经烹煮后的食用菌子实体可以再多食20%，因此，健康人群作为日常蔬菜食用时，不必限制摄入食用菌的量。

2. 食用菌的药用价值

高等真菌被作为药物，在我国已有悠久的历史，它不但是天然药物资源的一个极为重要的组成部分，而且已成为当今探索和发掘抗癌药物的重要领域。食用菌的主要药理作用有：

（1）抗肿瘤作用 猪苓、香菇、侧耳、云芝、灵芝、茯苓、银耳、冬虫夏草、猴头菇等真菌的多糖对某些肿瘤有一定的治疗作用。香菇多糖、猪苓多糖能抑制小鼠肉瘤180的增殖。猴头菇多糖在治疗胃癌、食道癌方面有一定作用。

（2）抗菌作用 在食用菌菌种培养过程中，在菌管、菌瓶和菌袋上出现抑菌线或抑菌圈，这是由于食用菌产生的抗生素起了作用，这些食用菌产生的抗生素对革兰氏细菌、分枝杆菌、噬菌体和丝状真菌有不同程度的抑制作用。银耳、冬虫夏草、蜜环菌、竹黄菌均有一定的抗菌消炎作用。

（3）抗病毒作用 香菇生产者、经营者和常吃香菇的人不易患感冒，这可能是香菇含有的双链核糖核酸诱生干扰素，增强了人体免疫力的缘故。灵芝、香菇在预防和治疗肝炎等病毒性疾病方面有一定的作用。双孢蘑菇多糖也具有抗病毒的活性。

（4）降血压、降血脂作用 香菇、双孢蘑菇、木耳、金针菇、凤尾菇、银耳等含有香菇素、酪氨酸酶、酪氨酸氧化酶等物质，具有降血压、降胆固醇作用。香菇素又称腺苷，是一种由腺嘌呤和丁酸组成的核苷酸类物质，多吃香菇能降低胆固醇含量，具有一定的治疗高血压和动脉粥样硬化症的功效。

（5）抗血栓作用 黑木耳含有一种阻止血液凝固的物质，毛木耳中含有腺嘌呤核酸，是阻碍血小板凝固的物质，可抑制血栓形成。经常食用毛木耳，可减少粥样动脉硬化病的发生。

（6）镇静、抗惊厥作用　猴头有镇静作用，可治疗神经衰弱。蜜环菌发酵物有类似天麻的药效，具有中枢镇静作用。茯神的镇静作用比茯苓强，可宁心安神，治心悸失眠。

（7）保肝、护肝作用　多数食用菌都有很好的保肝作用。双孢蘑菇制成"健肝片"，以亮菌为原料制成的"亮菌片"，都是治疗肝炎的药物。香菇多糖对慢性病毒性肝炎有一定的治疗效果。灵芝能促进肝细胞蛋白质的合成。云芝、槐栓菌、亮菌、树舌、猪苓等在治疗肝炎方面也有一定作用。

（8）代谢调节作用　紫丁香蘑子实体含有维生素 B_1，有维持机体正常糖代谢的功效，可预防脚气病；鸡油菌子实体含有维生素 A，可预防视力失常、眼炎、夜盲、皮肤干燥，也可治疗某些消化道、呼吸道疾病。

（9）其他作用　近年来的研究成果证明：鸡腿菇能降血糖，蘑菇能止痛，竹荪能治痢疾，猴头菇能消炎，金针菇能长高和增智，金顶侧耳能治疗肾虚、阳痿，阿魏侧耳能消积和杀虫等。这些都与食用菌中含有某些药效成分有关。

一些药用真菌，除对某种疾病有特殊的疗效以外，其作用往往是综合性的，不少药用真菌都有滋补强壮作用，如灵芝、冬虫夏草、香菇等。

许多药用真菌，既可以入药医治疾病，同时又是人们食用的美味佳肴，如黑木耳、香菇、银耳、金针菇、猴头菇、羊肚菌等，都可加工出许多可口的菜肴和保健食品。

3. 食用菌的观赏价值

食用菌形态、色泽多样，具有很好的观赏价值。如灵芝自古以来就是吉祥如意的象征，被称为"瑞草"或"仙草"，并赋予其动人的传说。用灵芝做成的盆景，受到人们喜爱。金针菇亭亭玉立，婀娜多姿，常用来做观光农业中的观赏菌。

许多食用菌都有较高的观赏价值，随着社会需求的增加，其观赏价值将会更多地得到体现。

三、食用菌与生态文明建设

1. 食用菌产业的定位

中国各类农产品的产值排名中食用菌排第六位，仅次于粮食、蔬菜、油、棉花、水果，食用菌产业已成为提高农业产值的一个新兴产业。

食用菌产业的定位——农业中的第三产业（见图 1-1）。

（1）第一产业——种植

主产品：大米、面粉、玉米、棉花、油料……

副产品：稻草、麦麸、玉米芯、棉籽壳、油菜秆……

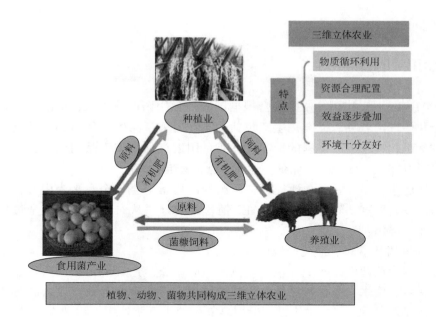

图 1-1　食用菌产业定位示意图

（2）第二产业——养殖

主产品：牛乳、牛肉、猪肉、鸡蛋、鸡肉……

副产品：牛粪、猪粪、鸡粪……

（3）第三产业——种菇

主产品：各种美味健康高附加值的菇类产品。

副产品：各种农林植物的有机肥料。

国家将食用菌产业定为高效农业、创汇农业、重点发展产业。

2. 食用菌产业特点

（1）原料广、利环保　培养基原料主要是农林产品下脚料或废弃物，这些下脚料或废弃物如秸秆、玉米芯、稻草、木屑等，假如处理不当，往往会污染环境，种植食用菌则变废为宝，变害为利，化腐朽为神奇。

（2）五不争、见效快　食用菌生产，不与人争粮、不与粮争地、不与地争肥、不与农争时、不与其他行业争资源；生长周期短，是理想的短、平、快项目；效益高，投入产出比一般为 1∶2。

（3）市场大、用途广　食用菌属于供不应求的紧俏产品，有潜在的巨大市场。食用菌将成为人类食物结构的重要组成部分，也是食品工业、制药工业、饲料工业的重要原料来源。

（4）菌糠俏、扔不掉　食用菌多资采收后的培养料称为菌糠。菌糠是优质饲料、可溶性养分高的肥料、制沼气的好原料，还可从中提取真菌多糖或再次用作培养料。

四、食用菌的标准化生产

2003 年 2 月，中国食用菌协会根据国内外食用菌产业现状，提出了实施食用菌标准化生产的意见。标准化生产包括：①食用菌产品生产环境的标准化；②投入品的标准化；③生产过程的标准化；④食用菌产品及加工品的标准化；⑤食用菌产品及其加工品的包装、储藏、运输、营销标准化。

在实施过程中，要以全面提高食用菌产品质量卫生安全水平为中心，通过健全体系，完善制度，对食用菌生产加工销售，实行"从农田到餐桌"全过程管理监督。主要措施：

1. 强化源头管理，净化产地环境

加强对食用菌产品产地环境的监测，及时防止生产环境污染，严禁使用未经处理的污水、废水，强化产品供水水质的管理。严防农药等农资投入品对生态环境和食用菌产品的污染。大力推广应用臭氧灭菌机、紫外线等物理方法进行消毒、灭菌、杀虫。

2. 严格投入品的管理

加强对限用、禁用农药等投入品的管理，严格执行农药等投入品禁用、限用目录及范围。大力推广应用环保型农资投入品，加快推广先进的病虫害综合防治技术，积极开发高效、低毒、低残留的农药等投入品，逐步淘汰高毒、高残留投入品品种，严肃查处生产、经营、使用国家禁止的农资投入品行为。搞好技术培训，使生产者掌握并遵循安全生产的技术规程，减少有毒有害物质的残留。

3. 加强产品质量全程监测

生产基地和各类加工企业，要严格执行食用菌卫生管理制度、栽培操作规程、技术标准和产品质量标准。严格按照标准组织生产和加工，科学合理使用农药、添加剂等投入品。为实现食用菌无公害生产，必须对食用菌产品质量安全实行严格的全过程管理，全面开展产地环境、生产过程和产品质量监测。加大食用菌菌种生产和经营的监管力度，严格控制劣质菌种流入市场。

4. 加快质量标准体系建设

按照技术先进、符合市场需求和与国际标准接轨的要求，生产基地和生产、经营企业要尽快建立包括食用菌生产技术、加工、包装、贮藏（保鲜）、运输等环节的质量标准体系。尤其要加快建立食用菌产地环境、生产技术规范和产品质量安全标准体系，并不断完善配套。具有一定规模的生产、经营企业要采用先进的检验检测手段、技术和设备，建立严格的产品自检制度。各地各企业要逐步配备快速检测仪器设备，加强简便、快速、准确、经济的检验检测技术和设备的开发，进一步提高检验检测技术水平和能力。

5. 加大宣传力度

要加大对食用菌产品质量安全方面的有关政策、法规、标准、技术的宣传和培训，提高全行业产品质量安全意识，形成全社会关心、支持食用菌产品质量安全管理的氛围。

五、我国食用菌产业历史、现状及发展趋势

1. 古代食用菌栽培的历史

据考古发现，食用菌在一亿三千万年前的白垩纪晚古生代就已经存在，比人类在地球上出现的时间要早得多。据此可初步推断，最原始的人类可能会以食用菌为食物。

我国是历史上栽培食用菌最早的国家，早在唐代就有史料记载。公元 7 世纪苏恭的《唐木草注》记载："楮耳人常食，槐耳疗痔，浆粥安诸木上，以草覆之，即生莘尔。"这是最早介绍木耳栽培的资料。而国外直到 16 世纪，意大利人才试验成功鳞耳的栽培技术。公元 1000 年左右，宋朝人吴三公发明了砍花种香菇的技术，这种方法最早流传于浙江龙泉、庆元、景宁一带，并被作为秘方流传于三县，吴三公去世后，当地群众封他为菇神并为他修建菇神庙。砍花种香菇被元代人王桢记录于他的《农书》一书中："取向阴地，择宜木伐倒，用斧砍之，以土覆压，经年树朽，以蕈砍锉，匀部砍内……"这些资料显示，我国早在 1000 多年前就能熟练掌握香菇的栽培技术。还有些典籍如《菌谱》《图经本草》等都有对食用菌的记载，这些资料都能反映我国在食用菌栽培方面具有悠久的历史。

2. 近代食用菌栽培的发展与兴衰

清代蒋廷锡等著的《古今图书集成》引证了香菇栽培技术，吴林的《吴蕈谱》详细列述了 15 种菌的生物特征。此外，关于灵芝的栽培技术在民间的流传也很早，其栽培方法始记于《花镜》一书。

1840 年鸦片战争爆发以后，由于帝国主义列强的入侵和清政府的腐败，一些从事食用菌研究的学者报国无门，纷纷远渡重洋去国外谋生，将我国的食用菌栽培技术带到了东南亚等一些国家。在当地至今仍称草菇为"中国蘑菇"。

3. 改革开放以后的迅速发展

新中国成立以后，在党和政府的重视下，我国对食用菌栽培技术进行了改进，使食用菌栽培得到了迅速的恢复和发展。1956 年我国自制了蘑菇菌种，同年首次分离黑木耳液体菌种成功。1960 年分离得到猴头菌和银耳纯菌种，纯菌种的分离成功，新技术的开发，使得食用菌栽培技术真正走上了发展的快车道。特别是改革开放以来，我国食用菌的发展更加迅速。1978 年我国食用菌的产量仅为 5 万 t，到了 1998 年 500 万 t，2007 年 1682 万 t，2011 年 2571.7 万 t，2013 年达到 3 169.7 万 t。2005—2015 年，中国食用菌产量、产值均呈线性增长，食用菌产量每年约增

加 226.42 万 t，其产值每年约增加 200.45 亿元，成为名副其实的食用菌生产大国，食用菌产业在我国正蓬勃发展，方兴未艾。

4. 发展趋势

（1）向高效益发展 向高效益发展的特征是反季节栽培、立体化栽培，大力发展珍稀菌类。

反季节栽培、立体化栽培，可充分利用基础设施，有效调节市场供求，保证产品质量稳定、价格稳定；发展珍稀菌类有更大的利润空间。

随着我国经济的飞速发展，人们对珍稀菌类的需求也日益增大。如能抓住商机，增加科技含量，不断扩大珍稀食用菌生产，就能获得更高收益。

（2）向高质量发展 食品安全，全世界关注。作为食材的食用菌，必须安全、无公害，才能立于不败之地。因此，生产应实行标准化，减少农药、激素的使用，多采用物理、生物防治方法。

从生产食用菌培养料开始，到播种、发菌、出菇管理、采菇，以及加工、包装、储运、销售的全过程，只有严格遵循无公害的原则进行操作，才能生产出有竞争优势的高质量产品，实现食用菌产品有机、绿色、无公害的目标。

（3）向工厂化、规模化、专业化、产业化发展 未来我国劳动力和原料成本不断提高，将会促进食用菌产业生产模式从千家万户的手工作坊栽培方式走向自动化、机械化、工厂化栽培。

食用菌工厂化栽培是一种具有现代化农业特点的工业生产模式。工业技术的使用，在一个相对可控的环境设施条件下实行高效的机械化、自动化操作，可实现食用菌的规模化、智能化、标准化、集约化、周年化生产。

应根据我国食用菌产业的发展特点，开发适合工厂化生产的高效率、低能耗食用菌生产设备。结合现代网络技术，综合利用现代物联网及信息技术和环境调控设备，研发食用菌生产环境（温度、湿度、光照、CO_2 浓度）因子的远程智能控制技术，突破食用菌生产地域和季节环境的限制，建立远程中央信息环境因子监测控制中心，建立大数据环境信息库，实现食用菌产业工厂化的高效管理和科学生产。

（4）向增值化发展 食用菌以原料形式进入市场效益低，加工不仅能使其增值、延长货架期，而且可调节市场供求，促进食用菌产业健康可持续发展；加工技术层次越高，升值倍数越大。

据测算，每生产 1kg 蘑菇，产值可以增加 2~3 倍，深加工可以增加 10~20 倍。当前，中国食用菌产业以初加工为主，辅以深度处理。初加工包括简单的细切、除尘以及除杂，包装后直接进入市场；辅助的处理指在初加工完成的基础上，简单的处理（糖浸出、盐浸、膨化等）生产低糖蘑菇、食用菌罐头食品、休闲食品以及即时食品等。食用菌深加工是将已经预处理的食用菌产品，通过特定的加工工艺生产菌类产品的高新技术，如食用菌健康产品、食用菌休闲食品以及食用菌饮品的生产。

应大力发展食用菌加工业，使食用菌生产从传统粗放经营转向集约经营，发展以深加工、精加工为主体的食用菌加工业。精加工的重点是开发保鲜期长的真空低温、速冻等制品，深加工的重点是开发高附加值的相关产品，如药品、保健品和化妆品等，从而使食用菌产业的经济效益提升到更高水平。

习　题

一、名词解释

1. 食用菌　　2. 食用菌的标准化生产

二、填空

1. 食用菌产业的发展趋势是_____、_____、

_____、_____。

2. 食用菌的价值包括_____、_____、

_____。

三、简答

1. 食用菌的概念是什么？

2. 列出 10 种常见的食用菌。

3. 食用菌的标准化生产包括哪些内容？

拓　展

拓展一　走近食用菌

联合国提出，人类最佳的饮食结构是"一荤一素一菇"，这个菇就是食用菌。在世界卫生组织提出的六大保健饮品中，食用菌汤也榜上有名。

近年来，有营养学家形象地表示：吃"四条腿"的（猪、牛、羊等）不如吃"两条腿"的（鸡、鸭、鹅等），吃"两条腿"的不如吃"一条腿"的（食用菌）。食用菌的营养价值与药用价值已被越来越多的人所认同，菇类在各大餐馆的"点击率"呈上升趋势，成为餐桌上的宠儿。食用菌在日本、中国香港的人均消费量最高，在欧美国家也在不断增加。应当鼓励人们摄取食用菌，因为它不仅味美，还具有降血压、防胃病、抑制肿瘤细胞扩散、提高免疫系统活力等功效。

拓展二　选购小贴士

食用菌品种繁多，作为鲜品选购时，应"一看二摸三闻"。一看是否鲜、嫩（如香菇、蘑菇，看子实体是否开伞、背面菌膜是否破裂，菇体表面是否有鳞片）；

二摸子实体表面是否干爽（表面湿漉的含水量过高）；三闻是否有异味。

干品选购时，要注意生产日期，如香菇菌褶已发黄变色的不佳，银耳、竹荪如果过了半年仍保持固有颜色，则要警惕二氧化硫的漂白。黑木耳则是泡发后颜色黑、厚实的为好，浸出水略呈浅黄色属正常。

无论干品还是鲜品，产品的保质期因品种而异。就鲜品来讲，杏鲍菇、香菇、金针菇在（真空）冷藏条件下可存放半个月以上，而蘑菇、草菇等保质期很短，只有2d左右，含水量会影响保质期。

项目二

食用菌的生物学特性

1. 了解食用菌的分类和常见种类，掌握食用菌基本组成及其形态结构特点。
2. 了解食用菌的营养类型，掌握食用菌的生长发育的营养和环境条件，为食用菌制种及栽培管理打下理论基础。

基本知识

重点与难点：食用菌的基本组成、食用菌的营养结构特点、食用菌的营养条件、食用菌生长的理化环境。

考核要求：了解食用菌分类及生活史、弄清食用菌形态结构、掌握食用菌生长发育的营养和环境条件。

食用菌是能够形成大型肉质或胶质子实体，并能供人们食用或药用的一类大型真菌的总称。俗称菇、蕈、芝、耳等，或把食用菌统称为蘑菇，随着真菌分类系统的逐渐完善，食用菌的名称也越来越科学，许多种类的食用菌均有了确切的名称，如香菇、双孢蘑菇、金针菇、黑木耳、银耳、草菇、竹荪、松茸和牛肝菌等。

第一节

食用菌的形态特征

狭义的食用菌属于真菌门的子囊菌亚门和担子菌亚门，其中子囊菌亚门种类较少，常见的如冬虫夏草、羊肚菌、马鞍菌、块菌等属于此亚门；担子菌亚门种类较多，常见的食用菌中大约90%以上都属于担子菌亚门，如平菇、香菇、金针菇、草菇、木耳、银耳、猴头、灵芝等。

一、形态结构

食用菌由生长在基质内部的菌丝体和生长在基质表面的子实体两部分组成。食用菌中，以担子菌亚门中的伞菌目种类最多，资源最为丰富，下面以伞菌为主，介绍其形态结构。

1. 菌丝体的形态结构

菌丝体是由无数纤细的管状菌丝交织而成的网状体或丝状体，是食用菌的营养器官。在显微镜下观察，菌丝无色透明，管状，有竹节状横隔，菌丝依靠尖端细胞不断分裂和产生分支而伸长。菌丝由孢子萌发产生，按其发育过程和生理作用可以分为以下三种类型。

（1）初生菌丝　直接由担孢子萌发，初期无隔多核，很快产生隔膜把菌丝分成单核细胞，因此我们常称之为单核菌丝或一级菌丝。初生菌丝通常比较纤细，生长速度慢，不能形成子实体，在生活史中存在时间较短，主要依靠贮藏在孢子中的营养生长。初生菌丝之间很快地互相交接，形成次生菌丝。

（2）次生菌丝　也称二级菌丝，是由性别不同的两个初生菌丝结合，经过质配而形成的菌丝，因其含有两个核，又称为双核菌丝。一般比初生菌丝粗壮，吸收能力强，生长速度快，呈绒毛状，是结实性菌丝体。

双核菌丝是食用菌菌丝的主要存在方式。人工播种用的菌种及培养料中的菌丝，主要由次生菌丝组成，次生菌丝发育到一定阶段，在适合的环境条件下，可形成子实体。

大多数食用菌的双核菌丝的顶端细胞常发生锁状联合，锁状联合是担子菌特有的一种细胞分裂。通过锁状联合，一个双核细胞变为两个双核细胞。

锁状联合产生过程：先在双核菌丝顶端细胞的两核之间的细胞壁上产生一个喙状小突起，似极短的小分支，分支向下弯曲，其顶端与细胞的另一处融合，在显微镜下观察，恰似一把锁，故称锁状联合。与此同时，发生核的变化，首先是细胞的一个核移入突起内，然后两个核各自进行有丝分裂，形成4个子核，2个在细胞的上部，1个在短分支内。这时在锁状联合突起的起源处先后产生了2个隔膜，把细胞一隔为二。突起中的一个核随后也移入一个细胞内，从而构成了两个双核细胞（图2-1）。

但并不意味着所有的担子菌都有锁状联合，香菇、木耳、银耳、灵芝等菌类的次生菌丝有锁状联合，双孢蘑菇、草菇、红菇、蜜环菌等菌类则没有锁状联合。在真菌分类上有无锁状联合是担子菌亚门各科属分类的重要依据之一。

（3）三生菌丝　又称分化菌丝，是由次生菌丝进一步发育成的已组织化的菌

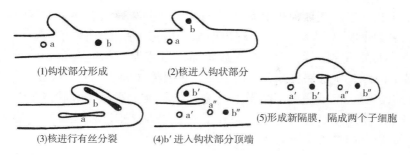

(1)钩状部分形成　　　　(2)核进入钩状部分

(3)核进行有丝分裂　　　(4)b′进入钩状部分顶端

(5)形成新隔膜，隔成两个子细胞

图 2-1　锁状联合形成过程

丝。其结构细密，高度组织化，已不能吸收营养，只具有输送养料和支撑生长的作用。如具有一定排列、一定结构聚集形成菇、耳子实体的双核菌丝，又称为结实性双核菌丝。此外，食用菌采收后菌柄基部的须状物也是三生菌丝。

2. 菌丝体的特殊结构

食用菌的菌丝在长期繁衍进化过程中，对不同的生长环境已具有较高的适应能力，从而产生一些特殊结构，或被称为变态组织。

（1）菌丝束　大量菌丝平行排列在一起，组成白色、粗而略有分枝的束状物称菌丝束。在人工制作菌种时有些栽培种中常见到这类形状的菌丝。如双孢蘑菇的子实体基部常带有一些白色的粗丝状物，这就是菌丝束。与菌索相似，但没有甲壳状外层，具有输送营养的作用。

（2）菌索　食用菌的菌丝体缩合交织在一起形成绳索状的组织称为菌索。菌索的外表皮是由菌丝分化形成的较紧密的组织，一般颜色较深，常角质化，对不良环境有较强的抵抗能力。菌索顶端分化为生长点，可不断延伸，长数厘米到几米不等。遇适宜环境条件可进一步发育形成子实体。菌索还具有输送养分的作用，如药用天麻的发育就是依靠蜜环菌菌索输送养分。

（3）菌核　有些真菌在其生活过程中，形成球状、块形或颗粒状组织，它们虽然大小各不相同，但都是由菌丝组成的，如中药中常用的茯苓、猪苓等。这些菌核在风干后质地坚硬，它们可以说是真菌的休眠组织，或是储存养分的组织。如有些平菇、耳类可以形成菌核来渡过不良环境。条件适宜时可萌发出菌丝，再生能力强，可以作为菌种分离的材料或作菌种使用。

（4）子座　由拟薄壁组织和疏丝组织组成的容纳子实体的褥座状结构，是真菌由营养阶段到生殖阶段的一种过渡形式。一般呈垫状、栓状、棍棒状或头状。子座的形态不一，但食用菌的子座多为棒状或头状。如著名的药用真菌冬虫夏草的"草"实际上就是冬虫夏草的子座，呈棍棒状，在子座前半部密生着子囊壳，是该菌产生子囊孢子的器官。

3. 子实体的形态结构

子实体是食用菌的繁殖器官，由已分化的菌丝体组成，属于食用菌的特化结构，一般生长在基质表面，也是食用菌的食用部分。其形态多种多样。担子菌的子实体大多为伞状（图2-2），表现出明显的菌盖、菌褶、菌柄、菌托、菌环等；子囊菌类为无菌褶、菌管，孢子在子囊里面；齿菌类（如猴头菇）的子实体菌盖和菌柄或有或无，子实层生长在软齿表面；腹菌类（如马勃）子实层包在包被里，成熟后包被破裂，孢子呈粉末状散发出来；胶质类子实体呈耳状或脑状，干燥后收缩，吸水后恢复原状，子实层分布在子实体表面，孢子往往从子实层表面散射出来。下面以伞菌类子实体为例介绍其基本特征。

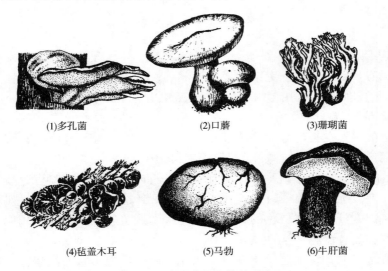

(1)多孔菌　　　　(2)口蘑　　　　(3)珊瑚菌

(4)毡盖木耳　　　(5)马勃　　　　(6)牛肝菌

图2-2　食用菌子实体的形态

伞菌类子实体的外部形态大致包括菌盖和菌柄两个主要部分，典型的子实体外部形态是由菌盖、菌褶或菌管、菌柄、菌环和菌托五部分组成（图2-3）。

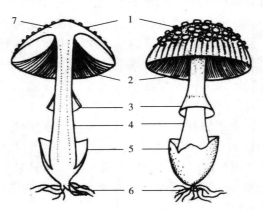

图2-3　伞菌模式图
1—菌盖　2—菌褶　3—菌环　4—菌柄　5—菌托　6—菌索　7—菌肉

（1）菌盖　菌盖是伞菌子实体位于菌柄之上的帽状部分，由表皮、菌肉及产孢组织（菌褶或菌管）组成，是主要的繁殖结构，也是食用的主要部分。

①菌盖的形状：菌盖多为伞状，但食用菌种类不同，菌盖形状有明显区别。以成熟时期形状为准，常见有圆形、半圆形、圆锥形、钟形、半球形、斗笠形、扁形、喇叭形、圆筒形、马鞍形等（图2-4）。

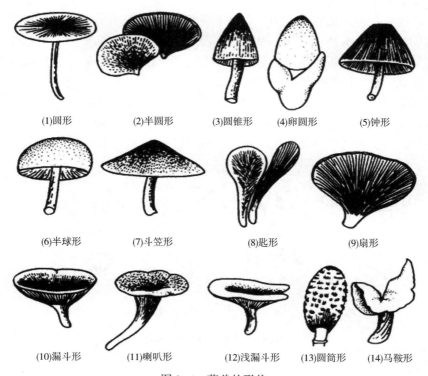

(1)圆形　　(2)半圆形　　(3)圆锥形　　(4)卵圆形　　(5)钟形

(6)半球形　　(7)斗笠形　　(8)匙形　　(9)扇形

(10)漏斗形　　(11)喇叭形　　(12)浅漏斗形　　(13)圆筒形　　(14)马鞍形

图2-4　菌盖的形状

②菌盖的颜色：菌盖的颜色也是种属的重要特征。由于菌盖皮层含有不同的色素，因而使菌盖呈现各种不同的颜色。常见菌盖有白、黄、褐、灰、红等色泽，如蘑菇为乳白色，草菇为鼠灰色，香菇为褐色，灵芝为紫红色，平菇为灰白色。还有一些毒蘑菇色彩尤为艳丽。有些种类还呈现出混杂的颜色，甚至随着子实体生长发育或环境条件的变化而改变，如自然生长的金针菇菌盖颜色为黄褐色，而人工栽培以红光为光源时，菌盖呈黄白色，提高了商品价值；又如平菇的一些品种子实体发育初期菌盖颜色为蓝灰色，随着子实体的长大逐渐转为灰白色乃至白色。另外，同一种菌类因品种不同菌盖的颜色也有差异。

③菌盖的表面特征：菌盖表面大多数为光滑的，有的干燥，有的湿润黏滑；有的表面有皱纹、条纹或龟裂等；有的表面粗糙具有纤毛或鳞片等。这也是食用菌分类依据之一。

④菌盖的组成：菌盖由表皮、菌肉和子实层体（也称产孢组织，即菌褶或菌管）组成。菌盖表皮为菌盖最外层结构，为角质层。角质层下面松软的部分为菌肉，是菌盖的主体部分，也是食用价值最大的部分。多数食用菌的菌肉为肉质，易腐烂，少数菌肉为蜡质、胶质或革质。菌肉一般为白色，有些菌肉受伤后会变色，此为重要的分类依据。

菌盖下面着生子实层的组织结构称为子实层体，由子实层和支持它的髓部组成。子实层体有不同形状，呈刀片状的称为菌褶；呈管状的称为菌管；少数种类的子实层着生在子实体的表面，如猴头子实层着生在各个肉刺上，木耳子实层着生在耳片的腹面，银耳子实层着生在耳片的上下表面，喇叭菌子实层着生在菌盖外侧，羊肚菌子实层着生在菌盖凹穴的表面。

菌褶是食用菌最常见的子实层体，即菌盖下面折扇状的部分，一般是从菌柄向菌盖边缘辐射排列。菌褶边缘有锯齿状、波状、平滑、粗糙颗粒状等特征。菌褶与菌柄的着生关系可分为直生、弯生、离生、延生四个类型（图2-5）。

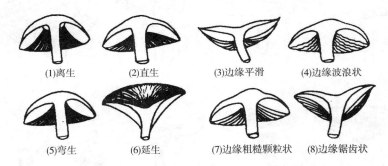

(1)离生　　　(2)直生　　　(3)边缘平滑　　　(4)边缘波浪状

(5)弯生　　　(6)延生　　　(7)边缘粗糙颗粒状　　　(8)边缘锯齿状

图2-5　菌褶与菌柄着生情况及菌褶边缘特征

(1)等长　　　(2)不等长　　　(3)褶间具横脉　　　(4)交织成网状

(5)分叉　　　(6)网棱　　　(7)近平滑无菌褶　　　(8)刺状（齿菌类）

图2-6　菌褶与菌柄的着生关系及菌褶的排列特征

菌管是一种特殊的菌褶，由菌褶变态而来，外观呈现蜂窝状，密集竖状排列在菌盖下。多见于牛肝菌科和多孔菌科。其子实层沿菌管孔内壁整齐排列，颜色不一，菌管形状有圆形、多角形、复管形等。

（2）菌柄　菌柄是菌盖的支撑部分，是由菌丝发育成的，具有输送养料的功能。菌柄多数与菌盖同质，少数如金针菇菌柄下部为革质，与菌盖异质。菌柄的有无、长短、形状也可以作为分类依据。菌柄形状有圆柱形（金针菇）、棒形（牛肝菌）、假根状（鸡枞菌）、基部膨大呈球形等，有直立、弯曲，有分枝，也有基部联合在一起的；菌柄表面有网纹、茸毛、颗粒等（图2-7）。

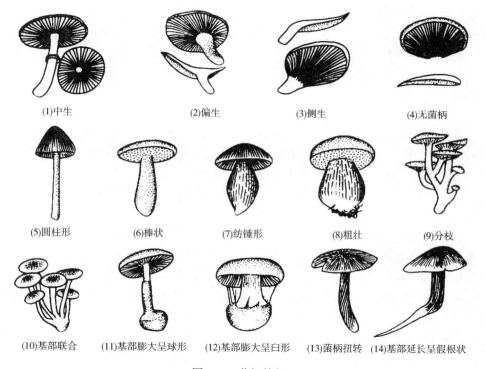

(1)中生　　　(2)偏生　　　(3)侧生　　　(4)无菌柄

(5)圆柱形　　(6)棒状　　　(7)纺锤形　　(8)粗壮　　　(9)分枝

(10)基部联合　(11)基部膨大呈球形　(12)基部膨大呈臼形　(13)菌柄扭转　(14)基部延长呈假根状

图2-7　菌柄特征

按菌柄在菌盖上的着生位置可分为中生（蘑菇、草菇）、偏生（香菇）、侧生（平菇、灵芝）等类型；按菌丝的疏松程度可分为实心（香菇）、空心（鬼伞）、半空心（红菇）等；此外按菌柄的质地不同可将其分为纤维质、脆骨质、肉质和蜡质等。

（3）菌环、菌托　有些伞菌初形成菌蕾时，菌盖与菌柄之间有一层或两层包膜称作内菌幕。开伞后内菌幕破裂，残留在菌柄上的部分就称为菌环，所以菌环是内菌幕的遗迹。有的种类单层、有的种类双层，有的种类随着子实体的生长而消失，有的永不消失。在毒伞属的某些种，菌环呈蜘蛛网状，悬挂在菌盖边缘，有少数种类的菌环可与菌柄脱离而移动。一般根据菌环着生位置，可分为上、中、下三处。

子实体在发育早期，整个菌蕾外面的包膜称为外菌幕。随着子实层成熟，外菌幕被胀破，残留在菌柄基部的外菌幕，称为菌托。伞菌中有外菌幕的种类才有菌托；菌托一般为白色或浅色，有杯状、杵状、鞘状、苞状等，是分类的依据之一。

第二节

食用菌的生理特征

食用菌根据营养方式不同，可分为腐生、共生和寄生三种类型。

一、腐生性食用菌

腐生性食用菌是指从动植物的残体上或无生命（已死亡的细胞）的有机物质（如木耳、麦麸）中获取营养。腐生性食用菌能够分泌各种胞外酶和胞内酶，分解已经死亡的有机体，从中吸收养料。人工栽培的食用菌绝大多数营腐生生活，根据其所适宜分解的植物残体不同和生活环境的差异，把食用菌分为木腐型、土腐型和草腐型（粪草生型）三个生态类群。

（1）木腐型　适宜在枯木上、落叶层、木屑、棉籽壳等木质材料中生长称为木腐菌类，如香菇、侧耳、木耳、金针菇、灵芝等。有的对树种适应性较广，如香菇能在 200 余种阔叶树上生长；有的适应范围较窄，像茶新菇主要生长在茶树等阔叶树上。人工栽培木腐菌，以前多用段木，现在多用木屑、秸秆等混合料栽培，也称之为木生菌类，依其对木材腐解的方式又分为褐腐、白腐等类型。

①褐腐：褐腐菌代表为茯苓。主要利用木材中的纤维素和半纤维素，对木质素降解能力较弱。经腐食后的木材呈蜂窝状、片状或粉状，强度大大减弱。

②白腐：灰树花为木生白腐菌，分解木质素能力较强。白腐菌因使木材腐朽呈白色而得名。

（2）土腐菌　即土生菌类，虽然这个类型的菌类营养最终也是来自动植物的有机质，而不是土壤，但是这些菌类需要在覆土的条件下才能正常生长，故归为土生菌中。

（3）草腐菌　主要生长在腐熟的堆肥、厩肥、腐烂草堆或有机废料上，如草菇、双孢蘑菇等，也称之为粪草生菌。人工栽培时，主要选用秸草、畜禽粪为培养料。

二、共生性食用菌

共生是指两种生物生活在一起，相互分工合作、相依为命，甚至形成独特结构达到难分难解、合二为一的一种相互关系。在共生关系中，双方互为有利，一方为另一方提供有利于生存的帮助，同时也获得对方的帮助。食用菌中不少种类不能独立在枯枝、腐木上生长，必须和其他生物形相互依赖的共生关系。菌根菌是真菌与高等植物共生的代表，大多数森林食用菌为共生菌。菌根真菌不仅从寄主植物中摄取营养，而且还能提高矿物质的溶解度，促进根系对土壤水分和无机盐的吸收；保护根系免遭病原菌侵害，分泌激素类物质，促进植物根的生长。如松口蘑、松乳菇、大红菇、美味牛肝菌等是我国最常见的菌根菌。菌根菌的菌丝侵入根细胞内部的为内生菌根。如蜜环菌的菌索侵入天麻块茎中，吸取部分养料。而天麻块茎在中柱和皮层交界处有一消化层，该处的溶菌酶能将侵入到块茎的蜜环菌菌丝溶解，使菌丝内含物释放出来供天麻吸收。菌根菌中有不少优良品种，但大多数处于半人工栽培状态，是食用菌开发的一个方向。

蚂蚁"栽菌"是昆虫与菌类共生的一种奇异自然现象，如巴西的叶蚁，采集树叶在蚁巢内建筑菌圃，最大的菌圃面积可达 $100m^2$。味道鲜美的鸡枞菌是与白蚁共生的食用菌，鸡枞菌的菌柄连接在土层内的蚁巢上，菌圃上生长的白色菌丝球可以为白蚁提供养料。

三、寄生性食用菌

寄生是指一种小型生物生活在另一种大型生物体内或体表，从中夺取营养并进行生长繁殖，使后者受损害甚至被杀死的一种相互关系。食用菌多为兼性寄生或兼性腐生菌，蜜环菌就是兼性寄生菌的代表，开始生活在树木的死亡部分，一旦进入木质部的活细胞后，开始营寄生生活。虫草菌从寄主体内吸收营养，并在寄主体内生长繁殖使寄主僵化，在一定条件下从虫体上长出子座（草），如蝉花、蜘蛛虫草、冬虫夏草、蛹草等，其中以冬虫夏草最为著名。

第三节

食用菌生长发育对营养物质的需求

食用菌的营养物质，根据其性质可分为碳源、氮源、水分、无机盐和生长因子等。

一、碳源

凡用于构成细胞物质或代谢产物中碳素来源的营养物质，统称为碳源。其作用是构成细胞的结构物质和提供生长发育所需的能量。食用菌吸收的碳素仅有20%用于合成细胞物质，80%用于维持生命活动所需的能量而被氧化分解。碳源是食用菌最重要的、也是需求量最大的营养源。

食用菌不能利用二氧化碳、碳酸盐等无机碳为碳源，只能从现成的有机碳化物中吸取碳素营养。单糖、双糖、低分子醇类和有机酸均可被直接吸收利用。淀粉、纤维素、半纤维素、果胶质、木质素等高分子碳源，必须经菌丝分泌相应的胞外酶将其降解为简单碳化物后才能被吸收利用。

葡萄糖是利用最广泛的碳源，但并不一定是所有食用菌最好的碳源，不同食用菌对碳源有不同的选择。如多数食用菌利用较差的果胶，却是松口蘑的良好碳源。食用菌生产中所需的碳源，除葡萄糖、蔗糖等简单糖类外，主要来源于各种植物性原料，如木屑、玉米芯、棉籽壳、稻草、马铃薯等。这些原料多为农产品下脚料，具有来源广泛、价格低廉等优点。

二、氮源

凡用于构成细胞物质或代谢产物中氮素来源的营养物质，统称为氮源。氮源是食用菌合成核酸、蛋白质和酶类的主要原料，对生长发育有重要作用，一般不提供能量。食用菌主要利用有机氮，如尿素、氨基酸、蛋白胨、蛋白质等。氨基酸、尿素等小分子有机氮可被菌丝直接吸收，而大分子有机氮则必须通过菌丝分泌的胞外酶将其降解成小分子有机氮才能被吸收利用。生产上常用的有机氮有蛋白胨、酵母膏、尿素、豆饼、麦麸、米糠、黄豆浆和畜禽粪等。尿素经高温处理后易分解，释放出氨和氰氢酸，易使培养料的pH升高和产生氨味而有害于菌丝生长。因此，若栽培时需加尿素，其用量应控制在0.1%~0.2%，勿用量过大。

食用菌在不同生长阶段对氮的需求量不同。在菌丝体生长阶段对氮的需求量偏高，培养基中的含氮量以0.016%~0.064%为宜，若含氮量低于0.016%时，菌丝生长就会受阻；在子实体发育阶段，培养基的适宜含氮量在0.016%~0.032%。含氮量过高会导致菌丝徒长，抑制子实体的发生和生长，推迟出菇。

碳源和氮源是食用菌的主要营养。营养基质中的碳、氮浓度要有适当比值，称为碳氮比（C/N）。一般认为，食用菌在菌丝体生长阶段所需要的C/N较小，以20∶1为好；而在子实体生长阶段所需的C/N较大，以（30~40）∶1为宜。不同菌类对最适C/N的需求不同，如草菇的C/N是（40~60）∶1。而一般香菇的C/N

是（20～25）：1。若 C/N 过大菌丝生长慢而弱，难以高产；若 C/N 太小，菌丝会因徒长而不易转入生殖生长。

三、水分

水不仅是食用菌细胞的重要成分，而且也是菌丝吸收营养物质和代谢过程的基本溶剂。食用菌的一生都需要水分，在子实体发育阶段需大量水分。各种食用菌鲜菇（耳）的含水量都在 90% 左右，子实体的长大主要是细胞贮藏养料和水分的过程。食用菌生长发育所需要的水分绝大多数都来自培养料。培养料含水量是影响菌丝生长和出菇的重要因素，培养料的含水量可用水分在湿料中的百分含量表示。一般适合食用菌菌丝生长的培养料的含水量在 60% 左右，出菇期间则要求含水量增至 70℃ 左右。

培养料中的水分常因蒸发或出菇而逐渐减少。因此，栽培期间必须经常喷水。此外，菇场或菇房中如能经常保持一定的空气相对湿度，也能防止培养料或幼嫩子实体水分的过度蒸发。

四、无机盐

无机盐是食用菌生长发育不可缺少的营养成分。菌丝从无机盐中获得各种矿物质元素。按其在菌丝中的含量可分为大量元素和微量元素。大量元素有磷、钙、镁、钾等，其主要功能是参与细胞物质的组成及酶的组成、维持酶的作用、控制原生质胶态和调节细胞渗透压等。实验室配制营养基质时，常用磷酸二氢钾、磷酸氢二钾、硫酸镁、石膏粉（硫酸钙）、过磷酸钙等。其中以磷、钙、镁、钾最为重要，每 1L 培养基的添加量一般以 0.1～0.5g 为宜。微量元素有铁、铜、锌、锰等。它们是酶的组成成分或酶的激活剂，但因需求量极微，每 1L 培养基只需 1μg，营养基质和天然水中的含量就可满足，一般无需添加。

在秸秆、木屑、畜粪等原料中均含有各种矿物质元素，只酌情补充少量过磷酸钙或钙镁磷肥、石膏粉、草木灰、熟石灰等，就可满足食用菌的生长发育。

五、生长因子

食用菌生长必不可少的微量有机物，称为生长因子。主要为维生素、氨基酸、核酸、碱基类等。如维生素 B_1、维生素 B_2、维生素 B_6、维生素 H、烟酸等。生长因子的主要功能是参与酶的组成和菌体代谢，具有刺激和调节生长的作用，当严重缺乏时，就会停止生长发育。有的食用菌自身有合成某些生长因子的能力，若无合成能力，则必须添加。马铃薯、麦麸、玉米粉等材料中含有丰富的生长因子，用其配制培养基时可不必添加。但由于大多数维生素在 120℃ 以上高温条件下易分解，因此，对含维生素的培养基灭菌时，应防止灭菌温度太高和灭菌时间过长。

第四节

食用菌的生长发育条件

影响食用菌生长发育的环境条件，最主要是湿度、温度、通气、酸碱度（pH）、光照等。

一、湿度

食用菌在子实体发育阶段要求较高的空气相对湿度。适宜的空气相对湿度是 80%~95%。据研究，如果菇房的相对湿度低于 60%，平菇等子实体的生长就会停止；当菇房的相对湿度降至 40%~45% 时，子实体不再分化，已分化的幼菇也会干枯死亡。但菇房的相对湿度也不宜超过 96%，菇房空气过于潮湿，易招致病菌滋生，也有碍菇体的正常蒸腾作用，而菇体的蒸腾作用是细胞内原生质流动和营养物质运转的促进因素。因此，菇房过湿，菇体发育也就不良。据报道，金针菇长期处于过于潮湿的空气中，只长菌柄，不长菌盖或菌盖小肉薄。不过，这对于金针菇栽培者来说，反倒是一件好事，因为金针菇的主要食用部分是菌柄而不是菌盖。所以金针菇栽培中常利用这一原理来获得更多更好的金针菇。

不同种类食用菌生长发育所需的空气相对湿度略有区别。一般来说，子实体发生时期的空气相对湿度应比菌丝体生长期的空气相对湿度高 10%~20%。

二、温度

各种食用菌的生长都要求一定的温度，包括最低、最高和最适生长温度，在最适生长温度条件下，菌丝体内酶的活性较高，新陈代谢旺盛，所以生长较快；低于最低温度，生长速度下降；超过最高生长温度时，蛋白质变性，酶钝化或失活，较长时间的高温，必然导致菌体死亡。

食用菌的菌丝较耐低温，0℃ 左右只是停止生长，并不死亡。不同种类食用菌子实体发育温度也不相同，一般来说，子实体发育的最适温度比菌丝体生长的最适温度低，但比子实体分化时的温度略高一些（表 2-1）。

表 2-1 　　　　　　　　　　　　几种食用菌对温度的需求 　　　　　　　单位:℃

种类	菌丝体生长温度		子实体分化与子实体发育的最适温度	
	生长范围	最适温度	子实体分化温度	子实体发育温度
蘑菇	6~33	24	8~18	13~16
香菇	3~33	25	7~21	12~18
木耳	4~39	30	15~27	24~27
草菇	12~45	35	22~35	30~32
平菇	10~35	24~27	7~22	12~17
银耳	12~36	25	18~26	20~24
猴头	12~33	21~24	12~24	15~22
金针菇	7~30	23	5~19	8~14

在生产中还可根据食用菌子实体分化（出菇）时所需的最适温度，将食用菌的不同品种划分为高温发生型、中温发生型、低温发生型以及中高温发生型、中低温发生型等。

三、氧气与二氧化碳

氧与二氧化碳也是影响食用菌生长发育的重要因素。食用菌不能直接利用二氧化碳，其呼吸作用是吸收氧气，排出二氧化碳。

大气中氧的含量约为 21%，二氧化碳的含量是 0.03%。当空气中二氧化碳的含量增加时，氧分压必定减少。过高的二氧化碳浓度必然会影响食用菌的呼吸活动。当然不同种类的食用菌对氧的需求量是有差异的。如平菇在二氧化碳浓度为 20% 时能正常生长，只有当二氧化碳浓度积累到大于 30% 时，菌丝的生长量才骤然下降。

在食用菌的子实体分化阶段，即从菌丝体生长转到出菇时，对氧气的需求量略低于菌丝体生长阶段的需求量，但是，一旦子实体形成后，由于子实体的旺盛呼吸，其对氧气的需求也急剧增加，这时 0.1% 以上的二氧化碳浓度对子实体就有毒害作用。

四、光线

食用菌不含叶绿素，不能进行光合作用，不需要直射光。但是大部分食用菌在子实体分化和发育阶段都需要一定的散射光。如香菇、草菇、滑菇等食用菌，在完全黑暗条件下不形成子实体；金针菇、侧耳、灵芝等食用菌在无光条件下虽能形成子实体，但菇体畸形，常只长菌柄，不长菌盖，不产生孢子。

五、酸碱度（pH）

大多数食用菌喜偏酸性环境，适宜菌丝生长的 pH 在 3~6.5 之间，最适 pH 为 5.0~5.5（表 2-2）。大部分食用菌在 pH 大于 7.0 时生长受阻，pH 大于 8.0 时生长停止。食用菌利用的大多数有机物在分解时，常产生一些有机酸。如糖类分解后常产生一些柠檬酸、延胡索酸、琥珀酸等，蛋白质常被分解为氨基酸，有些有机酸的产生与积累可使基质 pH 降低。同时，培养基灭菌后的 pH 也略有降低。因此在配制培养基时应将 pH 适当调高，或者在配制培养基时添加 0.2%磷酸二氢钾和磷酸氢二钾作为缓冲剂；如果所培养的食用菌产酸过多，也可添加少许中和剂——碳酸钙，从而使菌丝稳定生长在最适 pH 的培养基内。

表 2-2　　　　　　　　　　几种食用菌对 pH 的需求

种类	适宜生长 pH	最适生长 pH
蘑菇	6.0~8.0	6.8~7.2
香菇	4.0~7.5	4.0~6.5
草菇	6.8~7.8	6.8~7.2
平菇	5.0~6.5	5.4~6.0
金针菇	3.0~8.4	4.0~7.0
木耳	4.0~7.0	5.5~6.5
猴头	4.5~6.5	4.0~5.0
银耳	5.2~7.2	5.2~5.8
灵芝	4.0~6.0	4.0~5.0

第五节

食用菌的繁殖与生活史

一、食用菌的繁殖

食用菌繁殖方式包括有性繁殖和无性繁殖。

无性繁殖是指不经过两性细胞的结合，由菌丝直接进行细胞分裂产生新的细胞和组织，或产生无性孢子的过程。

有性繁殖是指经过两性细胞的结合产生后代的过程。可以分为质配、核配、减数分裂三个阶段，产生的孢子称为有性孢子，食用菌的有性孢子分为担孢子和子囊孢子。

二、食用菌的生活史

食用菌的生活史是指食用菌一生所经历的全过程。即从有性孢子萌发开始，经单、双核菌丝形成，双核菌丝生长发育，直到形成子实体，产生新一代有性孢子的整个生活周期。

1. 菌丝营养生长期

（1）孢子萌发期　食用菌的生长是从孢子萌发开始的，子实体成熟后散出孢子，孢子在适宜的基质上，先吸水膨大长出芽管，芽管顶端产生分枝，发育成菌丝。在胶质菌中，许多菌类的担孢子不能直接萌发成菌丝，如银耳、金耳等，常以芽殖的方式产生次生担孢子或芽孢子，在适宜条件下，次生担孢子或芽孢子萌发形成菌丝；木耳等担孢子在萌发前有时先产生横膈，担孢子被分隔成多个细胞，每个细胞再产生若干个钩状分生孢子再萌发成菌丝。

（2）单核菌丝　由有性孢子萌发的菌丝称为初生菌丝（一级菌丝），萌发初期为多核，这时由于芽管开始多次进行核分裂，核集中在芽管顶端，后沿细胞壁分布，随原生质流动而运动，继而产生横膈，把细胞核隔开，形成有隔单核菌丝。

单核菌丝是子囊菌菌丝存在的主要形式。担子菌的单核菌丝存在时间很短。单核菌丝细长且易分枝稀疏，抗逆性差，容易死亡，故分离的单核菌丝不宜长时间保存。有些食用菌如草菇、香菇等，单核菌丝在生长时期遇到不良环境时，菌丝中的某些细胞形成厚垣孢子，条件适宜时又萌发成单核菌丝。双孢蘑菇的担孢子含有两个核，菌丝从萌发开始就是双核的，无单核菌丝期。

（3）双核菌丝　初生菌丝发育到一定阶段，由两条可亲和的单核菌丝间进行质配（但核不结合）使细胞双核化，形成次生菌丝，又称双核菌丝。双核菌丝是担子类食用菌菌丝存在的主要形式，生产中培养的菌丝体，除少数子囊菌外都是双核菌丝。

初生菌丝结合时，菌丝的前端能分泌一种酶，将另一初生菌丝细胞壁溶解，两菌丝的原生质相互沟通，核相互汇合成为双核。发生配对的两条初生菌丝形态相似，而遗传性存在差异，所以又称异核体。菌丝发生质配并不是随机的，而是在可亲合的菌丝间出现。

双核菌丝的顶端细胞常形成锁状联合，把汇合在一起的两异源核，通过特殊的分裂形式保持下去。由于双核菌丝是进行质配以后的菌丝，任何一段均可独立、无限的繁殖，产生子实体。双核菌丝经过充分的生长和发育，达到生理成熟后，便形成结实性双核菌丝，结实性双核菌丝相互扭结，在适宜条件下发育为子实体。

2. 菌丝的生殖生长期

（1）子实体的分化和发育　双核菌丝在营养及其他条件适宜的环境中能旺盛的生长，在体内合成并积累大量营养物质，达到一定生理状态时，首先分化为各种菌丝束（三级菌丝），菌丝束在条件适宜时形成菌蕾，菌蕾再逐渐发育为成熟子实体。与此同时，菌盖下层部分细胞发生功能性变化，形成子实层体，其表面覆盖有子实层，着生担子。担子是由子实层基双核菌丝的顶端细胞膨大形成的棒状小体。随着发育，担子体中双核融合为一个双倍体核，接着进行减数分裂（包括两次连续分裂，其中第一次是减数分裂，第二次为有丝分裂），形成四个单倍体子核，此时，担子顶部生出四个小突起，突起顶端逐渐膨大，担子基部形成一个液泡，随着液泡的增大，四个子核的内容物分别进入突起之中，形成四个担孢子。

以上是典型的无隔担子的发育，但也有只产生两个担孢子的，如花耳科只产生两个单核担孢子，另两个留在担子中消失。双孢蘑菇则产生两个双核担孢子。然而有时也会出现特异现象，一个担子上产生一个担孢子或两个、三个甚至五个六个担孢子的。

黑木耳、银耳等胶质菌类，担子在减数分裂之后，其上出现横膈或纵膈，因而属于有隔担子菌亚门。

（2）担孢子的释放与传播　大多数食用菌的孢子，是从成熟的子实体上自动弹射而进行传播的。孢子散布的数量是很惊人的，通常为十几亿到几百亿个。如一个平菇产生的孢子数量高达 600 亿~855 亿个。因此，尽管孢子的个体很小，但数量很大，这是菌类适应环境的一种特性。平菇散发孢子时，无数孢子像腾腾的雾气，称为孢子雾，而且可以连续散布 2~3d。另外，有的菌是通过动物取食、雨水、昆虫等其他方式传播，如竹荪的孢子成熟时，产孢体会产生恶臭的黏液，在十几米外也可闻到其特殊的臭味，强烈地吸引蝇类来传播孢子。通过动物取食、雨水、昆虫等其他方式传播，称为被动传播。

3. 菌丝的有性结合

因菌丝遗传性差异，有性结合形式可分为同宗结合和异宗结合两类。

（1）同宗结合　同宗结合是指同一孢子萌发成的两条初生菌丝进行交配，完成有性生殖过程。它是一种雌雄同体、自交可育的有性生殖方式。这类食用菌占已研究的担子菌总数的 10% 左右，如双孢蘑菇、蜜环菌等。同宗结合的食用菌还可分为两类：

①初级同宗结合：担孢子只有一个细胞核，这种单核担孢子萌发产生的初生菌丝可自行交配，产生子实体，完成有性生殖过程，如草菇。

②次级同宗结合：每个担子上只产生两个担孢子，担孢子内含有两个性别不同的细胞核。担孢子萌发后，形成双核菌丝，由以双核菌丝发育产生子实体。如双孢蘑菇为次级同宗结合的代表。

（2）异宗结合　同一孢子萌发的初生菌丝不能自行交配（不亲和），只有两个不同交配型的担孢子萌发生成的初生菌丝才能互相交配，完成有性生殖过程，这种结合方式称为异宗结合。异宗结合是担子菌纲食用菌有性生殖的普遍形式，在已研究的担子菌占 90%，在食用菌中也占绝大多数。在异宗结合中，菌丝的性别分别由不同遗传因子——"性基因"决定，按其所含的性基因数可将异宗结合分为两种类型：

①二极性异宗结合：这类食用菌的一个担子上产生的担孢子分别属于两类交配型，称为二极性，两类之间的亲合性决定于一对等位基因 Aa，只有交配型 A 和另一交配型 a 的初生菌丝才能互相结合，完成有性生殖过程。属于这类食用菌的有滑菇、大肥菇、黑木耳等。二极性异宗结合食用菌同一菌株产生的孢子之间进行交配，可育率为 50%。

②四极性异宗结合：这类食用菌一个子实体所产生的孢子或实生菌丝，具有四种不同的交配类型，即 AB、Ab、aB、ab。它们之间的结合决定于 Aa 和 Bb 两对遗传因子。只有两对因子都不同的孢子或菌丝才能结合成 AaBb 型菌丝体。四极性异宗结合在食用菌中占大多数，香菇、平菇、金针菇等都属于这一类，是四极性食用菌。由于只有产生 AaBb 的组合时才能亲和，完成有性生殖过程，其他各组均不能完全亲和，因此，同一菌株所产生的担孢子之间可育率为 25%，但来自不同菌株担孢子间则不受此限制，它们的担孢子间随机配对的可育率很高。

了解食用菌的有性结合特性，在生产上具有重要意义。属于同宗结合的食用菌，它的单个担孢子萌发生成的菌丝可以直接用于生产作菌种。而异宗结合的食用菌，单个孢子萌发形成的菌丝体则不能作菌种，只有用两种不同交配型的单核菌丝体结合后，形成有异核双核菌体才能发育成正常的子实体，用于菌种生产。

总之，食用菌的生活史可归纳为三个核期：以减数分裂开始的，同核的单倍体阶段，即单倍核期；以质配开始的异核双核菌丝阶段，即异核期；以核配开始的，短暂的单核双倍体阶段，即双倍核期。

第六节

食用菌分类

一、食用菌的分类地位

现代生物学观点认为，食用菌属于真菌界中的大型真菌。在食用菌中，少数种类有性孢子内生于子囊中，属于子囊菌亚门，如羊肚菌；绝大多数食用菌有性孢子外生于担子上，属于担子菌亚门，如香菇、猴头、木耳等。食用菌的分类主要是以其形态结构、细胞、生理生化、生态学、遗传学等特征为依据。特别是以子实体的形态和孢子的显微结构为主要依据。

食用菌的分类即确定食用菌在真菌中的分类地位，是人们认识、研究和利用食用菌的基础。了解食用菌的分类关系，对于识别采集和开发利用食用菌资源有重要作用。

二、食用菌的种类

1. 子囊菌亚门的食用菌

子囊菌亚门的食用菌种类不多，主要有核菌纲中的麦角菌类和盘菌纲中的盘菌类和块菌类（图2-8）。但其中的一些种类却具有很高的研究利用和开发价值。如冬虫夏草，是著名的补药，因其能补气益肾、止血化痰、提高白细胞、提高人体免疫机能，故有极高的经济价值；又如盘菌纲中的羊肚菌，美味可口深受广大消费者的青睐；块菌中的白块菌、夏块菌等种类，因其独特的食味和营养保健价值，被誉为"厨房里的钻石"和"地下黄金"等。网孢地菇、瘤孢地菇也是十分美味可口的食用菌。

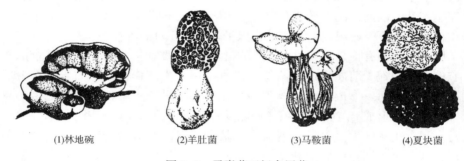

(1)林地碗　　(2)羊肚菌　　(3)马鞍菌　　(4)夏块菌

图2-8　子囊菌亚门食用菌

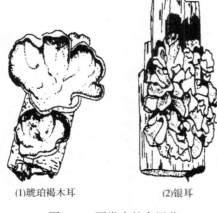

(1)琥珀褐木耳　　(2)银耳

图2-9　耳类中的食用菌

2. 担子菌亚门的食用菌

通常见到的绝大多数食用菌以及广泛栽培的食用菌都是担子菌。大致又分为四个类群：耳类、非褶菌类、伞菌类和腹菌类。

（1）耳类　主要集中于木耳科、银耳科和花耳科（图2-9）。如木耳科中的黑木耳、毛木耳等，其中黑木耳是著名食用兼药用菌；银耳科的银耳、金耳也是著名食用兼药用菌；花耳科的常见种类为桂花耳。

（2）非褶菌类　多为大型木腐菌，

具有发达的菌丝体，子实体多为木质、革质，仅少数种类幼小时为肉质可食。此类菌的子实体外形多样，如贝壳状、棒状、杯状、漏斗状、珊瑚状、马蹄状，有柄或无柄，子实层多生于菌管内侧。

常见种类有珊瑚菌类（虫形珊瑚菌、杵棒等）、绣球菌类（绣球菌）、牛舌菌科（牛舌菌）、灵芝菌科（灵芝菌）、猴头菌科（猴头菌）等（图 2-10）。其中猴头菌是著名的食药兼用菌，被誉为中国四大名菜之一；灵芝菌也是非常著名的真菌，被誉为灵芝仙草，有着神奇的药效，可人工栽培、观赏及药用。

(1)虫形珊瑚菌　　(2)杯珊瑚菌　　(3)硫色干酪菌　　(4)杵菌

图 2-10　非褶菌类中的食用菌

（3）伞菌类　主要指伞菌目、牛肝菌目、鸡油菌目、红菇目的可食菌类。其中伞菌目种类最多。栽培的食用菌如平菇、香菇、草菇、金针菇、鸡腿菇、杏鲍菇、双孢菇等，几乎都是伞菌目。与非褶菌目食用菌的不同在于，伞菌类子实体均为肉质，易腐烂，很少有近革质或膜质的，绝非木质。

（4）腹菌类　腹菌纲中食用菌只有鬼笔类与马勃类与食用菌有关。常见种类有鬼笔菌类的白鬼笔、长裙竹荪、短裙竹荪，马勃菌类的小马勃、大马勃、紫马勃、梨形马勃、铅色灰球等（图 2-11）。

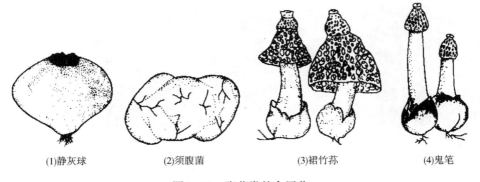

(1)静灰球　　　　(2)须腹菌　　　　(3)裙竹荪　　　　(4)鬼笔

图 2-11　腹菌类的食用菌

第七节

毒菌及菌中毒

一、毒菌

毒菌又称毒蕈，是指有毒而不能食用的大型真菌，如白毒伞、鹅膏菌、鹿花菌、残托斑毒伞、包脚黑褶伞等。在我国野生的蕈菌中，有80～100种毒蕈，致命性毒蕈有20多种，其中10多种为剧毒种类。一旦误食，要马上实施催吐，及时到医院治疗，并向当地卫生行政部门报告。

二、毒菌致病机理

毒菌的毒性是它产生的毒素所造成的。不同种类的毒菌常含有不同种类的毒素，有时也发现同一毒素含于不同种的毒菌中，或一种毒菌含有多种毒素。同一种毒菌所含毒素的种类和数量的多少，也可因时间和地点而有所不同。

由于毒菌所含有毒成分复杂，因此急性毒菌中毒的临床表现较为复杂。一般误食毒菌会有下列4种类型的表现。

（1）胃肠毒型　对胃肠道有刺激性的毒菌含有多种毒素，不同的野生菌所含有的毒素也不相同。能引起这类症状的毒蘑菇种类已知多达80余种，主要有红菇属、乳菇属、口蘑属、枝瑚菌属、牛肝菌属、粉褶菌属、蘑菇属等（图2-12）。

(1)大青褶伞　　　　　　　　　　(2)黄粉末牛肝菌

图2-12　胃肠型毒菌

（2）肝损害型　中毒表现复杂，引起的临床症状也最严重，按其病情发展可分为6期：潜伏期一般为10～24h；胃肠炎期出现恶心、呕吐等症状；假愈期患者暂无症状，或仅感乏力、食欲差等，但此时毒素已逐渐进入内脏，并引起肝脏异常；内脏损害期，严重中毒患者在发病 2～3d 出现肝、肾、脑、心等内脏受损害，严重者可发生肝坏死甚至肝昏迷、肾衰竭；精神症状期出现烦躁不安、表情淡漠、嗜睡，继而出现惊厥、昏迷甚至死亡。

主要由灰花纹鹅膏菌、致命鹅膏、淡红鹅膏、裂皮鹅膏所致（图 2-13）。

(1)裂皮鹅膏　　　　　(2)致命鹅膏　　　　　(3)淡红鹅膏

图 2-13　肝损害性毒菌

（3）致幻型　食用后发生精神错乱、产生幻觉、色觉异常及意识障碍等中毒症状，患者或手舞足蹈、或烦躁不安、时哭时笑，此类中毒无后遗症，数小时后会恢复正常。主要由毒蝇碱、鹿花菌素、光盖伞素等引起（图 2-14）。

(1)光盖伞　　　　　(2)豹斑毒伞　　　　　(3)蛤蟆菌

图 2-14　致幻型毒菌

（4）溶血型　主要由鹿花菌以及卷边网褶菌所引起（图 2-15）。误食后症状出现快，一般 30min～3h 内即出现恶心、呕吐、上腹痛和腹泻等肠胃症状。不久，溶血的发展导致尿液减少甚至无尿，尿液中出现血红蛋白以及贫血。溶血会导致包括急性肾衰竭、休克、急性呼吸衰竭、弥散性血管内凝血等并发症，这些并发症的发生能显著增加死亡率。

(1)鹿花菌　　　　　　　　　　　(2)卷边网褶菌

图2-15　溶血型毒菌

三、毒菌的识别

一般来说，毒菌的颜色比较鲜艳，菌盖帽上可能会有疙瘩、红斑、沟托、沟裂，有的菌柄上有菌托、菌环。毒菌采摘断后通常会有浆汁流出来，味道刺鼻。毒菌还可从以下几个方面加以识别：

一看生长地带。可食用的无毒菌类多生长在清洁的草地或松树、栎树上，有毒菌往往生长在阴暗、潮湿的肮脏地带。

二看颜色。毒菌一般菌盖颜色鲜艳，有红、绿、墨黑、青紫等颜色，特别是紫色的往往有剧毒，且采摘后一般很快变色。

三看形状。无毒菌菌盖较平，伞面平滑，菌柄无菌托。有毒菌菌盖中央一般呈凸状，形状怪异，菌面厚实板硬，菌柄上一般有菌轮，菌托秆细长或粗长，易折断。

四看分泌物。将采摘的新鲜野菌撕断菌柄，无毒菌的分泌物清亮如水（个别为白色），菌盖撕破不变色；有毒菌的分泌物稠浓，一般呈赤褐色，撕破后在空气中易变色。

五闻气味。无毒菌有特殊香味，无异味。有毒菌有怪异味，如辛辣、酸涩、恶腥等味。

六是化学鉴别。取采集或买回的可疑菌，将其汁液取出，用纸浸湿后，立即在上面加一滴稀盐酸或白醋，若纸变成红色或蓝色的则有毒。

避免中毒，较稳妥的方法是做动物试验，动物吃过没事人再尝试。

习　题

一、填空

1. 食用菌在分类上主要属于真菌界的_____亚门和_____亚门。

2. 食用菌种类繁多，形态各异，但基本上都是由_____和_____两部分组成的。

3. 食用菌_____是食用菌的繁殖器官，是可供食用的部分。

4. 根据食用菌菌丝体发育过程和生理作用，把菌丝体分为_____菌丝、_____菌丝、_____菌丝三种类型。其中，_____菌丝的顶端细胞常发生锁状联合。

5. 食用菌的子实体由_____、_____、_____、_____、_____、_____组成，其中_____的主要作用是支撑菌盖生长。

6. 根据食用菌获取营养的不同方式，可将食用菌分为_____、_____、_____三种不同的营养类型。

7. 根据食用菌子实体分化时对温度变化的反应不同，把食用菌分为_____结实性和_____结实性两大类。

二、判断

1. 初生菌丝、次生菌丝、三生菌丝都具有结实性，都可以发育成子实体。（　　　）

2. 食用菌中最常见的是伞菌，伞菌的子实体像花瓣一样。（　　　）

3. 食用菌生命活动过程中所需的营养物质有碳源、氮源、水分、矿质元素、生长因子、能源。（　　　）

4. 食用菌生长发育所需的水分绝大部分来自于空气相对湿度。（　　　）

5. 对绝大多数食用菌来说，一般菌丝体生长阶段温度比子实体生长阶段的温度要求高。（　　　）

三、简答

1. 试描述食用菌的形态特征。

2. 食用菌对营养物质有哪些要求？

3. 食用菌对生长环境有何要求？

4. 简述食用菌与生物环境的关系。

任务一　常见食用菌的识别

一、技能训练目标

观察食用菌菌丝体的生长状态，利用显微镜认识食用菌的营养体和繁殖体的微观结构，观察食用菌子实体的形态特征，了解和熟悉各种食用菌子实体的类型和特征。

二、材料用具

1. 材料

平菇、香菇、双孢蘑菇、草菇、金针菇、木耳、银耳、猴头菌、灵芝、蜜环菌等食用菌子实体或菌核浸制标本或干标本、鲜标本及部分食用菌的菌丝体、担孢子等。

2. 仪器工具

光学显微镜、接种针、无菌水滴瓶、染色剂（石炭酸复红或美蓝等）、酒精灯、75%酒精、火柴、载玻片、盖玻片、刀片、培养皿、绘图纸、铅笔等。

三、方法步骤

1. 菌丝体形态特征观察

（1）菌丝体宏观形态观察　①观察平菇、草菇、金针菇、香菇、木耳、银耳及香灰菌、蘑菇、猴头、灵芝等食用菌的试管斜面菌种或 PDA 平板上生长的菌落，比较其气生菌丝的生长状态，并观察菌落表面是否产生无性孢子。②观察菌丝体的特殊分化组织：蘑菇菌柄基部的菌丝束；蜜环菌的菌索；茯苓的菌核。

（2）菌丝体微观形态观察　①菌丝水浸片的制作：取一载玻片，滴一滴无菌水于载片中央，用接种针挑取少量子菇菌丝于水滴中，用两根接种针将菌丝拨散。盖上盖玻片，避免气泡产生。②显微观察：将水浸片置于显微镜的载物台上，先用低倍镜观察菌丝的分枝状态，然后转到高倍镜下仔细观察菌丝的细胞结构等特征，并辨认菌丝有无锁状联合的痕迹。

2. 子实体形态特征观察

（1）子实体宏观形态观察　仔细观察各种类型的食用菌子实体的外部形态特征，并比较各种子实体的主要区别，特别注意菌盖、菌柄、菌褶（或菌孔、菌刺）、菌环、菌托的特征，并对之进行比较、分类。

（2）子实体微观形态观察　①菌褶切片观察：取一片平菇菌褶置于左手，右手持刀片，横切菌褶若干薄片漂浮于培养皿的水中，用接种针选取最薄的一片制作水浸片，显微观察平菇担子及担孢子的形态特征。②有性、无性孢子的观察：灵芝担孢子水浸片观察（以上各类孢子的观察可用标本片代替）。

四、思考题

（1）描述菌丝体的生长状态，并画出所观察菌丝、无性孢子、担子及担孢子的形态结构图。

（2）绘制一种食用菌子实体的形态图。

（3）列表记述所观察各种类型食用菌子实体的形态特征。

菌名	菌盖或耳片				菌柄或耳根				
	形状	大小/mm	色泽	厚度/mm	色泽	长度	粗细	菌环有无	菌环位置

任务二　常见毒菌的识别

借助实物样本，分组看图片，看实物，提高毒菌的识别能力。

拓　展

拓展一　香魏蘑的生物学特性

香魏蘑属担子菌纲、伞菌目、侧耳属。香魏蘑是以南方香菇和新疆阿魏侧耳两个不同品种，通过"原生质体融合技术"杂交选育的一个新菇种。其菌肉肥厚，肉质嫩滑，味道鲜美，口感好。其菇体形态介于香菇与阿魏侧耳之间，多为丛生，朵大形美，色泽乳白带黄，菌褶延伸、水色，出菇密集，长势十分喜人。

栽培所需的营养物质，主要是为木质素和纤维素。一般可以安排春秋两季栽培。菌袋从接种到出菇45d，分批长菇，整个生产周期90~100d。

其生物学特性如下：

（1）形态特性　子实体单生或丛生，菌盖平，灰色至深灰色，直径2~15cm，表面有颗粒状突起，幼时盖缘内卷，成熟时呈波浪型；菌褶延生，密集，米黄色；菌柄白色，中实，中生。

（2）温度　属中低温型，菌丝生长温度范围10~32℃，最适温度23~28℃；出菇温度范围为10~25℃，最适温度15~20℃。

（3）水分　培养料含水量宜55%~60%；发菌阶段空气相对湿度宜70%~80%，出菇阶段应控制在85%~95%范围。

（4）光照　菌丝生长阶段不需要光照，在子实体分化和发育阶段需要一定的散射光。随着光线加强菌盖颜色不断加深。

（5）空气　香魏蘑为好氧性真菌，在菌丝生长和子实体生长阶段需要充足氧气。

（6）pH　菌丝生长适宜的pH为6~7。

拓展二 细胞融合新品种金凤 2-1 的生物学特性

金凤 2-1 是四川省农科院利用金针菇和凤尾菇的体细胞原生质体，采用细胞融合技术选育出来的优质高产、抗逆性强、广温型新品种。它兼有金针菇和凤尾菇的某些特征，营养丰富，食味鲜美，口感舒适，特别是氨基酸含量高，有很好的开发价值，是当前增智食品的又一新来源。

有关试验表明金凤 2-1 的母种培养基以氮源较丰富的松针、酵母膏、蛋白胨和加富培养基最好。培养料以杂木屑和锯棉混合料最好，其它较差。菌丝生长的温度范围是 5~35℃。最适 8~32℃。菌丝生长速度快、生活周期短、抗逆能力强，出菇整齐、朵数多，转潮快。光线强弱对菌丝生长无明显影响。菌丝在含水量为 65%左右的培养料中生长最好，出菇阶段空气相对湿度保持在 89%~93%能长成较大子实体。pH 5~6 时，生长最好。金凤 2-1 对细菌、绿霉、黑曲霉有较强的拮抗能力。

拓展三 案例——误食毒菌中毒事件

温州永嘉县桥下镇吴山村的潘老伯一家六口，半个月前因误食有毒野生菌中毒，至 2015 年 7 月 16 日中午已有 5 人去世，潘老伯 26 岁的外孙还在医院重症监护室治疗，仍处于深度昏迷状态。

潘老伯的外甥女黄少荣告诉澎湃新闻，6 人 2 日晚食用了从家附近山上摘来的约 1kg 野生蘑菇，次日凌晨，先后出现腹痛、呕吐，随后住院。"后来，县卫生监督所工作人员取走蘑菇汤汁化验，告诉我们是白毒鹅膏菌中毒。"已过世的是年过七旬的潘老伯和他妻子，以及他们 54 岁的儿子、48 岁的大女儿和 45 岁的小女儿。

"白毒鹅膏菌是我国比较常见的含剧毒菌种，一般食用 50g 就足以致命，毒素会随着血液循环，对肝、肾、血管内壁细胞、中枢神经系统造成损害，死亡率很高。"浙江省农科院园艺研究所食药用菌研发中心研究员金群力告诉澎湃新闻，因食用量不等，误服白毒鹅膏菌后的潜伏期在 6~48h，潘老伯家 5 人死亡的严重后果，与食用的是剧毒菌种且食用量大有关。

据他介绍，白毒鹅膏菌是鹅膏菌的一种，表面光滑，菌肉白色，菌柄细长呈圆柱形，基部膨大呈球形，内部实心或松软，菌托肥厚近苞状或浅杯状，夏秋季分散生长在林地上。

网络资料显示，2007 年 8 月，北京房山区 7 名外来务工人员误食白毒鹅膏菌中毒，2 人死亡；2011 年 9 月，山东泰安 7 人因误食淡玫红鹅膏菌中毒，3 人死亡；2014 年 6 月，湖南邵东县一名 9 岁男童误食灰花纹鹅膏菌死亡；同年 9 月，四川宜宾 3 名男童因误食鹅膏菌死亡。

许多毒菌与一些可食野生菌的外观极其相似，即使是专业人士，也难以用肉眼辨别。"判断蘑菇是否有毒，唯一可靠的方法是专业人员借助显微镜等工具对其形态、成分进行鉴定，各种民间鉴别法，如看颜色、形状、生长环境、分泌物类型，或闻气味，用葱蒜同煮观察颜色等都不可靠——这也是造成误食中毒的主要原因。"金群力表示。

金群力称，预防误食毒菌，主要是不随意采摘、购买、食用不认识的蘑菇，"市场上卖的野蘑菇，如果没吃过或不认识，也不要轻易食用。"一旦误食，出现恶心、呕吐等，要采用简易方法进行催吐处理，并尽快到医疗机构治疗。

拓展四　哪些人不宜多吃食用菌

黑木耳是我们常见的家常菜，也是传统的滋补品。因为它的健康特性，许多追求健康的人还会特意多吃，但并不是所有人都适合多吃黑木耳。

（1）黑木耳有活血的功效，它能降低血黏度，并能防止血小板凝集于血管壁，有助于防治动脉硬化、脑血管病和冠心病，是一种天然抗凝剂。但是，也正因为如此，有出血倾向的病人不宜用木耳进补。比如，发生脑出血后的人要少吃木耳，尤其是在脑出血发病后的前3个月内更要注意，即使脑出血康复后也不能大量食用。另外，在手术及拔牙前后，也要避免大量吃黑木耳，咯血、便血、鼻出血等患者也不宜食用。

（2）木耳富含膳食纤维，因此容易腹泻、消化功能差等脾胃虚寒的人要少吃木耳，否则可能会引起胃肠胀气、腹泻等不适症状。

（3）过敏体质的人也要少吃新鲜木耳，因为新鲜木耳中含有光敏物质卟啉，食后经阳光照射会发生日光性皮炎。而木耳经过加工干制，在曝晒过程中大部分卟啉会被分解掉，这样就安全多了。

以下几类人不宜吃黑木耳：

（1）有皮肤瘙痒等疾病患者勿食。

（2）菌类食用过敏者忌食，气郁体质、特禀体质忌食。

（3）泌尿系统疾病、传染性疾病、五官疾病、神经性疾病患者忌食。

项目三

食用菌制种技术

1. 掌握食用菌菌种的概念及分类；掌握菌种常见的保藏方法。
2. 熟悉食用菌制种技术中涉及的常用消毒灭菌方法；熟悉菌种复壮方法。
3. 了解母种、原种、栽培种及液体菌种的制作流程。

基本知识

重点与难点：食用菌菌种的概念及分类；消毒与灭菌的方法；菌种保藏方法，菌种复壮方法。

考核要求：掌握食用菌菌种的概念及分类；掌握消毒与灭菌的方法；掌握菌种保藏方法。

食用菌菌种是指经人工培养，可供进一步生长繁殖或栽培使用的纯双核菌丝体。食用菌菌种的种型通常分为两种，即固体菌种和液体菌种。固体菌种主要包括母种、原种和栽培种。其中，母种（也称一级菌种或试管种）是指经选育或分离得到的具有结实性菌丝体的纯培养物及其继代培养物；原种（也称二级菌种）是指由母种转接到木屑、棉籽壳、麦草、谷粒等为主的培养基上扩大培养而成的菌丝体纯培养物；栽培种（也称三级菌种）是指由原种转接扩大到相同或相似培养基上培养而成的菌丝体纯培养物，可以直接应用于生产。

食用菌制种技术是食用菌栽培的关键环节，其质量好坏直接关系到食用菌生产的成败。因此，选用优良菌株，掌握好制种技术，做好菌种保藏工作是食用菌生产中重要的技术环节。

制种条件

为了保证食用菌制种工作的顺利进行，必须选择布局合理的制种场地，具备必须的制种设备和制种工具。

一、制种场地

食用菌制种场地主要包括配料室、灭菌室、接种室、培养室、销售室以及库房等，具体的建造布局见图 3-1。其中，接种室、培养室等可以根据生产规模确定房间的具体数量，每个房间以 $15\sim20m^2$ 为宜；接种室和培养室外面可以设置缓冲间，以确保接种室和培养室的卫生。

图 3-1　食用菌制种场地的布局

二、常用制种设备

1. 拌料、装料和封口设备

（1）拌料设备　量少时一般采取人工拌料；量多时需要配备拌料机。常用的拌料机主要有三种，即桶式拌料机、开放式拌料机和行走式拌料机。

（2）装料设备　可以采用人工装料，规模较大时要有装瓶机或装袋机。目前，装料设备的机械化、自动化水平越来越高，已经由过去三人合作装袋的简易装袋机发展到单人即可操作的自动化装袋机。

（3）封口设备　一般采用手工绑口，也可以采用封口机封口。

2. 灭菌设备

根据灭菌压力的不同，食用菌制种灭菌设备主要分为高压蒸汽灭菌设备和常压蒸汽灭菌设备两类。

（1）高压蒸汽灭菌设备　高压蒸汽灭菌具有灭菌时间短、灭菌彻底等优势，但也存在着每次灭菌量少、设备投资较高等缺陷。目前，市面上常见的高压蒸汽灭菌设备见图3-2。

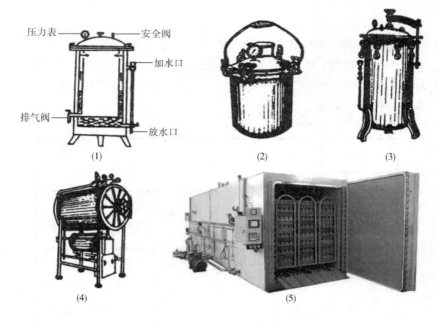

图3-2　高压蒸汽灭菌设备

1—高压蒸汽灭菌锅结构　2—手提式高压蒸汽灭菌锅　3—直立式高压蒸汽灭菌锅
4—卧式高压蒸汽灭菌锅　5—隧道式高压蒸汽灭菌锅

①手提式高压蒸汽灭菌锅：容量小，主要适用于母种培养基的灭菌。

②立式高压蒸汽灭菌锅：容量较小，主要适用于母种和少量原种培养基的灭菌。

③卧式高压蒸汽灭菌锅：容量较大，主要适用于原种和少量栽培种培养基的灭菌。

（2）常压蒸汽灭菌设备　常压蒸汽灭菌设备容量大，一次可灭菌500~4000kg干料，具有投资少、经济实用等优势，常用于栽培种培养基和栽培料的灭菌。但常压蒸汽灭菌所需时间长，相对高压蒸汽灭菌效果差。常见主要的常压蒸汽灭菌设备。

①简易常压灭菌灶：简易常压灭菌灶见图3-3，其是用一口直径110cm的铁锅和砖、水泥搭建灶台，在灶台上方用砖和水泥砌成方形或圆形的灭菌室。在灭菌

室下部预留加水口，安装一根铁管便于加水。在一侧预留有进出料口并制作木门封口。在搭建简易常压灭菌灶的过程中，要在灶仓内设层架结构，以便分层装入灭菌物品，保证蒸汽畅通；灶上要安装温度计，以便随时观察灶内温度的变化；因灭菌时间长，常压灶要设计加水装置；灶仓的密闭程度要高，以保证灭菌效果，这样也可以节省燃料。

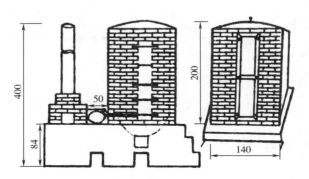

图 3-3　简易常压灭菌灶（单位：cm）

②蒸汽炉灭菌装置：蒸汽炉灭菌装置是由蒸汽炉和灭菌仓两部分所组成，彼此通过管道连接。其中，蒸汽炉是利用燃料或电能将水加热成水蒸气的机械设备。蒸汽炉有很多种规格，可以根据实际生产规模需要加以选用。常用的灭菌仓有两种，即灭菌房和灭菌包。灭菌房是由水泥、砖搭建而成的 10～20m² 房间，房间内设有可以密闭的金属门，同时还需要设有进气口、排气孔和温度计插孔。灭菌包是在离蒸汽炉 1～2m 处选择平整的地面，首先铺设防水和隔热材料（如先铺设一层竹竿或玉米秸，在其上铺 1～2 层塑料膜，再覆盖一层砖和麻袋等），留好蒸汽入口；之后排放料袋垒成方形或梯形，料袋之间要有孔隙，保证蒸汽通畅；然后在料堆上覆盖塑料膜，四周与下面的塑料膜折叠好，并用绳索将整个料堆外面捆扎几道，防止加热过程中蒸汽把覆盖物顶开；最后用砖或沙袋将四周压严，避免蒸汽泄漏。采用灭菌包灭菌时，一定要注意蒸汽的压力不能过大。

3. 接种设备

食用菌接种设备主要包括接种室、超净工作台和接种箱等。

（1）接种室　接种室的结构见图 3-4，其面积一般为 5～7m²。整个房间结构严密，墙壁和地面平整、光滑，便于擦洗、消毒；房间内设有操作台、紫外灯和日光灯，接种室外设有一间 2～3m² 装有紫外灯的缓冲间，方便操作人员更换衣帽、洗手。接种室具有空间较大、操作方便、接种速度快等优点，但由于操作人员需要进入房间接种，往往影响接种室的消毒效果。

（2）超净工作台　超净工作台分为两种，即直流式超净工作台和侧流式超净

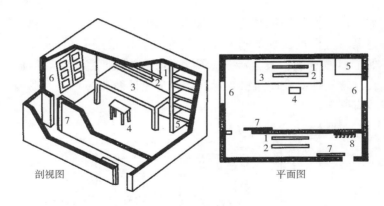

图3-4 接种室

1—紫外灯 2—日光灯 3—工作台 4—凳子 5—瓶架 6—窗 7—拉门 8—衣帽钩

工作台。超净工作台接种方便、舒适，但容量小、成本高，适用于食用菌母种和少量原种的接种。

（3）接种箱 接种箱是一种由木料和玻璃制成的密闭箱子，为生产中最经常使用的小型接种设备。接种箱的上部装有能启闭的玻璃窗；侧面开有两个直径15cm左右的圆孔，装有套袖，圆孔外侧设有活动挡板，以便不使用或熏蒸时密闭；箱内顶部安装有紫外灯和日光灯。接种箱的制作尺寸见图3-5。

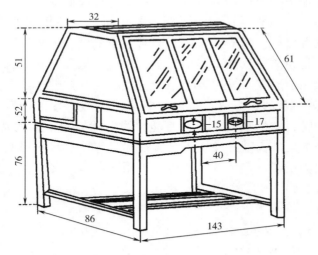

图3-5 接种箱（单位：cm）

接种箱制作成本低，便于彻底消毒，移动方便，适合制备各级菌种，但接种箱容积较小，操作略有不便。

4. 培养设备

食用菌培养设备主要包括电热恒温培养箱和培养室。

（1）电热恒温培养箱　电热恒温培养箱可以调节温度，适用于培养食用菌母种和少量原种。

（2）培养室　食用菌培养室要求清洁卫生，通风良好并配有调温设备，常用于原种、栽培种的培养。培养室内通常设置有培养架，便于提高空间利用率。培养架的尺寸一般为架高 2m 左右，设 5~7 层，层距 30~40cm，架宽 50~70cm，长度视房间大小而定。

三、制种用具

食用菌常用的制种用具主要包括：酒精灯、天平、电炉、水桶、盆、镊子、接种铲、试管、菌种瓶、菌种袋、漏斗、温度计、湿度计、量筒、磨口瓶、塑料绳、报纸以及 pH 试纸等。

第二节

消毒与灭菌

消毒与灭菌两者的意义有所不同。消毒一般是指杀死物体表面和环境中的部分微生物（不包括细菌的芽孢和霉菌的孢子）的过程；灭菌则是指杀死物体表面和内部所有一切微生物的营养体、芽孢和孢子的过程。

在食用菌栽培技术上，把空间中存在着的大量为害食用菌的微生物统称为杂菌。杂菌能通过多种渠道污染培养基和栽培料，使制种和栽培失败。因此，积极采取各种行之有效的措施做好培养基、栽培料和空间的消毒、灭菌工作，是保证制种和栽培成功的重要环节。

一、消毒

在食用菌生产上，常用的消毒方法主要分为两类，即物理消毒法和化学消毒法。

1. 物理消毒法

（1）紫外线消毒　紫外线消毒是一种利用紫外线照射杀灭微生物的方法。紫外线杀灭微生物的波长范围在 200~300nm，以 265~266nm 波长紫外线杀菌力最强。通过紫外灯照射，使环境中的菌体蛋白发生变性，菌体内的核酸、酶遭到破坏而死亡。同时，紫外线还可以促使空气中的氧气形成臭氧，臭氧也具有很强的杀菌作用。

紫外线虽然杀菌力强，但穿透力很差，不能透过普通玻璃、纸张和尘埃等，故只能用于物品表面和空气消毒。所需紫外灯的照射时间与空间大小、灯管功率有关。一般 10m² 的空间，用 30 W 的紫外灯照射 30min，之后隔 30min，等臭氧散去，即可进入工作。紫外线对人皮肤、眼结膜等均有损伤作用，照射过程中产生的臭氧也对人体有危害，因此不要在开启紫外灯的情况下工作。

（2）空气过滤除菌　空气过滤除菌是一种借助过滤介质机械地除去空气中所含有的微生物而取得无菌空气的方法。在食用菌生产上，空气过滤除菌的应用设备主要是超净工作台。超净工作台是采用鼓风机直接让空气增压后进入过滤器，经一两次过滤，即可除去空气中的微生物，使操作空间达到局部无菌的设备。

2. 化学消毒法

化学消毒法是指用化学药物作用于微生物，使其蛋白质变性，失去正常生理功能而死亡的消毒技术。在食用菌生产上，常用的化学消毒法有喷雾消毒、熏蒸消毒、擦拭消毒等。常用的主要消毒药品：

（1）75%酒精　75%酒精主要用于皮肤和食用菌菌种的表面消毒。

（2）高锰酸钾　高锰酸钾的常用浓度为 0.1%~0.2%，主要用于浸泡工具、塑料薄膜等包盖物的消毒。

（3）漂白粉　漂白粉的常用浓度为 2%~5%，主要用于地面、空间和水的消毒。

（4）气雾消毒剂　可以利用克霉灵、菇保一号等进行场地的熏蒸消毒，刺激性气味小，对人、畜毒性小，消毒时间短，使用方便，目前在食用菌栽培中应用较为普遍。

任何一种消毒剂的杀菌能力都是有限的，因此需要将不同的消毒剂交替使用或配合使用，这样可以提高杀菌效果，减少杂菌的抗药性或耐药性，缩短杀菌时间和维持药效稳定。

二、灭菌

1. 灭菌方法

在食用菌栽培技术中，经常采用热力灭菌法对各级菌种培养基、熟料栽培的栽培料以及接种用具进行灭菌。热力灭菌法主要包括湿热灭菌法和干热灭菌法两种。其中，湿热灭菌法是一种利用水蒸气或沸水杀死微生物的方法。一般根据灭菌压力的不同，将湿热灭菌法分为高压蒸汽灭菌法和常压蒸汽灭菌法两种。干热灭菌法也被分为两种，即火焰灭菌法和热空气灭菌法。

（1）高压蒸汽灭菌法　高压蒸汽灭菌法是将待灭菌的物品放在一个密闭的高压蒸汽灭菌锅内，通过加热使灭菌锅隔套间的水沸腾而产生大量蒸汽，蒸汽穿透力强，冷凝时释放出大量的能量，使生物体的蛋白质和核酸等内部的化学键破坏，导致死亡。因为蒸汽价格低廉、来源方便、效果可靠、控制简便，因此高压蒸汽灭菌常用于食用菌培养基、栽培料以及玻璃器皿的灭菌。

一般根据灭菌物品、灭菌量以及季节等确定高压蒸汽灭菌所需要的蒸汽压力和灭菌时间。母种培养基及玻璃器皿的灭菌，一般需用 $1.1 \sim 1.2 kg/cm^2$ 压力，温度约为 121℃，灭菌 30min 左右；原种和栽培种培养基灭菌时，通常需用 $1.4 \sim 1.5 kg/cm^2$ 的压力，温度约为 128℃，灭菌 $1.5 \sim 2.0h$；高温季节灭菌时间应长于低温季节。

（2）常压蒸汽灭菌法　常压蒸汽灭菌是将待灭菌的物品放在常压灭菌灶内，以自然压力蒸汽进行灭菌的方法。目前，常压蒸汽灭菌已广泛应用于栽培种培养基和栽培料的灭菌，灭菌温度一般维持在 97 ~ 105℃，灭菌时间因灭菌材料和灭菌仓容积的不同而有差异。装量适中，蒸汽顺畅时，冬天需要灭菌 8 ~ 10h，夏天需要灭菌 10 ~ 12h；装量较多或菌袋较大时，需要灭菌 12h 以上。

常压蒸汽灭菌的优点是灭菌仓容量大，一次可灭菌数百至数千袋，锅灶结构简单，可自行制造，成本较低。不足之处是灭菌所需时间长，能源消耗较多，容易发生灭菌不彻底的现象。

（3）火焰灭菌法　火焰灭菌是将能够耐高温的器物直接在火焰上烧灼，使附着在物体表面的微生物死亡的方法。在食用菌制种中，最常使用的灼烧用具是酒精灯。此法灭菌彻底、迅速简便，但使用范围有限，只适用于接种工具、试管口、菌种瓶口等的灭菌，也可用于焚毁严重污染的培养基和栽培料等。

（4）热空气灭菌法　热空气灭菌是利用高温空气使微生物细胞内的蛋白质凝固变性而达到灭菌目的的方法。微生物细胞内的蛋白质凝固与其本身的含水量有关。在菌体受热时，环境和细胞内的含水量越高，蛋白质凝固就越快；反之含水量越低，凝固越慢。因此，与高压蒸汽灭菌相比，干热灭菌所需温度更高（160 ~ 170℃），灭菌时间更长（1 ~ 2h）。

在食用菌制种中，热空气灭菌只适用于能耐高温的玻璃器皿、瓷器以及金属器械等的灭菌，不适用于含液体的培养基材料。少量物品的热空气灭菌通常在电热干燥箱内进行。如果待灭菌物品用纸包裹或带有棉塞时，必须严格控制温度不能超过 170℃，以免烤焦报纸和棉塞而引起火灾。

2. 培养基灭菌效果检验

（1）母种培养基灭菌效果检验　母种培养基灭菌后，在高压灭菌锅的不同部位随机抽取灭菌量3% ~ 5%斜面培养基，置于28℃恒温培养箱中培养3d。如果没有杂菌污染，则认为灭菌彻底。

（2）原种、栽培种培养基灭菌效果检验　原种、栽培种培养基灭菌后，在灭菌锅的不同位置随机抽取灭菌量1%菌种瓶（袋），置于28℃恒温培养箱中培养5 ~ 7d，检查是否有霉菌菌落生成。如果要检查是否有细菌存活，必须使用细菌培养基进行检测。如果所有培养基表面和内部均无变化，表明已达到灭菌目的；如果某一位置的菌种瓶（袋）中出现杂菌，可能是由于此处菌种瓶（袋）摆放过密，没有空隙，导致热蒸汽流通不畅，或灭菌锅结构不合理，出现"死角"等原因造成的，应根据具体情况进行改进；如果不分部位，大部分或全部菌种瓶（袋）中都出现杂菌，则可判定为灭菌温度或灭菌时间不够，需要对这批培养基重新进行灭菌，并注意提高灭菌温度或延长灭菌时间，以保证灭菌效果。

培养基灭菌效果的检验，不用每次都进行。通常只在使用新的灭菌设备或改换新的培养基配方时进行，以便及时调整灭菌温度或灭菌时间。

第三节

母种的制作

母种是指借助组织分离法或孢子分离法得到的最初菌种。由于通过菌种分离获得的原始母种数量有限，所以需要对母种进行扩大繁殖，这样才能满足生产需求。

一、母种培养基的制备

培养基是食用菌生长繁殖的物质基础，是指利用一些天然物质或化学物质按一定比例人工配制而成的，能够满足食用菌生长发育需求的营养基质。在食用菌菌种培养基的制作过程中，母种、原种以及栽培种所用的培养基均有所不同。

1. 常用的母种培养基

（1）马铃薯葡萄糖琼脂培养基（1000mL）　马铃薯200g、葡萄糖20g、琼脂20g。马铃薯葡萄糖琼脂培养基适用于多种食用菌母种的分离、培养和保藏。

（2）马铃薯棉籽壳综合培养基（1000mL）　马铃薯100g、棉籽壳100g、麸皮50g、葡萄糖20g、蛋白胨2~5g、磷酸二氢钾3g、硫酸镁1.5g、维生素B_1 10mg、琼脂20g。马铃薯棉籽壳综合培养基适用于多种食用菌的分离、培养和保藏。

（3）玉米粉蔗糖培养基（1000mL）　玉米粉40g、蔗糖10g、琼脂20g。玉米粉蔗糖培养基适用于香菇、金针菇菌丝体的生长。

（4）小麦琼脂培养基（1000mL）　小麦粒125g、琼脂20g。小麦粒需要预先在4000mL水中煮2h，静置后过滤，取滤液定容至1000mL。小麦琼脂培养基适用于双胞蘑菇的菌丝体生长。

（5）稻草浸汁培养基（1000mL）　稻草200g、蔗糖20g、硫酸铵3g、琼脂20g，pH 7.2~7.4。稻草浸汁培养基适用于草菇的菌丝体生长。

（6）马铃薯木屑综合培养基（1000mL）　马铃薯200g、木屑20g、蔗糖20g、麦芽糖10g、琼脂20g。马铃薯木屑综合培养基适用于多种木腐菌菌丝体的生长。

2. 母种培养基的制作方法

以马铃薯葡萄糖琼脂培养基为例，介绍食用菌母种培养基的制作方法，具体制作流程见图3-6。

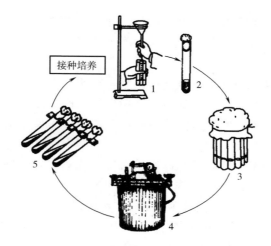

图 3-6　食用菌母种培养基制作流程
1—分装试管　2—塞棉塞　3—包扎　4—灭菌　5—摆斜面

（1）计算　根据马铃薯葡萄糖琼脂培养基的实际需求，计算各种物质的用量。

（2）称量　将马铃薯削去外皮，切成 2~3mm 厚的薄片。加水煮沸 30min，用八层纱布过滤。分别将葡萄糖、琼脂加入滤液中，在石棉网上加热使其溶解。待药品完全溶解后，补充水到所需体积。

（3）分装　将配制的培养基分装入配有棉塞的试管内中，分装高度以试管高度的 1/4 左右为宜。在分装过程中，注意不要使培养基沾在试管管口上，以免沾污棉塞而引起污染。

（4）包扎　加塞后，将全部试管用线绳捆好，在棉塞外包一层牛皮纸，以防止灭菌时冷凝水润湿棉塞。之后再用一道线绳扎好，并用记号笔注明培养基的名称和配制日期。

（5）灭菌　将上述培养基在 1.1~1.2kg/cm² 压力下灭菌 30min。

（6）摆斜面　待灭菌的培养基冷至 50℃ 左右，将试管口端搁在玻璃棒或其他合适高度的器具上，摆的斜面长度以不超过试管总长的一半为宜。

二、子实体组织分离

食用菌子实体具有较强的再生能力和保持亲本种性的特征，在其子实体上切取一小块组织，通过组织分离培养而获得母种的方法称为子实体组织分离法。

通常认为，利用菌柄与菌盖交界处的菌肉组织进行分离效果最好。但对于某些特殊种类食用菌，如灵芝，所取的部位是菌盖边缘的白色生长圈；金针菇是横切菌盖上部的菌肉或取未开伞的幼嫩子实体的菌褶片；而木耳等胶质菌类的菌肉更薄，子实体经无菌水反复冲洗后，撕开子实体或用刀片将两层耳片切开，在不孕面一侧挑取一小块菌肉组织，也可以从尚未展开的耳基顶端挑取一小块组织。另外，胶质菌类的组织分离也常采用基内菌丝分离法。子实体组织分离的具体方法如下：

（1）种菇的选择　种菇是指被选择出来进行组织分离的子实体。通常选择出菇期出菇较早、出菇整齐、特征典型、无病虫害、产量高的栽培袋，从中选择肥大、肉厚、4~6成熟的幼嫩子实体。种菇在分离前一天停止喷水，采后切去多余菇柄。

（2）接种场地消毒　种菇子实体组织分离操作可以在超净工作台、接种箱或接种室内进行。

①超净工作台：先用紫外灯照射30min，然后将种菇、接种工具及母种培养基放入超净工作台，开机运转20min后即可使用。

②接种箱或接种室：接种箱或接种室最常用的消毒方法是药物熏蒸消毒法。除种菇外，将接种用具及母种培养基放入接种箱或接种室内进行熏蒸，药物用量及消毒时间依据药物种类而定。

（3）接种　在无菌条件下，用手将菇体纵向撕开或在适当位置将种菇子实体剖开，用刀片或小镊子在适当部位切取或挑取一小块菌肉组织，迅速接入母种培养基中部，塞上棉塞。

（4）培养　在母种培养期间，一定要控制好环境的温度、湿度、空气和光线。一般经2~3d，组织块上即可萌发出大量的菌丝。当菌丝长满斜面培养基后，即为原始母种。

三、孢子分离

孢子是食用菌的有性繁殖单位。当食用菌的子实体生长成熟后，孢子即能自动从子实体中弹射出来。在无菌条件下，使食用菌孢子在适宜培养基上萌发，长成菌丝体从而获得纯菌种的方法称作孢子分离。

孢子分离法通常分为两步，即孢子的采集和孢子的分离。一般根据接入培养基孢子数量的不同，将孢子分离法分为单孢分离法和多孢分离法两种。

1. 孢子的采集

以伞菌类孢子的采集为例，一般选择出菇期出菇早、特征典型、生长健壮、成熟期适宜的第一、二潮优良个体作为种菇，通常采用整菇插种法采集孢子。

（1）孢子收集器的组装及灭菌　孢子收集器是由玻璃罩（顶部有孔）、搪瓷盘、培养皿、金属支架（插种菇用）和纱布等组成，其结构：在搪瓷盘内垫几层纱布，上面放置一个直径70~90mm培养皿，其内放入金属支架，培养皿外加盖玻璃罩，玻璃罩顶部孔口用棉塞塞好，具体结构见图3-7。将组装好的孢子收集器用双层纱布包起来，经高压蒸汽灭菌后备用。

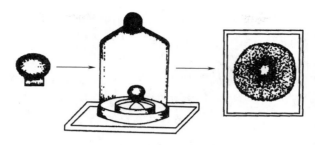

图 3-7 整菇插种法

（2）场地消毒 超净工作台或接种箱的消毒方法参见"子实体组织分离"。

（3）种菇消毒 先用75%酒精棉球对种菇表面进行消毒，之后再用无菌水反复冲洗三次，最后用无菌纱布吸干种菇表面的水分。

（4）收集孢子 用镊子夹住种菇菌柄，菌褶向下插于金属支架上，盖上玻璃罩。为了满足种菇开伞弹射孢子时的湿度要求和防止杂菌侵入，一般先在搪瓷盘纱布上倒少量无菌水。然后再将孢子收集器置于适宜温度下促进孢子弹射。经1~2d，即可在培养皿中看到种菇落下的孢子印。

在无菌条件下，将种菇连同金属支架一起拿掉，盖好培养皿盖，用透明胶带封上备用。若长期保存，需要放入低温冰箱内贮存。

2. 多孢分离法

多孢分离法是将多个孢子接种在同一培养基上，使其萌发，自由交配而获得纯菌种的方法。由于多个孢子间的种性互补，基本上可以保持亲本的稳定性。多孢分离法由于操作简易，因而在食用菌制种中应用普遍。常用的主要方法：

（1）斜面划线法 在无菌条件下，用接种环蘸取少量采集的孢子，自下而上"Z"字形划线接种在斜面培养基上，置于25℃恒温培养箱中培养。每天检查孢子的萌发情况，若发现有杂菌污染，应及时拣出；待孢子萌发出菌丝并自由结合后，选取长势旺盛的菌落转接于新的斜面培养基上，即可得到纯菌种。

（2）涂布分离法 在无菌条件下，用接种环蘸取少量孢子，放入装有无菌水的三角瓶中，充分摇匀，制成孢子悬浮液。取1~2滴孢子悬浮液滴于平板培养基上，用玻璃涂布器将其涂布均匀。待孢子萌发后，选取发育匀称、健壮、生长快的菌落，转接于新的斜面培养基上，继续培养，即可得到纯菌种。

以上两种方法制备的纯菌种，通过制备三级菌种，进行出菇试验，选择优良个体进行组织分离留种。

3. 单孢分离法

单孢分离法是将采集到的孢子，经过稀释，使孢子彼此分开，各个孢子单独萌发出菌丝，经组合配对而获得的纯菌种方法。单孢分离法由于操作简单、成功率高，因而在杂交育种及其他研究中应用普遍。常用的主要方法：

（1）稀释分离法 在无菌条件下，将收集到的孢子制成孢子悬浮液，用无菌水将孢子浓度稀释至每1mL含300～500个。吸取0.1mL孢子悬浮液，置于平板培养基上，用玻璃涂布器将其涂布均匀。一般孢子经5d左右，即可见到萌发出星芒状菌落，即有可能为单孢菌落。

（2）毛细管分离法　在无菌条件下，将孢子悬浮液稀释至孢子浓度为200～300个/mL。用无菌玻璃毛细吸管将孢子悬浮液滴一小滴于平板培养基上，尽量使每一滴内只含有一个孢子，从而达到单孢分离的目的。

（3）平板划线分离法　在无菌条件下，用接种环蘸取少量孢子稀释液，在平板培养基上划"Z"字线，在"Z"字线末端生长的单菌落，即有可能为单孢菌落。

一般来说，对于同宗结合的食用菌（如草菇、双孢蘑菇），通过单孢分离法获得的菌种，经出菇试验后即可直接用于生产；而对于异宗结合的食用菌，这种由单孢子发育而来的单核菌丝，还需要进行人工杂交，选取优良组合，然后制备三级菌种并进行出菇试验，表现优良的个体进行组织分离后才能用于生产。

四、母种的转接

由于分离或引进的原始母种数量有限，不能满足生产的需求，因而需要对母种进行转接。但母种的转接次数不能太多。原始母种通常允许转接3～4次，这些转接母种被称为继代母种，主要用于繁殖原种和栽培种。

1. 转接场地消毒

母种转接场地的消毒方法参照"子实体组织分离法"。

2. 接种

接种是指在无菌条件下，将菌种转接到新鲜适宜培养基上的操作。接种前，先将双手和母种试管外壁表面用75%酒精棉球消毒，之后用接种铲铲取一小块母种斜面，迅速转移到新的试管斜面培养基中部，具体操作见图3-8。如此反复操作，1支母种可以转接30～50支继代母种。

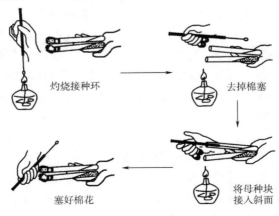

灼烧接种环　　　　　去掉棉塞

将母种块接入斜面

塞好棉花

图3-8　母种的转接

3. 培养

培养条件参照"子实体组织分离法"。母种一般经 10d 左右即可长满斜面培养基，然后再将其置于 2~4℃冰箱中冷藏备用。

第四节

原种的制作

原种是由母种扩大繁殖而成，通常可用于制作栽培种或者直接用于接种栽培袋。

一、原种培养基的制备

1. 常用原种培养基

相对于母种培养基，原种培养基配方较多，对于不同的食用菌，应选择适宜的配方。一般分解木质素能力强的食用菌（如香菇、木耳等），多采用木屑培养基；分解纤维素能力强的食用菌，多采用棉籽壳培养基；草腐型食用菌，多采用粪草料培养基。

（1）木屑培养基

①木屑麸皮培养基：木屑 78%、麸皮（或米糠）20%、蔗糖 1%、石膏粉 1%，含水量 55%~60%。木屑麸皮培养基适宜木腐菌的生长，为木腐菌原种的通用培养基。

②木屑蔗渣培养基：木屑 45%、蔗渣 40%、米糠 10%、过磷酸钙 2%、蔗糖 1%、石膏粉 2%，含水量 65%。木屑蔗渣培养基适宜木腐菌的生长。

（2）棉籽壳培养基

①棉籽壳麸皮培养基：棉籽壳 78%、麸皮 20%、蔗糖 1%、石膏粉 1%，含水量 60%~65%。棉籽壳麸皮培养基适宜多数食用菌的生长，为食用菌原种的通用培养基。

②棉籽壳牛粪粉培养基：棉籽壳 77%、牛粪粉 20%、石膏粉 1%、石灰 2%，含水量 60%~65%。棉籽壳牛粪粉培养基适宜双孢蘑菇的生长。

（3）棉籽壳木屑培养基　棉籽皮 50%、木屑 32%、麸皮 15%、蔗糖 1%、石膏粉 1%、过磷酸钙 0.5%、尿素 0.5%，含水量 60%~65%。棉籽壳木屑培养基适宜多数木腐菌的生长。

（4）谷粒培养基

①麦粒培养基：小麦（或大麦、燕麦）98%、石膏粉 2%。麦粒培养基适宜多数食用菌的生长。

②谷粒培养基：谷粒（小麦、大麦、燕麦、高粱、玉米等）97%、碳酸钙

2%、石膏粉 1%。谷粒培养基适宜除银耳外的多数食用菌生长，尤其适宜双孢蘑菇。

③麦粒木屑（或棉籽壳）培养基：小麦（或大麦、燕麦）65%、杂木屑（或棉籽壳）33%、石膏粉 2%。麦粒木屑（或棉籽壳）培养基适宜各种食用菌的生长，效果与麦粒培养基相近。

2. 原种培养基制作方法

（1）选定配方　根据食用菌选定合适的配方，按配方组成称取各种物质。

（2）培养基配制

①棉籽壳和木屑培养基：先将蔗糖、石膏粉等加入水中混匀，之后再倒入其他物质，充分搅拌均匀，堆闷 2h 左右备用。以用手紧握培养料，指缝间有水渗出而不下滴为宜。

②谷粒培养基：用清水将谷粒冲洗干净。之后，小麦、大麦、燕麦浸泡 12h 左右，稻谷浸泡 2~3h，玉米粒浸泡 40h 左右。然后，加水超过谷粒表面，煮开锅后，再小火煮 5~30min，使谷粒充分煮透（胀而不破，切开后无白心）。最后，用清水冲洗冷却后，沥去谷粒表面的水分，加入其他物质，搅拌均匀，备用。

（3）装瓶封口　将配制好的培养基装入 750mL 罐头瓶或专用塑料菌种瓶中。棉籽壳和木屑培养基装至瓶肩处，谷粒培养基装量适当少些。制备棉籽壳和木屑培养基时，用直径 1.5~2cm 的锥形木棒在瓶中央打孔至瓶底。罐头瓶多采用两层报纸和一层聚丙烯塑料膜封口；专用塑料菌种瓶采用能满足过滤除菌和透气要求的无棉塑料盖或棉塞封口。

（4）灭菌　分装好的原种瓶应立即灭菌。通常采用高压蒸汽灭菌法，灭菌压力为 1.4~1.5kg/cm^2，灭菌时间为 1.5~2h；谷粒培养基需延长灭菌时间至 2.5~3h。

二、接种

1. 接种场地消毒

将灭菌后的原种培养基和接种用具（如酒精灯、接种钩等）放入接种箱、接种室或超净工作台内进行消毒，具体方法参照"子实体组织分离法"。

2. 接种

在无菌条件下，先将母种试管口的棉塞取下。之后，用接种钩将母种斜面横切，分成 4~6 份，并将其固定在接种架上。然后，左手持原种瓶，右手取下封口材料，用接种钩取一份母种，迅速置于培养基中部，封好口，具体操作见图 3-9。如此反复，每支母种可以接种原种 4~6 瓶。如果用罐头瓶作容器，接种时只能掀开其封口膜的一个角，一定要尽量防止杂菌在操作过程中的侵入。

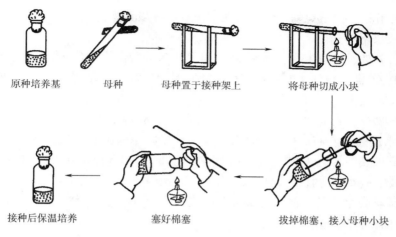

原种培养基　　母种　　母种置于接种架上　　将母种切成小块

接种后保温培养　　塞好棉塞　　拔掉棉塞，接入母种小块

图 3-9　母种接种原种

三、培养

由于原种数量较大，所以通常采用培养室进行培养。原种的培养条件与母种基本相同。在培养过程中，一定要定期检查杂菌的发生情况。一般每 5~7d 检查一次，发现原种受到污染，应立即淘汰并隔离污染源。多数食用菌菌丝体，在适宜温度下，40d 左右即可长满原种瓶。当菌丝体在原种瓶内长满后，再继续培养 3~5d，使菌丝体充分积累营养，更加洁白、浓密。培养好的原种应尽快使用，或置于低温、干燥、避光的贮藏室内短期保存。

第五节

栽培种的制作

栽培种是将原种转接到相同或相似的培养基上扩大培养而成的菌种。由于栽培种直接应用于生产，使用量大，不易长期保存，因此制种时间和制种数量需要根据生产季节和生产规模来按计划进行。

一、栽培种培养基的制备

1. 常用栽培种培养基

栽培种培养基可以与原种培养基完全相同，也可以采用枝条培养基。枝条培养基是近年来应用越来越广泛的一类新型栽培种培养基，主要适用于分解木质素能力较强的木腐菌（如香菇、木耳、杏鲍菇、白灵菇、平菇等）栽培。

以下列出除原种培养基之外的其他常用栽培种培养基：

（1）枝条培养基

①枝条 77%、木屑 13%、米糠 8%、蔗糖 1%、石膏粉 1%，含水量 60% 左右。将枝条用 1% 蔗糖水浸泡 12h，再与其他物质混合。该枝条培养基适宜于香菇、木耳等的生长。

②枝条 77%、米糠 20%、蔗糖 1%、石膏粉 1.8%、磷酸二氢钾 0.1%、硫酸镁 0.1%，含水量 60% 左右。该枝条培养基适宜于多种木腐菌的生长。

③枝条 90%、木屑 7.8%、麸皮 2%、白糖 0.1%、石膏粉 0.1%，含水量 60% 左右。该枝条培养基适宜于多种木腐菌的生长。

（2）棉籽壳培养基　棉籽壳 88%、麸皮或米糠 10%、石膏粉 2%，含水量 60% 左右。棉籽壳培养基适宜于多数食用菌的生长。

（3）玉米芯培养基　玉米芯 78%、麸皮 20%、蔗糖 1%、石膏粉 1%，含水量 60%~65%。玉米芯培养基适宜于黑木耳、平菇等的生长。

（4）稻草培养基　稻草 78%、麸皮或米糠 20%、石膏粉 1%、石灰 1%，含水量 60%~65%。将稻草铡成 3cm 左右的小段，浸水 1~2d，吸足水分后捞起，沥至不滴水，加入其他物质拌匀。稻草培养基适宜于草腐菌的生长。

（5）粪草培养基　发酵麦秆 72%、发酵牛粪粉 20%、麸皮 5%、蔗糖 1%、过磷酸钙 1%、石膏粉 1%，含水量 62%~65%。粪草培养基适宜于双孢蘑菇的生长。

（6）玉米芯木屑培养基　玉米芯 55%、木屑 25%、麸皮 18%、蔗糖 1%、石膏粉 1%，含水量 60%~65%。玉米芯木屑培养基适宜于猴头食菌的生长。

2. 栽培种培养基制作方法

以枝条培养基为例，介绍栽培种培养基的制作方法。

（1）枝条的选择与处理　栽培种培养基通常选用木纹正直、质地疏松的阔叶树（如泡桐、杨树、枫杨等）树干、枝杈作为加工材料，有时也可以选用一次性筷子和雪糕棍进行生产。一般，枝条的直径为 3~10mm，长 2~18cm。

枝条在使用前需要进行处理。首先需要将枝条用清水浸泡 12~36h，直到枝条完全泡透、没有白心为止。之后去掉压覆物，加入 2% 生石灰调节酸碱度。然后将枝条捞出、沥干水分备用。若枝条浸泡不透，则容易出现灭菌不彻底、吃料慢及污染率高等问题。

（2）培养基配制　将其他辅料混合均匀后，填充进枝条间隙，以利于食用菌栽培种的生长。

（3）装瓶（袋）及封口　一般先向菌种瓶（袋）中装入 0.5~1cm 厚的辅料，再整齐装入以枝条为主的培养基，最后在表面覆盖 0.5~1cm 厚的辅料。目前生产上普遍采用高压聚丙烯塑料袋或低压聚乙烯塑料袋作为栽培种容器。常用的菌种袋规格为折径 15~17cm，长 32~40cm。较短的料袋一端开口，每袋装干料 250~300g；较长的料袋两端开口，每袋装干料 500g 左右。为了防止枝条扎破菌种袋，可以采用双层袋制种。菌种袋的封口方法主要有两种：一是先在袋口套颈圈，之后把塑料膜翻下来，塞上棉塞，包上包头纸或直接封无棉塑料盖；二是直接用绳绑紧，尽量排出袋内多余的空气，防止灭菌时胀袋及灭菌后的冷空气进入。

（4）灭菌　栽培种培养基如果采用高压蒸汽灭菌，灭菌压力和时间与原种培养基基本相同。如果量大时，可以采用常压蒸汽灭菌。当灭菌仓内温度达到100℃左右时，开始计时，灭菌8~10h以上。

二、接种

1. 接种场地消毒

将灭菌后的栽培培养基和接种用具（接种匙或大镊子等）一起放入接种箱或接种室内，消毒方法参照"子实体组织分离法"。

2. 接种

在无菌条件下，首先将去除封口材料的原种瓶置于瓶架上，之后左手持栽培种培养基，右手拔去棉塞，用大镊子把原种扒成1~2cm的小块，接于栽培种培养基上或用接种匙取一匙接种于栽培种培养基上，封好口，具体操作见图3-10。一般，每瓶原种可大约转接栽培种50瓶或20袋。

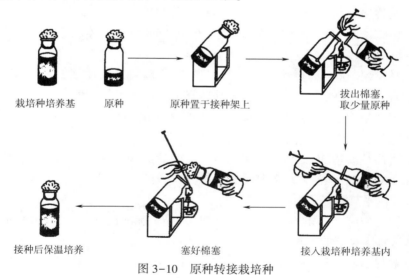

栽培种培养基　　原种　　原种置于接种架上　　拔出棉塞，取少量原种

接种后保温培养　　塞好棉塞　　接入栽培种培养基内

图3-10　原种转接栽培种

三、培养

栽培种的培养方法及要求与原种基本相同。由于栽培种用量大，不易保藏，培养好后应立即使用，否则极易老化或出菇。枝条培养基通透性好，菌丝体生长迅速，但长满后需要再经过7~10d的后熟期使用最佳。

第六节

液体菌种的制作

液体菌种是指采用液体培养基培养而得到的呈絮状或球状的纯双核菌丝体。液体菌种没有级的分别，既可以作为母种使用，也可以作为原种或栽培种使用，极大地简化了生产工艺。目前，液体菌种的生产方式主要有两种，一种是摇床三角瓶振荡培养，另一种是利用发酵罐进行深层发酵培养。

虽然液体菌种具有生产周期短、菌龄整齐、菌丝体繁殖快、中途随时可以补充养分及调节酸碱度、便于机械化接种等优势，但也存在着生产设备投资较大、技术要求高、菌种易老化自溶、不便于运输和保藏等缺点。因此，目前液体菌种仅仅在一些大中型企业中有应用。

一、常用液体菌种培养基

常用的主要液体菌种培养基：

（1）马铃薯 100g、麸皮 30g、红糖 15g、葡萄糖 10g、蛋白胨 1.5g、磷酸二氢钾 1.5g、硫酸镁 0.75g、维生素 B_1 0.1g、水 1000mL。该液体培养基适宜于多种食用菌的生长。

（2）马铃薯 100g、葡萄糖 20g、蛋白胨 2g、磷酸二氢钾 0.5g、硫酸镁 0.5g、氯化钠 0.1g、水 1000mL。该液体培养基适宜于多种食用菌的生长。

（3）玉米粉 30g、蔗糖 10g、磷酸二氢钾 3g、硫酸镁 1.5g、水 1000mL。该液体培养基适宜于平菇、香菇、猴头等多种食用菌的生长。

（4）可溶性淀粉 30~60g、蔗糖 10g、磷酸二氢钾 0.75g、硫酸镁 1.5g、酵母膏 1g、水 1000mL。该液体培养基适宜于平菇、香菇、草菇、猴头木耳等多种食用菌的生长，以平菇最为适宜。

（5）豆粉 20g、蔗糖 20g、磷酸二氢钾 0.75g、硫酸镁 0.3g、水 1000mL。该液体培养基适宜于灵芝的生长。

（6）麸皮 20g、玉米粉 5g、葡萄糖 5g、麦芽糖 10g、黄豆饼粉 10g、维生素 B_1 1mg、水 1000mL。该液体培养基适宜于香菇的生长。

（7）玉米粉 20g、葡萄糖 20g、蛋白胨 10g、酵母粉 5g、磷酸二氢钾 1g、硫酸镁 0.5g、水 1000mL。该液体培养基适宜于蛹虫草的生长。

（8）玉米粉 50g、麸皮 10g、酵母粉 5g、葡萄糖 20g、磷酸二氢钾 1g、硫酸镁 0.5g、碳酸钙 2g、维生素 B_1 1mg、水 1000mL。该液体培养基适宜于金针菇的生长。

二、液体培养基的制作方法

液体培养基的制作方法参照"母种培养基的制作方法"。

三、液体菌种的制作

1. 摇床三角瓶振荡培养法

摇床三角瓶振荡培养法适用于固体菌种（主要是栽培种）的接种，也可供发酵罐接种，或用于转接三角瓶。具体方法如下：

首先将含有 10~15 粒小玻璃珠的 100~150mL 培养基装入 500mL 三角瓶内；用 8 层纱布或透气封口膜封口，外加一层牛皮纸包扎。然后将该三角瓶在 1.1kg/cm² 压力下灭菌 30min。在无菌条件下接种，每只母种斜面接 10 瓶左右。适宜温度下静止培养 2~3d；当气生菌丝延伸到培养液中时，置摇床上进行振荡培养 72~96h，振荡频率为 80~100 次/min。培养结束时，培养液清澈透明，其中悬浮着大量的小菌丝球并伴有各种食用菌特有的香味。培养好的液体菌种一般在 12~15℃ 下保存 2~3d，在 10℃ 以下可保存 3~5d。

2. 液体深层发酵培养法

液体深层发酵培养法是一种利用发酵罐生产液体菌种的方法。它包括四大系统，即温控系统、供气系统、冷却系统和搅拌系统。液体菌种深层发酵培养的工艺流程如图 3-11 所示。

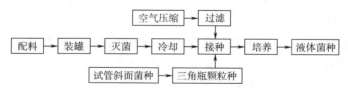

图 3-11　液体菌种的生产工艺流程

菌种的鉴定、保藏与提纯复壮

一、菌种的鉴定

菌种质量的好坏直接关系到食用菌栽培技术的成败。目前，对食用菌菌种鉴定的技术手段主要有直接观察、显微镜镜检、生活力测试和出菇试验等。

1. 直接观察

直接观察就是利用肉眼直接观察培养好的食用菌菌种。一般优质的食用菌菌种应具备以下特征：

（1）菌种纯正、无杂菌污染。

（2）绝大多数食用菌的菌丝为纯白色，有光泽，生长均匀整齐，连接成块，具有弹性。

（3）菌丝粗壮，生长势强。

（4）培养基湿润，与瓶（袋）壁紧贴，无干缩、松散和积液现象。

（5）菌龄适宜，菌丝不老化变色，无吐黄水现象，无原基或幼菇形成。

2. 显微镜镜检

显微镜镜检是指在显微镜下观察食用菌菌丝体。一般优质的食用菌菌种应具备以下特征：

（1）菌丝粗且分枝多。

（2）细胞质浓度高且颗粒多。

（3）菌丝有隔膜。

（4）有锁状联合的食用菌锁状联合明显。

3. 生活力测试

生活力测试是指将食用菌菌种转接到新的培养基上。优质菌种应具备以下特征：

（1）菌丝体萌发和吃料快，生长迅速，整齐浓密。

（2）菌丝体健壮，生长势强。

4. 出菇试验

出菇试验是指将食用菌菌种扩大后，进行出菇试验，观察菌丝体生长和出菇情况。一般优质菌种应具备以下特征：

（1）菌丝体生长快且长势强。

（2）出菇早且整齐，产量高且子实体态正常。

（3）转潮快且出菇潮次多。

（4）抗性强，病虫害发生少。

出菇试验评价优质食用菌菌种最有说服力，但测试所需花费时间比较长。

二、菌种的保藏

为了尽可能保持食用菌原有的性状和活力，防止食用菌菌种变异、退化、死亡以及杂菌污染，应积极采取措施对优质食用菌菌种进行保藏。菌种保藏的基本原理是借助各种物理、化学条件（如低温、干燥、缺氧、避光和缺乏营养等），最大限度地降低食用菌菌种的代谢强度，抑制菌丝的生长和繁殖，使其长期处于休眠状态，以长期保存其生活力。目前，常用的食用菌菌种保存方法主要有以下几种。

1. 母种的保藏

（1）斜面低温保藏法　斜面低温保藏法是最常用的一种母种保藏法，保藏温度为2~4℃，每3~6个月转管一次。这种保藏方法由于菌丝体代谢仍较旺盛，试管内培养基易失水变干，因此保藏时间较短。同时，母种转管次数较多，菌种容易发生变异，也不适用于食用菌长期保存。

（2）液体石蜡保藏法　液体石蜡保藏法是在培养好的母种斜面上灌注一层无菌液体石蜡，液体石蜡的用量以高出斜面顶端1cm为宜，以橡皮塞代替棉塞封口。由于液体石蜡能阻止固体培养基水分的蒸发、阻断外界空气的进入，因而能延长食用菌母种的生命，长期保持菌种的优良性。将灌注液体石蜡的母种置于低温冰箱冷藏，保藏期可长达5年以上，特别适合食用菌母种的长期保藏。

另外，食用菌母种还有孢子保藏法、沙土管保藏法、液氮超低温保藏法等。

2. 原种和栽培种的保藏

通常，原种和栽培种长好后应立即使用，无须保藏。特殊情况必须保藏时，可以将原种或栽培种置于低温、避光、干燥的条件下，但保藏时间不宜过长。

三、菌种的退化与提纯复壮

菌种退化是指食用菌菌种在传代、保藏和长期栽培过程中，某些原来的优良性状逐渐消失或变弱，从而出现菌丝体长势弱、抗性差、出菇迟、品质劣的现象。食用菌菌种的退化一般被分为两种，即可逆退化和不可逆退化。可逆退化可以通过提纯复壮恢复其优良特性；不可逆退化则无法恢复，在生产上应及时淘汰。

1. 菌种退化的原因

（1）遗传变异　食用菌菌种种性较差或不稳定，出现极性变化与单核化，改变了原有的遗传特性；或在栽培过程中与其他品种食用菌杂交，发生了基因重组，从而造成不确定的性状改变。食用菌菌种由遗传性造成的退化是不可逆的，无法复壮。

（2）不良环境条件　在食用菌菌种制作和栽培过程中，由于长期处于不良的环境条件下（如营养、温度、湿度、光线、酸碱度等），不能满足食用菌生活需要，使杂交菌株双亲的核比例失调，其中一个亲本核发育正常，且逐渐占据优势，而另一个亲本的核可能不适应而逐渐减弱，最终在栽培中表现为退化，不能表现出优良种性。

（3）感染病毒　在食用菌菌种制作和栽培过程中，菌丝体被病毒感染，病毒随着菌丝体扩大繁殖而增加，当菌种携带一定浓度的病毒时，就会干扰食用菌的正常代谢，栽培种表现出减产、品质下降等退化现象。

（4）自然退化　在食用菌菌种继代过程中，由于转接代数太多和长期栽培，个体的菌龄越来越大，新陈代谢机能逐渐降低，导致优良性状逐渐退化。

2. 菌种的提纯复壮

（1）菌丝尖端分离　在显微镜下应用显微操作器把食用菌菌丝尖端切下，转移至新的培养基上培养，这样可以保证菌种的纯度，并且可以起到脱病毒的作用，使食用菌菌种恢复原来的生活力和优良种性，达到提纯复壮目的。

（2）优选分离　在栽培过程中，选择优良的个体及时进行组织分离，尽可能保留原始种，并妥善保存。

（3）适当更换培养基　在菌种转接、保藏的过程中，适当更换培养基配方，配制营养成分丰富的培养基，对因营养基质不适而衰退的菌种有一定的复壮作用。

（4）有性繁殖　菌种分离时，有计划地交替使用无性繁殖和有性繁殖。长期无性繁殖，菌种会逐渐衰退，而有性繁殖产生的孢子，具有丰富的遗传特性。因此，可以从有性繁殖获得的后代中选择具有该品种优良性状的新菌株代替旧菌株，达到复壮的目的。

习　题

一、名词解释

（1）母种　（2）原种　（3）栽培种　（4）子实体组织分离法

二、填空

1. 热力灭菌法主要包括＿＿＿＿＿＿＿＿和＿＿＿＿＿＿＿＿两种。

2. 常用食用菌母种单孢分离法包括＿＿＿＿＿＿＿＿、＿＿＿＿＿＿＿＿和＿＿＿＿＿＿＿＿。

3. 食用菌菌种鉴定常用的技术手段包括＿＿＿＿＿＿＿、＿＿＿＿＿＿＿、＿＿＿＿＿＿＿和＿＿＿＿＿＿＿等。

三、简答

1. 简述消毒和灭菌的区别及其常用方法。

2. 简述菌种保藏的基本原理及常用方法。

3. 简述菌种退化的主要原因及其提纯复壮的主要措施。

技能训练

任务一　食用菌母种的制作

【目的要求】

1. 熟悉食用菌母种培养基制作的基本原理与方法。

2. 掌握食用菌母种转接的基本步骤。

【基本原理】

食用菌母种（一级菌种）是指借助组织分离法或孢子分离法得到的最初菌种。由于食用菌母种多用试管作为容器，所以也常被人们称为试管种。食用菌母种的制作过程通常包括培养基的配制、灭菌和接种培养三个阶段。

【仪器与材料】

1. 菌种

香菇菌种斜面。

2. 实验仪器

高压蒸汽灭菌锅、超净工作台、电热恒温培养箱、电炉。

3. 培养基配方

马铃薯葡萄糖琼脂培养基（1000mL）：马铃薯200g、葡萄糖20g、琼脂20g。

4. 其他

药匙、烧杯、量筒、试管、酒精灯、纱布、称量纸、托盘天平、玻璃棒、石棉网、接种铲、牛皮纸、线绳等。

【训练内容】

1. 培养基的制作

（1）计算　根据马铃薯葡萄糖琼脂培养基的实际需求，计算各种物质的用量。

（2）称量　将马铃薯削去外皮，切成2~3mm厚的薄片。加水煮沸30min，用八层纱布过滤。分别将葡萄糖、琼脂加入滤液中，在石棉网上加热使其溶解。待药品完全溶解后，补充水到所需体积。

（3）分装　将配制的马铃薯葡萄糖琼脂培养基分装入配有棉塞的试管内中，分装高度以试管高度的1/4左右为宜。在分装过程中，注意不要使培养基沾在试管管口上，以免沾污棉塞而引起污染。

（4）包扎　加塞后，将全部试管用线绳捆好，在棉塞外包一层牛皮纸，以防止灭菌时冷凝水润湿棉塞。之后再用一道线绳扎好，并用记号笔注明培养基的名称和配制日期。

2. 培养基的灭菌

马铃薯葡萄糖琼脂培养基配制好之后应立即灭菌。选用手提式高压蒸汽灭菌锅灭菌，灭菌压力为$1.1~1.2kg/cm^2$，灭菌时间为30min。

手提式高压蒸汽灭菌锅的使用步骤如下：

（1）将内层灭菌桶取出，向外层锅内加入适量的水，使水面与三角搁架相平。

（2）放回灭菌桶，装入待灭菌的培养基。不要装得太挤，以免妨碍蒸汽流通影响灭菌效果。

（3）将灭菌锅锅盖上的排气软管插入内层灭菌桶的排气槽内。盖上灭菌锅的锅盖，同时以两两对称的方式旋紧相对的两个螺栓，使螺栓松紧一致，勿使漏气。

（4）用电炉加热灭菌锅，同时打开排气阀，使水沸腾以排除锅内的冷空气。

冷空气的排除是否完全非常关键，若灭菌锅内留有冷空气，就会造成假相蒸汽压（表3-1），造成灭菌不彻底。待冷空气完全排尽后，关上排气阀，让锅内温度随蒸汽压力的增加而逐渐上升。当锅内压力升到所需压力时，控制热源，维持压力至所需时间。

表3-1　　　　　　　　高压蒸汽灭菌锅内排气程度与温度的关系

蒸汽压力/MPa	完全排出	排出2/3	排出1/2	排出1/3	完全不排
0.034	109	100	94	90	72
0.069	115	109	105	100	90
0.103	121	115	112	109	100
0.138	126	121	118	115	109
0.172	130	126	124	121	115
0.207	135	130	128	126	121

（5）灭菌所需时间到后，切断电源，让灭菌锅温度自然下降，当压力表的压力降至0时，打开排气阀，旋松螺栓，打开盖子，取出培养基。如果压力未降到0，打开排气阀，就会因锅内压力突然下降，使容器内的培养基由于内外压力不平衡而冲出，造成棉塞沾染培养基而发生污染。

（6）待试管内的培养基冷却至50℃左右，将试管口端搁在玻璃棒或其他合适高度的器具上，摆的斜面长度以不超过试管总长的一半为宜。

3. 接种与培养

将马铃薯葡萄糖琼脂斜面放入超净工作台，开启紫外灯照射30min后，关闭紫外灯，打开超净工作台风机进入接种环节。正确的接种步骤如下：

（1）在待接种试管上贴上标签，注明菌名、接种日期等信息。转动棉塞，以备接种时容易拔取，点燃酒精灯。

（2）将香菇菌种管和待接种试管用左手大拇指和其他四指握在手中，斜面向上，并使它们位于水平位置；先将接种铲在酒精灯火焰上烧热，然后将其斜持，沿铲向上将能深入试管的金属柄部分来回通过火焰数次。

（3）用右手的无名指、小指和手掌取下菌种管和待接种试管的棉塞，将灭菌接种铲伸入菌种管中，于无菌处冷却，轻轻铲取火柴头大小的一块菌丝块，再将接种铲移出。在火焰旁迅速放入待接种试管斜面中部。移出接种铲，将菌种管和待接种试管的试管口在火焰上迅速灼烧后，在火焰旁将棉塞塞上。

（4）接种完毕，将接种铲在火焰上灼烧灭菌，以免使接种的菌丝扩散，造成环境污染。

（5）将接种完毕的试管放入适宜培养箱中培养。一般培养2d左右，检查有无杂菌生长，培养7~10d母种菌丝即可长满斜面。

【训练结果】

通过培养，在试管斜面上应长出洁白、粗壮的菌丝体，说明接种成功。若在试管斜面上出现有光泽，黏液状培养物或呈黄、绿、灰、黑等毛状物时，即是污染，不能使用。

任务二　食用菌组织分离

【目的要求】

1. 熟悉食用菌组织分离的基本原理。

2. 掌握食用菌组织分离的具体流程。

【基本原理】

组织分离是指在食用菌子实体上切取一小块组织进行分离培养菌种的方法。菇体组织是菌丝体的扭结物，具有很强的再生能力，将它转接在母种培养基上，经过适宜温度培养，即可得到能保持原来菌株性状的母种。

【仪器与材料】

1. 菌种

香菇。

2. 实验仪器

超净工作台、电热恒温培养箱。

3. 其他

马铃薯葡萄糖琼脂培养基斜面、酒精灯、镊子、接种针、酒精棉球等。

【训练内容】

香菇的组织分离步骤如下：

（1）在超净工作台内，先用酒精棉球将手擦拭消毒，再用镊子夹取酒精棉球将香菇正反面消毒。

（2）用手将香菇菌柄撕开，但千万不要用手触碰撕裂部位，以免杂菌污染。

（3）用无菌小镊子在撕裂部位携取一小块菌肉组织，迅速将该组织用接种针移至待接种试管的斜面中部，塞上棉塞。

（4）在已接种试管上贴上标签，注明菌名、接种日期等信息。

（5）将接种完毕的试管放入适宜培养箱中培养。一般培养2d左右，检查有无杂菌生长，培养7~10d菌丝体即可长满斜面。

【训练结果】

通过7~10d的培养，已接种试管斜面上没有任何杂菌生长，只有洁白、粗壮的菌丝体，说明组织分离成功。经过再次转接和出菇试验，性状表现优良者，即可作为母种使用；若有杂菌生长，说明组织分离时消毒不彻底或无菌操作不严格。

任务三　食用菌孢子分离

【目的要求】

1. 熟悉食用菌孢子分离的基本原理。

2. 掌握食用菌孢子分离的具体流程。

【基本原理】

孢子分离是利用食用菌成熟的有性孢子萌发形成菌丝体来获得纯菌种的方法。食用菌孢子分离常用的方法主要有两种，即多孢分离法和单孢分离法。多孢分离法由于具有操作简易的特点而在食用菌制种中应用普遍。

【仪器与材料】

1. 菌种

即将要破膜的香菇。

2. 实验仪器

超净工作台、电热恒温培养箱。

3. 其他

马铃薯葡萄糖琼脂培养基斜面、解剖刀、酒精灯、镊子、接种环、酒精棉球、灭菌孢子收集器等。

【训练内容】

香菇的孢子分离步骤如下：

（1）先用无菌解剖刀从香菇菌盖下1.0~1.5cm处切去下部菌柄，之后用酒精棉球对子实体表面进行充分的擦拭消毒。

（2）在超净工作台内，将灭菌钟罩打开一个侧隙，将香菇的菌褶朝下，插在铁丝支架上，20~25℃放置12~20h，在培养皿的纸片上即可看见一层白色的孢子印。

（3）用接种环蘸取少量孢子，自下而上"Z"字形划线接种在斜面培养基上，塞上棉塞。

（4）在已接种试管上贴上标签，注明菌名、接种日期等信息。

（5）将接种完毕的试管放入适宜培养箱中培养。一般培养2d左右，检查有无杂菌生长，培养7~10d菌丝体即可长满斜面。

【训练结果】

通过7~10d的培养，已接种试管斜面上长出洁白、粗壮的菌丝体，说明组织分离成功。经过再次转接和出菇试验，性状表现优良者，即可作为母种使用。

任务四　食用菌原种的制作

【目的要求】

通过棉籽壳原种的制作，掌握食用菌原种的制作方法和接种技术。

【基本原理】

原种是指把培养好的优良食用菌母种转接到谷粒、木屑、粪草或棉籽壳等为原料的培养基上，使其进一步扩大繁殖而获得的菌种，也被称为二级种。

菇类种类不同，所使用的原种培养基成分也不同。在香菇的生产中，常用的原种培养基为棉籽壳原种培养基。

【仪器与材料】

1. 菌种

香菇母种。

2. 实验仪器

高压蒸汽灭菌锅、超净工作台、电热恒温培养箱。

3. 培养基配方

棉籽壳原种培养基：棉籽壳78%、麦麸20%、石膏1%、蔗糖1%。

4. 其他

药匙、烧杯、量筒、原种瓶、酒精灯、称量纸、托盘天平、玻璃棒、牛皮纸、线绳接种钩、酒精棉球等。

【训练内容】

1. 培养基的制作与灭菌

（1）拌料　先根据原种培养基的数量，算出各种原料的用量。然后称量、混合、加水拌料。混合时，先将棉籽壳和麦麸混在一起，石膏和蔗糖混溶在拌料用的水中。拌料时，边加水边搅拌，边测试含水量。

（2）含水量的测定　拌好料后，用手抓一把培养料，攥紧，手指缝中有水印但以水不下滴为适，此时含水量为60%~62%。

（3）装瓶　将拌好的培养料装入原种瓶中，装到瓶肩处为宜。

（4）打孔　装好培养料后，用锥形木棒从原种瓶中央向下打一个洞，洞深距底部2~3cm。

（5）擦瓶　将瓶口和瓶外黏附的培养料擦掉，以免接种后污染杂菌。

（6）封口　用棉塞封口，再包一层牛皮纸，用线绳将瓶口扎好。

（7）灭菌　采用高压蒸汽灭菌锅对所制作的原种培养基进行灭菌，压力为1.4~1.5kg/cm²，灭菌时间为1.5~2.0h。

2. 接种与培养

（1）在无菌条件下，将香菇母种试管口的棉塞取下。之后，用接种钩将母种斜面横切，分成4~6份，并将其固定在接种架上。

（2）左手持原种瓶，右手取下封口材料，用接种钩取一份母种，迅速置于原种培养基中部，封好口。

（3）在已接种原种瓶上贴上标签，注明菌名、接种日期等信息。

（4）将接种完毕的原种瓶放入适宜培养箱中培养。一般培养20~40d，菌丝体即可长满原种瓶。

【训练结果】

通过 20~40d 的培养，香菇菌丝体即可长满原种瓶。品质优良的原种，菌丝洁白、纯净、有香菇特有的香味。若出现黄、绿、黑等颜色的毛状物或菌瓶内有酸、臭味道，即是污染了杂菌。污染了杂菌的原种瓶不能使用，应将其立即灭菌处理。

任务五　食用菌栽培种的制作

【目的要求】

掌握食用菌栽培种的制作方法和接种技术。

【基本原理】

栽培种是由原种转接扩大繁殖而成的，其具体制作方法与原种基本相同。栽培种即可以用瓶装，也可以用聚丙烯塑料袋装。袋装具有装量大、方便携带和便于取用等优点。

【仪器与材料】

1. 菌种

香菇原种。

2. 实验仪器

高压蒸汽灭菌锅、超净工作台、电热恒温培养箱。

3. 培养基配方

棉籽壳原种培养基：棉籽壳 78%、麦麸 20%、石膏 1%、蔗糖 1%。

4. 其他

药匙、烧杯、量筒、栽培袋、酒精灯、称量纸、托盘天平、玻璃棒、线绳、接种铲、酒精棉球等。

【训练内容】

1. 培养基的制作与灭菌

栽培种培养基的制作与灭菌与"原种的制作"相关部分相同，只不过栽培袋中的装料是其容积的 3/5 左右。

2. 接种与培养

栽培种的接种与培养与"原种的制作"相关部分相同。建议二人合作接种，一人以无菌操作方法用接种铲取一块原种菌丝，另一人在酒精灯火焰旁打开栽培种袋口，之后迅速将原种接到栽培袋中。

【训练结果】

通过 30~40d 的培养，香菇菌丝体即可长满栽培袋。

拓　展

案例一　压力锅爆炸事件

2004 年 8 月 19 日 17 时 30 分，广西南宁开好保健品有限责任公司一台灭菌锅发生了爆炸事故，当场造成四人重伤，其中一人在医院抢救中死亡，其余三人至 9 月 9 日也相继死亡，直接经济损失 20 万元。

事发当日，该公司所在地区停电，灭菌锅电子测温仪表无法显示，但该公司仍然进行生产。一工人将氨基酸原浆放入灭菌锅内。在送蒸汽一段时间后，听到锅内有爆破声，随即关闭蒸汽阀门停止供汽。之后，该工人开启排污阀、排汽阀，排放锅内高压高温气体，以达到减压泄压的目的。为了加快排气泄压速度，减少物料损失，该工人在不掌握锅内温度压力的情况下，将灭菌锅门盖旋开一缝隙，由于蒸汽突然涌出，造成在锅前工作的四人全部重伤。

从上述案件可以看出：工作人员未经培训上岗，安全意识淡薄，违章操作是造成该灭菌锅爆炸事故的重要原因。

案例二　胶囊菌种应用技术

浙江省庆元县同德食用菌专业合作社 2010 年应用香菇胶囊菌种技术栽培香菇 30 万棒，鲜菇产量 225t，创产值 135 万元。与使用常规袋装生产种栽培模式相比，增收节支 4.9 万元。

胶囊菌种如同药物胶囊状，系利用冲压机械将菌种培养料填压于蜂窝状穴盘上，菌种就像胶囊一样，一颗一颗压在蜂窝板上，透气盖与菌种直接粘连，菌种整颗呈锥形，上端粘连着透气泡沫盖，接种时菌丝不受损伤，可直接吃料，优先抢占培养基；透气盖密封透气，既可防止杂菌污染，又可促进菌丝生长。胶囊菌种与常规菌种的比较见表 3-2。

表 3-2	胶囊菌种与常规菌种比较		
	菌种成本	接种效率（3 人/天）	成品率
常规菌种	0.06 元/棒	2400 棒	>90%
胶囊菌种	0.04~0.06 元/棒	5000 棒	>95%

香菇胶囊菌种应用技术要点如下：

（1）菌种生产工艺流程和要求

①工艺流程：专用培养料→ 配料 → 装袋 → 灭菌 → 冷却 → 接种 → 培养 → 生产种 → 捣碎 → 菌种填压（专用塑料穴盘、透气泡沫盖）成型 → 发菌培养 →胶囊菌种。

②质量要求：香菇胶囊菌种每张 600 颗，要求菌种颗粒饱满无缺口，盖片紧贴

无脱落，菌丝洁白、健壮，无杂菌感染，成熟度适宜，含水量适中（使用时每张毛重 700~800g），见图 3-12。

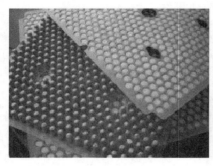

图 3-12　胶囊菌种

③保藏与运输要求：胶囊菌种易脱水，不宜长期保藏，应在干净、避光环境中保藏，18℃下保质期为 12d 左右，冷库低温 4~10℃ 保藏 15~20d。冷库低温保藏时要用塑料袋将菌中扎紧包好，使用时，提前 1d 取出置室温中活化方可用于接种。

胶囊菌种在未发透前呼吸旺盛，不宜运输，至少在压种第 4d 后方可起运。运输需用空调车或冷藏车，冬天可进行普通货运，途中时间不宜超过一周。

（2）接种与管理　接种时需使用胶囊菌种专用打孔棒打孔。接种工艺与常规菌种相同。流程：消毒→打孔→接种→码堆。接种期适宜气温为 10~25℃。

接种时，为取种方便，可先将整张胶囊菌种剪成 2~4 块；取种时右手食指轻按菌种透气盖，左手食指从底部向上托，然后用右手大拇指和食指轻轻夹住盖子取出菌种，迅速塞入菌棒接种孔内，轻压盖子使其与筒袋表面密封。注意不得用手去触摸透气盖以下的菌种部位。

接种后菌棒要移至适温、通风、避光的场所进行培菌管理。当菌丝圈长至直径 8~10cm 后再脱去套袋。培菌管理阶段要根据菌棒发菌情况及时做好刺孔通气、控温、翻堆及发菌检查、通风降温等工作，以免接口菌丝缺氧受抑或菌棒烧菌。

由于胶囊菌种用种量少于常规菌种，因此菌棒第一次刺孔通气时间应比常规菌棒适当提前，并适当增加刺孔数。

胶囊菌种菌棒的出菇管理与常规菌棒相同。

项目四

食用菌育种技术

1. 掌握食用菌常见育种方法。
2. 理解食用菌杂交育种、诱变育种等技术对食用菌产业发展的意义。

重点与难点：食用菌选择育种、杂交育种、诱变育种的概念，杂交育种的步骤。

考核要求：选择育种的方法、杂交育种的原理。

在食用菌的整个生产过程中，菌种选育是重要的一环，直接影响到产品的优劣和数量，也是食用菌产业发展的前提和保证。法国、荷兰、英国的双孢蘑菇育种技术，德国的平菇育种技术和韩国的灵芝育种技术都处在世界先进水平。我国自 20 世纪 80 年代以来，在食用菌育种方面，特别是菌种本土化培育方面取得了长足发展，为食用菌产业持续健康发展提供了技术支持。

育种的途径很多，例如有选择育种、杂交育种、诱变育种、野生食用菌驯化育种等方法，通过改变品种的特性，使其具有高产、优质、适应性强、抗逆性强等特征，由此获得更大的产量和更多的经济效益。

第一节

选择育种

选择育种是指利用生物在自然界的自然选择规律，用人工的方法定向选择自然条件下发生的有益变异，使有益变异不断累积并遗传，再通过长期的人工选择，保留适合生产的品种。这种有目的有步骤的选育新品种的方法也称评选法或淘汰法，是获得优良食用菌菌种最简单、最有效的方法。选择育种不改变个体的基因型，只是在不同菌株间进行选择，并积累和利用自然条件下发生的有益变异。选择育种的方法有以下几种：

（1）品种资源收集　尽可能的收集有足够代表性的野生菌株。确定采种的目标，采集点的地理条件，并做好详细的采集记录。资源收集越多，菌株间发生变异的可能就越多，获得新品种的机会就越大。

（2）菌种分离纯化　收集到的野生资源需尽快分离以获得纯菌种，分离的方法主要有组织分离、孢子分离或菇木分离。

（3）生物特性分析　获得纯菌种后，需对不同样本菌株的生物学特性进行试验研究。采用拮抗反应试验（即分离的菌株菌丝两两配对接入同一平板培养基内），适温培养10d左右，观察不同菌株的菌落内是否出现拮抗线，同时还可在平板或生长测定管上测定菌丝生长速度、生长势对温度的反应，以便对菌株生物学特性有初步了解。

（4）品种比较试验　经生物学特性分析，对选择保留下来的菌株进行比较。品种比较试验采用生物统计学原理设计，详细记录各菌株的产量、菇形、干鲜比、始菇期、菇潮间隔、形态等，并进行评价。为了试验的准确性，要保证菌种的质量、培养基配方、接种、管理措施等可能影响结果的因素尽可能保持一致。

（5）扩大栽培试验　对品种比较试验符合预期育种目标的菌株扩大栽培规模，并对品比试验结果做进一步验证，以考察其适应性与性状的稳定性。同时，还应和当地的当家品种同时进行栽培比较，证实它是更优良的菌株。

（6）区域示范推广　经扩大试验后，将选出的优良品种放到有代表性的试验点进行示范性生产，待试验结果进一步确定之后，再由点到面推广。

第二节

杂交育种

杂交育种是指食用菌产生的有性孢子形成单核菌丝，单核菌丝经接合或原生质体融合形成杂合的双核菌丝，在接合或融合过程中完成遗传物质的交换和重组，进而产生了综合双亲优良性状的杂交菌株或品种。食用菌的杂交是不同种或种内不同株系之间的交配，是食用菌育种重要方法之一，在农业生产中发挥巨大作用。

一、杂交育种的原理

食用菌杂交育种的原理利用了四分体过程的基因重组。这种育种方法用于异宗结合的食用菌，如平菇、香菇、金针菇、木耳菌、银耳、猴头菇等。异宗结合的食用菌单孢子萌发形成的菌株是不孕的，不经过可亲和孢子菌株的交配不能形成子实体，不能完成生活史。只有通过不同单核菌丝配对杂交结合时，才能双核化，形成子实体。根据这一原理，运用具有不同优点遗传性的单核菌丝体杂交，选育出优良的杂交异核体是食用菌育种的一条重要途径。

二、杂交育种的优势

食用菌通过类似于高等植物那样的有性杂交进行育种，实现了遗传物质在细胞水平上的重组过程。经过杂交形成的菌株可能出现在生长速度、生活力、繁殖力、抗逆性以及产量和品质上的明显改进，这种现象也称之为杂种优势。

食用菌的杂种优势体现在三个方面：

（1）杂种优势的大小，大多取决于双亲性状间的互补性和遗传差异。在一定范围内双亲间主要相对性状的互补性越强，双亲间遗传差异性越大，杂交后形成的菌株杂种优势越强，反之则弱。

（2）优秀的杂交组合形成的菌株在生产性状、繁殖力、抗逆性等综合方面表现出的杂种优势更明显。利用杂交育种技术也更能获得优良菌株，是现代食用菌育种使用最为广泛的技术。

（3）杂种优势的大小与环境条件密切相关，生物性状的表现是基因和环境综合作用的结果，不同的环境条件对杂种优势的表现强度有一定的影响，一般来讲，杂交培育的菌株相对于亲本有更强的适应能力。

相对于其他有性繁殖的作物，杂交培育的食用菌新品种在生产上具有另一个优势，这是由于有性繁殖的作物产生的子代，从第二代起其性状会发生分离，杂种优势减退或丧失，因此需要每年配制杂种以供生产使用，如水稻。而食用菌的生产菌种是用杂交菌株的杂合双核菌丝进行营养繁殖供生产使用，所以只要通过杂交培育出杂种优势明显的杂合双核菌丝，就可以用菌丝体营养繁殖的方法将杂种的优势固定下来，投入生产，节省育种时间。所以食用菌杂交育种被广泛使用。

三、杂交育种的步骤

食用菌杂交育种一般按下列步骤进行（图4-1）。

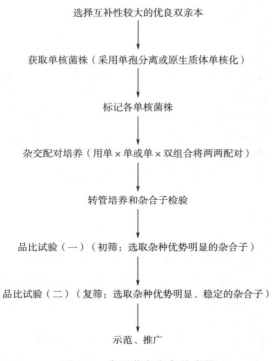

图 4-1　食用菌杂交育种步骤

四、杂交育种的方法

（1）亲本选择　是影响杂交效果的重要因素，在选择亲本时应选择优点多缺点少，且双亲间优缺点能互补的；选择生态差异大，亲缘关系相对远的；选用外来亲本时，要尽可能选择适应当地环境的菌株；双亲之一必须具备较好的经济性状，如高产、优质、抗病等，而且要接近育种目标、有代表性的亲本。

（2）单孢分离　获得单核菌丝是食用菌杂交育种的关键步骤。目前获取单核菌丝的途径有两条：一是通过单孢分离，形成单个担孢子萌发形成单核菌丝；二是双核菌丝进行原生质体单核化，通过制作原生质体，从原生质体中挑选出单核原生质体，再让其形成单核菌丝。

单孢分离的方法很多，常见的有玻片稀释分离法、平板稀释分离法、显微操作分离法。下面简要介绍平板稀释分离法。用担孢子制成不同稀释度的担孢子悬液，再分别取少量担孢子悬液均匀涂抹在 CYM 培养基表明，25℃条件下培养，当观察到有极小的菌丝后，在显微镜下，将单个孢子萌发形成的菌丝转接到新的培养基上就可得到单核菌丝。

原生质体再生获得单核菌丝是利用双核菌丝在制作原生质体时，往往易形成单核的原生质体球，选择单核原生质体让其再生，或从大量的原生质体的再生菌株中筛选，都可以得到单核菌丝。

（3）单核菌株标记　为了便于快速地在配对杂交后捡出杂合子，有必要对配对杂交的两个单核亲本菌株进行标记，杂交后才能快速地区分是否为杂交形成的新的杂合菌丝体。常用的标记有形态标记，如部分食用菌的单核菌丝无锁状联合，而相互亲和的单核菌丝配对后形成双核菌丝就会产生锁状联合，那么如果在确认了是由无锁状联合的亲本配对的培养基上长出了具有锁状联合的菌丝，就可以初步认为该菌丝体就是杂交形成的杂合菌丝体。营养缺陷型标记是利用营养缺陷型单核菌丝体不能在特定培养基上生长的特性进行标记的，如果两种不同营养缺陷型的单核菌丝经杂交组合后，可以相互互补，形成野生型的菌丝体，经过特殊培养基的筛选就可判断是否有杂交成功的杂合子形成。同工酶标记是利用单核菌丝的特定酶的同工酶谱作为标记，待杂交配对后，检验是否有具有两个单核菌丝同工酶谱的组合酶谱的新菌丝体，如果发现，就可初步认为该菌丝体就是杂交形成的杂合菌丝体。DNA 分子标记是目前应用最广泛的杂交标记和检验手段，李荣春用 RAPD 标记研究野蘑菇的杂交，培育出了新的杂交品种。DNA 分子标记有多种，被广泛应用于杂交育种研究，其判别原理近似于同工酶标记，就是比较杂交前后是否形成具有配对两个单核菌丝的 DNA 分子标记的共同特征标记。

（4）杂交配对　在获得单核单倍体菌株后，异宗结合的食用菌需测定各单孢菌系的交配型（即极性）。其中四极性的种类，如香菇、金针菇等，其杂交可育率约为 25%；二极性的种类，如大肥菇、光帽鳞伞等，其杂交可育率约为 50%。在分别测定了双亲各单孢菌株的极性之后，就可将可亲和的单核体进行配对，并将可亲和的组合移入新的培养基保存备用。四极性的异宗结合的食用菌，由于自交不育，经配对后，凡出现双核菌丝的组合，并可正常结实者，即说明杂交成功；次级同宗结合食用菌（如双孢菇），首先经过单孢子分离、培养，获取不孕菌丝，随后进行不孕性菌丝间的配对。

（5）杂种鉴定　在食用菌育种工作中，如何选择和有效地鉴定出符合育种要求的菌株，以及对优良菌株的保护是很重要的。传统的鉴定方法是依据菌株的形态、生理、生化等特征，然而很多时候形态特征不明显、环境影响大或鉴定时间太长、鉴定标准不一致，给后期菌种的使用造成较大困惑。目前常用分子标记的鉴定技术，分子标记是以个体间遗传物质内核苷酸序列变异为基础的遗传标记，是 DNA 水平遗传变异的直接反映。与以往的遗传标记相比，分子标记具有独特的优越性：大多数分子标记是共显性遗传，对隐性农艺性状的选择很便利。在食用菌发育的不同阶段，不同组织的 DNA 都可用于标记分析。目前，随着分子生物学技术的发展，已开发出几十种基于 DNA 多态性的分子标记，如随机扩增多态性（RAPD）、限制性片段长度多态（RFLP）、基于 Southern 杂交和基于 PCR 的扩增片段长度多态性（AFLP）、简单序列长度多态性（SSLP）、序列标记位点（STS）、单核苷酸多态性标记（SNP）等。其中以RFLP、RAPD标记较为广泛地应用于食用菌菌株的鉴定、遗传多样性研究、亲缘关系分析、种质资源评估、遗传图谱构建及基因定位和克隆等研究领域中。

（6）品比试验　经过初步筛选，并通过栽培比较，选出性能优良的菌株，对菌丝生长速度、子实体形态、最适生长温度湿度等生理生化指标进行鉴定。

（7）示范推广　将筛选出的菌株置于不同地域进行栽培试验，考察菌种的适应性和稳定性。通过试验后，逐步扩大栽培面积，进行示范性推广。

第三节

诱变育种

诱变育种是人为利用物理或化学等因素处理食用菌细胞群，促使其细胞中遗传物质的分子结构发生变化，从而引起基因突变，然后根据育种目标要求从差异群体中挑选出符合目的的突变菌株。诱变育种具有速度快、方法简单等优点，它是菌种选育的一条重要途径。诱变育种操作步骤如图4-2所示。

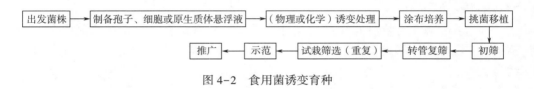

图4-2　食用菌诱变育种

一、诱变育种方法

1. 物理诱变

物理诱变主要采用高能辐射引起DNA损伤或染色体变异，从而引起突变。常用的物理因素有紫外线、X射线、γ射线、同位素$^{60}C_0$、超声波、激光等。一般辐射的作用是，使原子外层的电子脱离原子核的吸引而产生电离，可能对DNA分子中的某种键能产生影响，从而引起结构的变化。

（1）紫外诱变育种　紫外线是一种非电离辐射诱变剂，其最主要的诱变对象是单细胞、单核个体。通过对特定的菌丝原生质体的紫外诱变，可获得稳定性较好、生物量较高的品种。紫外线与其他物理诱变因素相比，具有无需特殊设备、成本低廉、对人体的损害作用易于控制、诱变效果好等优点，所以紫外线诱变是最常用的物理诱变方法之一。

（2）电离辐射诱变育种　电离辐射诱变育种主要是利用电离辐射诱发食用菌

基因突变和染色体畸变，常用的电离辐射有中子射线、X 射线、α 射线、β 射线。电离辐射育种技术可以克服远缘杂交不亲和性，缩短育种年限，易于获得有价值的突变品种。

（3）离子束诱变育种　离子束诱变育种是将能量为几十至几百的核能离子通过发生器注入生物体内，在其到达终位前，将同靶材料中的分子、原子发生一系列的碰撞。通过碰撞、级联和反冲碰撞，导致靶原子移位，留下断链或缺陷。最终导致生物体遗传物质发生永久改变。离子束诱变育种与传统的诱变技术相比具有损伤轻、突变率高、突变谱宽、遗传稳定等特点。目前，离子束诱变育种技术已涉及几乎所有主要的粮食和经济作物。

（4）激光诱变育种　激光诱变育种是利用激光作用于生物体时产生的压力、热效应、电磁效应及其综合效应引起生物大分子的变化，进而导致遗传变异。其中热效应引起酶失活、蛋白质变性，导致生物的生理、遗传变异；压力效应使组织变形、破裂，引起生理和遗传变异；电磁场效应是由产生的自由基导致 DNA 损伤，引起突变；光效应则是通过一定波长的光子被吸收、跃迁到一定的能级，引起生物分子的变异。激光诱变育种作为现代遗传育种技术，由于其具有正变率高、遗传稳定性好的特点，而被应用于食用菌育种研究中。目前应用激光诱变育种技术已经获得了具有良好遗传稳定性的香菇菌株。

（5）空间诱变育种　空间诱变育种是利用返回式卫星和宇宙飞船搭载将食用菌带到太空，在太空特殊的环境（空间宇宙射线、微重力、高真空、弱磁场等因素）作用下引起染色体畸变，进而导致生物体遗传变异，经地面种植选育出正向突变的菌种。温鲁等利用航天搭载技术培育出的蛹虫草新品种，相较于传统菌株，大幅度提高了蛹虫草活性成分含量。

2. 化学诱变

化学诱变育种技术是利用化学诱变剂直接作用于 DNA 分子，根据化学性质和作用方式，主要有：

（1）烷化剂　这类试剂的共同特点是携带一至多个活跃的烷基，通过"烷化作用"的方式将 DNA 或 RNA 分子结构中的 H 原子置换，从而导致"复制"或"转录"过程中"遗传密码"发生改变，进而导致遗传物质变异。常用烷化剂有甲基磺酸乙酯、次乙亚胺、硫酸二乙酯、亚硝基乙基脲。

（2）核酸碱基类似物　这一类化学物质具有与 DNA 碱基类似的结构，它们可以在不妨碍 DNA 复制的情况下，作为组成 DNA 的成分渗入到 DNA 分子中去，使 DNA 复制时发生偶然配对上的错误，从而引起有机体的变异。常用的核酸碱基类似物有 5-溴尿嘧啶（BU）、5-溴去氧尿核苷（BUdR）、2-氨基嘌呤（AP）、马来酰肼（MH）等。

（3）生物碱　生物碱诱变作用主要通过影响细胞有丝分裂过程，阻止纺锤丝和赤道板形成，使细胞分裂中期异常停止，抑制 rRNA 合成及导致染色体畸变等。

常见的生物碱诱变剂有秋水仙碱、石蒜碱、喜树碱、长春碱等。

（4）其他诱变剂　羟胺（NH_2OH）、氮蒽、叠氮化钠（NaN_3）等物质，均能引起染色体畸变和基因突变。尤其是叠氮化物在一定条件下可获得较高的突变频率，而且相当安全，无残毒。

二、诱变对象

要获得理想的诱变结果，使诱变对象处于适宜的状态是必需的条件。首先，诱变对象最好是单细胞或细胞少的菌丝片段，并呈均匀的悬液状态。这有利于均匀地与诱变剂接触。其次，诱变的细胞应处在生理活动期，研究证明，稍加萌发的孢子比休眠状态的孢子对诱变剂的敏感增强数倍，诱变效果更好。最后，被处理的细胞最好是单核的，因为细胞内有两个核时，两核内的遗传物质对诱变剂的反应可能不同，因而在其后代会出现不纯的菌落。

近年来利用原生质体作为诱变对象获得了许多研究成果，其原因在于：原生质体没有细胞壁，细胞核更容易接触诱变剂；原生质体往往具有单个核，易于诱变；原生质体一般都处于生理活动期。前述的诱变对象应处的适宜状态与原生质体都符合，所以食用菌原生质体是近年来诱变育种研究首选的材料。

三、突变株筛选

无论是物理诱变还是化学诱变，其变异方向都不是确定的，并且往往产生显著的"正向"（符合育种要求）突变的菌株只占极少数，因此诱变后突变株的筛选是一项耗时费力的工作，可以采用形态的、生理的方法等，依据育种目的进行初筛，现在还可以利用 DNA 标记技术进行筛选，然后进行栽培试验，反复比较各菌株的生产性能，择优留取。在发现具有育种目标的性状突变株后，要经过重复栽培，使其完成多次有性生殖，观察其突变性状的遗传稳定性以及其他综合指标，以决定是否可以推广使用。

第四节

野生食用菌驯化育种

野生食用菌驯化育种是指有目的地选择自然界中野生食用菌，进行人工培养驯化，使之成为可以人工栽培的品种的过程。野生食用菌驯化是食用菌种质资源获得的最直接和最主要的途径。通过对野生可利用菌株菌丝或孢子的分离，并在实验室加以驯化，最终进行大面积的栽培。陈文良通过驯化栽培北京京郊野生猴头菌菌株，选育出高产、优质的"北京猴头菌 1 号"新菌株，该品种相较于传统菌株具有转潮快、朵大、肉实等优点 。1983 年中国科学院新疆生物土壤沙漠研究所开始了对阿魏菇的野生驯化工作，对分布于托里地区的野生阿魏侧耳（*Pleurotus ferulae*）形态特征、生活条件、菌丝培养特征进行了系统的研究，并在无寄主植物阿魏根添加的情况下，以棉籽壳等原料组成的培养基料上培育出阿魏菇子实体，1992 年通过有关专家的科研成果鉴定，被专家誉为食用菌家族中的"王子和神医"。随着我国食用菌产业发展的需要，通过野生食用菌驯化获得的食用菌品种已从 20 世纪 80 年代末的 20 多种，发展到现在的 80 余种。

一、驯化野生食用菌的基本原则

（1）子实体肥大多肉可以食用。一些枯枝落叶上的菌类一般子实体细小、皮革质，不适食用；

（2）木生菌（白腐菌或褐腐菌）、草腐菌和粪草生菌，凡是可以人工栽培的大型真菌都可以列为驯化研究对象；

（3）菌根性大型真菌，即不与树木形成外生或内生菌根的食用菌，也可以试验进行人工驯化；

（4）根据联合国粮农组织（FAO）和世界卫生组织（WHO）的要求：新食品资源的开发应符合"天然、营养、保健"的原则，也就是说在开发食用菌珍稀品种的时候，我们必须注意到，作为新食品来源的珍稀食用菌应具备三种功能（或机能）：第一，营养功能。能给人类提供蛋白质、脂肪、碳水化合物、维生素类、矿物质元素及其他生理活性物质；第二，嗜好功能。色、香、味俱佳，口感好，味道好，适口性强，可刺激食欲；第三，生理功能。有保健功能，食后能参与人体的代谢，维持、调节或改善体内环境的平衡，可以作为一种生物反应调节剂（BRM），提高人体免疫力，增强人防病治病能力，从而达到延年益寿的作用。

二、野生食用菌驯化育种的步骤

（1）野生食用菌的采集　采集野生食用菌要注意以下几个方面：①掌握大型真菌的主要特征，识别出主要食用、药用菌及毒蘑菇；②根据不同季节采集的不同品种，了解当地的食用菌种类、分布、生长环境等基本特征；③观察食用菌与环境的相互关系、食用菌和植被的分布规律，记录采集时的温度、湿度、光照强度、土壤的酸碱度（pH）等生长条件，以便采集后人工培养驯化时模拟自然生态环境条件，设计驯化培养基和培养条件；④采集野生食用菌时要使用科学的采集工具，以采集和保存标本；⑤及时进行菌种分离，以防止野生食用菌不耐贮存而腐烂。

（2）分离菌种　对野生食用、药用菌品种进行孢子、组织或基内菌丝分离、培养、纯化，使之形成纯菌种。

（3）品种性能测定　为了避免浪费人力、物力，提高工作效率，首先在平板上进行拮抗反应，淘汰完全融合（基因型相同）的重复菌株。同时在平板上对各菌株的菌丝生长速度、生长时对温度的反应等加以测定，以便于对其生理特性有初步的了解。

（4）品比试验　为了比较各野生菌株的优劣，应根据实际情况选用瓶栽、压块或段木栽培等方法比较各菌株的生产性能。

（5）扩大试验　品比试验后，应将试验结果较优的品种进行更大规模的试验，以对品比结果做出进一步的验证。扩大试验要求代料栽培不得少于 $50m^2$，段木栽培不少于 500 根。

（6）示范推广　经扩大试验后对选出的优良菌株有了更明确的认识，但在大量推广之前，应选取数个有代表性的试验点进行示范生产，待结果得到进一步确证后，再由点及面，逐步推广。

现阶段，中国珍稀食用菌研究工作主要集中在育种与栽培技术方面。为了使珍稀食用菌能得到持续健康地发展，除了继续加强育种与栽培技术研究之外，今后必须加强生物学特性、遗传学特性、生理生化、病虫害防治技术、产品保鲜与深加工技术、栽培技术标准化方面的研究。加快野生食用菌驯化与选育工作，大力发展珍稀食用菌，对于改善食用菌产业的结构，进一步繁荣食用菌产业，促进各地经济发展具有十分重大的意义。

第五节

原生质体融合育种技术

原生质体是指细胞壁完全消除后余下的那部分由质膜包裹的裸露的细胞结构。原生质体融合是指通过脱壁后的不同遗传类型的原生质体，在融合剂的诱导下进行融合，最终达到部分或整套基因组的交换与重组，产生出新的品种和类型。也就是说，原生质体融合育种技术是一种不通过有性生活史而达到遗传重组或有性杂交的手段。

原生质体技术是现代生物技术的一个组成部分，它包括原生质体的分离、再生、融合及外源基因转化等一系列技术。利用原生质体技术可将生物细胞或去壁的原生质在离体条件下进行培养、繁殖和精细的人工操作，使其特性按照人们的意志发展，从而达到改良生物品种或创造新物种的目的。

20 世纪 70 年代以来食用菌育种工作者开展了食用菌原生质体技术的研究，表明利用原生质体技术进行食用菌育种是一种行之有效的方法。目前，平菇、香菇、金针菇、草菇等 60 多种食用菌原生体的分离再生技术已相当成熟。

一、食用菌原生质体的基本特点

食用菌细胞外面包着一层坚硬的细胞壁。这一道天然的"屏障"阻挡着食用菌细胞间的彼此融合，并给各种遗传操作带来极大困难。游离的原生质体是真正的单细胞，在同一时间内能得到大量的遗传上同质的原生质体，为遗传学研究及用原生质体为材料开展食用菌育种提供可能性。

食用菌原生质体具有以下几个特点：①原生质体超越了性细胞的一些不亲合障碍，为种内、种间、属间食用菌细胞杂交提供了融合的亲本。②原生质体能有效地摄取多种外源遗传颗粒，如 DNA 质粒、病毒和其他细胞器，因此，在食用菌基因工程研究及基因工程育种方面具有重要作用。③游离的原生质体除去了细胞壁的阻挡，诱变剂更容易进入细胞，是良好的诱变育种的材料。此外，食用菌原生质体也和食用菌完整细胞一样具有该菌株的全部遗传信息，在合适的培养条件下，能发育成与其亲本相似的菌株。

从食用菌菌丝中分离出有活性的原生质体，经再生后发育成菌落，把这种方式称为原生质体无性繁殖。食用菌原生质体无性繁殖过程也是细胞水平的筛选过程，可直接从食用菌原生质体无性繁殖后代中筛选突变菌株进行品种选育。

二、获得原生质体的材料

食用菌原生质体主要利用菌丝体制备，菌丝体制备原生质体具有培养时间短，菌丝体生长均匀一致，进而从菌丝体中释放的原生质体，在生理和遗传特性上比较一致；菌丝材料在液体酶液中易分散，适宜用酶解的方法分离原生质体等优点。

不同食用菌菌丝生长速度不同，获取幼龄菌丝体天数也不同。选取旺盛生长期的菌丝体：如草菇、银耳一般需要 2~3d，平菇需要 3~4d，香菇需要 5~6d，双孢蘑菇需要 7~9d，木耳则需要 9~11d，菌丝体培养一般采用液体静止培养法，每瓶放十余粒玻璃珠，培养期间每天用手摇 1~3 次。

三、原生质体融合操作程序

原生质体融合一般如图 4-3 所示步骤进行。

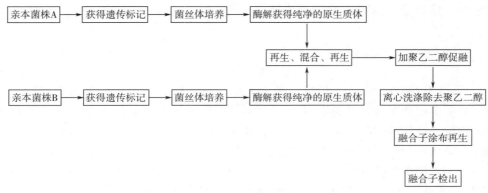

图 4-3　原生质体融合操作程序

四、原生质体融合育种方法

（1）亲本的准备　原生质体融合需要两株亲本，亲本必须带有遗传标记，两亲本的遗传标记必须各不相同，以便筛选融合子。目前，食用菌融合常用的遗传标记有营养缺陷型菌株标记、抗药性菌株标记、灭活原生质体标记、自然生态标记及形态标记等。

（2）原生质体的分离和纯化

①菌丝体的收集与洗涤：液体培养后通过离心或过滤收集幼龄菌丝体，然后用无菌水和渗透稳定剂（0.6mol/L 的 $MgSO_4$）分别冲洗菌丝体，用无菌吸水纸吸干多余的水分后备用。

②酶解处理：按菌丝体（g）：酶液（mL）1:(2~3)，将菌丝体、溶壁酶放入无菌的离心管内，让酶液和菌丝体充分混匀后，在合适的温度下保温酶解。溶壁酶用 0.6mol/L 的 $MgSO_4$ 配制，保持一定的渗透压，以利质膜的稳定。酶液需预先经细菌过滤器过滤除菌，过滤膜孔直径选用 0.2~0.45μm 为宜。酶解温度一般 28~35℃，酶解时间一般 4~5h，其间每 15min 轻轻振荡一次。

③原生质体的纯化：原生质体纯化的目的是除去酶液及酶解剩余的菌丝体片段。首先用纤维类物质，如脱脂棉过滤除去菌丝残片，滤液经 4000r/min，20min 离心，去掉上清酶液，沉淀用渗透稳定剂（0.5mol/L 蔗糖）离心洗涤 2~3 次，即得到纯净的原生质体。

（3）原生质体的再生检验　原生质体在含有渗透稳定剂的再生培养基上，能重新形成细胞壁，并能发育成菌丝体，这称为原生质体的再生。原生质体在固体再生培养基和液体再生培养基上均能再生，为了获得再生单菌落，常采用固体再生培养基。再生培养通常采用双层培养基培养法，底层含琼脂 2%，上层含琼脂 0.7%。适宜原生质体再生的培养基可以查阅相关资料，其中 1% 大麦芽浸出液，0.4% 葡萄糖，0.4% 酵母膏，0.4% 蛋白胨，0.5mol/L 蔗糖，就是一个较好的再生培养基。

（4）原生质体融合　原生质体融合就是把两亲本的原生质体混合在一起，在物理的（电融合）或化学（聚乙二醇）促融作用下，诱导细胞融合。目前在食用菌原生质体融合中，报道最多的是聚乙二醇（PEG）诱导融合，也有一定数量的电场诱导融合。

（5）重组融合子的检出与鉴定　重组融合子检出方法包括直接检出法和间接检出法。①直接检出法：根据亲本菌株的遗传标记，直接筛选出融合子。②间接检出法：即将融合液涂布在营养丰富的再生平板上，使亲本菌株和重组子都能再生，然后再施加选择因子检出重组子。

重组融合子拣出后，需对融合子进行进一步的鉴定。融合子的鉴定通常从生物学特性、生理生化指标等方面进行分析。

习　题

一、名词解释

1. 杂交育种　2. 诱变育种

二、填空

1. 野生食用菌驯化育种的步骤一般为＿＿＿＿＿＿＿＿、＿＿＿＿＿＿＿＿、＿＿＿＿＿＿＿＿、＿＿＿＿＿＿＿＿、＿＿＿＿＿＿＿＿。

2. 诱变育种的方法包括＿＿＿＿＿＿＿＿＿＿、＿＿＿＿＿＿＿＿＿＿。

3. 传统食用菌育种技术包括＿＿＿＿＿＿＿＿＿＿、＿＿＿＿＿＿＿＿＿＿、＿＿＿＿＿＿＿＿等，现代化食用菌育种技术包括＿＿＿＿＿＿＿＿＿＿、＿＿＿＿＿＿＿＿＿＿。

三、简答题

1. 食用菌选择育种的方法？

2. 为什么杂交育种是食用菌育种的重要手段，杂交育种有什么优势？

3. 野生食用菌驯化的基本原则？

拓　展

拓展一　食用菌现代育种技术及展望

传统食用菌育种技术包括选择育种、诱变育种、杂交育种等，现代化食用菌育种技术包括融合育种、转基因育种。

（1）融合育种　融合育种，指采用融合剂诱导原生质体（具有不同遗传类型）融合，打破不同遗传类型原生质体的原有基因构造，使它们的基因通过交换或重组形成新的菌种。在融合技术中，不同遗传类型的原生质体，通过部分基因重组或交换，也能满足融合技术的需要，而有的则需要通过全部基因的交换或重组，才能够达到融合改良菌种的需要。融合技术是从传统杂交育种技术上发展起来的现代育种技术，与传统的杂交育种相比，融合技术一般不会受亲缘关系的制约，也不受遗传差距的影响，而进行杂交融合培育出新的菌种。

（2）转基因育种　转基因育种，指从某种生物供体中，提取符合新菌株培育的基因，将基因从母体剥离后进行所谓的酶切割、修饰，然后将其植入到载体的DNA分子，在结合之后可得到连接体，再将连接体向受体细胞中复制，从而可得到新型菌种。转基因育种，为那些不能按照常规方法育种的食用菌提供了一种新型方法。但从当前实际情况来看，转基因育种在食用菌育种中的发展比较迟滞，应用还不是十分广泛。目前只有双孢蘑菇，采用转基因技术提取了高效转换的菌种，在其他食用菌中应用转基因技术，存在相应的稳定性和毒性质疑。

（3）展望　我国疆域面积辽阔，不少地方潜藏着丰富的野生菌类，为我国培育新的食用菌菌种提供了优厚的资源。然而，由于野生菌种生长时间长，采用原有的菌种来进行规模化生产显然是比较困难的，但是，对这些野生菌种进行人工组织培育和改良，则可以成功将这些菌种进行商业化推广，解决当前食用菌菌种资源供应量不足的问题。

野生食用菌种质资源被挖掘出来的越来越多，这为食用菌菌种的日益多样化提供了可能，这为育种技术的应用提供了基础。日益丰富的野生菌类资源，使得无论是传统的杂交育种、突变体育种还是现代的细胞融合育种、基因工程育种等，都随着野生菌类不断开发，获得了较快发展，特别是现代育种技术，更是成为今后育种技术应用的重点，由于在环境的影响下野生食用菌的形态特征会随之变化，这可能会阻碍到新品种选育工作的发展，但是野生食用菌的遗传物质的稳定性极佳，这在很大程度上推动了基因分子标记技术的发展，使得人们可以通过将优质基因导入到野生食用菌菌种中，对野生菌种资源进行品质改良，然后将改良后的菌种资源进行克隆，最终获得可以商业化生产的菌种资源。这就预示着，随着我国野生菌种资源的发现越来越多，优质基因导入技术和改良菌种克隆技术，将成为今后育种技术发展的重中之重。

拓展二　快速筛选育种材料

众所周知，育种是一个耗时的工作，按照常规育种程序，培育一个食用菌优良品种平均需要5~7年，从成千上万的材料中筛选出目标材料，需要投入大量的人力、物力和场地。

为了加快育种步伐，有关专家经过多年潜心研究，摸索出一条快速筛选食用菌育种材料技术。以平菇为例简要介绍如图4-4所示：初筛，以小塑料瓶为容器，对育种材料的重要性状作出判断，20d内完成出菇，这样可以极大缩小筛选范围；复筛，以常规菌种瓶为容器，采用液体菌种，35d以内完成复筛，进一步缩小筛选的目标材料范围；复检，确定温型，复筛得到的材料，按照初筛的做法，在不同温度范围进行出菇管理，确定温型；中试，根据复筛得到材料的温型和栽培季节，进行正常的大棚生产，从中筛选最符合育种目标的材料；示范栽培，将中试后挑选的材料，按照相关要求进行示范，观察丰产性和稳定性等。

(1)传统初筛出菇

(2)小塑料瓶不同材料出菇

图4-4　平菇快速筛选食用菌育种材料技术

此方法的突出优点如下：一是初筛过程占地少，易操作，出菇快，环境易控制；二是复筛过程采用液体菌种，发菌出菇快，有利于评价的一致性；三是复检确定温型，再进行中试栽培，避免了育种材料与栽培季节不匹配带来的损失。此方法的使用大大缩短了育种的周期，仅需3年左右便可完成，育种时间减一半。

项目五

食用菌栽培设施及原料基质

■ 教学目标

1. 熟悉常见食用菌栽培设备。
2. 掌握食用菌培养料的调配技术。
3. 了解食用菌生产常见设施和食用菌培养料的特性。

■ 基本知识

重点与难点：食用菌生产场所的布局、栽培设施的管理，食用菌栽培原料特性。

考核要求：食用菌主要栽培原料的特性。

第一节

食用菌栽培设备

食用菌栽培设备和食用菌制种设备类似，也需要有称量设备、灭菌设备、接种设备、培养设备和菌种保藏设备等。工厂化、机械化的栽培还需要有自动化、机械化设备。例如利用冷房、冷库工厂化栽培金针菇、杏鲍菇、白灵菇、鸡腿菇等，需要人为控制温度、湿度、光线、通风等环境条件，不仅需要生产设备，还需要有保温设备、排风设备。

一、原料处理设备

食用菌栽培原料相对更粗放，农产品下脚料一般均可作为食用菌栽培的原料，例如稻秆、麦秆、玉米秸秆等，在栽培前应适度粉碎处理，以便于栽培。

（1）切片机　切片机将木质栽培原料切成小木块后，经粉碎机粉碎、过筛。根据不同食用菌栽培要求，将原料切片、粉碎成不同粒度的木屑。见图5-1和图5-2。

（2）铡草机　可将稻秆、麦秆、玉米秸秆等栽培原料铡成2~4cm左右的粒度，见图5-3。

图5-1　切片粉碎两用机　　　　图5-2　粉碎机　　　　图5-3　铡草机

二、原料配制分装设备

（1）搅拌机　搅拌机将各种原料、水分等按比例混合、搅拌均匀。搅拌结束后应立即装瓶或装袋，可利用装瓶机或装袋机把搅拌好的原料装入菌种瓶或菌种袋。见图5-4、图5-5和图5-6。装袋机每台每1h装800袋，工作时1人添料，1人套袋装料，1人传袋，4人捆扎袋口。装料时，要求装料紧实无空隙，光滑均匀，特别是料与袋膜之间不能留有空隙，否则袋壁之间易形成原基，影响后期出菇。

图5-4　拌料机　　　　图5-5　装袋机　　　　图5-6　装瓶机

（2）挖瓶机　栽培结束后，将培养料从菌种瓶中挖出的专用机械设备。挖瓶机适用于杏鲍菇、金针菇等瓶式生产的挖瓶作业，挖瓶效率高，每 1h 可挖 1500～2000 瓶。见图 5-7。

图 5-7　挖瓶机

三、灭菌设备

采用熟料栽培的食用菌，栽培的容器、培养料等均需要经过高温灭菌，以达到栽培要求。常见灭菌设备有高压灭菌锅、常压灭菌锅，见图 5-8 和图 5-9。

图 5-8　常压灭菌锅

图 5-9　高压灭菌锅

四、接种设备

（1）接种箱　接种是在无菌环境下，将菌种接入培养基（料）的过程，整个操作需要在无菌环境下进行。接种室和接种箱是进行接种操作的最佳场所，经过杀菌消毒后，能达到相对无菌的状态，防止接种时的杂菌污染。食用菌熟料栽培时，可在接种室、接种箱或密闭的塑料棚内进行接种，见图 5-10。

（2）接种工具　食用菌接种时，要求使用专用工作，如接种铲、接种针、镊子等，以便于接种操作，见图 5-11。

图 5-10　接种箱

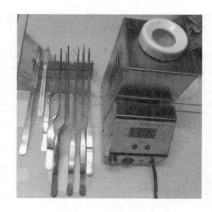

图 5-11　接种工具

五、培养设备

食用菌菌种培育，包括大规模栽培，发菌期菌丝培养要用培养室，见图 5-12。培养室能调节培养温度、调节湿度、调节光照度和通风。常规培养时，温度应维持在 25℃左右，相对湿度保持在 50%~60%。培养室内有配置培养架、紫外杀菌灯、日光灯等设备。人员进入培养室须经过消毒，穿工作服和工装靴。

图 5-12　培养室与培养架

食用菌工厂化、机械化生产场所除生产设施外，还应设原辅料仓库、原料晾晒场地、拌料灭菌室、接种室、发菌室等。通过科学的生产布局，提高生产效率。食用菌生产场所布局图见图 5-13。

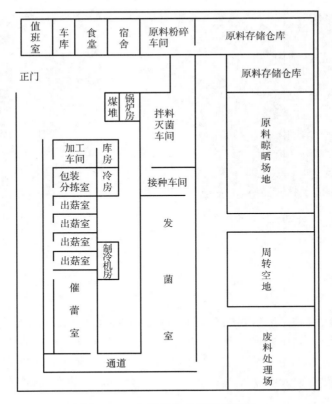

图 5-13　食用菌生产场所布局图

食用菌栽培设施

　　食用菌的发菌与培养过程需要在一定的温度、湿度、光照、通风条件下进行。食用菌生产不仅取决于菌种、原料、栽培方式和管理水平，而且与栽培场所及栽培设施有很大关系。尤其是在北方地区，气候干燥、风沙较大、冬季寒冷，栽培场所受自然气候影响较大，正确选择和建造栽培场所就显得更为重要。目前，受技术水平和经济状况等因素影响，我国食用菌生产工厂化水平普遍较低，多数是零散的作坊式生产，需要根据环境特点因地制宜地建造栽培场所。

一、菇房

　　菇房是食用菌栽培场所之一。利用菇房能够为食用菌生长创造适宜的环境条件。生产上可以建造专门菇房，也可以因陋就简、因地制宜地利用旧设施。

1. 场所选择

场所选择是菇房建造的第一步，必须周密考虑。选择菇房场所时，应注意几点要求：①地形要求方正开旷，地势要求干燥，向阳背风，近水源，方便排水。②周围环境要求无有害气体、废水和垃圾污染源，要远离厕所、粪堆、畜禽舍等场所。四周有绿化带，能净化空气和调节小气候的作用。③场所应选择交通方便的地方，以利于原料和产品的运输。④场所内有一定空地，以供堆料和晒料所用。

2. 菇房建造

菇房应具有良好的通风条件，不能有死角。菇房内要有调节温度的加温设备。菇房的墙壁、地面、床架要求坚固平整，便于清洁消毒，有利于防治杂菌、害虫和鼠害。菇房内不可有强烈直射阳光，有充足的水源。菇房建造的结构设施应符合上述条件。

（1）菇房的方位　菇房建筑方位，需要坐北朝南，防止冬季西北风侵入。入口设缓冲区，采用外廊连通。

（2）菇房的结构　菇房可采用砖木结构，墙壁屋顶有利于保温。要具有良好的密闭性能，墙壁用石灰、水泥粉刷，地面要求平整坚实，便于冲洗和消毒。

（3）菇房的规格　菇房的规格不宜过大或过小。过大管理不便通风换气不均匀，温度和湿度不宜控制，杂菌和虫害易发生和蔓延。过小则使用率较低，成本高。一般菇房规格在长 10m，宽 8m，高 3.5m 左右为宜。

（4）菇房的通风设施　菇房的通风设施有门、窗、拔风管等，窗户要对开，加设纱窗防蚊蝇。拔风管需高出屋顶。也可加装排风机等设备。

（5）菇房的床架　床架也称菇床或菌床。一般床面宽 1~1.5m，5~6 层，层间相隔 0.5m，最低层离地面 0.3~0.4m。床架用毛竹或钢质材料制作，床面用编织带制作，中间用横梁加固。用这些材料制作的菇床坚固、平整，便于操作管理，不易生霉。床架与菇房方位呈垂直排列，床架间保留 60~80cm 的通道距离，见图 5-14。

图 5-14　菇房的培养床架

3. 菇房建筑形式

菇房建筑形式有地上式、半地下式和地下式三种，常用的是前两种。

（1）地上式菇房　地上式菇房有多种，其中单独平房式和多间相通式最为常见。本着就地取材、适宜于北方气候干燥和多风沙的特点，最常用的菇房形式是单独平房式的砖砌拱形菇房。其优点：造价低，每 $1m^2$ 造价约 60 元，适合零散式的家庭作坊栽培。保温保湿性能好，拱形菇房顶可设隔热防寒层，菇房北门和外廊连通，可防寒风直接吹入。冬季有地火和地下烟道能提供室温。砖砌结构和水泥地面保温性能好。通风性能好，每间菇房设拔风管，高出屋顶 0.5m 以上，南北墙设窗户，加纱窗防蚊蝇。管理和消毒方便，菇房为双间，设外廊，如发生杂菌污染，可采取隔离或封闭处理。菇房和地面为砖式或水泥式，便于清洗和消毒。

（2）半地下式菇房　建造半地下式菇房，先在地面深挖 2m 左右，再从坑内砌砖墙，直至高出地面 2.0~2.5m。屋顶筑成半坡形，与地面成 30°为宜，屋脊每隔 4~5m 设一拔风管，直径 0.3~0.4m。地下部分设进风管，新鲜空气由进风管进入菇房，从排风管排出。由于半地下式菇房一半在地下，能节约造价，也利于保温，并兼有地上式菇房和地下式菇房的优点。

二、半地下菇棚

半地下菇棚是北方黄土高原区栽培食用菌常用的设施，既保证了食用菌在风大、气候干燥、寒冷的地区栽培良好，又便于食用菌的栽培管理，且能达到优质高产的要求。半地下菇棚就是在地下挖一个长方形的深沟，沟边地面造墙，顶棚覆盖塑料薄膜和草帘等建造而成的栽培场所。

1. 半地下菇棚的优点

（1）造价低廉　以建一座 30m×3.5m 普通半地下菇棚为例，除投工外，仅需 200~300 元材料费，而建造一座同样面积的菇房，需要投资过万元。

（2）冬暖夏凉　半地下菇棚墙壁厚实，顶部覆盖塑料薄膜，再加盖草帘。升温保温性能较好，冬季揭开草帘利用阳光增温，夏季覆盖草帘放热辐射。管理得当，可实现周年生产。

（3）通风性能好　设有通风管和排风管，根据栽培管理需求进行通风换气。

（4）保湿性能好　棚壁和地面皆为湿土，保湿性能好，产菇期隔数天喷水也可满足出菇时栽培管理要求。

（5）光照好　墙上设有排风窗、顶棚是塑料薄膜，根据光照需求揭开或覆盖，调节光照强度。

（6）便于消毒　一个栽培周期结束后，可用消毒液对半地下菇棚进行消毒处理。

2. 半地下菇棚的建造

半地下菇棚一般选择在地势高、开阔的平地或南低北高、地下水位较低的阔叶树下，土壤质地以壤土或黏土为宜，有充足水源。为了便于管理，一般都建在庭院或树荫下。

建造之前，应先开挖通道、菇室、进出道口，风管底部深度与菇室相等，同时开挖涵洞。将棚沟壁、地面削平整。用挖出的土壤建造棚沟地上墙体，墙体高度可根据栽培模式和环境条件综合确定。棚沟地上墙体建造完成，即可在墙体上架设横梁，覆盖薄膜。顶棚薄膜上再加装草帘，安装门窗，开挖排水沟。

3. 菇棚类型及其功能

为适应不同食用菌的栽培需求，半地下菇棚发展出了多种类型，以便于栽培管理。现分述如下：

（1）普通型菇棚　规格一般在 $50\sim90m^2$ 左右，棚内不设菇架，顶棚覆盖塑料薄膜和草帘，利用光照条件温度，能满足多数食用菌的栽培需求。

（2）封面型菇棚　规格与普通型菇棚相同，但地下部分加深 $0.5\sim1m$，地面墙高 $0.5m$ 左右。封面型菇棚保温性能较好，适合低温菇的栽培。

（3）光亮型菇棚　规格与普通型菇棚相同，但场地最好设在"七分阳光三分阴"的阔叶树下，顶棚不盖或少盖草帘。让较强的散射光和部分直射光透入菇室，适合栽培强光照型食用菌。

（4）浅型菇棚　大小与普通型菇棚相同，地下深度为 $0.3\sim0.4m$，地上墙高 $1\sim1.5m$，浅型菇棚内气温变化较小，有利于保湿。相较于室外栽培，采菇期能提前一月左右。

三、阳畦

在向阳的地方，挖一条长方形浅坑，用竹条、塑料薄膜和草帘搭建拱棚。阳畦的建造相对简单，操作方便。城市周边或农村地区可因地制宜，选择场地和材料。

（1）场地选择　场地应建在壤土或黏土的阔叶林下、果园间隙等，要求向阳背风、靠近水源。

（2）建造方法　选择好场地后，根据地形先安排出通道和阳畦的位置，然后开沟筑畦。两边畦头留畦坝宽 80cm 左右，其上开水渠，早春和晚秋在菇场北面或西北面加设风障，以提高畦温。光照强温度高时搭建遮阴棚，以防日晒，降低畦温。开沟筑阳畦时若土壤干燥，可先灌水后开沟，播种后，阳畦上要搭竹条、塑料薄膜和草帘等。

第三节

食用菌栽培原料基质

食用菌属于异养型微生物，生长发育所需全部营养物质均来自培养基，不能自身合成。栽培食用菌原料的营养与配方，直接影响到其生物学效率。在食用菌栽培中，主要原料包括农业生产下脚料、畜禽粪便、野草树枝等，这些原料富含纤维素、半纤维素和木质素等有机物，是食用菌生长的主要营养源。辅助原料在培养料中所占比例较小，但整个培养料中的营养对食用菌的新陈代谢起重要的调节作用，不可或缺。

一、主要原料

菇树和耳树：这类物质是木腐型食用菌的主要营养源，也是人工栽培的培养基质。我国适合栽培木腐型食用菌的树木种类很多、分布很广，实际生产时根据不同食用菌生长习性选择适宜的树木。

农业生产下脚料及工业副产品：稻草、麦秆、棉籽壳、玉米秸秆、玉米芯、木屑、花生壳、大豆荚、豆饼、豆渣等均是栽培食用菌的原料。这些农业生产下脚料及工业副产品价格便宜，容易获得，各地可就地取材。

畜禽粪便：一般作为双孢蘑菇、大肥菇、草菇、鸡腿菇等粪草菌的栽培原料，常用的有鸡粪、猪粪、牛粪等。

食用菌栽培废料及其他基质：栽培香菇、平菇、金针菇等食用菌结束后的废料为菌糠，研究显示，菌糠内仍含有大量的维生素等有机物，按比例添加进新原料中可再次作为食用菌栽培的原料。翁梁等研究利用平菇菌糠栽培真姬菇，经济效益相较于棉籽壳栽培方法提高了38.6%。另外，野草树叶等原料经处理后也可作为食用菌栽培基质。

下面重点介绍几种食用菌栽培原料：

（1）棉籽壳　20世纪70年代，河南安阳供销社刘纯业发明了利用棉籽壳栽培平菇，至此，食用菌的人工栽培发展到了新阶段。到目前为止，棉籽壳仍是栽培食用菌的最好原料，在木腐型食用菌的栽培亦是如此。因此，棉籽壳也被称为通用培养料或万能培养。用棉籽壳栽培食用菌的主要优势：①营养全面，棉籽壳含有丰富的碳源、氮源等营养物质，其碳氮比也非常适合食用菌生长和结实。②棉籽壳是颗粒型原料，棉籽壳皮上的短绒能吸附大量水分和容纳空气。用棉籽壳作为食用菌栽培原料，吸水性好、透气性好，适宜食用菌菌丝生长。

（2）木屑　木屑栽培食用菌历史悠久，也是仅次于棉籽壳的优质培养料。在栽培时，颗粒状的粗木屑好于细木屑；硬杂木屑好于软杂木屑；旧木屑好于新木屑。需要注意的是，木屑在使用时不能有腐烂、霉变等情况。旧木屑主要是指放在干燥通风的处，经环境长时间作用，树木的木质状态发生改变，树木的芳香物质和树脂分解或挥发，更宜作为食用菌栽培原料。

（3）玉米芯　在非棉籽壳或木屑产区，利于玉米芯也可栽培食用菌。研究证明，以玉米芯为主料，采用熟料栽培的方式栽培木腐型食用菌效果好于麦秆、稻草等原料。玉米芯原料具有透气性好、持水性强、含氮量低、质地疏松等特点，但栽培后期营养不足。实际栽培中应和其他氮量高的原料按比例混合使用，栽培效果更佳。

二、辅助原料

辅助原料在食用菌栽培中，主要是用作增加营养、补充微量元素或维生素，改善化学、物理状态的一类物质，用量较小，称作辅料。常用辅料主要有天然的有机物、化学含氮物质、无机盐等。天然有机物质有米糠、麸皮、玉米粉、蛋白胨、酵母膏、大豆粉等，主要用于补充有机态氮及其他营养成分。含氮化合物有尿素、硫铵等，用于补充氮素营养。无机盐有石膏、石灰、碳酸钙、硫酸钙、硫酸镁等，用于补充矿质元素。

下面介绍几种常见辅料：

（1）麸皮　麸皮是小麦加工面粉后得到的副产品，是栽培食用菌常见辅料之一。在栽培中主要是作为氮源添加，一般添加量 5%～20%。

（2）玉米粉　食用菌栽培使用的玉米粉粒度大小与米粒相似，在培养基中主要是增加培养料的碳源和维生素，添加量在 2%～5%。

（3）米糠　米糠是稻谷加工的副产品，也是栽培食用菌的辅料之一，添加量一般在 15% 左右。

（4）黄豆粉　食用菌栽培使用的黄豆粉粒度一般有米粒大小。因其蛋白含量较高，主要用作补充培养基的氮源，作为辅料添加量在 2%～3% 左右。

（5）粕饼　粕饼是农副产品榨油后的下脚料，如花生饼、大豆饼、菜籽饼等。粕饼中蛋白质含量较高，主要用于增加培养基中的氮源。因含有脂肪，添加量不宜过高。

（6）石膏　食用菌栽培中通常用生石膏（$CaCO_3$），添加量 1%～2%。主要作用是调节酸碱度，提供食用菌生长所需矿物质。

三、覆土

有些食用菌在其生长过程中需要覆土，并且有"不覆土不出菇"的习性，需要覆土的食用菌有双孢蘑菇、鸡腿菇、竹荪、天麻等。此外，多数食用菌都可覆土栽培，经覆土处理后，菌丝生长壮，产量高。所以，覆土也是食用菌栽培的重要原料基质。

覆土对双孢蘑菇的发育有重要的作用。首先，覆土能改变培养料中二氧化碳的浓度，使双孢蘑菇的菌丝从营养生长期转入到生殖生长期，形成子实体，并能保持培养料的水分，有利于子实体的发育。其次，所覆土壤中含有大量有益微生物，如恶臭假单胞杆菌等，这些微生物的代谢产物能刺激双孢蘑菇子实体的形成。第三，覆土层对子实体有支撑作用，能防止培养料温度、湿度急剧变化，保护料层中菌丝的生长发育，并起机械刺激作用，促进出菇。

（1）覆土的选择　覆土的性质往往影响到出菇时间和产量。澳大利亚的蘑菇生产基地多采用泥炭土作为覆土材料。泥炭苔藓是最理想的覆土材料，与土壤河泥等材料相比，泥炭苔藓的吸水量要高得多。

目前，我国蘑菇栽培所用覆土，根据土壤颗粒的大小，分为粗土与细土。粗土直径 2cm 左右，质地以壤土为佳，要选毛细孔多、有机质含量高、团粒结构好、持水量大且含有一定营养成分的土壤作为覆土材料，以利于蘑菇菌丝穿透泥层生长。菇房每 $1m^2$ 床面覆土 35kg。细土直径约为 0.5cm，如黄豆大小，每 $1m^2$ 床面需覆土 20kg 左右，其质地以稍带黏性的壤土为宜，因床面的泥层上经常喷水，稍带黏性的土粒喷水后不会松散，也不会造成床面板结的现象，如细土选用沙性土，喷水后泥粒变得松散，造成床面泥层板结，会影响到土层的透气性，不利于菌丝的生长，也影响子实体的形成。

（2）覆土的处理　为防止在覆土时将害虫、杂菌等污染物带入到培养料中，覆土前应对覆土材料进行严格的灭菌消毒处理：①用 10%甲醛溶液与 1%的杀虫剂溶液喷洒在土粒上，喷洒后搅拌均匀，再用塑料薄膜覆盖 2d，以达到杀灭病菌与虫卵。②添加 1%~2%的石灰拌入土粒，能杀灭线虫等害虫。由于菇房的覆土量大，且对覆土的质量要求较高，生产时应及早做好贮藏准备。

（3）覆土方法　先铺一层粗土，铺满料面，直到完全覆盖培养料。并用中土（颗粒度介于粗土与细土之间）填满粗土的缝隙，以防止调水时水分渗入培养料内，造成料内菌丝萎缩，最后再铺上一层细土。

（4）覆土层的调水　双孢蘑菇覆土多采用先将粗土预湿，然后在 2~3d 内调粗土水分。一般覆粗土 1~2d 内开始调水，连续调水 3d。在用水量上应做到两头轻、中间重的原则。喷水的方法应采用轻喷勤喷、循环喷水的方法，不可一次喷水过多，防止水分流入培养料中，妨碍菌丝生长。调水的具体标准是粗土无白心，质地疏松，手能捏扁土粒，手捏粘手，此时粗土的含水量大约在 20%。

四、添加剂

食用菌生产所用添加剂主要是用于增温发酵、抑制杂菌或刺激生长的一类物质，主要有生物发酵剂、抑菌剂（多菌灵、克霉灵、甲基托布津）、生长调节剂（三十烷醇、萘乙酸、福菇肽）。

五、培养基配方

（1）制定配方的原则　合理的配方及适量的辅料对于食用菌菌丝生长和结实

都具有重要的作用。在制定配方时应注意两个问题：①针对不同食用菌对营养需求的差异，合理搭配碳素、氮素营养。做到碳素氮素营养平衡。②对于透气性较差的原料应适量添加，或与透气性好的原料按比例添加。尤其是在高温季节，要适量降低透气性差的原料的添加量。生产实践表明，对于许多原料而言，只要营养均衡，添加适量辅料，栽培管理得当，就能获得理想的产量。

（2）料水比例　一般要求培养料的含水量在60%左右。培养料中的水分，一是拌料时添加，二是后期补水。所以，拌料时要控制料水比例。培养料加水量还应考虑如下原则：①菌种培养料少加水；②夏天拌料少加水；③新料少加水；④辅料添加比例大时少加水；⑤棉籽皮绒少时少加水；⑥木屑为主料时少加水。

六、秸秆在食用菌产业中的应用

（1）我国的秸秆资源　我国幅员辽阔，南北气候带差异较大，热量、水分光能等气候资源比较丰富。大多数地区的气候条件都可进行食用菌的周年生产，菌种资源也极为丰富。有丰富的农林产品及其副产品，林业中有可利用的枯木、朽枝木屑等。农业中有可利用的酒糟、稻壳、棉籽壳、玉米秆、玉米芯、花生壳等，为食用菌提供了丰富的原料。

（2）秸秆的处理方法　以玉米芯为例，介绍玉米芯培养料的处理方法。玉米芯含纤维素28.8%，无氮浸出物58.4%，粗蛋白2%，粗脂肪0.7%，矿物质6%。在使用前，应先粉碎，再根据栽培的需要进行必要的处理，常用处理方法：①石灰水浸泡法，将粉碎后的玉米芯放入2%~3%的石灰水中浸泡24h，捞出后，用清水冲洗干净，即可作为培养料使用。②堆制发酵法，在粉碎后的玉米芯中加1%过磷酸钙、0.2%的尿素、2%的石灰、0.2%的多菌灵，再加1.5倍的水，搅拌均匀，堆制发酵3~5d，再翻堆，再发酵，直到玉米芯发酵呈咖啡色即可使用。③蒸煮法，将粉碎好的玉米芯在水中浸泡2h，捞出后煮30min，或蒸2~3h，拌入辅料后即可使用。

习　题

一、填空

1. 食用菌栽培的主要原料有哪些 _____、_____、

_____、_____、_____。

2. 玉米芯培养料的处理方法有_____、_____、

_____。

二、判断

1. 栽培食用菌的培养料不是越新鲜越好。（　　）

2. 松树可以用来做食用菌很好的碳源。（　　）

3. 用松树做碳源比用杨树做碳源栽培出的香菇风味更好。（　　）

三、简答

1. 食用菌发酵料的特性有哪些？

2. 食用菌菌种厂如何布局？

3. 不同菇房菇棚主要性能差异是什么？各适合哪些菌类栽培使用？

拓　　展

老菇房怎样"返老还童"

使用两年以后的菇房，一般称为老菇房。因老菇房杂菌增多，如不严格灭菌，杂菌则争食养分，栽培的食用菌会生长不良或不能生长，致使减产甚至无收。只有彻底杀菌，才能使老菇房"返老还童"。

对老菇房的灭菌，可采取以下综合措施：

（1）彻底清洗打扫，地面、墙角都要打扫干净，使用的床架、薄膜等工具也要清洗干净，不留培养料残渣，凡是菇房中曾用的、即将用的，全部进行打扫清洗。

（2）用5%的苯酚对墙壁、地面、天花板、床架以及所有用具进行一次喷撒。

（3）密闭门窗，按 $5\sim10mL/m^3$ 的用量，用福尔马林溶液（35%～40%的甲醛水溶液）进行熏蒸24h。福尔马林除用加热使之蒸发外，还可用它和高锰酸钾反应的热使之挥发。用量是福尔马林和高锰酸钾的比是（1:(0.5～1)（福尔马林以 mL 计、高锰酸钾以 g 计））。先加入高锰酸钾，再加入福尔马林，进入熏蒸的菇房前30min，在菇房中加入适量氨水，减少余气对人体的刺激，但进入菇房还是应戴眼镜和口罩。

（4）用紫外灯照射 $2\sim3h$。离地面2m的30W灯可照射 $9m^2$ 房间。

案例一　麸皮纠纷——香菇菌棒烂棒

2006年浙江松阳县150余户菇农的100余万棒香菇菌棒不出菇，投诉麸皮经销商。事故调查组立即进行了现场调查。

基本事实：异常菌棒转色后逐步腐烂，尚未腐烂的，放弃管理后，菌棒干瘪、缺乏弹性，不会出菇；仍按正常管理的，少量菌棒有出假菇的情况，且大多出在菌棒两头。①菌棒不出菇、腐烂等异常表现与制棒培养料中添加了某一、两个批次的麦麸有密切的相关性：凡添加的菌棒均不能正常出菇，菌棒逐步腐烂，其中全部添加的菌棒完全不能出菇；部分掺入的也只有极少量的畸形菇；翻灶的菌棒危害程度加重，烂棒培养料不能再次利用。②异常的菌棒在不同菇农、不同栽培场地、不同品种间均有发生，其产生的原因可排除菌种、和平工艺、栽培环境等因素的影响。

原因分析和结论：造成异常表现的原因是由于培养料中含有有害物质，使菌丝体不能正常的营养积累，或完成营养生长后不能正常进入生殖生长所致。有害物质来源可判定来自麸皮和石膏，具体有害物质需进一步检测方能确定。

案例二　麸皮纠纷——香菇菌棒发菌异常

2008 年 9 月，浙江武义县菇农因香菇菌棒发菌异常投诉麸皮经销商。事故调查组进行了现场调查。

原因分析和结论如下：

（1）麸皮中含不明杂质，会在一定程度上改变菌棒的组成成分和营养构成，会影响菌丝正常生长和活力，如遇高温高湿等不利条件，易产生发菌异常现象。鉴于许多使用掺杂麸皮的菌棒，尚未出现发菌异常现象，说明在气候、栽培工艺等条件正常的情况下，不足以对香菇菌丝现阶段生长造成明显影响。

（2）从脱去套袋后才发现菌落发黄，菌棒变软、易折断的发展过程分析，9 月以后的高温闷热的反常气候是导致菌棒发菌异常的直接诱因。

上述因素相互作用，加重了危害程度，导致菌棒的发菌异常表现得更加明显，是否影响进一步发菌和出菇有待观察和实验。结论：现阶段菌棒发菌异常是麸皮掺杂和高温闷热相互作用所导致。

调查组建议：①加强科学管理，不要轻易放弃。气候转凉将有利于香菇菌丝生长，希望菇农不要丧失信心，精心管理，减少损失。②使用掺杂麸皮的菌棒应避免高温期间脱去套袋；菌丝长满袋后采取刺孔通气的，宜选择室温 25℃ 以下的晴天进行，减少刺孔数量，降低刺孔深度，并加强通风，避免菌棒内温度超过 28℃，以防烂棒。

事后跟踪了解，经加强管理，香菇菌棒基本恢复正常。

项目六

常见木腐型食用菌栽培

教学目标

1. 了解常见木腐型食用菌形态特征及子实体发育过程。
2. 掌握发酵料的制作技术、播种量计算、袋栽过程及各生长期的管理要点。
3. 掌握常见木腐菌的栽培技术。

基本知识

重点与难点：发酵料的制作、播种量计算、袋栽过程及各生长期的管理要点；栽培技术。

考核要求：了解形态特征及子实体发育过程；掌握发酵料的制作技术、计算适宜的播种量、袋栽过程及各生长期的管理要点；掌握栽培技术。

第一节

平菇的栽培

一、概述

平菇学名为侧耳（*Pleurotus ostreatus* Fr.），又称鲍鱼菇、冻菌、北风菌、青蘑、蚝菇等，分类上属真菌界担子菌门、伞菌纲、伞菌目、侧耳属。是我国栽培最广、最为常见且产量最高、食用和出口较多的一种食用菌。

　　过去平菇专指侧耳属糙皮侧耳，现在人们把侧耳属的其他一些栽培种类也称为平菇。如：金顶侧耳、桃红侧耳、美味侧耳、紫孢侧耳等。

　　平菇肉质肥厚、细嫩，味道鲜美、营养丰富。干平菇蛋白质含量为 21.17%，粗脂肪 3.7%，属高蛋白、低脂肪食材。含有 18 种氨基酸，其中包括人体必需的 8 种氨基酸，且占总氨基酸的 10%~50%。特别是粮食和豆类中缺乏的赖氨酸、甲硫氨酸，尤以谷氨酸含量多。并含有钙、磷、铁、钾等矿物质和 B 族维生素、维生素 C、维生素 K 等。平菇含有多糖类、牛磺酸和多种酶类，可促进消化，降血压和胆固醇，并对癌细胞有显著的抑制作用，可有效地防治胃炎、肝炎、十二批肠溃疡、胆结石、糖尿病和心血管疾病等。平菇作为中药还可以用于治腰酸、腿疼痛、胃溃疡、手足麻木、筋络不适等病症。平菇是一种营养丰富、具有食疗价值的保健食品。

　　平菇与其他食用菌相比，生命力强，分布广泛，是世界性分布和广泛栽培的食用菌。

　　平菇生长快，抗逆性强，抗杂菌，原料来源广泛。栽培方式多，栽培方法简便，生产周期短，产量高，经济效益显著，投入产出比在 1：2 以上。全国各地均有栽培，是我国生产量最大、普及最广的食用菌种类。世界四大食用菌排名依次为蘑菇、平菇、草菇、金针菇。

二、生物学特性

1. 形态特征

　　菌丝体是平菇的营养器官。菌丝是无色、管状、有分支、有隔膜的多细胞丝状物。成千上万条菌丝集结在一起，就形成肉眼可见的白色菌丝体，见图 6-1。

图 6-1　平菇菌丝体形态

　　子实体是平菇的繁殖器官，也是平菇的食用部分。子实体丛生、叠生，也有单生。子实体有菌盖和菌柄两大部分组成（见表 6-1 和图 6-2）。

表 6-1 　　　　　　　　　　　　　　　　　平菇子实体特点

组成	颜色	特点
菌盖	幼时呈白色、青灰色，老熟时灰白色或灰褐色	直径为 5~21cm，中央凹，呈扇形、漏斗状或贝壳状，表面光滑、湿润
菌褶	白色	延生，裸露
菌柄	白色	长 3~5cm，基部常有白色绒毛覆盖，侧生

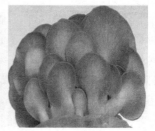

图 6-2 　平菇子实体形态

在人工栽培条件下，平菇子实体的发育可以分为五个时期。见表 6-2。

表 6-2 　　　　　　　　　　　　　　　平菇子实体的发育时期

发育时期	子实体特征	图片
原基形成期	形成白色米粒状凸起物	
桑葚期	凸起物长成桑葚样的菌蕾	
珊瑚期	在条件适宜时，仅在 12h 就转入珊瑚期，3~5d，逐渐发育成珊瑚状的菌蕾，小菌蕾逐渐长大，中间膨大，成为原始菌柄	
成形期	菌柄变粗，顶端出现黑灰的扁球，不断长大，就是原始菌盖	

续表

发育时期	子实体特征	图片
成熟期	菌盖展开，中部隆起呈半球形；菌盖充分展开，边缘上卷；菌盖开始萎缩，边缘出现裂纹	

2. 繁殖与生活史

平菇属于双因子四极性异宗配合的食用菌，其生活史与许多高等担子菌相似。

平菇的生活史：孢子——→初生菌丝体——→次生菌丝体——→子实体——→孢子这一循环过程。在适宜的条件下孢子萌发、伸张、分支、形成单核菌丝，两个不同性别的孢子萌发形成的单核菌丝相互结合形成双核菌丝。双核菌丝吸收大量的水分，分泌酶分解和转化营养物质，生长发育到一定阶段，表面局部膨大，形成子实体。子实体成熟后产生孢子，完成一个生活周期具体见图6-3。

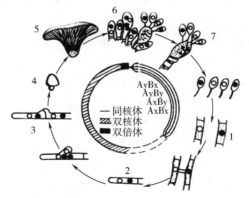

图6-3　平菇的生活史

1—单核菌丝　2—双核菌丝　3—锁状联合　4—菇蕾　5—成熟子实体　6—子实层　7—担子及担孢子

3. 对生活条件的要求

（1）营养　平菇属于木腐生菌类。分解纤维素、木质素能力很强，对营养物质的要求很粗放，菌丝通过分泌多种酶，能将纤维素、半纤维素、木质素及淀粉等营养物质。其中碳素营养一般采用用棉籽皮、玉米芯、木屑、甘蔗渣等农副产品的下脚料作为栽培主料提供；氮素、无机盐和生长因素等营养常用麸皮、米糠、玉米粉、黄豆粉饼、尿素、铵盐、硝酸盐、石膏、石灰等原料作为栽培辅料提供。

（2）温度　平菇大多为低温型菌类。菌丝体生长适宜温度为5~35℃，最适温度为24~26℃；10℃以下菌丝生长缓慢，26℃以上时菌丝虽然生长较快但质量较差，40℃以上菌丝就会死亡。

平菇为变温结实性菇类，温差刺激有利于原基形成，恒温条件下子实体难以发生。在地下室或防空洞等温差较小的地方栽培时，要有通风降温的设施。

根据平菇原基形成对温度的要求不同，将其划分为低温型、中温型、高温型、广温型等不同类别：①低温型，子实体分化适宜温度为 5~15℃，最适 8~13℃，子实体深灰色至黑色，适宜冬季栽培，菌肉厚，韧性好，品质优；②中温型，子实体分化适宜温度为 12~22℃，最适 15~20℃，子实体多为浅灰色或灰白色，适宜早秋或春季栽培，产量中等；③高温型，子实体分化适宜温度为 20~30℃，最适 25℃左右，子实体多为白色或灰白色，适宜高温季节栽培；④广温型，子实体分化温度范围较广，子实体颜色随温度变化而变化，温度高时菌盖近白色，温度低时菌盖灰色或灰褐色，温度越低，颜色越深。

由于平菇具有各种温型的品种，使不同地区不同季节选择不同温型的品种，所以平菇的栽培不受地区、气候和季节的限制，可以周年生产。

（3）水分和湿度　平菇菌丝体生长阶段的基质含水量以 60%~65% 为最适，基质含水量不足时（低于 50%），发菌缓慢，发菌完成后出菇推迟。生料栽培，基质含水量过高时，透气性差，菌丝生长缓慢，同时易滋生厌氧细菌或霉菌。出菇期以 70%~80% 为最适，大气相对湿度在 85%~95% 时子实体生长迅速、苗壮，低于 80% 时菌盖易于干边或开裂，在高于 95% 时菌盖易变色腐烂，也易感染杂菌。

（4）空气　平菇是一种好气性真菌，菌丝和子实体生长都需要空气。在菌丝生长阶段，一定浓度的二氧化碳可刺激平菇菌丝体的生长；在子实体发育阶段，需要空气新鲜充足的氧气，在氧气不足、二氧化碳浓度过高时，不易形成子实体或形成畸形菇。

（5）光照　平菇菌丝体生长不需要光，光反而抑制菌丝的生长。子实体形成需要一定散射光。光强度还影响子实体的色泽和柄的长度。光线过暗，子实体色泽浅、柄细长、肉薄、盖小、品质较差；较强的光照，子实体色泽较深，柄短，肉厚，品质好；强烈的光照尤其是直射光照射（大于 2500lx）能抑制子实体的形成及生长或使表层的子实体干裂。一般认为光照强度在 200~1000lx 为宜。

（6）酸碱度　平菇菌丝适宜在中性偏酸的环境中生长，pH 4~9 之间均能生长，生长的最适 pH 为 5.5~6.5。由于菌丝生长过程中，代谢产酸会使培养料的 pH 下降，在配制培养料时可加入石灰水（2%~3% 的石灰粉）适当调节，有助于平菇生长和防止杂菌污染。实际生产中培养料的 pH 在接种时为 7.5~8。

4. 平菇的种类

在生产和生活中，平菇通常是商品名称，是侧耳属中多个栽培种的总称。因其成熟时，菌盖偏生一侧，菌褶延生至菌柄，形似耳状，故又称侧耳。常见品种见图 6-4。

（1）糙皮侧耳　低温型品种。子实体覆瓦状丛生，大型。菌盖初扁半球形，后成扇形、肾形、浅喇叭形，直径 5~21cm，菌盖为暗灰色或青灰色，之后变为淡灰色至黄褐色，边缘薄、平坦、略内曲，表皮常裂成鳞片；菌柄侧生，短或无，

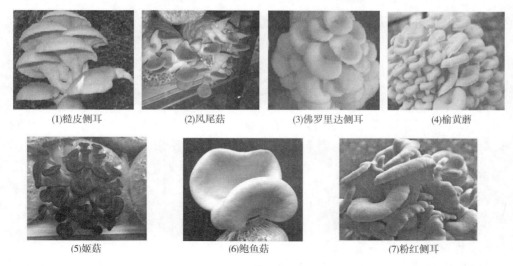

(1)糙皮侧耳　　　　(2)凤尾菇　　　　(3)佛罗里达侧耳　　　　(4)榆黄蘑

(5)姬菇　　　　　　(6)鲍鱼菇　　　　　　(7)粉红侧耳

图 6-4　平菇的常见品种

内实，白色，基部常有白色绒毛。孢子印白色，大量堆积时略带粉红色。糙皮侧耳是目前广泛栽培的菇类，平常所说的"平菇"大多指这个品种。

（2）凤尾菇　又称环柄侧耳、漏斗菇，属中温型平菇。子实体群生至丛生，菌盖为灰褐色，形状似凤尾。孢子印白色。菌体生长快，生命力强，生产周期短，产量高；菇体肥厚，柔嫩，品质好。用稻草栽培效果好，成本低。

（3）佛罗里达侧耳　又称佛州侧耳、华丽侧耳，属中温型平菇。子实体覆瓦状丛生。菌盖直径 5~23cm，初半球形，边缘完整，后平展成扇形或浅漏斗形，边缘不齐或有深刻。低温时白色，高温时带青蓝色转黄色至白色，色泽随光线不同而有所差异。菌肉稍薄，白色。菌褶浅黄白色，干时变淡黄色，常在菌柄上形成脉络状。菌柄侧生（有孢菌株），或偏心生至中央生（无孢菌株），细长，内实，白色，长 3~7cm，粗 1~2cm，基部有时有白色绒毛。孢子印白色。性状稳定，产量高，耐贮运。

（4）金顶侧耳　又称榆黄蘑、金顶蘑，中高温型。菌盖金黄色，光滑，漏斗状；菌柄淡黄色，孢子印白色。

（5）美味侧耳　又称姬菇、紫孢侧耳、小平菇，中温型。菌盖扁半球形，伸展后基部下凹，光滑，幼时铅灰色，后渐呈灰白至近白色，有时稍带浅褐色，边缘薄，平滑，幼时内卷，后期常呈波状。菌肉白色，稍厚。菌褶宽，稍密，延生，在柄上交织，白色至近白色。柄短，偏生或侧生，内实，光滑，孢子印玫瑰色，味鲜美，具香味。

（6）鲍鱼菇　鲍鱼菇又名"台湾平菇"，是一种珍稀食用菌品种。属中高温菌类，菌丝生长的温度为 20~32℃，最适 25~28℃；子实体生长发育适宜的温度为 25~30℃，最适是 26~28℃，低于 20℃和高于 35℃子实体不发生。鲍鱼菇肉质肥厚，脆嫩爽口，具有较高的食用价值和营养价值。由于传统的食用菌品种大部分不能夏季出菇，而鲍鱼菇却可有效改变夏季鲜菇淡季的状况。

（7）粉红侧耳　又称红平菇、桃红侧耳，高温型。菌盖直径 2～10cm，扇形或近扇形，带粉红色，后退为白色，表面光滑、干燥。菌柄很短或近无，有菌柄时长约 3cm，粗 2.5cm，白色带粉红，实心。菌肉白色，柔软。菌褶粉红色，延生，稍密，不等长。味鲜美。

总体来讲，低温型栽培面积大，品质好，产量高。如同农民种田一样，要轮作、倒茬，才有利于丰收。菌的分泌物对自身有抑制作用，品种一定要轮用，忌重复，不能认准一个品种多年连续在一个场地栽培。否则，效果会越来越差。

三、食用菌常见栽培方式

1. 根据原料性质分类

（1）段木栽培　将树木的枝、干截成段，进行人工接种，栽培食用菌的方法称为段木栽培。

（2）代料栽培　利用农业、林业、工业生产的下脚料，如木屑、棉籽壳、稻草、废棉、酒糟等为主要物质，再加入一定的辅助原料配制成培养料，这种栽培食用菌的方法称为代料栽培。优点是可充分利用资源，变废为宝。

2. 根据代料栽培容器或培养料形状分类

（1）瓶栽　栽培容器为玻璃瓶，通常为耐高温罐头瓶，金针菇栽培中常用。

（2）袋栽　栽培容器为耐高温聚乙烯袋、聚丙烯袋等，最普遍、适用菇种多、规格广。

（3）块栽　把培养料制成长方形块状的栽培方法。滑菇、香菇适用。

（4）床栽　将培养料摊在室内床架上的栽培方法。双孢蘑菇、草菇适用。

（5）套种畦栽　套种是指在一种作物生长的后期，种上另一种作物；畦栽是田园中分成小区栽培。平菇、香菇（菇粮套种）适用。

3. 根据代料栽培的培养料灭菌方式分类

（1）熟料栽培　将原料搅拌均匀后，装在袋子里或者其他容器里，经过高压灭菌或者常压灭菌后，再进行接种栽培。适用于金针菇、黑木耳、茶树菇等木腐菌栽培。

（2）发酵料栽培　将原料搅拌均匀后，堆积起来，进行发酵处理，等到发酵结束后再进行栽培播种。适用于双孢菇、鸡腿菇、姬松茸等草腐菌栽培。

（3）生料栽培　生料栽培就是将原料搅拌均匀后，直接播种栽培。适用于平菇、姬菇等。

4. 根据是否有保护措施分类

（1）露地栽培　在温室外或无其他遮盖物的土地上栽培。

（2）保护地栽培　增加人工覆盖物以形成有利于食用菌生长的小气候条件的一种栽培方式。如温室、塑料大棚、遮阴棚等。地上：菇房、菇棚；地下：半地下、全地下、人防工程、窖等。

5. 根据养菌和出菇是否在同一场地分类

（1）一场制栽培　发菌、出菇在一个场地进行，称为一场制栽培。

（2）二场制栽培　食用菌规模化生产中，使用专门的发菌棚发菌、专门的菇房出菇，发菌、出菇在不同场地进行。栽培效果优于一场制。

6. 根据栽培季节分类

（1）正季节栽培　自然温度适宜生长的季节栽培，是食用菌传统的主栽模式。

（2）反季节栽培　在不适宜栽培的季节进行栽培，由于技术条件不同，收益差异很大。

7. 根据人为对栽培条件的控制程度及科技含量的高低分类

（1）园艺化栽培方式　类似于园地栽培的食用菌生产方式。具有劳动力密集型特点。

（2）作坊化栽培方式　类似于手工制造加工的工场的食用菌生产方式。

（3）工厂化栽培方式　在相对可控的环境条件下，采用类似工厂的生产方法，利用成套设施和综合技术使食用菌生长摆脱自然环境束缚，实现周年性、全天候、反季节的企业化规模生产。具有技术密集型特点。

四、平菇栽培技术

1. 栽培季节

平菇的栽培季节主要取决于温度和栽培方法，根据平菇在菌丝生长和子实体形成时期对温度的要求，在不同的季节播种应选择不同温度类型的品种。各地应以当地气候条件为依据，灵活掌握，首先必须满足子实体形成和生长所需要的温度，再考虑满足菌丝生长所需的温度。一般实行春、秋两季栽培，每年9月中旬至次年3~4月均可进行栽培。如果采用生料栽培，以11月下旬至次年3月为宜，因为这时自然气温通常在20℃以下，虽然菌丝生长慢，但不利于各类杂菌的生长。所以这段时间是平菇栽培的安全期，发生污染的几率较小。

2. 培养料配方

栽培平菇的培养料配方有很多种，目前常用的有以下几种。

（1）棉籽壳97%、石膏1%、石灰1%、过磷酸钙1%；

（2）棉籽壳87%、米糠或麦麸10%、石膏1%、石灰1%、过磷酸钙1%；

（3）稻草93.85%、石膏1%、玉米粉5%、尿素0.15%；

（4）麦秸96.5%、石膏1%、过磷酸钙1%、石灰1%、尿素0.5%。

（5）木屑77%、麦麸或米糠20%、糖1%、石膏粉1%、石灰1%；

（6）玉米芯 77%、棉子壳 20%、糖 1%、石膏粉 1%、石灰 1%；

（7）玉米秸 88%、麦麸 10%、石膏粉 1%、石灰 1%。

3. 平菇袋栽技术

塑料袋栽培平菇既省工，又便于管理，还能充分利用空间。它不仅适于室内栽培，而且适于在塑料大棚、人防工事等地方栽培。

（1）熟料袋栽

①平菇熟料袋栽培工艺流程见图 6-5。

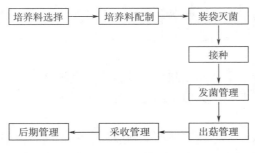

图 6-5　平菇熟料袋栽培工艺流程

②培养料的选择：栽培平菇的培养料很多，如棉籽壳、稻草、麦秸、玉米芯、其他作物秸秆等，见图 6-6。可根据当地材料进行适当选择，以节约成本。选择何种原料，均要求新鲜、干燥、无霉变。除上述主料外，还应根据平菇对营养的需要加入少量的石膏、石灰、米糠或麦麸、磷肥等。

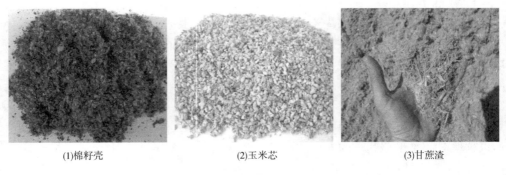

(1)棉籽壳　　　　　　(2)玉米芯　　　　　　(3)甘蔗渣

图 6-6　平菇的培养料

③拌料：配方选好以后，应该选择非雨天时进行拌料。拌料之前将溶于水的物质（如石膏、磷肥等）先溶于水，不溶于水的物质（如麸皮等干料）先混合均匀，然后按料水比 1:（1.3~1.4）的比例加入上述水溶液拌料。要求拌料均匀，含水量适中。含水量适宜的标准是用手抓一把培养料握紧，指缝中如有 2~3 滴水滴下即为适宜。见图 6-7。

图 6-7　拌料

④装料：根据灭菌方式不同，可选用不同材料制作的塑料袋，高压灭菌时宜选用聚丙烯塑料袋，常压灭菌时宜选用聚乙烯塑料袋。装料时，先将袋的一头在离袋口 8~10cm 处用绳子（活扣）扎紧，然后装料，边装边压，使料松紧一致，装到离袋口 8~10cm 处压平表面，再用绳子（活扣）扎紧，最后用干净的布擦去沾在袋上的培养料，见图 6-8。

图 6-8　双开口食用菌菌包套环

⑤灭菌：灭菌不论采用常压蒸汽灭菌还是高压蒸汽灭菌，装锅时要留有一定的空隙或者呈井字形垒在灭菌锅里，这样便于空气流通，灭菌时不宜出现死角，见图 6-9。

图 6-9　食用菌柜式灭菌器

⑥播种：多采用两头播种：解开一头的袋口，用锥形木棒捣一个洞，洞尽量深一点，放一勺菌种在洞内，再在料表放一薄层菌种，播后袋口套上颈圈，袋口向下翻，使其形状像玻璃瓶口一样，再用2~3层报纸盖住颈圈封口。解开另一头的袋口，重复以上操作过程。

早秋气温高，空气中杂菌活动频繁，播种时稍有疏忽，极易造成杂菌污染。播种时应注意以下几个方面：首先播种要严格按照无菌操作程序进行，接种温度控制在28℃为宜。灭菌出锅的菌袋要在1~2d内及时播种，菌袋久置会增加杂菌感染率。外界温度较高时，应适当加大播种量，使平菇菌丝在一周内迅速封住袋口的料面，阻止杂菌入侵，提高播种成功率。

⑦发菌期管理：平菇播种后，温度条件适宜，才能萌发菌丝，进行营养生长。菌袋堆积的层数应根据播种时的气温而定，一般气温在10℃左右时，可堆3~4层高；18~20℃时，可堆2层。大约15d，袋内料温基本稳定后，再堆放6~7层或更多层。这个阶段要注意杂菌污染与病虫害的发生，促使菌丝旺盛生长。应根据发菌生长的不同时期，进行针对性的管理。

总之，发菌期间要加强培养室的温度、光照和通风的管理，经常检查菌袋污染情况。培养室温度最好控制在0~18℃，最高不要超过22℃。要经常逐层检查菌袋的温度，尤其是排放在中间部位的菌袋，一旦发现菌袋温度过高，要及时疏散菌袋；整个发菌期间不需要光照；培养室的空气要保持新鲜，每天夜间和清晨开门窗通风；发现污染的菌袋及时剔出处理。

⑧出菇期管理：当见到袋口有子实体原基出现时，立即排袋出菇。两头播种的菌袋，一般垒成墙式两头出菇，即在地面铺一层砖，将袋子在砖上逐层堆放4~5层，揭去袋口的报纸，见图6-10。根据子实体发育的五个时期，抓住管理要点。

图6-10　两头出菇的菌袋

a. 原基形成期：播种30d以后，即菌丝发满袋3~5d，要求通风良好，有充足的散射光。这时关键是创造一个温差较大的环境，昼夜温差最好在10℃以上，经3~5d，袋口可见子实体原基。

b. 桑葚期：此期不能把水直接浇在菌蕾上，可向空间喷水，空气相对湿度控制在85%～90%为宜，在温度适宜条件下维持2～3d。

c. 珊瑚期：必须加强通风换气，温度控制在7～18℃，空气相对湿度控制在85%～95%。

d. 形成期：此期可根据培养料和空气相对湿度进行喷水，每天喷2～3次，以培养料不积水为宜，温度控制在7～18℃，空气相对湿度为90%～95%，并保持空气新鲜。

e. 成熟期：当菌盖直径达8cm左右，颜色由深变浅时就可采收。

出菇阶段要加强出菇场所水分、光照和通风的管理。子实体需要大量水分，气温高时蒸发量大，培养料与子实体极易干燥失水。因此要根据子实体生长的不同时期，采用向空间或向料面直接喷水的方法，保持空气相对湿度在85%～95%。为减少菌袋水分蒸发，可在菌袋上面覆盖一层遮阳网，向遮阳网上喷水。这样不仅能提高保湿效果，还可以避免喷水对菌丝造成的直接损伤。此外，还要注意给予一定的散射光，并在清晨、晚间通风换气，保持充足的新鲜空气。

⑨采收：气温高时平菇生长快，子实体从现蕾到成熟只需5～7d，当菇盖展开度达八成，菌盖边缘没有完全平展时，就要及时采收。采收方法是用左手按住培养料，右手握住菌柄，轻轻旋转扭下，也可用刀在菌柄基部紧贴斜面处割下。一般隔天采收一次，采收前3～4h不要喷水，使菇盖保持新鲜干净，采收时连基部整丛割下，轻拿轻放，防止损伤菇体。

⑩转潮期管理：转潮期是指从一潮菇采摘结束到下一潮菇子实体原基出现的时间。每批菇采收后，要将袋口残菇碎片清扫干净，除去老根，停止喷水3～4d，待菌丝恢复生长后，再进行水分、通气管理，经7～10d，菌袋表面长出再生菌丝，发生第二批菇蕾。

在出过一至两潮菇后，培养料的水分和营养含量会严重下降，这时可采用浸（注）水、喷（注）营养液、覆土三种方法使食用菌继续保持旺盛的生命力。

补充水分或营养液的方法很多，如用竹签或粗铁丝插3～4个小孔，放入水或营养液中浸泡12h。营养液种类很多，现介绍几种：

a：100kg水加糖1kg、维生素B₁ 100片，制成混合液；

b：100kg水加糖1kg、过磷酸钙4kg、尿素0.3kg，制成混合液；

c：100kg水加糖1kg、过磷酸钙4kg，制成混合液。

以上营养液可结合水分管理喷施。由于转潮换茬，基质的pH自然下降，影响菌丝的恢复能力，可喷洒1%～2%石灰水，使培养料呈中性。按以上方法管理，栽培周期一般为3～4个月，可采收4～6潮菇。

平菇覆土对土壤的选择很重要。从土壤的物理性质来讲，选用壤土为好，即选用土粒不太坚硬、不含肥料、新鲜、保水通气性能较好、毛细孔较多、团粒结构好的菜园土，树林表层腐殖土或稻田土。覆土应呈颗粒状，土粒直径约0.5cm，土壤的 pH 以 6.5~7.0 为宜。

图 6-11　平菇覆土出菇

　　平菇覆土的方法很多，主要有畦床平面覆土出菇法、单墙式泥墙覆土出菇法和双面式填充覆土出菇法等。常用的是畦床平面覆土出菇法，具体操作如下，选择近水源的场地，按宽 1.2m 开厢整畦，长度不限，畦床挖深 20cm，畦底挖松整碎，撒少许石灰粉，喷敌敌畏、甲醛药液消毒杀虫；然后将长满菌丝的菌袋（或称菌筒）或出过一至两潮菇的菌袋（菌筒），脱去塑料袋，按间距 10cm 摆放好，再把经处理的覆土填满菌筒空隙，直至高出菌筒面 1cm 即可；随即用水或营养液将畦床浇透，使覆土层自一上而下全部吸足水分，干后将床面沉落部位再用覆土填平；最后插上竹弓，盖上薄膜、草帘养菌。覆土之后，菌丝会很快长入覆土内，一周左右便可现蕾出菇。整个出菇期的水分管理只要保持土层湿润，表土不发白即可，可大量节省管理用工。

　　（2）半熟料袋栽

　　①平菇半熟料袋栽培工艺流程，见图 6-12。

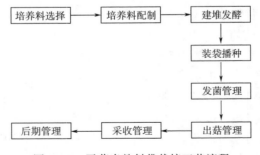

图 6-12　平菇半熟料袋栽培工艺流程

　　②培养料的堆制发酵：堆制发酵的作用一是在堆制过程中，堆内温度可升到 63℃以上，能杀死培养料内病菌和虫卵，起到高温杀菌的作用；二是使料内的营养成分由原来不能被菌丝吸收状态变为可吸收利用状态；三是经堆制发酵后的培

养料，质地松软，保水通气性能好，适于菌丝的生长发育。

堆制场地要选在地势较高、背风向阳、距水源近而且排水通畅的地方，地面要夯实，打扫干净。一般播种前 7~9d 进行。堆制材料不同，处理方法也不同，秸秆切成 15~23cm 长，浸泡 1~2d，然后捞起滤去水分；棉籽壳可直接堆制发酵。

堆制发酵的步骤如下：①建堆。先在地面上铺一些高粱秆或玉米秆，以利于通气。堆的大小要适中，松紧要适宜，堆形要做成馒头状。堆好以后，上盖草席或塑料薄膜，以便保持温度和湿度，但 2~3d 以后要去掉薄膜，以免通气不良，造成厌气发酵。②翻堆。培养料堆制过程中，要多次翻堆，翻堆的作用是调节堆内的水分和通风条件，促使微生物活动，加速物质的转化（图 6-13）。翻堆的方法是把料堆扒开将料抖松，将堆内外、上下的培养料混合均匀，并喷水调节湿度和pH，添加辅料。正常情况下，建堆后 2~3d 堆温开始上升，温度可达 70~80℃。温度达到高峰后，可维持 1~2d，然后进行翻堆，翻堆后重新建堆。第一次翻堆后经 1~2d，堆温很快就上升到 75℃ 左右，可进行第二次翻堆。如此进行 2~3 次，且每次间隔都比上一次翻堆时间缩短 2d。最后一次翻堆要调节好水分、pH，加入 0.3% 的多菌灵或其他杀虫杀菌剂，将料拌匀待用。

图 6-13　建堆发酵

③装袋、播种：选用宽 18~22cm、长 40~50cm、厚 0.04~0.05cm 的塑料袋。装袋、播种前，先在离袋口 8~10cm 处将袋的一端用绳扎好（活结）；培养料装入袋内达 1/2 时加入菌种一层；再装料至离袋口 8~10cm，加 1cm 厚的菌种封面，用绳子扎好口；然后解开另一端的袋口，加 1cm 厚的菌种封面后，再用绳子扎好口。如果气温较高，绳子扎口改为套颈圈封口更好。一般视袋子的长度和栽培时的温度，可以 2 层料 3 层菌种或 3 层料 4 层菌种。装袋时要注意使料松紧一致，每层料的厚度也应尽量一致。

④发菌期管理：发菌要求在清洁、干燥、通气良好、无光线的培养室内进行。菌袋不论怎样堆放，都要保证袋内温度在 28℃ 以下，若袋温降不下去，应疏散菌袋，分室培养。

发菌期其他管理方法同熟料袋栽。

⑤出菇期管理：出菇期管理方法与熟料袋栽相同。

（3）生料袋栽　培养料不经高温灭菌，也不经过发酵处理，直接配制接种栽培，称为生料栽培。生料栽培由于未经过高温处理，操作简单易行，省工省时，培养料中养分分解损失少，如果管理措施得当，产量较高。但是生料栽培很难控制病虫害，如果在料内添加农药不当，又会影响产品的安全性。而且生料栽培发菌慢，接种量也要增加。不适合在高温地区和高温季节栽培。从培养料来看，在目前的生产实践中，只有棉籽壳适合生料栽培。生料栽培在北方地区较为常用。

生产操作过程：菌种准备→确定栽培季节→培养料的选择、处理→拌料→装料与接种→发菌→出菇管理→采收→转潮管理→后期管理。

①菌种的制备：菌种量大于熟料栽培和发酵料栽培，应为原料干重的15%左右。

②确定栽培季节：生料栽培只宜在晚秋和冬季进行，选择温度低、湿度小时进行栽培，平均气温在15℃以下最好，否则易污染。生产实践中，一般南方为11月底~次年3月初，北方为10月初~次年4月。

③培养料的选择、处理：原料要求新鲜、干燥，无虫蛀，无结块，无杂菌。使用前最好在阳光下曝晒1~2d。

④拌料：拌料时加水量适当少一些，pH适当提高，含水量60%左右，pH为8~10。应加入2%的石灰粉和0.1%~0.2%的多菌灵、克霉灵或甲基托布津等杀菌剂。

⑤装料与播种：拌料后堆闷1~2h后装袋、接种。装料接种采用层播法，先将料袋一端折扎，从另一端装料，边装边压，装至1/2时，撒一圈菌种。继续装至快满时，再撒一层菌种，整平压实，直接用绳子扎口或大头针封口，封口后倒过来，再装料至快满时，撒一层菌种，整平压实，封口即可。一般两层料三层种，也可以三层料四层种，接种量一般为20袋培养料/袋（瓶）栽培种。

⑥发菌：一定要低温发菌，温度在20℃以下。初期每2d翻检一次，十几天后每5~6d翻一次。22~30d，就可长满料袋。

⑦出菇管理：出菇管理参见熟料栽培。

4. 平菇菌柱栽培

菌柱栽培法是利用大塑料袋或圆形模具作为成型工具。容器自身为圆形支撑结构，可将培养料压成圆柱体的培养床。菌柱栽培培养料一般采用发酵料。根据成型工具不同，有以下两种方法：

（1）用塑料袋制作菌柱　备好直径20~60cm、长80~100cm的塑料袋（可用较结实的塑料袋、化肥袋）。装料时，先在袋底垫一圆形托盘。托盘用木板或硬质塑料板制作，直径视所用用塑料袋大小而定。在托盘中央竖一根直径4~6cm、长80~100cm的塑料管或竹筒（竹筒节心要打通）。管壁上每隔8~10cm"品"字形交错钻孔，孔径0.8~1.0cm。然后在袋中装料，层播法播种，层距10cm左右。培养料装好后，将袋口紧扎在中间的通气管上，在20℃左右环境下培养。20d左右菌丝长透培养料，脱去塑料袋和托盘，竖放在地面，进行出菇管理。

（2）用活动铁模制作菌柱　用废弃的大汽油桶（图6-15）作为制作活动铁模的材料。锯掉桶盖和桶底，将桶纵向从中间割开，再将割开的桶的一边焊接上合页固定，另一边安装插销连接，便于在填装培养料紧压成型后拆除。用此模具可做成装150kg培养料的立柱体。

装料时，将模具插销关紧，竖放在菇房或其他出菇场内预放的地点，模具下面垫一层砖块，留有通气孔道。模具中央竖放一根直径25~30cm的圆柱体，长度略高于模具。层播发播种，每装15~10cm培养料，撒一层菌种。按上述方法直到装满、压实后，抽出圆柱体，再抽开插销，脱模，用塑料薄膜包裹立柱体。控制温度在20℃左右，约经20d，菌丝长透培养料。如果料温度超过30℃，将覆盖薄膜从底部掀起，使其通风换气、降温。

菌丝在培养料内长透成为菌柱体后，要及时向菌柱体中心圆孔内填入消毒处理过的肥沃壤土。壤土含水量17%~18%。填土时，在圆孔中心放一根直径10cm左右小木棍，然后将湿润壤土填入圆孔内，稍加压实，以不松散为度。转动小木棍将其抽出，留下的小孔供注水用。当菌柱体表面出现菇蕾时，脱去覆盖薄膜，在中心小孔内注水。注水次数视出菇情况而定，出菇期按常规方法管理。采完第一潮菇后，停水4~5d，以利于菌丝恢复生长积累养分，然后再从小孔注水进行出菇管理（图6-14）。

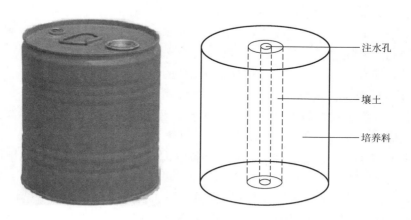

注水孔

壤土

培养料

图6-14　菌柱示意图

该方法的特点是外层为培养料，内层为泥土。采用立柱体，扩大了出菇表面积。中间的泥土既可为菌丝生长提供营养，又可通过注水产生渗灌作用，向培养料补充水分，防止菌丝失水早衰。

柱状栽培平菇，由于培养料比较集中，在生产中极易出现料温过高而产生"烧菌"现象，要选择在室温较低时进行栽培，而且发菌丝时还要经常观察，加强管理，避免出现"烧菌"现象。

所谓"烧菌"，指培养料温度过高（发生时菌袋内温度常达39℃以上）、通风换气不当造成的菌丝生长停滞，并逐渐泛黄、萎缩、自溶，严重时消失殆尽的现象。

5. 平菇菌墙栽培

菌墙栽培是在袋栽基础上发展起来的。利用这种方式栽培，可向菌筒内补水，又能进行立体栽培，节省占地面积。不同环境条件均可栽培，产量比常规袋栽提高30%以上。根据菌墙建造方式的不同，可分为单排菌墙栽培和双排菌墙栽培。

（1）单排菌墙栽培　将长满菌丝的菌袋或已出过1~2潮菇的菌袋，脱去塑料袋或用小刀在中间划开脱去15cm左右薄膜后，一排一排的堆放。每放一层，在菌筒上盖一层湿润肥沃的壤土（最好经过消毒处理）。如此一层菌筒、一层壤土，像砌砖墙一样垒8~9层。用湿壤土填缝隙，只露出菌筒的两端出菇，菌墙两侧涂抹2cm厚的泥层。在顶层，将壤土做成槽状供灌水使用。不同菌墙之间留60cm左右宽的人行道，便于管理和采收。

（2）双排菌墙栽培　将长满菌丝的菌袋或已出过1~2潮菇的菌袋，一端薄膜脱去，也可将薄膜完全脱除。将菌袋脱除薄膜的一端相距20cm左右相对排成两排，两排菌袋间用湿润肥沃的壤土填充，然后一层袋、一层土堆叠6~8层，菌墙顶端做成一个供补水的小水槽。两排菌墙之间留60cm左右宽的人行道。

（3）出菇管理　覆土后保持适宜温度，空气相对湿度在90%以上，同时加强通风，给予一定的散射光。现蕾后，每天喷水2~3次，并定期向泥墙内灌水，使其保持湿润。采收时用刀割且将菇根清除，不要用手掰，以防破坏菌墙。采收一潮后，结合补水补充营养物质，提高下一潮菇的产量。

6. 平菇阳畦生料栽培方法

平菇阳畦生料栽培即利用室外空闲地建造阳畦来栽培平菇，是一项工艺简单、成本低、周期短、产量高的栽培技术。

（1）选择场地　应选择干净、背风向阳、灌排水方便、地势平坦的田块。

（2）作畦　畦的长度不限，宽1~1.2m，深0.2~0.3m。在畦面及四周喷洒浓度为2%~3%的石灰水或其他杀虫杀菌溶液。

（3）拌料　在常规配方中加入0.3%的多菌灵或其他杀虫杀菌剂拌料，调pH至9~10，拌好的料最好当天用完，不宜过夜。

（4）播种前的准备　菌种量以占干料重的12%~15%为宜；所用工具及器皿应洗净，并用0.1%的高锰酸钾液消毒；将菌种掰成蚕豆大小，放在消毒液清洗过的面盆里，用消过毒的湿纱布覆盖备用。

（5）播种　通常采用层播法，即先在畦面铺1/3培养料，并均匀撒入1/4的菌种；再铺上 1/3 的培养料，均匀撒入 1/4 的菌种；最后铺入剩余 1/3 的培养料，表面均匀撒入 1/2 的菌种，培养料四周尤其不能遗漏，可适当多撒些。播后将料面稍压实拍平，立即用浓度为 0.1% 的多菌灵或 0.1% 的高锰酸钾液消过毒的报纸覆盖，再盖上薄膜和草帘，四周压上砖块。

（6）发菌期管理　接种后的 5~7d 内，切忌揭膜查看，中午前后料温如超过28℃，可掀草帘或掀草帘和薄膜通风降温，等温度下降后盖上薄膜，将料温保持在 24℃ 左右。料温稳定后，就不必掀动薄膜。根据发菌及天气情况，逐层增加早晚揭膜次数和时间。

（7）搭拱棚　当菌丝生理成熟，即将形成子实体原基时，应立即搭拱棚，以便出菇期的管理。

（8）出菇期管理　利用拱棚创造一个具有温差的环境条件，使子实体原基尽快出现；当子实体原基出现后，揭去报纸、薄膜和草帘，在湿度的基础上加大通风量；一般每天喷雾状水 2~3 次，每次喷雾状水量以菇床上料面湿润、不积水、菇体表面有光泽为度。

当子实体长到八成熟（菌盖边缘开始平展）时，应及时采收。每潮菇采收后，要将床面残留的死菇、菌柄清理干净，以防腐烂；停止喷水 4~5d 后，喷足水或营养液体，盖上薄膜，保湿发菌；待料面再度长出菌蕾，仍按第一潮菇的管理方法管理。出 1~2 潮菇后可以覆土，覆土后的管理和熟料袋栽覆土管理方法相同。

7. 段木栽培

由于平菇的生命力与适应性较强，若采用榆树、法国梧桐等树种栽培，均易成功。春季砍树后，不需经过干燥便可接种，接种后经过一个夏天，菌丝便可在段木中充分生长，当年秋天即可出菇。一年四季除炎热的暑天外，从秋末至翌年初夏均可收获。一般用直径 10cm 左右的段木，可出菇 2~3 年。凡菌丝已长好或出过菇的段木，在夏末秋初将其锯成 30cm 的小筒，直立埋入土中，稍覆盖以保湿防晒，原基很快即露出地平面。由于平菇能用多种代料进行生料栽培，因此，其段木栽培法目前已很少采用。

五、常见问题及对策

（1）病虫害感染　平菇病虫害较多，具体参看本书病虫害防治相关内容。

（2）接种后菌丝不吃料　菌种不吃料，不向前延伸的原因：菌种菌龄过长或老化，菌丝体失去活力；培养料发酵时，升温太慢，滋生了杂菌，使培养料酸败；培养料中杀菌剂、杀虫剂过量；培养料中石灰过量，碱性过强；培养料过湿或过干；氨气浓度偏高。

防治措施：选择菌龄为 30~35d 的适龄菌种；用新鲜原料，正常发酵；杀菌剂、杀虫剂适量；测培养料的 pH，生料、发酵料不超过 8.5，熟料不超过 9；水分不宜过量，化肥不宜加多，发酵要彻底，减少氨气残留。

（3）培养料变酸发臭　培养料变酸发臭的原因：培养料升温时，未及时采取降温措施，杂菌大量繁殖；培养料中水分过多，造成厌氧发酵。

防治措施：培养料倒出翻晒，并堆积发酵，并调 pH 到 8.5，臭味过重时，拌2%的明矾水。处理好后，重新装袋。如料腐败严重，不再使用。

（4）菌丝萎缩　症状：接种后正常生长的菌丝，播种后 5~10d，菌丝萎缩。

原因：料袋堆置太高，培养料不断产热，未及时翻袋散热，致使"烧菌"；培养室温度过高，通风不良，高温加缺氧，菌丝难以承受；装袋太紧实，培养料过湿、通气差。

防治措施：播种后 5~10d，培养料产生发酵热期间，及时翻袋散热；培养室及时通风降温；降低温度和湿度，料过于紧实可打通风孔。

（5）发菌后期菌丝迟迟长不满菌袋　症状：接种后菌丝生长正常，后期生长缓慢，迟迟长不满菌袋。

原因：袋两头扎口过紧，袋内氧气不足；培养料过湿，向下的一面有积水，造成缺氧；菌袋局部感染杂菌。

防治措施：袋两端最好放通气塞，或将绳扎松些；翻袋，使水分扩散，改善缺氧情况；在菌袋两端打通气孔，通风增氧；及时防治杂菌。

（6）菌丝稀蔬不紧实　症状：菌丝稀蔬，袋看起来松散。

原因：菌种退化，生活力降低；培养料质量差，营养不丰富；装料过松。

防治措施：选用优质菌株；原料中添加适量辅料；装袋时边装边压，防止过松，以手托起菌袋不下垂为宜。

（7）菌丝未长满菌袋就出菇　症状：菌袋中菌丝未长满，一些部位就出菇。

原因：发菌的培养室光线过强，温差过大，产生了光温刺激。

防治措施：培养室应保持黑暗和恒温，创造适于平菇菌丝生长的条件。

（8）"烧菌"　症状："烧菌"又称"烧堆"，发生时菌袋内温度常达 39℃ 以上，接种块因高温烧死而不萌发，或被灼烧后萌发力弱，或萌发蔓延后菌丝生长停滞、活力下降，并逐渐泛黄、萎缩、自溶，严重时消失殆尽。

原因：①培养料温度过高。料温影响因素一是自然气温和人工加温；二是菌丝代谢和其他微生物繁殖活动产生的生物热。②培养管理措施不当。通风换气条件差，散热降温措施不力，导致环境温度和料温相继升高和持续上升。

防治措施：①菌袋栽培应具备良好的通风换气条件，并根据环境温度和料温的变化，调整好袋的堆放方法和密度，及时拣出杂菌污染的袋。②用生料或发酵料栽培时，料内要加多菌灵、克霉灵、石灰等抗菌剂，以有效控制料内微生物活动，保持料温相对稳定。③高温季节栽培时，用发酵料或熟料，尽量降低播种后料内的起始温度；冬季栽培集中堆积发菌时，检查袋堆中部料温，及时翻堆。

④平菇菌丝培养温度应控制在 23~27℃，当环境温度超过 30~32℃，必须警惕烧菌发生；料温接近 35℃时，应采取散热降温措施。⑤若"烧菌"严重，培养料污染变质，最好拆料晒干再重新栽培。

（9）菌丝发满料后不出菇　症状：菌袋中菌丝生长良好，发满料后，迟迟不出菇。

原因：菌种选择不当（温度类型不适宜）；培养料中配方不当，C/N 比失调，氮量过多；温度高、湿度低；失水严重；缺少温差刺激；通风换气差，二氧化碳浓度过高；光线不足，缺少光的诱导。

防治措施：选择适宜温度类型的菌种；用小钉耙把菌被或菌皮挠破，加强通风，再喷 0.5%葡萄糖等含碳物质，调节碳氮比；不过早开袋口，酌情补水；加强温差、散射光刺激（照度 200~1000lx）；通风换气，将过多的二氧化碳排出。

第二节

香菇的栽培

一、香菇概述

香菇 [*Lentinus edodes*（Berk.）Sing.] 又名香蕈、冬菇、香菌，属于真菌门、担子菌亚门、伞菌目、口蘑科、香菇属，是世界上著名的食用菌之一，是世界上仅次于双孢蘑菇的第二大食用菌。

香菇有"菇中皇后"的美称，其肉质肥厚细嫩、味道鲜美、香气独特、营养丰富，并具有一定的药用价值。除含有蛋白质、糖类、维生素和氨基酸外，还含有一般蔬菜所缺乏的维生素 D 原（麦角甾醇），其被人体所吸收后可转变为维生素 D，不仅可增强人体抵抗力，还可预防儿童佝偻病、老年骨质疏松等症。现代医学研究表明，香菇中含有能抑制癌细胞生长的物质，具有一定的抗癌作用。据相关研究，香菇干品中蛋白质含量为 18.64%，脂肪 4.8%，糖类 71%，矿物质 5.56%。含有 18 种氨基酸，含有 7 种人体必需的氨基酸，其中赖氨酸、精氨酸含量较高，谷氨酸含量占氨基酸总量的 27.2%，在食用菌中几乎是最高的。干香菇中维生素 D 原的含量为 0.64mg/g，大约是大豆的 21 倍，紫菜、海带的 8 倍，甘薯的 7 倍。香菇的鲜味成分，是一类水溶性物质，主要是谷氨酸和 5'-鸟苷酸（5'-GMP）。香菇的香味成分主要是香菇精，可用作调味品。

香菇是我国山区传统土特产品和出口商品，尤其是我国的人工砍花栽培技术早在 800 多年前就已基本定型，并一直沿用至 20 世纪初。我国的主要产区是福建、浙江、广东、湖南等南方地区。我国在 20 世纪 60 年代中期开始推广纯菌种栽培生产技术，70 年代中期开始用木屑等原料，代替段木生产香菇，在 80 年代，福建古田创立了香菇的生产模式，仿天然模式栽培香菇，从而缩短生产周期，提高了产量。

二、生物学特性

1. 形态特征

香菇有菌丝体和子实体两大部分组成，菌丝体生长在基质中，是香菇的营养器官，子实体外露呈伞状，是香菇的繁殖器官，香菇子实体见图 6-15 和图 6-16。

图 6-15　新鲜香菇子实体

图 6-16　干制香菇子实体

（1）菌丝体　菌丝体由许多分支丝状菌丝组成，白色绒毛状，有分隔和分支，具有锁状联合。它的主要功能是分解基质，吸收、运输、贮藏营养和代谢物质，当达到生理成熟时，在适宜的条件下，可分化形成子实体原基，进一步发育成子实体。

（2）子实体　香菇子实体单生、丛生或群生，由菌盖、菌褶、菌柄三部分组成，见表 6-3。

表 6-3　　　　　　　　　　　　香菇子实体三个部分

部位	特　点
菌盖	又称菇盖，圆形。幼时半球状，边缘内卷，有白色或黄色绒毛，绒毛随生长而消失；成熟时渐平展，老时反卷、开裂。菌盖表面呈淡褐色或黑褐色，有暗色或银灰色鳞片，在缺水、干燥、通风较大的条件下，菌盖表面易形成菊花状或龟甲状裂纹，称为花菇。菌肉白色，肉厚质韧，有香味，是食用的主要部分
菌褶	位于菌盖下面，呈辐射状排列，白色、刀片状，生长后期呈红褐色。褶片表面的子实层上生有许多担子。担子顶端一般有四个小分支，各生一个担孢子
菌柄	位于菌盖下面，中生或偏心生，常侧扁或圆柱形，中实坚韧，常弯曲，纤维质，下部与基质内的菌丝相连，是支撑菌盖和运输养料、水分器官

2. 生活史

香菇属于四极性异宗结合担子菌。生活史从担孢子萌发形成双核菌丝。双核菌丝经过生长发育后，扭结形成原基，由原基发育成菇蕾和成熟子实体，再从子实体菌褶上产生新一代担孢子。善如寺厚（1981）发现香菇也会产生厚垣孢子。

香菇的生活史和典型的担孢子菌的生活史基本相似，大体上由如下9步组成：

（1）担孢子萌发；

（2）产生4种不同交配型的单核菌丝；

（3）两条可亲和的单核菌丝通过接合，进行质配；

（4）产生每个细胞中有两个细胞核的、横隔处有锁状联合的双核菌丝；

（5）在适宜条件下，双核菌丝形成子实体；

（6）在菌褶上，双核菌丝的顶端细胞发育成担子，担子排列成子实层；

（7）在成熟的担子中，两个单元核发生融合（核配），形成一个双元核（$2n$）；

（8）担子中的双元核进行两次细胞分裂，其中包括一次减数分裂。最后形成4个单元核（n），每个单元核分别通过担子小梗在其顶端形成1个担孢子；

（9）担孢子弹射后（生活史结束），在萌发过程中，经常发生一次有丝分裂，表明生活史重新开始。

3. 生产发育条件

香菇生长发育的条件包括营养、温度、水分、空气、光照、酸碱度等。

（1）营养　香菇属于木腐菌，其重要的营养来源是糖类和含氮化合物及部分矿物质元素、维生素等。

①碳源：香菇能利用多种碳源包括单糖、双糖和多糖类，其中以单糖和双糖类最易利用，其次是多糖中的淀粉。菌丝难以直接利用多糖中的纤维素、半纤维素和木质素等，但通过分泌相关酶类将它们分解成单糖、双糖等还原糖后菌丝加以吸收利用。麸皮、米糠、玉米粉等都是人工料袋栽培香菇较好的碳源。

②氮源：氮源用于合成香菇细胞内蛋白质和核酸等，香菇菌丝能利用有机氮和铵态氮（如硫酸铵等），不能利用硝态氮和亚硝态氮，香菇料袋中常加入富含营养的麸皮或米糠以提高氮的含量。

（2）环境条件

①温度：香菇为低温型变温结实性菌类。在潮湿的状态下，担孢子萌发的最适温度为22~26℃。菌丝生长的温度范围在5~32℃，最适宜温度24~27℃。菌丝5℃以下和32℃以上停止生长。原基形成需要10℃左右的温差，原基分化温度范围在8~12℃，最适10~12℃。子实体发育温度范围5~26℃，适宜温度为8~20℃，最适温度为15℃左右，因品系差异，最适温度有所差异。菌丝抗低温能力强，纯培养的菌丝体-15℃经5d才会死亡。由于木材的保护作用，在气温低于-20℃的高

寒山地或高于40℃的低海拔地区，菇木也能安全生存，菌丝一般不易死亡。

同一品种，在适宜范围内，较低温度（10~12℃）下子实体发育慢，菌柄短，菌肉厚实，质量好；在高温（20℃以上）时子实体发育快，菌柄长，菌肉薄，质量差。如无温差刺激，在恒温条件下，香菇不能形成子实体。

根据香菇子实体分化所需温度范围，可分为低温型（出菇适宜温度为5~18℃），中温型（出菇适宜温度为7~20℃），高温型（出菇适宜温度为12~25℃）。

②水分：香菇对水分的要求体现在培养料中的水分栽培阶段的空气湿度。培养料中水分过多，菌丝缺氧生长缓慢，影响后期出菇能力。含水量过少，菌丝分泌的酶类不能自由扩散接触培养料，菌丝因得不到充足营养而不能正常生长。培养料的水分含量40%~50%为宜，空气相对湿度以65%~75%为宜。出菇阶段，要求的空气相对湿度为85%~90%，超过90%，香菇易腐烂，低于60%，香菇停止生长，一般而言，形成花菇的湿度为65%~75%，机械刺激、干湿交替都会刺激菌丝分化及菇蕾的形成。

③空气：香菇是好气性菌类，在生长发育阶段，氧气不足，对菌丝的生长和子实体形成有抑制作用，菇房内必须通风良好，在代料栽培中，注意刺孔增氧和加强菇房内的通风换气，一定的风吹有利于花菇的形成。

④光照：香菇是喜光性真菌。光强度适合的散射光是香菇完成正常生活史的必要环境条件。菌丝生长阶段不需要光线，强光对菌丝生长有抑制作用。当菌丝长满菌袋或菌瓶时，需经过一定时间的光照，才能良好转色。子实体形成阶段则要求有一定的散射光。如果光线不足，则出菇少、菌柄长、朵小、色淡、质量差。在湿度较低时，较强一些的散射光对形成肉质肥厚、柄短、盖面颜色深的香菇有利。

⑤酸碱度：香菇菌丝生长要求偏酸的环境。菌丝适宜pH为3~7，最适pH在5左右。在生产中常将栽培料的pH调到6.5左右。高温灭菌会使料的pH下降0.3~0.5，菌丝生长中所产生的有机酸也会使栽培料的酸碱度下降。

总之，从菌丝生长到子实体形成过程中，温度是先高后低，光照是先暗后亮。这些条件既相互联系，又相互制约，必须全面考虑。

三、香菇料袋栽培技术

随着国内外市场对香菇需求量的增多，香菇料袋栽培技术的不断完善，近几年段木栽培（图6-17）已经很少，利用木屑、棉籽壳、农作物秸秆、玉米芯等农副产品资源作为料袋栽培香菇，已经成为我国香菇生产的重要途径。所谓料袋栽培，就是利用各种农林业副产物为主要原料，添加适量的辅助材料，制成培养基来代替传统的栽培材料（原木、段木）生产各种食用菌（图6-18）。

图 6-17　香菇段木栽培

图 6-18　香菇料袋栽培

我国香菇的产量 80% 上是由塑料袋栽培生产的，香菇塑料袋栽培，也称作菌棒栽培。其生产工艺流程为 菌种制备 → 培养料的配制 → 装袋 → 灭菌 → 接种 → 发菌 → 脱袋 → 转色与催蕾 → 出菇 。

1. 栽培季节确定

确定香菇栽培播种期必须以香菇发菌和出菇这两个阶段的生理条件和生态条件为依据。在自然栽培条件下，一般选择秋季上旬平均气温降至 20℃ 以下的日期为出菇日期，往前推算 60～80d 即为接种期。由于夏播香菇发菌期正好处在气温高、湿度大的季节，杂菌污染难以控制，所以近年来冬播香菇有所发展。一般是在 12 月底至 12 月初制作生产种，12 月底至 1 月初播种，3 月中旬进棚出菇。在北方可以人为控制生活条件的温室里，一年四季均可种植。

2. 菌种的准备

引种时必须根据市场需要和当地地理位置、气候条件，选择适宜的菌种。外地引进的品种，一定要进行出菇试验。大面积栽培时，早、中、晚；高、中、低、广温型品种搭配使用，以利于销售和占领稳定的市场。

3. 栽培料的准备

香菇是以分解木质素和纤维素为碳源的木腐菌，料袋栽培的原料有阔叶树木屑，以及棉籽壳、废棉、甜菜渣、稻草、玉米秆、玉米芯、废菌料等（图 6-19）。此外，许多松木屑用高温堆积发酵或摊开晾晒的办法，除掉其特有的松脂气味，亦可用来栽培香菇。辅料主要有麸皮、米糠、石膏、蔗糖等。棉籽壳、谷壳、甘蔗渣等颗粒较小的原料晒干后可直接使用，不需再粉碎；作物秸秆晒干后粉碎成木屑状或铡成 1～2cm 的小段，并浸水中软化处理。玉米芯粉碎成玉米粒大小的颗粒状，方可使用。配方中的木屑指的是阔叶树的木屑，陈旧的木屑比新鲜的木屑更好，配料前应将木屑用 2～3 目的铁丝筛过筛，防止树皮等扎破塑料袋。

在资源贫乏的地方不能用木质素、纤维素含量较低的软质材料完全取代木屑，至少应添加 30%～40% 的木屑，否则菇体质量差，脱袋出菇时菌棒易散。栽培料中的麸皮、尿素不宜加得太多，否则易造成菌丝徒长，难于转色出菇。麸皮、米糠

(1)碎玉米秆　　　　　　　　　　　　　　(2)阔叶树木屑

图 6-19　粉碎的玉米秆与阔叶树木屑

要新鲜，不能结块，不能生虫发霉。在生产实践中，为了提高产量常加入一定量的尿素、过磷酸钙、磷酸二氢钾和硫酸镁。在增产的同时，品质有所下降。因此，优质食用菌生产常用配方除硫酸钙外，应完全是有机的，尽量少用无机物。

4. 香菇栽培工艺流程

香菇栽培工艺流程见图 6-20。

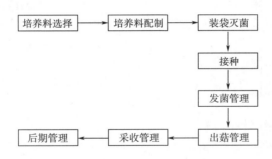

图 6-20　香菇栽培工艺流程

5. 栽培管理

（1）培养料的选择　可用栽培香菇的代料有很多，如棉子壳、玉米芯、阔叶树木屑、豆秸粉、麦秸粉、花生壳、多种杂草等，但其中仍以棉籽壳、木屑培养料栽培香菇产量较高。辅料主要是麦麸、米糠、石膏粉、过磷酸钙、蔗糖、尿素等。培养料的配方很多，常见的有以下几种。

①阔叶树木屑 78%、麸皮或米糠 20%，石膏粉 1%、蔗糖 1%。料与水之比为 1：1.2。

②阔叶树木屑 63%、棉子壳 20%、麸皮 15%、石膏粉 1%、蔗糖 1%。料与水之比为 1：1.2。

③棉籽壳 40%、木屑 35%、麸皮 21%、石膏粉 1.5%、过磷酸钙 1.5%、蔗糖 1%。料与水之比为 1：1.3。

④棉籽壳 40%、木屑 35%、麸皮 20%、玉米粉 2%、石膏粉 1%、过磷酸钙 1%、蔗糖 1%。料与水之比为 1∶（1.2~1.3）。

⑤玉米芯 50%、阔叶树木屑 25.5%、麸皮 20%、蔗糖 1.3%、石膏粉 1.5%、过磷酸钙 1%、硫酸镁 0.5%、尿素 0.2%。料与水之比为 1∶1.3。

⑥稻草 62%、木屑 15%、麸皮 19%、蔗糖 1%、石膏 1.5%、过磷酸钙 1%、尿素 0.3%、磷酸二氢钾 0.2%。料与水之比为 1∶1.2。

（2）原料处理　玉米芯要粉碎成玉米粒大小，但不要太细，否则影响透气性。以棉籽壳为主要原料时，最好添加一些木屑，从而使培养基更为结实，富有弹性，有利于香菇菌丝生长和后期补水。木屑要用阔叶树木屑，过筛剔除料中的木块与有棱角的尖硬物，以防装料时刺破塑料袋，引起杂菌污染。

（3）拌料　拌料就是将培养料的各种成分搅拌均匀。拌料应根据每天的生产进度，将料分批次拌和，当天拌料，当天装袋灭菌。拌料时，先将木屑、棉子壳、玉米芯等主要原料和不溶于水的麸皮、玉米粉等辅料按比例称好后混匀，再将易溶于水的糖、过磷酸钙、石膏等辅料称好后溶于水中，拌入料内，充分拌匀，调节含水量为 60% 左右，即手握培养料时指缝间有水渗出但不下滴，一般 pH 控制在 5.5~6.5 为宜。

（4）装袋　拌好料后要及时装袋，一般用规格为 15cm×55cm，厚 0.045~0.050cm 的塑料袋，每袋装干料 0.9~1.0kg，湿重 2.1~2.3kg。装袋的方法有机械装袋和手工装袋两种方法。见图 6-21。

图 6-21　机械装袋及手工装袋

手工装袋是用手一把一把地将料塞进袋内。当装料 1/3 时，把袋子提起来，将料压实，使料和袋贴实，装至离袋口 5~6cm 时，将袋口用棉绳扎紧。装好的合格菌袋，表面光滑无突起，松紧程度一致，培养料紧实无空隙，手指按坚实有弹性，塑料袋无白色裂纹，扎口后，手掂料不散，两端不下垂。一般来说，装料越紧越好。如果装料过松，空隙大，空气含量高，菌丝生长快，呼吸旺盛，消耗大，出菇量少，品质差，易受杂菌污染。

（5）灭菌　装袋后，应及时灭菌。装锅时，一般料袋呈井字形叠放，常压灭菌过程遵循"攻头、保尾、控中间"的原则。开始旺火猛攻升温，4h 之内灶温达100℃，中间小火维持灶温，不低于100℃，持续一段时间，最后用旺火烧，要求100℃保持 14~16h。

（6）接种　接种时，应预先做好消毒工作，接种环境、接种工具、接种人员都要按常规消毒灭菌。将灭菌后的菌袋移入接种室，待料温降至30℃以下时接种香菇的接种方法很多，但最为常用的是长袋侧面打穴接种的方法（图6-22）。

图 6-22　香菇料袋栽培机械打穴接种

6. 脱袋排场出菇

（1）脱袋　脱袋后的菌袋称为菌筒或菌棒。要适时脱袋。脱袋过早，菌丝没有达到生理成熟，难以转色出菇，产量低；过迟，袋内已分化形成子实体，出现大量畸形菇，或菌丝分泌色素积累，使菌膜增厚，影响原基形成和正常出菇。早熟品种，在种穴周围开始转色，形成局部色斑，伴有菇蕾显现，将菌袋移至菇棚脱袋；中晚熟品种，尽可能培养至全部或绝大部分表面转色后再脱袋。脱袋的时机还应根据时间、气温等因素综合判断。日平均气温在 10℃ 以上时可适当提早脱袋，低于 10℃ 时，应延长室内培养时间至菌袋基本转色后脱袋。脱袋的最适温度为 16~23℃。高于 25℃ 时菌丝易受伤，低于 10℃ 时脱袋后转色困难。脱袋应选无风天气，刮风下雨或气温高于 25℃ 时停止脱袋。脱袋时用刀片沿袋面割破，剥掉塑料袋使菌筒裸露。菌袋脱袋时要保留两端一小圈塑料袋不脱，以免着地时菌筒沾土。脱袋后要保温保湿，应边脱袋，边排筒，边盖膜。

（2）排场　脱袋后要及时排场（也称排筒）。常采用梯形菌筒架为依托，脱袋后的菌筒在畦面上成鱼鳞式排列。架子的长和宽与畦面相同，横杆间相距 20cm，离地面 25cm。为了便于覆盖塑料薄膜保湿，还必须用长 2~2.5m 的竹片弯成拱形，固定在菌筒架上，拱形竹片间相距 1.5m 左右。菌筒放于排筒的横条架上，立筒斜靠，与地面成 60°~70°夹角。排筒后立即用塑料薄膜罩住。

（3）转色　香菇菌丝生长发育进入生理成熟期，表面白色菌丝在一定条件下逐渐变成棕褐色的一层菌膜，称为菌丝转色。转色的深浅、菌膜的厚薄直接影响到香菇原基的发生和发育，对香菇的产量和质量关系很大，是香菇出菇管理最重要的环节。

常用的转色方法有脱袋转色法和不脱袋转色法。脱袋后进入菌筒转色期，也就是"人造树皮"形成的关键时期。

①脱袋转色法：脱袋排场后，3~5d内，尽量不掀动薄膜，保湿保温，以利于菌丝恢复生长。5~6d后，菌筒表面形成一层浓白的香菇绒毛状菌丝，开始每天通风1~2次，每次20min，促使菌丝逐渐倒伏形成一层薄薄的菌膜，同时开始分泌色素，吐出黄水。此时应掀膜，往菌筒上喷水，每天1~2次，连续2d，冲洗菌柱上的黄水。喷完后再覆盖。菌筒开始由白色变为粉红色。通过人工管理，逐步变为棕褐色。正常情况下，脱袋12d左右，菌筒表面形成棕褐色的树皮状的菌被，即转色，也就是"人造树皮"的形成。影响菌棒转色的因素很多，科学地处理好温度、湿度、通风、光照之间的关系，是菌筒转色早、转色好的关键。转色后的菌被就相当于菇木的树皮，具有调温保湿的作用，有利于菌筒出菇。转色过程中常因气候的变化和管理不善，出现转色大淡或不转色，或转色太深、菌膜增厚等现象，这些都会影响正常出菇和菇的品质。见图6-23。

②不脱袋转色法：除了脱袋转色，生产上有的采用针刺微孔通气转色法，待转色后脱袋出菇；还有的不脱袋，待菌袋接种穴周围出现香菇子实体原基时，用刀割破原基周围的塑料袋露出原基，进行出菇管理。出完第一潮菇后，整个菌袋转色结束，再脱袋泡水出第二潮菇。这些转色方法简单，保湿好，在高温季节采用此法转色可减少杂菌污染。见图6-24。

图6-23　香菇脱袋

图6-24　香菇不脱袋转色法

（4）出菇管理　脱袋转色后的菌筒，通过温差、干湿差、光暗差及通风的刺激，就会产生子实体原基和菇蕾。香菇菇期长达6个月，有冬、秋、春之分，管理上要根据气候条件，采取相应措施，尽量创造适宜的生长发育条件。

①秋菇期管理：从出菇至第一次浸水前的这段产菇期均属秋菇期。秋菇期菌棒营养最丰富，菌丝生长也最为强盛，棒内水分充足，自然温度较高，出菇集中，菇潮猛，生长快，产量高，应抓好以下几个方面的工作。

a. 变温刺激，促进子实体形成：香菇属变温结实性真菌，自然状态下，随昼夜温差变化形成子实体。料袋栽培时，菌棒转色后，人为拉大菇床温度变幅，白天用塑料薄膜罩严菇床，提高温度，到了晚上，气温回落到低点时，又将薄膜敞开降温，造就8℃以上的温差变幅，连续刺激3~4d，菌棒局部增大，表皮裂缝，菇蕾冒出。变温刺激时，也应注意水分管理，按照阴天少喷水、雨天不喷水、晴天多喷水的原则，适当喷水，维持90%左右的相对湿度。

b. 调控温度，抑制初生菇的生长速度：初生菇蕾长出后，母体处于营养最丰富阶段，加之气温较高，生长速度较快。应加强通风换气，覆好遮阳物。晴天中午全掀床上薄膜，以降低温度，避免子实体生长过快，也便于及时采收，减少开伞菇、薄片菇的形成。采菇后停止喷水，增加通风次数，待采菇部位培养基长出菌丝后，再拉大温差进行催蕾。

c. 香菇采收：不论哪茬菇，严格掌握采收标准，才能提高香菇质量，提高经济效益。采收的标准是菇体生理八分成熟为宜，即菌盖边缘下垂，呈铜锣状，稍内卷，未开伞，无孢子弹射或刚出现孢子弹射。采大留小，菇采后不能有残留，以免引起腐烂。

②冬期菇管理：从11月下旬至次年2月底为冬菇期。这段时期内气温低，一般在10℃以下，香菇原基形成受阻，子实体生长缓慢，自然情况下，产菇量少。但冬菇质量高，含水量低，烘干率高，价值也高。所以，促进菇蕾形成，提高冬菇产量是冬管的主要目标。实践证明，采用保温催蕾、"双覆膜"技术，能获得理想的效果。

a. 适时浸水，保温催蕾：秋菇采收后，气温下降，进入冬季，菌棒内水分消耗较多，应及时补充水分。菇已采净，明显变轻的菌棒，两头用粗铁丝打3~5个10cm深的洞，排放于浸水池中，放满后，先用木板及石块压好再向池内注水，将菌棒全部淹到水中。第一次浸水2~5h。将浸好的菌棒捞出，待表面水分晾干后催蕾。催蕾可在室内，也可在菇棚的一侧进行，先在地面铺一层稻草或草帘，上铺塑料薄膜，将菌棒如同发菌期一样堆积，用塑料薄膜把整堆周围及顶部覆严，再包盖一层草帘或其他保温材料。利用室温及菌丝自身产生的热量来提高堆内温度，促使菇蕾产生。

b. 菇床管理：冬季要设法采取措施提高或保持菇棚温度。第一，加厚菇棚背光面的围栏材料。白天拉开棚顶覆盖物，尽量使阳光直射菇床，太阳光照射围栏时，将其拉开，增加棚内光照，提高床温。为保持和提高菇床温度，采用双层塑料薄膜盖菇床。第二，棚内菇床不要积水，降低温度，减少通风次数，减少床内热量散失。

③春菇期管理：从 3 月份开始到栽培结束为春菇期。春菇产量占到总产量的45%左右。香菇的产出主要在 4 月份以前。5 月份以后，气温逐步升高，很快就不适宜代料香菇生长，如果棒内营养物质还未转化完，高温季节将限制下茬出菇期。所以，使菌棒春季多出菇，出好菇，应做好以下管理工作。

a. 平抑温度变幅，提高鲜菇质量：早春气温变幅大，原基易形成，生长快，连续采收菇体变小，肉变薄，质量差。要保证质量，提高产量，必须控制子实体的形成速度与数量，可采用间苗的办法及时除去弱小的原基，保证营养集中供给。缩小昼夜温差，中午揭膜通风，延长通风时间，加厚荫棚上的遮阳材料，减少透光率。

b. 补水补肥：结合浸水，适当加入氮、磷、钾速效肥及微量元素，每 100kg水加尿素 0.2kg，过磷酸钙 0.3kg、磷酸二氢钾 0.1kg。补充菌棒内水分，提高产品质量与产量。春菇每采完一茬后，让菌棒休养，恢复数日，然后浸水，浸水时间要适当延长。含水量达原重的 90%左右较合适。

c. 勤喷水，喷细水，保持适宜的湿度：随着气温的升高，水分蒸腾加快，床内湿度变化较大，菌棒表面容易失水，要细水多喷。

7. 采收与初加工

（1）干制菇采摘要求 干制菇的采摘最佳时机为菌盖六至八成开伞，俗称"大卷边"或"铜锣边"，见图 6-25。阴雨天前，必须将 3cm 以上的白花菇全部采摘，并马上烘干。

图 6-25 香菇"大卷边"

（2）采菇技术 一手按住菌筒，一手捏菇柄基部，先左右摇动，再向上轻轻拔起。做到不留根、不带起大块基料、不损坏筒袋膜、不碰伤小菇蕾，采成熟菇，留长势好的幼菇。

四、段木栽培

段木栽培生产工艺流程如下：

$$\boxed{选择菇场} \rightarrow \boxed{选树、砍树} \rightarrow \boxed{干燥} \rightarrow \boxed{截断} \rightarrow \boxed{打孔、接种} \rightarrow \boxed{发菌} \rightarrow \boxed{出菇管理} \rightarrow \boxed{收获}$$

（1）菌种制备 选择优良品种，培养大批栽培种（木屑菌种、木块菌种、枝条菌种）。

（2）选择菇场 选择场地采用两场制栽培香菇，在发菌场培养菌丝体，在出菇场架木出菇，更有利于获得优质高产。但我国因场地限制，实际操作多为一场制，即接种至出菇都在同一场地进行。较好的菇场应是避北风、向阳地、资源好、水源近，有树荫，多石砾，偏酸性的缓坡地。

（3）确定栽培季节 香菇栽培一般在2月至5月进行。

（4）段木准备

①选树、砍树：选择适合香菇生长的树种，如：栎树、桦树。除了松、杉、柏、樟等含有芳香油类物质的树木不能栽培香菇外，一般阔叶树均可选作菇树。通常作为菇树应具备以下条件：不含芳香油类等有毒物质；树皮厚薄适中，且不易脱落；木质适当坚实，边材多，心材较少。

段木栽培香菇不宜选用过粗和过细的树木，一般以胸径12~20cm较合适，树龄10~25年为宜。树皮较薄的树，树龄可以大些；树皮较厚的树，树龄可小些。薄皮树出菇快，但产菇菌盖薄，菌肉松泡；厚皮树出菇慢，但产菇质量好。幼龄木心材小，接种后出菇早，所产香菇较薄较小，且菇木易腐，持续产菇年限较短。

提倡叶黄砍树，也即是进入休眠阶段。这个时期树干贮存养分最丰富，树皮与木质部结合紧密，搬动时不易脱皮。已经砍伐的菇木称原木。

②适当干燥：菇树砍伐以后（称为原木），在接种前需进行干燥，实际上是调节段木的含水量，以利于接种后菌丝体定植和生长发育。不同树种的含水量不同，因而干燥的时间也不一致，常以干燥后没有萌芽力为度，或者以接种打洞时树液不渗出为宜，此时的含水量为40%~50%。若含水量太高，易污染；含水量太低，接种后菌种逐渐失水干燥，不易成活。

检查段木含水量可以用"木材水分计"，也可以直接观察段木断面的裂纹，推测其含水量。当树心出现几条短而细的裂纹时，表示段木干燥合适，此时的含水量为40%~45%；如果树心没有裂纹，表示段木偏湿，应继续干燥；如果裂纹接近树皮，则表示段木过于干燥，必须采取措施补充水分，待树皮稍干后再接种。一般宁可湿些不可太干。

③剃枝截杆：原木经适当干燥后（当原木截面出现几条短的裂纹时），就应及时剃枝截杆。截后的原木称段木。段木长度以1.0~1.2m为宜，如有小枝丫，可在分叉处保留3~5cm切除枝丫，不可平切，以避免加大切口面积，增加感染机会。剃枝截杆后应尽快用5%新鲜石灰乳涂刷截面，防止杂菌从伤口侵入。

（5）人工接种 一般在气温为5~20℃均可接种。以月平均气温10℃左右的最适宜。接种期空气相对湿度在70%~85%时成活率最高。一般情况下，长江流域宜在2月下旬至4月进行段木接种，最好在3月上旬完成；华南地区可在11月至翌年1月进行，最适接种期是11月下旬至12月上旬。

接种木屑菌种或棒形木块菌种，均可用手电钻或 1.8~2.7kg 重的锤形打孔器打接种穴。一般以行距 6cm 左右，穴距 12cm 左右为宜。近两端的穴，至少应距离断面 5cm，以防止杂菌入侵。穴直径 1.2~1.5cm，深 1.5cm 左右。穴要打成梅花形，过细的段木可采用螺旋式打穴。

穴打好后，要把菌种尽快接入，以防穴壁干燥及杂菌侵入。一般要求边打穴，边接种，每穴的接种量为穴深的 80% 为宜，一般 1m³ 的段木，需 15~20 瓶 750mL 的菌种。

接种前，先用 0.25% 的新洁尔灭溶液擦拭菌种瓶、工具及操作者的手，将菌丝挖出盛入盆内，用手轻轻将菌中塞入孔眼并用手指稍加压紧。接种后，立即用蜡涂封，或用与穴口大小一致的木块盖上，用锤敲平，防止雨水和杂菌虫害侵入，减少穴内水分蒸发，保护菌丝生长。

涂封所用蜡的配方：石蜡 85%，动物油 10%，松香 5%。配制时，先将石蜡、动物油放入金属容器内加热熔化，再把碾成粉末的松香加入溶液中，搅拌均匀，继续加热至松香全部熔化即可。封盖时用毛刷蘸少许蜡液涂于封口，冷却即凝固成盖。此法省工、省材，效果好。

（6）发菌期的管理　段木接种后就进入管理阶段。前期主要是在段木中做好发菌管理，后期主要是做好出菇管理。发菌包括菌种萌发、定植、深入、发展，直至形成小菌蕾，前后约需 10 个月。具体有以下几个步骤。

①堆积发菌：接种后必须及时把段木堆积起来，进行保温、保湿并保持一个稳定的良好的环境条件，促进菌丝萌发。堆积所用场地应撒石灰消毒除虫，然后将菇木（段木接种后称为菇木）按照树种、长短、大小分开堆放。堆积的方式主要有井叠式、覆瓦式、蜈蚣式、牌坊式等（图 6-26）。

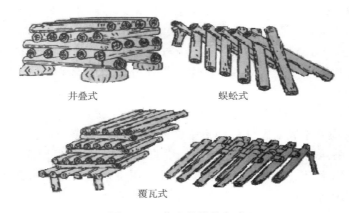

井叠式　　　　　　蜈蚣式

覆瓦式

图 6-26　菇木的堆叠方式

井叠式占地面积小，便于覆盖，有利于保温保湿，适合于大量栽培和平地堆积；覆瓦式向阳性好，吸湿均匀，环境稳定，根与根之间发菌一致，差别小，较适于斜坡山地或较干燥的平地。

②覆盖保菌：建堆后及时采用树枝叶、山茅草及塑料薄膜等物覆盖，以保温保湿、防雨防晒，保护菌丝的生长环境，提高成活率。大规模生产可架设专用敞棚。若久雨堆温高，则将薄膜撑开透风。在低温干旱季节，最好用薄膜覆盖，但每隔3d应掀开一次薄膜通风。

③检查补菌：香菇菌丝在段木的生长从接种建堆开始，约7d萌发，15~20d定植，1个月左右接种穴可长满白色菌丝。应经常检查其成活率。用木屑菌种的应检查树皮盖是否脱落，在接种孔内有白色菌丝圈从盖缝处露出来，表明生长良好；如果揭开树皮盖，里面菌种呈白色，有菌香味，表明菌种已萌发，并长入菇木；如果菌种颜色变暗，并长有绿、黑、灰、红色长毛，且变酸味者，说明已感染杂菌；如果菌种已变成像干糠粉一样，说明已经干枯，没有成活。用棒形种或枝条种的，将种木拔出，种木前端有白色菌丝，与菇木接触处为淡黄色，说明已经成活，并长入菇木；如种木干枯，说明没有成活；如菌丝变成其他颜色，说明已感染杂菌。菌种已死亡、感染杂菌或树皮盖已脱落的菇木，应及时补种，发现杂菌虫害应及时清除，以提高成活率。

④翻堆养菌：由于堆积的菇木处于不同部位，其温度、湿度、通风状况等条件不同，发菌状态也有差异，因此，需翻堆使其发菌均匀一致。一般翻堆每月1~2次，翻堆时要将上下左右的菇木调头换位，互相调整。

⑤调水促菌：经过几个月的翻堆养菌，菌丝已布满菇木表层，进入成熟阶段。入秋后便开始出菇 这时菇木内的水分已有较大的损耗，故此阶段管理应以保湿为主，调水促菌，使菌丝继续深入菇木内。可将井叠式堆积改为覆瓦式，使菇木距地面较近，以吸收地面水分，同时缩小段木间距，以减少水分蒸发；可加盖覆盖物或塑料薄膜以挡风保湿，可早晚在覆盖物上淋水或喷水，使菇木吸收适当的水分，使菌丝向内蔓延，吸收更多的养分，为出菇做好准备。

（7）出菇管理　一般段木接种后，经过9个月左右，菌丝即达到生理成熟，可在段木上分化形成子实体原基，并逐渐生长发育为成熟子实体。这个期间应做好出菇管理工作。

①菇木鉴选：在出菇前对菇木进行一次逐根鉴定挑选，进行分类管理。

a. 用手抚摸菇木表面感到粗糙不平，或明显呈现许多小瘤，瘤的上面有些树皮裂开小口，甚至露出细小的白色组织，说明子实体原基已经形成，即将出菇。

b. 用手指按树皮，感觉柔软，富有弹性，用手指或刀背敲击菇木有浊音或半浊音的，说明菌丝在菇木内生长良好，并已基本成熟；如树皮坚硬，发出的声音清脆，则说明菌丝还没有成熟。

c. 树皮下面呈黄色或褐色，形成层有浓密的菌丝，组织松软，具有香菇香味，说明是良好的菇木。菇木外皮颜色新鲜，接种穴周围有香菇菌丝蔓延，树皮与木质紧贴，说明菌丝生长良好，但尚未成熟。

d. 如菇木呈灰黑色或其他不正常颜色，有腐朽味者，则说明有杂菌感染。

对已达到成熟度、形成了子实体原基的菇木，要尽快架木，加大湿度，争取尽快出菇；菌丝已经成熟，但原基尚未形成的菇木，要堆放到通风干燥处，仍堆成"井"字式，继续培养；菌丝生长尚差，没有成熟的菇木，要单独堆放，以防杂菌孢子传播扩散，影响好的菇木。

②浸水催蕾：当菇木上的子实体原基基本形成，进入出菇阶段时，在气候干燥、湿度不足的情况下，对含水量在45%以下的菇木，就要适时作浸水、补水处理，使原基迅速形成小菇蕾。

浸水的方法：把菇木放在蓄水池、山坑、水沟或大型盆桶中用清水浸泡，上面压以重石，防止菇木上浮。浸泡的时间根据菇木大小而定，一般12~24h，2年以上的老菇木还要适当延长浸泡时间。浸泡菇木的水要求清洁，不污浊，越冷越好，但不能结冰。也可在蓄水池或盆桶内加入适量的柠檬酸或过磷酸钙等酸性养料，以促进原基加快分化成长。

无浸水条件的，必须采取人工喷水、淋水的方法补充水分，每天少量多次，连喷4~5d，力求喷施均匀，湿度一致。浸水或喷水前，如遇低温（10℃以下）干旱，浸喷后还要进行覆盖1h，甚至可用塑料薄膜包裹四周，每天换气1次，以保温保湿，进行"催蕾"。

③架木出菇：菇木中的菇蕾大量形成后，应及时将菇木架起来，便于管理采摘。

架木的具体方法：在经过清理消毒的出菇场地，先栽上一排排的木杈，木杈的高度一般距地面60~70cm，两木杈间架上横木，然后将菇木一根根地交叉排列斜靠在横木两边，菇木大头朝上，小头着地。第一年生菇的新菇木斜度大些，多年的老菇木斜度小些。排架与排架之间留有60cm左右的人行道，以便喷水、管理和采菇（图6-27）。

图6-27 "人"字形架木

④出菇后的管理：架木以后，成熟的香菇很快便陆续出现。在一般情况下，从菇蕾到香菇成熟需10d左右，一般从第一年10月至第二年4~5月可产菇4~5批。菇木的产菇年限需根据其树种、大小及管理情况而定，一般直径15~20cm的菇木可连续产菇3~4年，15cm以下的产菇2~3年，树径最大的产菇可达7~8年，但一般多以第二年为盛产期。

出菇期的管理工作主要是调节温度、湿度，防曝晒、暴雨、大风，以及治虫、除杂菌、催蕾、采菇、场地清理等，必须根据不同季节、不同气温、旱涝情况，在不同地区、不同生长阶段随时采取相应措施。

每批香菇收完后，按照发菌期的管理要求进行管理，使菌丝得到恢复，为下批出菇作好准备。一般经过半个月左右，又可采取一次催蕾管理措施，使香菇一批一批地生长出来。

对于多批或多年出菇的菇木，如后期子实体形成不理想，还可采取"击木"催蕾的方法，即当菇木浸水以后，用木棒或木槌在浸透水的菇木两头敲击几下，或将菇木举起直立在石上碰击几下，使菇木受到机械刺激后，木内菌丝发生震动而产生菇蕾。但须防止碰伤木质和树皮，击后即进行堆积覆盖，保温保湿 2～3d，待菇蕾形成后，再搬至菇场的架木上出菇。

香菇长大后，要避免在菇盖上直接喷水，否则菇盖颜色变黑，易引起溃烂。为了确保香菇质量，管理中还应根据香菇子实体形成期需要温差刺激的特点，创造条件，在菇蕾形成过程中做到温度前高后低，昼高夜低，水分前湿后干、内湿外干，保持 10℃以上的生长温差及 10% 以上的含水量与空气相对湿度差，以促进多产优质的香菇。

（8）花菇培育

①花菇形成的条件

a. 低温和温差：花菇形成和发育的温度是 8～16℃。温度低但又没低到不能生长，子实体生长慢，菌肉自然增厚；气温昼高夜低，温差在 10℃以上时，菌盖表层较干燥，表层内的菌肉细胞不断增多，到一定程度表层被胀破，龟裂呈现花纹。

b. 低湿：空气相对湿度低，当达到 70%～75% 时，菌盖表面细胞因干燥而停止生长，而菌肉细胞则由于段木的养分和水分供给，继续正常生长。因此，使菌盖裂纹，低湿是关键因素。

c. 微风：微风吹拂，加速菌盖裂纹。

d. 光照：优质花菇多生长在光照充足的场所。冬季的全光照，会使菇盖上裂纹增白，裂纹加宽、加深。

②花菇培育措施

a. 适时控温：培育花菇多在深秋、冬季、初春。此时气温低，多在 10℃左右，如遇昼夜温差在 8～10℃更有利于花菇形成。因此，应结合当地气候特点，在低温、干燥的季节培育花菇。

b. 控制湿度：适宜花菇生长的空气相对湿度为 80%～90%。当子实体长至 2～3cm 时，控制菇场空气相对湿度在 70%～75%，保持干燥，利于菌盖裂纹形成。在花菇形成后，雨、雾天会使白色裂纹变为茶褐色，价值变低，这是空气相对湿度增大所致。此时，应将菇架用薄膜盖严，尽量多培育白花菇。

c. 增加光照：将遮荫棚上的覆盖物去掉，晴天掀去薄膜，让太阳直射在菇体上，这样有利于花纹增白、菇体鲜亮。

（9）采收 当子实体长到七八成熟，菌盖尚未完全张开，菌盖边缘仍向内卷呈铜锣边状，菌膜刚破裂时，采摘为宜。过迟或太早采摘均会影响香菇的产量和质量。

采摘香菇最好在晴天进行，因为晴天采摘的香菇可以先摊晒再烘烤，有利于提高商品的外观质量。因此，当香菇接近采收标准却遇到天气变阴、气温迅速升高且将要下雨时，则应提前采收，以免高温阴雨导致菇体迅速膨大，菌盖反卷而影响香菇的经济价值。

采摘香菇时，用拇指和食指钳住菇柄根部，轻轻旋起即可。尽量使菌盖边缘和菌褶保持原貌，并且注意不要碰伤旁边未成熟的小菇蕾，把菇柄完整地摘下来，以免残留部分在菇木上腐烂，招引虫蚁或害菌伤害菇木，影响以后出菇。

采摘香菇不可用大箩筐或塑料袋等容器盛装，以防止鲜菇相互挤压变形，或因通气不良而变质。最好用小竹篮盛装，采满后及时摊晒或烘烤，然后分级包装，密封贮藏。

（10）间歇期菇木管理　菇木经过几个月的子实体生长发育，原来积累的营养物质大多发育成香菇。为了第二年收获高产优质的香菇，在香菇采收期结束后，应尽快地恢复菌丝长势，积累营养物质。在菇木采收完后，将菇木移回堆放场，重复前面的过程，即堆放、补水、起架等。所谓隔年养菌，是指当年出菇生产周期结束后进入的养菌阶段。管理的关键，要做到菇木透气保温，免日晒、防病虫害等。

菇场温度超过20℃以上，一般不再出菇。为顺利越夏，菇木堆叠后，①要给予适当的温度、湿度、新鲜空气；②因产过菇的菇木易吸潮和被杂菌、害虫侵袭，应注意防潮、防杂菌、防虫害；③避免阳光直射，加盖树枝、秸秆或搭遮荫棚，防菌丝被晒死；④雨季要防止菇木吸水过多，应搭塑料薄膜。气候干燥时要喷水保湿。

冬季温度太低，香菇不能生长时，将菇木堆叠，加盖塑料薄膜、秸秆、草帘等保温保湿，安全过冬。

五、常见问题及对策

1. 袋栽香菇污染杂菌

（1）污染原因

①培养料灭菌不彻底：一般在接种2~3d便可发现，其特征：杂菌不仅在基质表面发生，更多的是在培养料内的不同位置出现，即香菇菌丝尚未延伸到达，杂菌就在培养料的上、中、下各部位捷足先登。灭菌时，袋料挤压过紧，蒸汽流通不畅、灭菌中间降温、锅内留有死角、灭菌时间短等都能造成灭菌不彻底。

②种源本身污染或带菌：菌种不纯，杂菌最初不是在培养料上出现，而是在接种块上先发生。

③接种污染：在种源纯正的条件下，若发现杂菌的始发部位是培养料表面的接种区内，则这类污染多属于无菌操作不严、接种时将外部的杂菌带入所致。接种污染在袋栽香菇中最为常见，绝大多数是由于接种操作不按无菌操作规程引起的。

④培养料搅拌不匀：在栽培袋制作过程中，培养料配制时掺水不匀，湿粒中夹有干料、木钉或枝条，即便灭菌过程符合常规要求，也会使培养基灭菌不彻底而导致污染。

⑤菌袋破口：料袋质量不符合要求，掺有再生料，袋上有微孔；原料没有过筛，尖刺物扎破料袋；搬运料袋过程中，碰破料袋；扎口松开。

⑥培养期间管理不当：菌袋培养期间，空气相对湿度大于70%、通风不良、温度过高等，都会造成杂菌趁机而入，迅速蔓延，造成污染。

（2）防治措施

①净化环境：接种室、培养室应与原料仓库、菇房、配料场保持一定距离，或有良好的防污染隔离屏障；生产环境净化程度越高，控制病虫害的措施越严格，对提高和稳定菌袋成品率越有利。

②选用粗细均匀、厚薄一致的塑料袋；搬运料袋时要在搬运工具上放垫布，避免扎破菌袋。

③培养料配制要合理，装袋要快：培养料要过筛，除去木块及带尖刺的原料；培养料配方要合理，各种原料无霉烂变质；搅拌均匀，没有夹生料；拌好后及时装袋，不给其留酸败、污染杂菌的时间。培养料配制好后，要在4h内装完并去灭菌。

④培养料灭菌要彻底：装袋后要及时灭菌，常压灭菌时要做到"攻头、保尾、控中间"（尽快达到100℃、4h内，即"上马温"；稳在100℃、12h左右；猛火攻一阵停火，焖一夜出锅）。袋在灶内摆放要平稳，留有气道。

⑤菌种要纯：出售菌种的单位应有严格的菌种检验管理制度和操作规程，保证菌种的纯度；要到设备齐全、信誉好的正规单位购种；选用菌丝粗壮、无病虫害的优良菌种。

⑥接种要严格按无菌操作规程进行：接种室、接种箱、接种工具、接种人员手臂等严格消毒；无菌操作要规范，要引导城乡务工人员积极参加培训；接种要快速，一批未接完，不要进出接种室。

⑦严格控制培养条件：保持温度20～25℃、空气相对湿度70%以下、暗光、空气新鲜，避免出现高温（超过30℃）、高湿（超过70%）和不通风等有利于杂菌生长的环境，促使香菇菌丝健壮生长，抵抗杂菌侵袭。

2. 接种后菌种不萌发

菌种不萌发的原因：栽培种上部菌丝过干，失去生活能力；接种工具灼烧的温度过高，烫死菌种；消毒药品用量过大，菌种受毒害；培养温度不适宜。

防治措施：选用适龄优质菌种；菌种上部的老化干缩部分扒掉不用；接种工具灼烧后，先放在试管（瓶）内冷却后再取菌种；熏蒸消毒用药要适量；根据温度要求及时调温，促使菌丝萌发。

3. 菌种萌发但不吃料

菌种萌发但不深入培养料的原因：培养料过干或过湿；培养料中有抑制菌丝

生长的物质；培养料酸败；培养温度不适宜。

防治措施：拌料时准确掌握加水量；不使用含抑菌物质的原料如松木屑等，拌料时不随意添加有害物质；装袋要快，灭菌旺火攻头，使培养料迅速达到100℃，避免培养料酸败；接种时要等培养料降至28℃以下时再进行，以免高温烧死菌丝。培养时控制温度为20~25℃左右，不过高或过低。

4. 菌丝自溶

症状：初期，菌丝萎缩，气生菌丝与袋壁脱离，菌丝由洁白变成淡黄，呈水渍状；感病后期，袋内有大量水溶物出现。菌丝细小，无菌香味。若将菌块掏出，变成稀泥，软稠状，不成块。

原因：香菇菌丝不耐高温。在高温下，若培养料的含水量过高，在料温高达36℃时，菌丝就会自溶。高温持续时间越长，自溶越严重。在初发期，如能及时调整到适宜条件，菌丝仍可正常生长，出菇期推后，产量降低。

防治措施：加水要均匀，增养料含水量要在60%左右；控温，高温季节要有降温措施。

5. 菌丝徒长

症状：菌丝本应转色，但菌丝迟迟不倒伏，或倒伏后又长出白色菌丝。菌丝消耗营养物质，影响香菇正常生长发育，是转色异常的一种表现。

原因：①配料不合理，含氮量过高。②发菌时间不足，菌丝体未达生理成熟。因开袋过早，导致菌丝徒长。③空气相对湿度过大。湿度过大，气生菌丝不断生长，不倒伏。④供氧量不足。菌丝交织，没有及时通风换气，菌筒处于缺氧状态，菌丝代谢紊乱而引起徒长。

防治措施：①调整培养料配方，使 C/N 达到适宜范围。②菌丝体达到生理成熟时再转色。③发现菌丝徒长，选择中午气温高时，揭膜通风 1~1.5h，让菌筒接触光照和干燥空气，促使菌丝倒伏。待菌筒表面晾至手摸不黏时，盖紧薄膜，桃花汛二天发现筒面出现水汽，说明菌丝已倒伏。④喷水后，晾晒片刻再盖膜，以降低环境湿度。⑤上述措施仍不见效时，可用3%的石灰水喷洒菌筒，至菌筒表面不黏手后盖膜，3d 后菌丝即可倒伏转色。用此法前需搞清是菌丝徒长而不是菌筒不转色。如把菌筒不转色误认为是徒长，会使情况更糟。因为喷石灰水是使菌筒表面变干的措施，而呈灰白色的菌筒不转色是缺水的表现。

6. 菌袋转色异常

（1）转色太淡或不转色

症状：菌筒黄褐色，或出现褐色斑块，菌膜偏薄，或菌袋始终白色。

原因：菌龄不足，菌丝生理不成熟；保湿条件不足，湿度太低；气温偏高（超过28℃）又不通同或温度低于15℃。

防治措施：菌丝生理成熟再转色；保湿转色，空气相对湿度控制在85%左右；气温低时，加温或引光增温、中午通风；气温高时，增加通风次数，用冷水喷雾降温，控制温度在 20~23℃。

（2）转色太深

症状：菌筒深褐色，菌膜较厚，不易出菇。

原因：菌龄过长，基内养分不断向表层输送，菌丝扭结，表层加厚；培养料含氮量过高，菌丝徒长，转色后菌膜增厚；通风次数和时间过少，氧气不足，菌膜增厚；菇场太暗，缺乏光照。

防治措施：菌丝转色时，提供适宜条件；加强通风，每天通风 2 次，每次 1h；保持"三阳七阴"光照；拉大干湿差和温差，促使菌丝转向生殖生长。

7. 菌丝体脱水

症状：菌筒表层粗糙，手摸有刺感，质量明显减轻。

原因：强光照射或接种穴胶布脱落，袋内水分蒸发，基质含水量下降；脱袋时遇干热风，造成菌丝断裂，营养物质外流，菌筒表面干燥；菌膜保温条件差或薄膜有破洞，罩膜不严密，使菌筒失水、失重；刺孔太多。

防治措施：菌筒干燥时，加大喷水量，连续喷 2d，使菌筒 表面刺感消失为止；及时密封薄膜上的破洞；过于干燥时，增加地面湿度；刺孔数量要适当。

8. 菌筒表面瘤状菌丝脱落

菌筒表面瘤状菌丝脱落，常发生在脱袋后的第二天。

原因：脱袋太早，菌丝生理不成熟或环境变化太剧烈，菌丝不适应。

防治措施：控制温度在 25℃以下，使菌丝恢复生长，适当喷水和通风，经 4~6d 的培养，菌筒表面又会生出白色气生菌丝，逐渐转色。

9. 烂筒

症状：先在料袋表层局部出现，再蔓延至整个菌袋。受害部位菌丝逐渐消失，并有黏液和霉层出现。加重后，培养料变黑发臭，水溶物增多，手压有黑水出现，并有臭味，常能检出大量病原物和害虫。

原因：菌丝必臭氧层不良，病虫害交叉感染；培养室通风过差，二氧化碳浓度过高，使培养料酵解；培养室温度过高，使菌丝脆弱或死亡，引起"烧菌"；菌袋黄水过多，无及时排除，引起杂菌感染；空气相对湿度过大，菌袋含水量过高或补水时水温过高；杂菌袋未清除，使杂菌潜伏。

防治措施：培育好菌袋；干湿交替，避免高温高湿；加强病虫害综合防治，彻底消毒灭菌，及时排除黄水。

烂筒处理：严重的及时清理出菇棚，并进行药物处理。轻微的挖除受害部位，再用清水洗净晾干，视不同原因用石灰水或杀菌剂、杀虫剂处理。处理后的菌袋要与正常菌袋分开放置。

10. 菌袋不出菇

症状：菌丝经 70~80d 的生长，布满培养料，并顺利转色。但菌袋经浸水和堆积催蕾，仍不出菇。

原因：品种选择不当；菌丝在生长期遇高温危害；转色时温度过高（高于25℃），吐黄水多，菌皮厚，呈现棕褐色；浸水时间过长，菌丝吸水过多（超过65%）；催蕾条件（温、湿、光、气）控制不当。

应根据不同情况，采取针对性的防治措施。

第三节

黑木耳

一、黑木耳概述

黑木耳［*Auricularia auricula*（L. Hook）underw］，在植物分类学上属于真菌门、层菌纲、木耳目、木耳科、木耳属。黑木耳又称木耳、光木耳、川耳、黑菜、光木耳、细木耳、云耳等。

我国黑木耳栽培历史悠久，据有关资料记载，至少有 800 年以上。过去黑木耳栽培是沿用老法，即砍树、剔枝、断棒后排在耳场里，让其自然生耳。20 世纪 70 年代以来，由于科学技术的不断进步，黑木耳栽培进入纯菌接种时代，黑木耳种植量迅速扩大，栽培黑木耳的经济效益有了大幅度的提高。20 世纪 80 年代以来，随着管理技术的不断改进和适于各地气候条件的优良菌株的成功选育，黑木耳栽培水平有了更大的提高。黑木耳是我国传统的出口商品之一，我国产量居世界首位。

黑木耳是一种肉质细腻、脆滑爽口、营养丰富的胶质类食用菌，历来是我国居民餐桌上的佳肴。蛋白质含量相当于肉类，维生素 B_2 含量是一般米、面和大白菜的 10 倍，钙的含量是肉类的 4~10 倍。干木耳含铁达 185mg/100g，是肉类的 100 倍。

黑木耳具有清肺、润肺益气补血之功效，是矿工、纺织女工、理发师、教师的良好保健食品，也是缺铁性贫血患者的极佳食品。木耳多糖具有增强免疫力、防癌抗癌等功效；黑木耳中的腺嘌呤核苷有显著的抑制血栓形成的作用，能减少血液凝块，缓和冠状动脉粥样硬化；黑木耳含有的多种矿物质，能对各种结石产生强烈的化学反应，有剥脱、分化、侵蚀结石作用，促使结石缩小、排出。明代医学家李时珍在《本草纲目》中指出"木耳生于朽木之上，主治益气不饥，清身强志，并有治疗痔疮、血淤下血等作用"。

在食用黑木耳过程中，我国人民创造了灿烂的饮食文化，在世界各地，只要有华人，就有以黑木耳为食材的中餐，人们往往把食用黑木耳作为思念故乡和心向祖国的象征。

二、生物学特性

1. 形态结构

黑木耳是一种大型真菌，由菌丝体和子实体组成。菌丝体无色透明，由许多具横隔和分支的管状菌丝组成。子实体是由朽木内的菌丝体发育而成，初时圆锥形、黑灰色、半透明，逐渐长大呈杯状，然后渐变为叶状或耳状，胶质有弹性，基部狭细，近无柄，直径一般为4~10cm，大的可达12cm，厚度为0.8~1.2mm，干燥后强烈收缩成角质，硬而脆。背面凸起，密生柔软而短的绒毛，腹面一股下凹，表面平滑或有脉络状皱纹，呈深褐色至黑色，这一面有子实层。担子圆筒形，（50~60）μm×（5~6）μm。担孢子为肾形或腊肠形，（9~14）μm×（5~6）μm，无色透明。担孢子多的时候，呈白粉的一层，待子实体干燥后又像一层白霜黏附在子实体的腹面。黑木耳的形态见图6-28。

图6-28　黑木耳的形态

2. 生活史

黑木耳是典型的异宗结合真菌。担孢子在适宜的条件下萌发成单核菌丝或形成镰刀状分生孢子，由镰刀状分生孢子再萌发成单核菌丝。单核菌丝和担孢子的性别是一致的。不同性别的单核菌丝结合之后，形成双核菌丝，并借助锁状连合不断增殖。双核菌丝生长发育形成子实体，在子实体上再产生单核的担孢子。研究发现，担孢子顶端可以产生分生孢子，单核菌丝也可以产生分生孢子，这些分生孢子与单核菌丝具有相同的生物学功能。

黑木耳属二极性异宗配合型食用菌，其担孢子有"＋""－"两种不同性别。其生活史见图6-29。

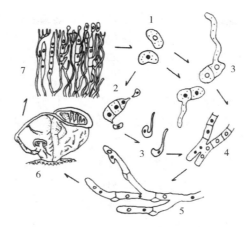

图 6-29　黑木耳的生活史

1—担孢子　2—分生孢子　3—孢子发芽　4—菌丝融合　5—双核菌丝
6—子实体　7—子实层和成熟的担孢子

3. 黑木耳的生长条件

黑木耳为腐生型食用菌，需要的营养物质是从枯死的木本植物中吸取，它生长在死树、断枝上，在制作原种或栽培种时可以用木屑做原料，栽培生产时可以用木屑或段木做材料，黑木耳对理化环境的要求与其他食用菌类似。

（1）温度　黑木耳为中温型、恒温结实性食用菌。担孢子在 22～32℃ 均能萌发；菌丝体在 6～36℃ 均能生长，以 22～28℃ 最适；子实体分化和发育温度范围为 15～27℃，以 20～24℃ 最适。子实体（耳基）形成不需要温差刺激。

在温度较低、温差较大条件下，耳片生长较为缓慢，但子实体色深，肉厚，抗自溶腐烂（流耳）能力强，品质好。而在高温条件下，耳片生长速度快，色浅，肉薄，品质不佳。所以春耳、秋耳品质好于伏耳，在高温高湿条件下常易出现流耳现象。

黑木耳在不同生长阶段适宜温度见表6-4。

表 6-4　　　　　　　　　　　　黑木耳对温度的要求

品种	菌丝生长温度范围	菌丝最适温度	子实体分化温度	子实体发育温度
黑木耳	12～35℃	22～28℃	20～24℃	20～27℃

（2）湿度　包括培养料中的含水量与空气相对湿度。

①培养料含水量：食用菌生长发育所需的水分主要来自培养料，培养料含水量是指水分在湿料中的百分含量。培养料含水量在 50%～75% 内，适宜含水量一般在 60%～65%（料水比一般掌握在 1:1.3）。在生产实践中，常用手握法测定培养料的含水量。一般以紧握培养料的指缝中有水渗出而不易下滴为宜，生长前期培养料含水量靠拌料时加入，但应根据原料、菌株和栽培季节的不同而定。如原料吸

水性强，应加大料水比，反之则减少。高海拔地区、干燥季节和气温略低时，含水量应加大；在30℃以上高温期，含水量应减少。生长后期含水量主要靠浸水或注水进行补充。含水量过高，氧气减少，不仅影响其生长，还易滋生病虫害；含水量过低，也影响生长。

②空气湿度：黑木耳菌丝体生长阶段，空气相对湿度为60%~70%；子实体生长阶段，一般品种要求空气相对湿度为85%~95%（黑木耳要求干与湿的交替状态）。

出耳期间经常向地面和空间喷水，同时结合通风，防止形成闷湿环境，喷水应避开调温或低温时段。干燥天气多喷，阴湿天气少喷。空气湿度过小，会使培养料失水，子实体干缩，影响产量；空气湿度过大，会影响耳体的蒸腾作用，阻碍养分的运转，并能导致病虫害的发生。

（3）酸碱度 黑木耳宜在偏酸性环境中生长，菌丝生长的 pH 为 3.0~8.0，出耳阶段最适 pH 为 5.0~6.5。

（4）空气 黑木耳是好气性真菌。缺氧会导致菌丝体、子实体窒息死亡。培养基中水分不能过多，装袋不能过满，注意通风换气。另外，空气清新还可以避免烂耳，减少病虫滋生。

黑木耳对氧气需求规律是菌丝体生长期、子实体形成期所需氧气少；子实体生长时，呼吸作用加强，对氧气需求及 CO_2 呼出量急剧增加。通气适当则菌体生长快，健壮，不易发生病虫害；通气差则菌丝弱，烂料，病虫害严重。栽培场地应有良好的通风条件，通气以既感觉不到风的存在，又闻不到异味、不闷气为宜。

（5）光照 菌丝体阶段不需光照，子实体阶段需散射光刺激。黑木耳若光照不足，子实体颜色浅，耳片薄。黑木耳为强光照型，春夏季可以不遮阳，与浇水管理结合形成干湿交替的状态为宜。

三、栽培管理技术

黑木耳是中温型菌类，广泛分布于温带和亚热带。我国地处北半球，地域辽阔，林木资源丰富，大部分地区气候温暖，雨量充沛，是木耳的主产地。

人工栽培主要在春秋两季进行。确定栽培季节，应根据菌丝体和子实体发育的最适温度，主要预测出耳的最适温度和不允许超出的最低和最高温度范围。要错开伏天，避免高温期，以免高温造成杂菌污染和流耳。

1. 主要栽培品种

要选择适应性广、抗逆性强、发菌快、成熟期早，菌龄 30~50d 的菌种。切勿使用老化菌种和杂菌污染的菌种。据试验，适于棉籽壳、木屑代料栽培的有"沪耳1号"，湖北房县的"793"、保康县的"Au26"、福建"新科"、福建"G139"、河北"冀诱1号"、"豫早熟808";适于稻草栽培的有"D-5""G139""G137""双丰1号""双丰2号";适于棉籽壳、木屑代料室外地栽的有"吉林海兰""东北916""黑龙江雪梅""豫早熟808"等。

2. 栽培原料

黑木耳在我国栽培至少有800年的历史。适宜栽培的树木比较多,有120余种,以壳斗科树木的桷树、蒙古栎、栓皮栎、桦木科的千金榆(半拉子)为最多。最初是在冬季伐树、去枝,放在黑木耳生长的山场,任其自然感染黑木耳菌。这种自然繁殖的方法产量很低、生产周期长,一般需5年的时间。20世纪70年代初,黑木耳生产出现了一次革命,人们仿照日本栽培香菇的纯菌丝段木栽培方法在黑木耳栽培上获得成功,使木耳产量上升,生产周期缩短(一般2~3年)。但这种方法消耗木材量特别大,20世纪80年代末又出现了节约木材,产量高的代料栽培方法。

近年来,利用农作物秸秆、种壳和工业废料栽培木耳,不但能节约木材,也为发展黑木耳开辟了新途径,为农民脱贫致富找到了新的门路。

黑木耳代料栽培,一般采用塑料袋栽、瓶栽、菌砖栽培、覆土栽培等,不同栽培方式举例见图6-30和图6-31。由于木耳菌丝生长速度慢,抗杂菌能力差,生产中多采用塑料袋栽培。

图6-30 黑木耳吊袋出耳

图6-31 黑木耳露地摆放出耳

3. 代料室内栽培管理技术

(1) 工艺流程

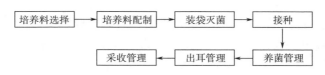

图6-32 代料室内栽培管理技术工艺流程图

①菌袋制备：配料→装袋→灭菌→接种

②菌丝培养：菌丝萌发→适温壮菌→变温增光。

③出耳管理：打洞引耳→耳芽形成→出耳管理→采收加工。

（2）栽培料配方与配制方法

①栽培料配方

a. 木屑培养料：阔叶树木屑78%、麸皮或米糠20%、石膏或碳酸钙1%、蔗糖1%。

b. 棉籽壳培养料：阔叶树木屑90%、麸皮或米糠8%、石膏或碳酸钙1%、蔗糖1%。

c. 木屑、棉籽壳培养料：棉籽壳43%、杂木屑40%、麸皮15%、石膏粉1%、蔗糖1%。

d. 木屑、棉籽壳、玉米芯培养料：木屑30%、棉籽壳30%、麸皮或米糠8%、玉米芯30%、蔗糖1%、石膏1%。

e. 玉米芯粉培养料：玉米芯粉75%、麸皮23%、石膏粉1%、蔗糖1%。

f. 玉米芯培养料：玉米芯98%、蔗糖1%、石膏1%。

g. 稻草培养料：稻草66%、麸皮或米糠32%、石膏1%、蔗糖1%。

②配制方法

用料必须干燥、新鲜、无霉变；拌料力求均匀，按配方比例配好各种主辅料，把不溶于水的代料混合均匀，再把可溶性的蔗糖、尿素、过磷酸钙等溶于水中，分次掺入料中，反复搅拌均匀；严格控制含水量，一般料水比为1:(1.1~1.4)，培养料的含水量在55%左右；培养料用石灰或过磷酸钙调pH到8左右，灭菌后pH下降到5~6.5。

常用的棉籽壳培养料，在装袋前加水预湿，使其充分吸水，并进行翻拌，使其吸水均匀。稻草培养料切成2~3cm长的小段，浸水5~6h，捞起沥干水。也可放入1%~2%的石灰水中浸泡，水为总料重的4倍，浸12h，然后用清水洗净，沥去多余水分，使水含量在55%~60%，加入辅料拌匀备用。如用稻草粉，可直接拌料、装袋，不用浸泡。

（3）拌料、装袋和灭菌　按配方比例拌料，含水量达到60%左右。装袋时，边装料边甩手压料，使上下培养料松紧一致。擦去袋口外的培养料，套上颈圈，再在颈圈外包一层塑料薄膜和牛皮纸灭菌，或装料后直接用橡皮筋或线绳系紧而不死。

灭菌通常采用高压蒸汽灭菌，进气和放气的速度要慢。灭菌时在0.15MPa下保持1.5h，再停火闷6~8h。当采用土蒸锅常压灭菌时，开始时要旺火猛攻，4h内蒸仓内温度达到100℃，并保持8~10h。

（4）接种　经灭过菌的料袋，待料温降到30℃以下时，接种室或接种箱要在接种前彻底消毒，接种操作要迅速准确，严格做到无菌操作。每袋接种量为5~

10g，将菌种均匀撒在培养料的表面。接种后，最好将塑料袋逐一在 5% 石灰水浸泡一下，棉塞上可撒以过筛的生石灰粉，然后运往培养室。见图 6-33。

图 6-33　接种

（5）发菌期管理

①培养室应事前灭菌：即用石灰粉刷墙壁，用甲醛和高锰酸钾混合进行熏蒸消毒；培养过程中，每周用 5% 石炭酸溶液喷洒墙壁、空间和地面，连续喷 2 次，以除虫灭菌。

②温度和湿度要适宜：培养室温度要先高后低。菌丝萌发时，温度在 25～28℃。10d 后，温度降至 22～24℃，不超过 25℃。室内空气相对湿度控制在 55%～70%。后期如雨水多，在培养场地撒些石灰，以降低空气相对湿度。

③光线要偏暗：在菌丝体生长阶段，培养室的光线要接近黑暗，门窗用黑布遮光或糊上报纸，或瓶（袋）外套上牛皮纸、报纸进行遮光，有利于菌丝生长。当菌丝发满瓶（袋）时，要清除培养室门窗的遮光物，增加光照 3～5d；如光线不足，可用日光灯照射，以补充光源，来刺激黑木耳原基形成。

④空气要新鲜：黑木耳是好气性菌类，在生长发育过程中，要始终保持室内空气新鲜，每天通风换气 1～2 次，每次 30min 左右，促进菌丝的生长。

⑤及时检查杂菌，防止污染：在菌丝培养过程中，料袋常有杂菌侵染，要及时进行检查，如有发现有菌斑，要用 2% 多菌灵或 1% 甲醛溶液注射菌斑，然后贴上胶布，防止杂菌蔓延。

（6）出耳管理

①出耳场地的选择：出耳场地要清洁，光线要充足，通风良好，能保温、保湿。最好为砖地或砂石地面。

②菌袋消毒，开孔挂袋：开孔前，去掉棉塞和颈圈，把袋口折回来用橡皮筋或线绳扎好，手提袋子上端放入 0.2% 高锰酸钾溶或 0.1% 多菌灵药液中，旋转数次，对菌袋表面进行消毒。消毒后，采用"S"形吊钩把袋子挂在出耳架上，袋与袋之间的距离为 10～15cm，使袋间的小气候畅通良好，有利于出耳。

③出耳管理：菌袋开孔挂栽后，黑木耳从营养生长转向生殖生长，菌丝内部

的变化处于最活跃的阶段，对外界条件反应敏感。见表6-5。

表6-5 菌丝内部的变化阶段

形成时期	过　　　程
原基形成期	栽培袋置于强光或散光下经过5d，开孔后5~7d即可见到幼小米粒状原基发生。该阶段要求空气相对湿度保持在90%~95%，每天在室内喷雾数次，不要直接喷在袋上，可以在栽培袋上覆盖薄膜或盖纸、盖布，以防止空气干燥，菌丝失水
幼耳期	从粒状原期发生到生长小耳片，形似猫耳、肉厚、顶尖硬而无弹性，大约需7d，此阶段耳片尚小，需水量小，每天喷水1~2次，空气相对湿度不低于85%，保持耳片湿润，可将覆盖的薄膜去掉
成耳期	由小耳片长大到成熟，约需10d。此阶段子实体迅速生长，需吸收大量的养分、水分和氧气，耳片每天延伸0.5cm左右，每天向地面、墙壁、空间和菌袋表面喷水3~4次，以保持空气相对湿度不低于90%。经常打开门窗通风换气，增加光照强度，光照要求达到1000~2000lx，同时经常调换和转动菌袋的位置，使菌袋受光均匀

（7）采收与干制　成熟后应适时采收，以防生理过熟或喷水过多，造成烂耳、流耳。正在生长的幼耳颜色较深，耳片内卷，富有弹性，耳柄扁宽。当耳色转浅，耳片舒展变软，耳根由粗变细，子实体腹面略见白色孢子粉时，应立即采收。采收收前干燥2d，使耳根收缩，耳片收边。采收时，采大留小，尽量不留耳基，耳片、耳根一齐采小，采收切勿连培养料一齐带起，否则会影响木耳的商品质量并推迟下一次采收时间。

采摘下来的木耳采用晾干法或烘干法进行干燥，干制的木耳容易吸湿回潮，应装入塑料袋内密封保存，防止被虫蛀食。采摘后清理料面，继续停水2~3d，使菌丝体恢复，经过10d管理，可采收下一批木耳。在正常情况下，可采收3~4批。见图6-34。

图6-34　采收

4. 黑木耳段木栽培技术

黑木耳段木栽培在山区还较多，段木所栽培的黑木耳品质好，耳片色泽黑亮，营养丰富，口感细嫩柔软，很受消费者青睐。

（1）黑木耳段木栽培工艺流程

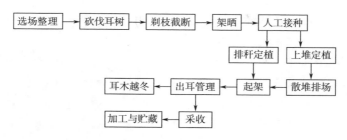

图 6-35　黑木耳段木栽培工艺流程图

（2）段木准备　实践表明，砍树时间在秋末春初较好。这时树木处于休眠期，树干内贮藏的养分最丰富；砍树后树皮不易脱落；冬季气温低，湿度小，杂菌和害虫较少，砍树后接种木耳易成活。

砍树后留下树枝干燥 10~15d，这样树干中的水分从树枝蒸发，干燥快。干燥后去枝，将树干锯成 1m 左右，即为段木。段木应立即搬入耳场，把所有的伤口、断口用浓石灰水或 0.5% 波尔多液涂好。堆成"井"字形或三角形。

（3）段木接种　选择新鲜、生命力强、菌丝为白色绒毛状且刚长满瓶或袋 7d 的菌种。菌膜若过厚，使用前应刮去。

春天接种以 2~3 月为宜，秋天接种以 9~10 月为宜。接种的最适气温为 5~15℃，日均温度以 10℃ 左右为宜。一般来说，以断木后两周左右，含水量在 40%~45% 接种成活率最高。

接种工具一般有电钻、手摇钻、打孔器等。首先在段木上打孔，孔深入木质部 1cm 以上，孔距 30cm 左右，行距 10cm 左右，成梅花形排列。在孔内填上菌种，应填紧填满，再将预先制作的树皮盖在接种口上，用木槌轻轻打平。也可用石蜡封口。接种时应避免阳光直射，具体可见图 6-36 和图 6-37。

图 6-36　段木准备

图 6-37　段木接种

（4）发菌管理　　发菌就是把接种后的段木集中堆放在适宜菌丝生长的良好环境中，让菌丝生长。发菌过程中要注意保温保湿，促使菌丝成活定植。

发菌30~60d要翻动段木一次。把上下、里外的耳木互相调换位置，加强通风换气并调节耳木湿度，使菌丝继续蔓延。发好菌后就进行木耳的耳场排放。

一般初春接种的耳木，经过3~5个月的堆放发菌，菌丝可基本发育成熟，已发菌成熟的耳木在气温降至10~20℃时，耳基相继出现，至黄豆大时应将堆放的耳木架起，让其出耳，称为起架或架木、立木（图6-38）。

图6-38　起架

起架应根据发菌和气温情况适时进行，为了满足其对水分的要求，起架前应先补足水分。每天少量多次喷水，使耳木均匀吸水，然后起架。

起架时，在耳场上竖立有叉的木桩两根，高60~70cm，在叉上放一横木，将耳木细的一端放在横木上，另一端着地，两侧交叉排成"人"字形，耳木之间相距10cm左右。

（5）出耳期管理　　出耳期间应注意保温、保湿，促进子实体分化、生长和发育。

如果管理得当，可出菇2~3年，每年出耳季节结束后，应将耳木堆放成"井"字形或覆瓦状，并遮阳防止阳光直射。干旱时要洒水保湿。待次年出耳季节到来时，再补足水分，催芽和起架管理，可继续出耳采收（图6-39）。

图6-39　黑木耳段木栽培

四、常见问题及对策

1. 菌袋感染杂菌
（1）原因
①发菌时温度过高，菌袋吐黄水。

②原基形成期浇水不当，浇水早、多，水渗入或流入穴口造成污染。

③床面未清理干净或场地靠近污染源。

④因高温（28℃以上）、高湿（超过95%）、通风不良而受霉菌污染；长时间低温、高湿、不通风也会受污染。

⑤采耳过晚，子实体老化变薄，失去弹性，容易造成流耳和烂耳。

⑥菌种带杂菌或培养料灭菌不彻底。

（2）防治措施

①选择适宜的出耳季节，科学安排出耳时间，使出耳温度与自然温度相吻合。

②适时掌握环境和袋内温度，养菌中后期温度不超过25℃。

③选好出耳场地，严格消毒，不重复使用农药。

④处理好保温、保湿与通风之间的关系。原基形成期，空气相对湿度80%左右，适当通风；原基分化期，空气相对湿度80%~90%，当湿度过大时，停水3~5d，耳基稍干后再喷水。

⑤适时采耳，避免采耳过晚造成减产或流耳。

2. 菌丝长到培养料中部时不向下生长

（1）原因

①培养料灭菌不彻底：未被杀死的杂菌大量繁殖，抑制黑木耳菌丝生长。

②培养温度过高：在菌丝停止生长的地方会有一道黄印，打破菌袋，未长菌丝的培养料味道正常。

③通风不良，氧气不足。

④培养料含水量过高：菌袋下部水分含量会更多，菌丝长得会越来越慢。

（2）防治措施

①培养料彻底灭菌。

②控温，菌袋温度保持在22~24℃，不能超过28℃。

③开窗通风，排除二氧化碳，保持空气清新。

④控制培养料含水量。拌料时含水量应在60%~65%。

3. 菌袋不出耳或出耳困难

（1）原因

①空气湿度不够：原基形成期空气相对湿度应为80%以上。打穴处一经风干，再形成原基的能力就差。

②温度偏低：出耳温度范围为15~27℃。如耳床内长期处于15℃以下，菌丝活力较差，原基形成缓慢。

③培养料含水量偏低：含水量低于50%时，无法满足原基形成的需要。

④打穴过深：一般穴深应为0.5cm左右，过深会使菌丝严重受伤，菌丝有待恢复，形成原基较慢。

（2）防治措施

①增加空气相对湿度：增加喷水次数，少喷、勤喷，保持菌袋潮湿。

②保持适宜温度：温度较低时，罩薄膜利用光照增温，但注意定时通风。

③提高培养料含水量：拌料时使含水量达到60%左右。

④控制打穴深度：打穴不宜过深，不慎过深时，注意保湿，避免穴口风干。

4. 流耳

（1）原因 流耳发生的主要原因：细菌侵袭、高温高湿、通风不良、喷水不当、收耳不及时等。

（2）防治措施

①对细菌感染造成的流耳，用高锰酸钾溶液浸泡或喷洒感染的段木。

②适时采收黑木耳，子实体不要过熟；摘净耳根，间隙期停水3~5d，晾晒耳根处。

③科学用水，耳片直径3~5mm前，不能将水直接喷在耳片上；中午阳光强烈、温度高时不喷水。

④耳场要干湿交替，不能长期高温高湿，耳片长久处于积水饱和状态，易导致萎蔫腐烂，引起流耳。

第四节

银耳

一、概述

银耳（*Tremella Fuciformis* Berk）又称作白木耳、雪耳、银耳子等。属于真菌门、担子菌纲、银耳目、银耳科、银耳属，有"菌中之冠"的美称，是名贵的食用菌和药用菌。

银耳的食用及人工栽培均起源于我国，相关记载已有1000多年的历史。银耳的人工栽培在20世纪60年代以前是"靠天收"的半野生方式，此后我国银耳研究取得纯种分离、双菌制种（将银耳及其伴生的香灰菌分离培养成功）、瓶栽、袋栽等突破性进展，产量大幅猛增，占世界总产的95%以上。我国许多地区有野生或人工栽培，以四川的通江银耳和福建的漳州雪耳最为著名。

据中国医学科学院营养卫生研究所分析，干银耳中蛋白质含量5%，脂肪0.6%，糖类79%，粗纤维2.6%，矿物质3.1%（其中，钙3.80mg/g，磷2.50mg/g，铁0.304mg/g），硫胺素（维生素 B_1）0.002mg/100g，核黄素（维生素 B_2）0.14mg/100g，烟酸（维生素 PP）1.5mg/100g。

银耳子实体纯白至乳白色，直径5~10cm，柔软洁白，半透明，富有弹性。银耳味甘、淡、性平、无毒，既有补脾开胃的功效，又有益气清肠、滋阴润肺的作用。既能增强人体免疫力，又可增强肿瘤患者对放、化疗的耐受力。银耳富有天然植物性胶质，外加其具有滋阴的作用，是可以长期服用的良好润肤食品。

二、生物学特性

1. 形态特征

（1）子实体　无菌盖、菌褶、菌柄之分，白色，表面光滑，有弹性，半透明，干后微黄呈角质，硬而脆，成熟的子实体瓣片表面有一层白色粉末，即银耳的孢子，孢子成熟后会自动弹射出来，借风力传播。

银耳新鲜的子实体呈乳白色，胶质、半透明、柔软有弹性，由薄而多皱褶的瓣片组成，朵形，形似菊花型、牡丹型、绣球型，直径 3～15cm；干后微黄，角质硬而脆，体积强烈收缩，为湿重的 1/8 左右，水浸泡后可恢复原状。成熟的子实体瓣片表面有一层白色粉末，即银耳的孢子，孢子成熟后会自动弹射出来，借风力传播，见图 6-40。

图 6-40　银耳形态

（2）菌丝体　菌丝体纤细，有分枝、分隔，灰白色，双核菌丝有锁状联合。

在段木栽培银耳过程中，常会看到接种穴上有一种铜绿色或草绿色的粉末，俗称"香灰"，实际上是香灰菌的孢子。香灰菌的菌丝粗壮，呈羽毛状分枝，并能分泌黑色素。香灰菌属子囊菌，是银耳菌丝的伴生菌。它长得比银耳菌丝快，分解纤维素和木质素的能力强，银耳菌丝利用其中间产物来进行营养生长与生殖生长，从而完成整个生活史。银耳菌丝几乎没有分解木质素、纤维素的能力，也不能利用淀粉。在自然条件下，银耳担孢子若碰不到香灰菌丝，就很难萌发生长，这就是野生和半人工栽培产量低的主要原因之一。目前人工培育的银耳菌种，都包含有银耳与香灰菌两种菌丝，为混合菌种。

2. 生活史

银耳生活史较为复杂。它包括一个有性生活周期和若干个无性生活周期。担孢子芽殖产生酵母状分生孢子是银耳属的特征。

（1）有性繁殖　银耳是异宗结合，是典型的四极性菌类。银耳的担子能产生四种不同交配型的担孢子，担孢子在适宜的条件下，萌发成单核菌丝，或再生次生担孢子。在单核菌丝生长发育的同时，相邻可亲和的单核菌丝相互结合，经质配，形成具有锁状连合的单核菌丝，随着双核菌丝的生长发育，达到生理成熟的双核菌丝就逐渐发育成"白毛团"，并胶质化成银耳原基；原基在良好的营养和适宜的环境条件下，不断分支，开展为洁白如银的耳片，随后从子实层上弹射出担孢子，完成其生活史。

（2）无性繁殖　在一定的条件下，银耳担孢子会反复芽殖，产生大量的酵母状分生孢子。在条件适宜下，酵母状分生孢子便萌发成单核菌丝，并按上述的方式完成其生活史。无论单核菌丝还是双核菌丝，只要受到环境条件的刺激，如受热、搅动、浸水，都可以断裂成节孢子。待自然条件好转之后，节孢子也会萌发成单核或双核菌丝，并按上述的方式继续完成它的生活史。

3. 生活条件

（1）营养　银耳属于木腐生菌类型。由于香灰菌生长较旺盛，在人工栽培时培养料需添配一些营养物质来满足银耳的生长发育需要，所需的碳源主要有纤维素、半纤维素、木质素、淀粉等。氮源主要有蛋白质、氨基酸等。微量元素主要有磷酸氢二钾、无机盐、硫酸钙、硫酸镁等。

（2）温度　银耳为中温型、恒温结实性食用菌。担孢子在 22~32℃ 均能萌发；菌丝（包括银耳孢子和香灰菌丝）在 16~30℃ 均能生长，以 22~26℃ 较适；子实体分化和发育温度范围为 16~28℃，以 20~25℃ 较适。子实体（耳基）形成不需要温差刺激。银耳抗寒能力很强，孢子在 0℃ 以下 2h，不会失去发芽能力。

银耳各个阶段对温度的要求见表 6-6。

表 6-6　　　　　　　　　　银耳生长发育对温度的要求

项目	生长温度的范围/℃	最佳温度的范围/℃	可忍耐温度范围
孢子	15~32	22~25	2~3℃保存数年仍有活力，0℃24h 失去萌发力
菌丝	6~32	22~26	35℃以上停止生长，39℃以上死亡
子实体	15~30	20~25	低于18℃或高于28℃对子实体形成不利

（3）湿度　银耳在适湿的条件下菌丝才能定植，生长旺盛。菌丝粗短成束，子实体分化正常。在过湿的环境中，菌丝生长柔弱纤细稀疏，子实体分化不良或胶化成团。所以要根据银耳在其生长各个阶段对湿度的不同要求，给予适当的水分，在过湿条件下，银耳不易萌发成菌丝，而是以芽殖形式出现。

（4）光照　强烈的直照光，会不利银耳菌丝的萌发及子实体的分化。散射光能促进孢子萌发和子实体分化。不同的光照对银耳子实体的色泽有明显关系，暗光耳黄子实体分化迟缓，适当的散射光，银耳即白品质也优。

（5）酸碱度　银耳是弱酸性真菌，培养时的 pH 应在 5.2~5.8，过酸或者过碱对银耳都会有一定的影响。

（6）空气　银耳属于好气性真菌。培养料含水量影响着培养料底部的氧气供应，含水量偏高会使菌丝生长受抑制；菌丝培养室通风不良时，易造成接种穴口杂菌污染；但通风量过大，会使接种口水分蒸发而出现干燥，影响原基形成。出耳阶段培养室如果氧气不足，二氧化碳浓度过高，子实体会呈胶质团，不易开片，失去商用价值。

三、栽培管理技术

野生银耳数量稀少，在古代属于名贵补品。但随着新中国的成立以来，古田银耳人工栽培技术成功，使银耳走向了千家万户。人人皆可品尝的佳品。当今，古田县为银耳的主要产区，并因此获得"中国食用菌之都"的称号。

银耳不但可用段木栽培，而且还可利用木屑、甘蔗渣、棉籽壳等农副产品为主要原料，适当添加一些麦皮、米糠、石膏等为辅助原料，进行室内瓶栽和袋栽。这种室内代料栽培，可以充分利用树枝，短木或边角木料经切碎磨粉后为原料，节省大量木材。甘蔗渣，棉籽壳等农副产品，原料来源充足，用来栽培银耳，既有利于农产品的综合利用，又有利于迅速扩大银耳栽培的范围，不受有无林区条件的限制。而且室内栽培，温、湿度等环境条件较易控制，银耳的生产周期短，病虫害少，产量高。因此室内代料栽培是银耳生产上的一项重大革新。同时节约了大量木材，保护了生态环境。银耳的段木栽培，其方法和步骤与香菇有相同之处（图 6-41）。

图 6-41　银耳的袋栽与段木栽培

1. 菌种选择或制备

选择菌株的标准是，菌龄适中，"白毛团"小，易形成"芽孢"，又易萌发为菌丝，且易胶质化形成原基。香灰菌丝纯，爬壁力强。银耳和香灰菌丝配合好，能协调生长；适应性强，能在不同配方的培养基上生长；产量高，质量好，栽培周期短，耳基再生能力强。

制备菌种，操作程序：①利用孢子弹射，获得银耳孢子。②香灰菌丝的获得：耳木消毒，在远离耳基、接种部位取一小块基质移入 PDA 培养基（土豆葡萄糖培养基），25℃培养 5~7d，培养基颜色变黑者即为香灰菌。③银耳母种的交合。选孢子萌发的银耳菌丝扩接试管数支，23~24℃培养 6~8d，银耳菌丝长至黄豆大，取米粒大的香灰菌丝，接于银耳菌丝旁边 0.5cm 处，2d 出现白菌丝，7d 出现"白毛团"，12~15d 白毛团上方出现红黄水珠。待香灰菌丝蔓延全试管时，即为母种（一级种）。④将母种逐级扩大为原种（二级种）、栽培种（三级种）。

2. 栽培室准备

栽培室的清理和消毒工作应在栽培前 7~10d 进行。消毒可依次用菊酯类农药 2000 倍溶液喷洒治虫，2%甲醛溶液喷洒墙壁与地面，石灰稀释液刷洗床架，硫磺气雾熏蒸。每次消毒后，关闭门窗密封一昼夜。栽培前 3d 撒上生石灰，使室内因施药而造成的偏酸环境趋于中和。

3. 培养料的配制

栽培银耳的材料很多，阔叶树如杨、柳及各种果树的木屑均可用。也可将这些树的枝条切成薄片，晒干，再粉碎成粉状的木屑。棉籽壳是种植银耳的好原料，单产比木屑可提高 20%~30%，此外玉米芯、甘蔗渣、花生壳、葵花籽等，晒干后粉碎成细屑均可用于种植。参考配方如下：

①木屑 100kg，麸皮 25kg，石膏粉 4kg，尿素 0.4kg，石灰粉 0.4kg，硫酸镁 0.5kg，水 100~110kg。

②棉籽壳 100kg，麸皮 25kg，石膏粉 4kg，尿素 0.4kg，石灰粉 0.4kg，水 100~200kg。

③甘蔗渣 40kg，棉籽壳 20kg，木屑 40kg，麸皮 30kg，石膏粉 3kg，过磷酸钙 2kg，尿素 0.5kg，水 100~110kg。

选定配方后，把主要原料同麸皮、石膏粉等干料倒在水泥地上，把蔗糖、化肥、硫酸镁等放入水中溶化后，倒进干料中，经三次反复搅拌，过筛，打散团块，拌匀，含水量掌握 55%~65%，手握成团，指缝有水但滴不下为准。配料要选择晴天或阴天上午进行，雨天不宜。

4. 装袋

栽培袋选用 12cm×50cm×（0.0035~0.004）cm 的低压聚乙烯筒膜。料拌好后及时装袋，培养料要松紧适宜，袋口用塑料绳绑扎。每袋装 0.9~1kg 干料为好。

也可用罐头瓶作种植容器。一般农户采用手工装料。装一半时抖一抖，压实后再装。大面积生产应采用食药用菌专用装袋机，每小时可装 400 袋。从拌料到装袋结束最好不超过 5h，以防培养基发酸变质。

5. 灭菌

料袋装入专用筐内，不要挤压，利于水蒸气穿透，不留死角。高压灭菌，0.15MPa 压力下维持 1.5~2h；常压灭菌，要注意三个关键：一是袋子进灶后，必须旺火猛攻，并防止漏气，使其在 4h 内上到 100℃；二是在 100℃保持 14~16h，使袋内杂菌杀死；三是达到灭菌温度和时间后，关火后再闷一夜。

6. 接种

接种前先做好接种室消毒，料温降至 30℃以下，方可在无菌箱、超净工作台接种。首先在袋上打孔，每袋 4~5 孔，孔距要均匀。孔深 1.5cm，直径 1.5cm。

接种严格按无菌操作程序进行。接种时，去掉菌种瓶棉塞，灼烧瓶口，用接种工具把菌种表层薄薄挖去一层老化菌丝，然后往下挖将菌丝搅拌均匀，下面的香灰菌丝弃之不用。菌种要略低于料面 0.1~0.2cm，有利于原基形成。接种后立即用胶布封严接种穴。每瓶栽培种可接 20~30 个菌袋。

7. 发菌

（1）培养室消毒及排放菌袋　银耳的发菌与出耳可同用一室，利用民房即可。有条件的专业户可以建造专用的发菌室与种植室。要求地势稍高，靠近水源，便于清洗场地，门窗通风，光线良好。也可以在庭院内搭简易耳棚。不论是住房或是简易耳棚，内部均要设置排放种植袋的架子。架层可用竹木做骨架，架高 2.5m 左右，宽一般为 50cm，架子分为 8 层，层距 30cm。每层架子用竹木铺平，便于排放菌袋。室内四周可用塑料薄膜围罩，使保温保湿性能好。

培养室消毒前安置好床架，灭菌方式与接种室相似。第一周内，菌袋之间可紧靠取暖；一周后，要间隔 2cm，以利散热。最先长出的香灰菌丝，它分解木质素、纤维素，并分泌黑色色素，接着银耳菌丝开始蔓延，并在接种块处逐渐扭结成团——银耳原基。银耳菌丝生长阶段为 12d，1~3d 为菌丝萌发期，4~12d 为生长繁殖期。

（2）控温　接种后的菌袋，头 4d 室内保持温度 28℃，不超过 30℃为好，第 5d 起室温 25℃较适。温度高于 30℃，菌丝生长快但细弱无力；温度低于 25℃，菌丝生长慢。经过 5d 培育，菌丝向穴口扩展，此时应进行一次翻堆检查，发现杂菌污染种穴时，用福尔马林注射杀灭。菌袋在室内的排列，开头按每 4~5 袋"井"字形重叠成堆，使其增加袋温，加快菌丝发育。第 5d 起应把袋子逐袋地排放于架床上，以卧式顺排，袋与袋间距 1cm 左右。冬季温度不足，可用煤炭火增温，但要注意排除二氧化碳，以免损害银耳菌丝。

（3）防湿控光　室内空气相对湿度控制在 70%以下。保持黑暗、避光，窗门用草帘或布遮挡。室内空气相对湿度为 70%以下，在保持室温的前提下，每天打开门窗通风换气 1~2 次，每次 30min，若气温已达上述要求时，可长时间开窗使气流新鲜。

（4）通风换气　通过 10d 左右的培养，袋内菌丝已向接种口的四周蔓延，形成圆状。待菌丝长到直径 10cm，即穴与穴的菌圈形成连接时，要把胶带掀起黄豆粒大小圆形孔隙，让氧气透进料内，加快菌丝生长发育。胶带揭后 12h，要以清水喷雾，每天 3~4 次，但不要直接喷到穴内，并结合通风。经过 4d 后，穴中逐渐出现突起的白色绒毛状菌丝团，俗称"白毛团"，此时室内温度 20~23℃ 为宜，相对湿度为 80%~85%。随着菌丝生理成熟，白毛团上出现浅黄色水珠（菌丝新陈代谢的分泌物），此时可把袋子朝穴口倾斜，让黄水流出穴外，室温调到 25℃，使黄水收缩。一般接种后 15~16d，穴内逐渐出现白色碎米状的幼耳时，就要把胶带全部撕开去掉，并在各个菌袋上面覆盖整张报纸，并喷水于纸上，保持湿润。

（5）清除杂菌，及时补种　接种后第 4d，正常孔穴都已发菌，菌丝透出贴孔胶布呈圆形、有规则地向周围延伸扩大，菌圈色白而浓密。有杂菌时，及时注射甲醛、酒精混合液。第 7d，摆袋复查，必要时进行复种或补种。

8. 出耳管理

接种后第 13~18d 为子实体形成阶段，即出耳阶段。第 19~27d 为幼耳生长发育期，第 28~38d 为成耳期。

银耳由原基分化为子实体，一般在 18d 左右。出耳期管理的具体办法：

（1）扩穴增氧　出耳期，随着耳芽形成日盛，要揭开胶布一角、揭去胶布、扩大孔穴（用刀片沿着出耳穴口边缘割去薄膜大约 1cm 左右），为的是给菌丝和耳芽通气供氧。

（2）排除黄水　黄水珠是银耳在出耳期的生理排泄物，为幼耳出现的征兆。但可见而不可存，要及时排除，以免影响出耳率或造成烂耳。

（3）喷水加湿　出耳期室内空气相对湿度 90% 左右，幼耳期 80% 左右（偏干控制，又称蹲耳），成耳期 90%~95% 为宜。

出耳阶段每天喷水 1~2 次于所盖报纸上，经常保持报纸湿润为适，当子实体长到 3cm 时，为避免烂耳，应把覆盖的报纸取下，放在阳光下曝晒一天，再收回使用，每隔 3~5 天都应进行一次，每次取下报纸应隔 12h，让子实体接触氧气，然后再覆盖，继续喷水保湿。幼耳阶段喷水多，天气阴湿应少喷，多通风；子实体生长中期，吸水量较多，天气晴而干燥，应多喷少通风。

（4）温度控制　出耳期室温 22~24℃，幼耳期 23~25℃，成耳期 24~26℃ 为宜。

（5）通风换气　①出耳期，为保证有新鲜空气，冬季不打关门水；春季不打关门水并适当打开门窗；②幼耳期，耳体小，不能打关门水，不宜敞开门窗，但可揭开覆盖的报纸并拿日光下杀菌排浊，重新盖纸后要喷一次透水；③成耳期，需氧量最大，多开门窗，使空气流通。

银耳子实体长到 24~29d 是生活力最强阶段，袋温较高，若室温超过 27℃ 以上，应整天打开门窗，长时间通风，并配合喷水管理防止通风后耳片干燥。

（6）光线需求　幼耳期喜散射光；成耳期对散射光需求更大。只有在散射光充足情况下，子实体才会展片迅速，耳肉肥厚，色泽白亮。

（7）停喷待收　接种后30d左右时，子实体已长到12cm左右，应停止向报纸喷水，防止耳片过湿霉烂。停湿5~7d后，耳片增厚，转入采收期。

（8）采收　银耳从接种到采收，全过程一般35~40d，但收成时遇阴雨天，可延长5d收割。成熟的银耳，晶莹透白，形似菊花，大如玉碗，耳片伸展，具有弹性，通常每朵直径达到15~20cm，鲜重可达150~200g。采收时用锋利的小刀，从耳基部将子实体整朵割下，在清水中漂洗后，进行干制。

（9）后期管理　采收后，3d内不喷水，保持相对湿度85%左右，温度23~25℃。培养15~20d就可以采收再生耳。

四、常见问题及对策

1. 菌袋感染杂菌

（1）原因

①灭菌不彻底。

②接种操作不规范。

③培养条件不适。

（2）防治措施

①灭菌时合理排袋，留蒸汽通道；常压灭菌时，温度要稳定在100℃，灭菌时间要足。

②接种室彻底灭菌消毒，接种工具要灭菌，操作要快。

③调节好培养室的温湿度，注意通风，控制好环境条件。

2. 僵耳

银耳在子实体分化阶段，耳片不分化，甚至萎缩成僵耳。

（1）原因

①白粉病引起。

②培养条件不适宜，菌丝营养供应不足。

（2）防治措施

①喷洒抗生素，杀灭白粉菌。

②控制适宜温度，使菌丝恢复生长。

3. 烂耳

（1）原因

①黄水珠积累过多：黄水大量沉积于耳基部，易导致烂耳。

②细菌感染：在出耳期、幼耳期喷水不当，直接喷到孔穴里或耳片上，引起了细菌感染，造成烂耳。

③害虫为害：害虫蛀食，引起烂耳。

④环境条件不适：温度过高或过低、湿度过大、通风不良等。

⑤生理性烂耳：成熟后不及时采收，会自溶，引起烂耳。

（2）防治措施

①发现黄水及时排除。

②加强喷水管理。

③窗户钉上防虫网，门口挂防虫网。

④保持温度、湿度在适宜范围内，增加通风次数，保持空气新鲜，提供适量散射光。

⑤及时采收，防止银耳自溶。

⑥对于烂耳严重的孔穴可采取"削皮再生"处理，将烂耳接种口挖去2~3cm深，若有白色菌丝，就还能出耳。移入出耳期的培养室，继续培养，7~10d后，即会出现新的子实体。

第五节

金针菇

一、概述

金针菇［*Flammulina velutiper*（Fr.）Sing］又名冬菇、朴菇、构菌、毛柄金钱菌、冻菌等。隶属于担子菌门、伞菌纲、伞菌目、小皮伞科、小火焰菌属。

金针菇是我国最早人工栽培的食用菌之一，相关记载已有1400多年的历史。金针菇在世界各地广为分布，我国各省（区）均有野生或人工栽培，工厂化栽培技术较为成熟。其多在初冬、早春生长在阔叶树根或树干腐朽处（图6-42）。

图6-42　工厂化生产金针菇

金针菇是一种以食菌柄为主的小型伞状菌，菌柄脆嫩，菌盖黏滑，味道鲜美。金针菇内含丰富的蛋白质、维生素、矿物质等营养成分，含有 18 种氨基酸，有 8 种必需氨基酸，赖氨酸和精氨酸含量也高于一般菇类，有促进儿童生长发育、增强记忆、提高智力的作用，被称为"增智菇"。此外，金针菇较易煮熟，长煮不烂的特点，成为火锅的最佳原料。

据浙江农业大学分析，子实体干品中氨基酸含量达 21.56%，其中赖氨酸含量为 1.16%~1.63%；菌丝体干品中氨基酸含量达 25.54%，其中赖氨酸含量为 1.10%~1.52%。

金针菇具有较好的药用价值，菌柄中含有丰富的食物纤维（粗纤维达 7.4%），可以吸附胆酸，增加肠胃蠕动，促进消化；调节胆固醇代谢，降低人体内胆固醇含量；排除重金属离子等功效。据报道，日本用金针菇生产了一种新型抗癌剂，治疗效果良好，副作用小，用于外科手术后的辅助治疗效果也十分显著。金针菇还有抗衰老、降高血压、治疗肝炎及胃溃疡等作用，是一种理想的保健食品。

现在金针菇在世界各国都进行生产，日本是金针菇的主要生产国，并且已实现了工厂化、机械化和自动化。中国的主要产地在台湾、河北灵寿、浙江常山、安徽合肥等，金针菇栽培周期短，方法简便，成本低，原料来源广，经济效益高，畅销国内外，是一种值得大力发展的食用菌。

二、生物学特性

1. 金针菇的形态结构

金针菇由菌丝体（营养器官）和子实体（繁殖器官）两大部分组成。见图 6-43。

(1)子实体　　　　　　　　　　(2)孢子

图 6-43　金针菇的结构

（1）菌丝体　金针菇菌丝体由许多菌丝交织而成。双核菌丝白色绒毛状，有锁状联合。菌丝生长过程中，菌丝撕裂形成大量粉孢子，使菌丝培养后期具有粉质感。

菌丝体由孢子萌发而成，在人工培养条件下，菌丝通常呈白色绒毛状，有横隔和分支，许多交织而成。和其他食用菌不同的是，菌丝长到一定阶段会形成大量的单细胞粉孢子（也叫分生孢子），在适宜的条件下可萌发成单核菌丝或双核菌丝。试验发现，金针菇菌丝阶段的粉孢子多少与金针菇的质量有关，粉孢子多的菌株质量都差，菌柄基部颜色较深。

（2）子实体　子实体由菌盖、菌柄、菌褶等组成。基部相连，成束丛生，呈假分枝状。菌盖淡黄色至白色、球形或半球形，表面黏滑，直径 1~8cm，中央色深，边缘渐浅。菌肉白色，中央厚，边缘薄。菌褶白色或乳白色，较稀疏，长短不等，呈辐射状排列，弯生。菌柄生于菌盖中央，中空圆柱状，上下等粗或上部稍细，长 3~15cm，直径 0.2~1cm，菌柄上端白色或淡黄色，基部暗褐色，表面密生黑褐色短绒毛。孢子生于菌褶子实体上，椭圆形，表面光滑，具横沟，大小为 $(5~7)\mu m×(5~7)\mu m$，孢子印白色。子实体的主要功能是产生孢子，繁殖后代。金针菇的子实体以菌盖小、菌柄长为优。

2. 金针菇的生活史

金针菇的生活史比较复杂，属于双因子控制的四极性异宗配合菌类。

（1）有性繁殖　有性世代产生担孢子，每个担子产生 4 个担孢子，有 4 种交配型（AB、ab、Ab、aB）。性别不同的单核菌丝之间进行结合，产生质配，形成每个细胞有两个细胞核的双核菌丝。双核菌丝经过一个阶段的发育之后，发生扭结，形成原基，并发育成子实体。子实体成熟时，菌褶上形成无数的担子，在担子中进行核配。双倍核经过减数分裂，每个担子尖端着生 4 个担孢子。

金针菇单核菌丝也会形成单核子实体，与双核菌丝形成的子实体相比，子实体小而且发育不良，没有实用价值。

（2）无性繁殖　金针菇在无性阶段产生大量单核或双核的粉孢子。粉孢子在适宜的条件下，萌发成单核菌丝或双核菌丝，并按双核菌丝的发育方式继续生长发育，直到形成担孢子为止。

3. 金针菇的生长条件

金针菇是一种木材腐生菌，易生长在柳、榆、白杨树等阔叶树的枯树干及树桩上。适宜秋冬与早春栽培。以其菌盖滑嫩、柄脆、营养丰富、味美适口而著称于世。对环境生长条件的要求与其他食用菌类似，温度、湿度、酸碱度、空气、光照和营养为金针菇生长发育的六大要素。

（1）营养条件　金针菇是一种弱木腐菌，坚硬的木材砍伐以后，没有达到一定的腐朽度不会长出子实体。陈旧的阔叶树木屑，经堆积发酵，部分分解的更适合其生长。

①碳源：金针菇主要能利用的是有机碳，能直接利用的是淀粉、单糖（果糖、葡萄糖）、双糖（蔗糖、麦芽糖）、有机酸、醇类等。分解木质素、纤维素的能力

很弱，需要培养中加入适量的葡萄糖、蔗糖，以诱导胞外酶的产生，提高分解纤维素的能力。

②氮源：金针菇是一种喜氮的菌类，能利用的是有机氮，如蛋白胨、氨基酸、尿素、牛肉浸膏、麦芽浸膏等。对硝态氮、亚硝态氮利用较差。

③矿物质：金针菇生长发育需要一定量的矿物质，如磷酸二氢钾、硫酸钙、碳酸钙、硫酸铁等。其中磷、钾、镁三种元素最为重要，需求量较大。

④生长素：金针菇是维生素 B_1、维生素 B_2 的天然缺陷型，需在培养料中添加麦麸、米糠等，来满足对维生素 B_1、维生素 B_2 的需求。

（2）环境条件

①温度：金针菇为低温型、恒温结实性食用菌。子实体形成不需要温差刺激。金针菇抗寒能力很强，菌丝在-21℃，经138d也不死亡，温度回升至4℃时，菌丝又恢复生长。菌丝不耐高温，超过30℃生长明显变慢，34℃停止生长，时间稍长，自溶死亡。原因在于温度过高使蛋白质、核酸变性，酶失活；适温时酶的活性最大。金针菇在不同生长阶段所需温度见表6-7。

表6-7　　　　　　　　　　金针菇生长阶段对温度的要求

种类	菌丝体生长温度范围	菌丝体生长最适温度	子实体分化最适温度	子实体发育最适温度
金针菇	3~34℃	22~24℃	5~19℃	8~14℃

在实际生产过程中，子实体对温度有特殊的需求，子实体分化（原基形成）阶段所需的温度在食用菌一生中是最低的。

菌丝体生长和子实体分化主要依赖于料温，子实体生长主要依赖于气温。生产中既要注重料温，又要注意气温。生长前期的料温一般比气温高。若温度与要求相差太大，则难以成功或减产。

②水分和湿度：金针菇为喜湿性菌类，抗旱能力较弱。对培养料含水量要求为60%左右（料水比一般掌握在1:1.3），菌丝生长阶段，空气相对湿度60%~70%，子实体生长阶段空气相对湿度保持在80%~90%（商品菇阶段为85%左右）。子实体生长阶段90%左右为宜。出菇期间经常向地面和空间喷水，同时结合通风，防止形成闷湿环境，喷水应避开调温或低温时段，干燥天气多喷，阴湿天气少喷。

③光照：金针菇为厌光性菌。菌丝生长阶段不需要光线，子实体分化及生长发育阶段需散射光，通常情况下子实体生长发育需散射光刺激（强度为100lx）。若散射光过强，柄短、盖大、色深，菌柄基部色素加深并产生褐色绒毛。子实体具有强趋光性，光源方向不断变化则左右倾斜长成畸形菇。黑暗条件下子实体色浅，菌盖、菌柄为白色或乳白色。

金针菇为喜阴型食用菌，需要"八阴二阳"的光照度，一般以正常人离眼30cm能清楚地看清书报字体的光照强度为宜。

④空气：金针菇是好气性真菌。对氧气需求的规律是菌丝体生长期、子实体

形成期所需氧气少；子实体生长时，呼吸作用加强，对氧气需求量及 CO_2 呼出量急剧增加。如氧气不足，二氧化碳浓度过高，抑制菌盖生长。优质金针菇标准是菌盖小、菌柄长、颜色浅。利用二氧化碳抑制菌盖生长的特点，管理适当，可收到良好效果。具体做法：在小菇蕾长至袋（瓶）口时，套上纸筒或塑料袋，筒内气流不畅，二氧化碳不断积累，菌盖生长受到抑制，菌柄仍可正常生长，可获得盖小柄长的优质金针菇。

⑤酸碱度（pH）：金针菇需要弱酸性环境，pH 3.0~8.4 菌丝均可生长，pH 5.6~6.5 为宜。原基形成和子实体生长，pH 5.0~6.0 为宜。pH 过低或过高，都影响金针菇菌种萌发及原基分化形成。在实际生产中，通常采用轻质碳酸钙、贝化石粉调节培养料酸碱度。配制培养基时，pH 可调至 8.0 左右，在菌丝生长过程中，会分泌一些酸性物质，在出菇时 pH 基本在最适范围之内。

三、栽培管理技术

1. 栽培品种、季节与方式

（1）栽培品种

①三明 1 号：黄色品种。出菇早，30~50d 出菇。分支多，高产稳产。抗逆性强，病菇与畸形菇少。菌丝易出现粉孢子，栽培普遍。适温宽，3~21℃下均可出菇。5~8℃品质最好。

②金杂 19：白色品种（日本信农 2 号）与黄色品种（三明 1 号）杂交育成的优良菌株。具有双亲优良特性，菌丝生长快，出菇早，抗逆性强，出菇最适温度为 8~15℃。菇体乳白色到淡黄色，菇质佳，适于鲜销和制罐。没有畸形菇，栽培形状稳定，多年来是国内栽培的当家品种之一。

（2）栽培季节　利用自然温度栽培金针菇，选择适宜的生产季节是获得优质高产的重要环节。先根据当地气候特点，找出气温稳定在 5~15℃ 的具体时间（出菇适温），向前推约 50d 即是适宜的栽培期。

南方一般在晚秋时节（10~11 月）接种，北方在中秋前后（9 月中下旬）接种。可以充分利用自然温度，经过 50d 左右的菌丝培养，到达生理成熟时，天气渐冷，正适合子实体生长发育，一般在 11~12 月间进入出菇期。夏季可利用冷库生产金针菇。

（3）栽培方式　随着代料栽培技术的发展，用段木栽培金针菇已经绝迹了，目前人工栽培多采用瓶栽、袋栽等方式进行。

瓶栽是金针菇栽培的主要方式。日本瓶栽金针菇已实现全年的工厂化、自动化生产模式，使金针菇成为菇类栽培中机械化、自动化水平最高的一种食用菌。我国目前采用的多是普通瓶栽技术。采用 750mL、800mL 或 1000mL 的无色玻璃瓶或塑料瓶，瓶口径约 7cm 为宜。瓶口大，通气好，菇蕾可大量发生，菇质量相应提高。目前，国内多用直径为 3.5cm 的菌种瓶或罐头瓶代替。菌种瓶口径太小，菇蕾发生的根数

图 6-44 金针菇的瓶栽与袋栽

少，而罐头瓶装料有限，水分易蒸发，发生的菇蕾细弱，产量不高。

袋栽金针菇，由于袋口直径大，通风性好，菇蕾能大量发生，菇的色泽比较符合商品要求。同时，塑料袋的上端可用来遮光、保湿，能使菌柄整齐生长，免去了套筒的手续。一般袋栽比用 3.5cm 口径瓶栽的产量高出 30% 左右，是值得推广的栽培工艺。可采用聚丙烯塑料袋。规格为长 40cm、宽 17cm 或长 38cm、宽 16cm，厚度 0.05～0.06mm。若鲜销，可用 42cm×20cm 的袋子。

2. 瓶栽技术

金针菇工厂化生产主要采用瓶栽技术。其生产模式分车间进行，设置菌丝培养室、催蕾室、抑菌室、出菇室等。生产过程自动控制，对温度、湿度、通风、光线等进行自动调节，生产效率高、菇质好，拌料、装瓶、灭菌、接种、发菌、出菇、采收、包装均为流水作业。

瓶式栽培工艺流程如图 6-45 所示。

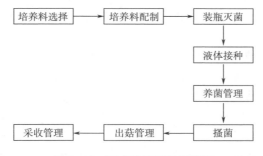

图 6-45 瓶式栽培工艺流程图

操作要点：

（1）菌种选择或制备　选购菌种要联系信誉好的正规生产单位。制备菌种，母种（一级菌种）与其他菌种相似。原种（二级菌种）、栽培种（三级菌种）的培养基配方有自己的特点。常用配方见表 6-8。原种、栽培种长满瓶各需 1 个月左右。

表 6-8 　　　　　　　金针菇原种、栽培种培养料常用配方一览表　　　　　　　单位:%

配方	物料名称								
	木屑	棉籽壳	玉米粉	细米糠	蔗糖	过磷酸钙	石膏	硫酸镁	碳酸钙
1	73			25	1				1
2		88		10	1				1
3	50	36	10		1	1	1	1	
4		78		17	1	1	1	1	1

（2）培养料的配制　栽培金针菇的材料很多，棉籽壳、木屑、玉米芯、稻草、麦秸、豆秸、甘蔗渣等都可利用。

阔叶树和针叶树的木屑都可以利用，但以含树脂和单宁少的树种为好。使用之前必须把木屑堆在室外，长期日晒雨淋，让木屑中的树脂、挥发油及水溶性有害物质完全消失。堆积时间因木屑的种类而异，普通柳杉堆 3 个月，松树、板栗树木屑堆一年为好。常见栽配料配方如下：

①棉籽壳 78%、白糖 1%、细米糠（或麸皮）20%、碳酸钙 1%。

②棉籽壳 88%、白糖 1%、麸皮 10%、碳酸钙 1%。

③废棉团 78%、白糖 1%、麸皮 20%、碳酸钙 1%。

④木屑 73%、白糖 1%、米糠 25%、碳酸钙 1%。

⑤蔗渣 73%、白糖 1%、米糠 25%、碳酸钙 1%。

⑥稻草粉 73%、麸皮 25%、白糖 1%、碳酸钙 1%。

⑦废甜菜丝 78%、过磷酸钙 1%、米糠 20%、碳酸钙 1%。

⑧麦秸 73%、麸皮 25%、白糖 1%、石膏粉 1%。

麦秸的处理方法：将麦秸截成 0.3cm 左右，置于 1% 石灰水中浸泡 4~6h，待麦秸软化后水洗、沥干。

⑨谷壳 30%、白糖 1%、碳酸钙 1%、米糠 25%、木屑 43%。

谷壳的处理方法：谷壳经 1% 石灰水浸湿 24h，捞起洗净、沥干，然后拌料。

在众多配方中，加入棉籽壳的培养料产量最高，质量也最好。配料含水量应为 65%，手握成团，用力时指缝有 1~2 滴水滴下为准，一般干料与水的比例为 1:1.3。

金针菇的原料来源极其丰富，各地只要广开门路，因地制宜，并采取适宜的处理方法，同样能获得和棉籽壳、甘蔗渣、杂木屑栽培金针菇相似的产量。

（3）装瓶　采用 750mL、800mL 或 1000mL 的无色玻璃瓶或聚丙烯塑料广口瓶，瓶口直径约为 7cm。瓶口大，通气好，菇蕾大量发生，菇质量也好。也可用 3.5cm 瓶口直径的菌种瓶或罐头瓶代替，但装料少、瓶口小，水分易蒸发，菇蕾细弱，菇蕾发生根数少，产量不高。

为使菇易长出瓶口，培养料必须装到瓶肩。装完用大拇指压好瓶颈部分的培养基，中央稍凹，用木棒在瓶中插一个直通瓶底的接种孔，使菌丝能上、中、下同时生长，最后塞上棉花或包两层报纸，上盖塑料薄膜封口。

（4）灭菌、接种　将料瓶进行常规高压蒸汽灭菌或常压蒸汽灭菌。待料温降至25℃以下，在无菌室或无菌箱、超净工作台接种。接种严格按无菌操作程序进行。菌种塞满接种孔。接种后立即移至培养室，温度20℃为宜。每隔5~6h通风换气一次，定期调换瓶的位置，使之发菌均匀。一般22~25d菌丝长满全瓶。

（5）出菇管理

①催蕾：菌丝长至瓶底时，及时将瓶子转移至出菇室，去掉瓶口的棉塞（或纸），进行搔菌。搔菌是把老菌种耙掉，白色菌膜去掉。用报纸覆盖瓶口，每天在报纸上喷水2~3次，保持报纸湿润。15~20d出现菇蕾，喷水不能喷在菇蕾上。催蕾期温度控制在12~13℃，湿度85%~90%，每天通风3~4次，每次15min，并给予微弱的散射光。

②抑菇：现蕾后2~3d，菌柄伸长到3~5mm，菌盖米粒大时，就应抑制生长快的金针菇，促使慢的赶上来，以便菇体整齐一致。在5~7d内减少喷水或停水，相对湿度控制在75%，温度控制在5℃左右。

③吹风：菇蕾长得冒出瓶口时，轻轻吹风，使菇蕾长得更好、更齐。

④套筒：套筒是为了防止金针菇下垂散乱，减少氧气供应，抑制菌盖生长，促进菌柄伸长（图6-46）。可用蜡纸、牛皮纸、塑料薄膜作筒，高度10~12cm，喇叭形，当金针菇伸出瓶口2~3cm时套筒。套筒后每天向纸筒上喷少量水，保持湿度90%左右，早晚通风15~20min，湿度保持在6~8℃。

图6-46　金针菇瓶栽套筒

袋栽金针菇近几年不用套筒。先把棉塞或套环去掉，一端或两端解开袋口，再把塑料袋完全撑开拉直，上架或码垛菌墙出菇。

⑤采收：菇柄长13~14cm，菌盖直径1cm以内，半球形，边缘内卷，开伞度三分时，为加工菇的最适采收期；菌盖六、七分开伞时，为鲜销菇的采收期。

3. 袋栽技术

袋栽通常采用塑料袋立式栽培法、塑料袋墙式栽培法。相对于瓶栽，袋口直径大，通风好，菇蕾能大量发生，菇的色泽好。袋的上端要用来遮光、保湿，利于菌柄整齐生长，省去了套筒操作。一般袋栽比用 3.5cm 口径瓶栽的产量高出 30%左右。

袋式栽培工艺流程如图 6-47 所示。

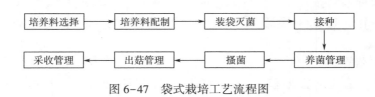

图 6-47　袋式栽培工艺流程图

操作要点：

（1）确定栽培季节　当地气温稳定在 5~15℃（出菇适温），向前推 50d 左右。南方一般安排在晚秋（10~11 月）播种，北方一般安排在中秋（9 月中下旬）播种，11~12 月进入出菇期。目的是使前期温度适合菌丝体生长，后期温度适合子实体生长。

（2）培养料的配制　气温高时，加 0.1%多菌灵，非熟料栽培时不加糖和玉米粉等。

拌料后堆闷 1~2h，装袋前含水量要达到约 65%（用力能挤出 1~2 滴水），pH 自然。

（3）装袋

①单口出菇：栽培袋选用 17cm×35cm×0.004cm 的低压聚乙烯折角袋。一端用热合机烙封，两底角内塞成平底袋，装料至 1/2（其余部分当护筒），用线绳扎活结或套颈圈后堵棉塞。

②双口出菇：栽培袋选用 17cm×45cm×0.004cm 的低压聚乙烯折角袋。扎活结、装料、扎活结（不留护筒）。装袋后，用尖头木棒在料中打一直通袋底的孔，最后塞上棉花塞扎口。

③装袋要求：袋勿装太满，以免污染率高，菌柄易倒伏。装料要上紧下松，外紧内松，袋壁光滑，无微凹。

（4）灭菌　一般采用常压灭菌，100℃维持 12h 以上。

（5）接种　培养料降至常温时，进行无菌接种。一般每袋 3 匙菌种，部分接进孔内，部分留在孔口。一般一瓶菌种装 30~40 袋。

（6）发菌　前一周，温度控制在 23~25℃；一周后，温度控制在 19~21℃。空气相对湿度在 65%~70%左右，光照稍暗，加强通风。

每 7~10d 翻堆一次，利于菌丝均匀生长，便于及时发现并拣出污染杂菌的袋子。

（7）出菇管理

①催蕾：首先要搔菌，将培养料表面的老菌皮和菌种一起耙去并弃除。具体的做法是开菌袋（去掉棉塞、袋上端空余部分撑直）、破菌膜、去种块、平料面。搔菌的作用是为了使金针菇出菇快、多、齐。还要将温度降至10~13℃，空气湿度提高至85%~95%。单口菌袋：立排、袋口盖报纸，将其喷湿；双口菌袋：成行卧叠成菌墙，披盖地膜。并用弱散射光照射，注意适当通风。约4d出现琥珀色液滴，相继出现米粒状原基。

②抑制：当菌柄长至1~2cm时，降温至3~5℃，降湿至80%~85%，加强通风，由弱到强（机械吹风1~2d，自然风4~7d），适当延长光照时间（必要时用40W日光灯）。目的是抑大促小，利于菇长得齐，菌柄壮、挺，不易倒伏。

③促伸长：温度控制在6~8℃，空气湿度提高到80%左右，喷水勿喷子实体。光照用弱光或黑暗，方向固定。当子实体长3~4cm时，控制CO_2浓度在0.1%~0.15%左右，将袋剩余部分拉直或套袋（塑料袋口必须高于子实体5cm左右），这样做的目的主要是为了促进菌柄伸长，抑制菌盖生长。单口菌袋，不要急于去掉报纸，利于防止水分蒸发，增加二氧化碳浓度，抑制开伞，当菌柄长至10cm左右时，去掉报纸，不能让菌盖接触报纸。

（8）采收　菌柄长到13~18cm，菌盖为半球形，且直径为0.8~1.2cm，进行采收。应成丛扭收。采前2~3d，空气相对湿度降至75%~80%。

（9）间歇期　采后及时清理料面，清除死菇及残基，然后补水。

补水要根据金针菇出菇形式进行。直立出菇的袋子可直接向袋内灌水，让水浸泡1~2d年将多余的水倒掉；两头出菇的袋子可以用薄膜覆盖，增加空气相对湿度。也可将菌袋浸泡到水池中，泡1d后捞出堆放一起让其潮润1d。补水后要通风1~2次，因为表面湿度大，会影响到深层菌丝呼吸。菌袋排放之前用搔菌匙将表面菌皮搔破除去，露出新菌丝。经过7~10d的培养，第二潮菇蕾开始形成，常规管理。从现蕾到采收大约10d。

出过2潮后，将下半部袋膜割去，埋畦中或垒筑菌墙，结合浇水补充营养。

4. 生料栽培

生料栽培适合在气温较低地区进行。生料栽培时，需注意下列事项：

（1）栽培场所　栽培场所要通气好、无杂菌、卫生、黑暗。栽培前，用适当浓度的农药与5%石灰水杀虫消毒。地下室要每隔5m安一个15W的灯泡（照度2lx以下），利用菇的向光性，使子实体整齐生长而不散乱。

（2）菌丝体生长温度控制　假如生料栽培（培养料不灭菌）金针菇，最重要的是防杂菌污染。可利用金针菇是低温型菇的特点，创造利于其生长的优势，在10℃以下（4~8℃）培养菌丝体。气温10℃以上，并不一定能使菌丝生长加快，而是适应子实体的形成，接进去的菌块不进行营养生长而进行繁殖生长，致使培养料未被菌丝占领，引起杂菌污染。

（3）子实体生长温度控制　子实体分化生长时，温度应控制在8~10℃，气温过低，菇蕾发育缓慢，超过12℃菇柄短、易开伞，杂菌蔓延，菇柄根部变褐死亡。

（4）薄膜管理　床栽时，栽培床上还没有形成繁茂菌丝层前，有的菌种块会长出子实体，这时不能认为是提前出菇，不能掀开薄膜，否则会造成减产。

（5）水分控制　搔菌时补足水分，菇蕾形成后，不能把水直接喷入菇床，以防菇体变褐。

习　题

一、名词解释

1. 搔菌　　　　　2. 代料栽培

3. 袋式栽培　　　4. 变温结实性

二、填空

1. 适宜的 _____、_____、_____、_____ 和 _____ 等环境条件是食用菌正常生长和出菇的保证。

2. 食用菌根据其腐生对象的不同一般可大致分为两类，即 _____ 和 _____。

3. 食用菌的商业化栽培中，可用作碳源的有 _____、_____、_____ 等。

4. 食用菌的商业化栽培中，可用作氮源的有 _____、_____ 和 _____ 等。

5. 根据食用菌生长最适宜温度不同，将食用菌分为 _____、_____ 和 _____。

6. 从子实体分化对温度要求来讲，平菇属于 _____ 结实性食用菌。

7. 从温度要求来看，金针菇属于 _____ 型和 _____ 结实性的菌类。

8. 食用菌常见栽培方法按培养料处理方式不同分为 _____、_____ 和 _____。

9. 根据子实体分化时对温度反应的不同，可将食用菌分为 _____ 和 _____ 两类。

10. 食用菌生产过程中，影响其生长发育的湿度条件的控制主要为 _____ 和 _____ 两方面。

三、判断

1. 一般来说，食用菌是属于耐高温、怕低温的一类微生物。（　　）

2. 所有食用菌的生长都必须用散射光。（　　）

3. 常压灭菌容量大，但不如高压灭菌彻底。（　　）

4. 食用菌生产中，拌料时添加的石膏粉主要是起灭菌的作用。（　　）

5. 栽培食用菌的培养料越新鲜越好。(   )

6. 在金针菇的培养料中要添加一定量的氮素可以促进菌丝生长。(   )

7. 用松树做碳源比用杨树做碳源栽培出的香菇风味更好。(   )

8. 良好的光照及通气条件可使金针菇长得柄长盖小。(   )

9. 子实体不及时采收，产生的孢子会使人咳嗽。(   )

10. 高温、高湿、通气差，是诱发病虫害的主要外因。(   )

四、简答

1. 在配制培养基时应该掌握好含水量，一般是多少？可用什么简便方法检测出来？出菇管理时的喷水原则？

2. 香菇花菇形成的原因？

3. 培养基含水量异常对食用菌影响？

4. 优质发酵料应具备哪些条件？

5. 金针菇抑制期管理的时机、目的和措施是什么？

6. 香菇催花的时机、目的和措施是什么？

技能训练

任务一　平菇生料栽培

1. 目的

（1）了解平菇栽培程序。

（2）掌握平菇生料栽培技术。

2. 器材

（1）棉籽壳、石膏、多菌灵、高锰酸钾、生石灰、栽培种、75%酒精、来苏尔或新洁尔灭。

（2）聚乙烯塑料筒、线绳或塑料绳、剪刀、铁锹、火柴、水桶、磅秤。

3. 方法步骤

（1）配料　棉籽壳99%，石膏1%，多菌灵0.1%~0.2%。

（2）拌料　石膏、多菌灵用水溶解，倒入棉籽壳中，加水拌匀，含水量为60%~62%。

（3）装袋、接种　采用（25~30）cm×（40~50）cm聚乙烯塑料袋（也可用稍小的袋，便于更快长满出菇），一端用透气塞封口或用橡皮筋扎口，装入一层掰成蚕豆粒大的栽培种，再装入一层厚约5cm的培养料，边装边压实，外紧内虚，再加一薄层菌种，如此反复，快装满袋时，最后撒一层菌种，用透气塞封口或用橡皮筋扎口，菌种用量一般为15%~20%。

（4）发菌、培养　放在培养室发菌，不要堆得太高。培养室应卫生、清洁、通风好，室温保持 15℃ 左右，便于降低杂菌污染。经常翻袋，使发菌一致并及时发现并拣出污染袋。30~40d 菌丝长满料袋。

（5）出菇管理

①原基形成期：散射光、变温刺激有助原基分化。室温 10~15℃ 为宜，喷雾状水，保持空气相对湿度 80%~85%，看到原基时拔掉袋两端通气塞。

②子实体发育期：桑葚期轻喷雾状水，增湿防枯萎，不能大量喷水，不能喷水于料面；珊瑚期，多给地面和空间喷冷水，加湿降温，喷水少而勤，多通风换气。

（6）采收 子实体成熟后及时采收。盐渍菇待菌盖长至 3~5cm 时即可采收；鲜售菇可适当大些。

（7）间隙期管理 第一潮菇采收后，将残留的菌柄、碎菇、死菇清理干净，停止喷水 2~3d，再喷水促使第二潮原基形成。反复操作，一般可采三潮菇。

4. 思考题

（1）平菇栽培的生产程序及关键技术有哪些？

（2）平菇栽培方法有哪几种形式？各有什么优缺点？

任务二　香菇栽培

1. 目的

（1）了解香菇生物学特性。

（2）掌握香菇熟料栽培技术。

2. 器材

（1）棉籽壳、木屑、麦麸、蔗糖、石膏、栽培种、75% 酒精、来苏尔或新洁尔灭。

（2）聚丙烯塑料袋、线绳或塑料绳、剪刀、铁锹、火柴、磅秤、水桶、超净工作台、接种工具、灭菌设备。

3. 方法步骤

（1）配料 ①棉籽壳 40%，木屑 40%，麦麸 18%，石膏 1%，蔗糖 1%。②木屑 78%，麦麸 20%，石膏 1%，蔗糖 1%。

（2）拌料、装袋 按配方称量、加水拌匀，含水量为 50%~55%。采用（15~17）cm×（50~55）cm 聚丙烯塑料袋。装袋松紧适宜，防袋漏洞、穿孔。捆扎袋口时将袋口反折扎第二道。

（3）灭菌、接种 装袋后及时灭菌，高压蒸汽灭菌，压力为 0.11~0.15MPa，温度 121℃，灭菌 1~2h；常压灭菌，温度尽快升至 100℃，并保持 10~12h，再焖一夜。

料温降至 30℃ 以下时，按无菌操作规程，在菌袋表面消毒、打孔（3 个）、接种，孔径 1.5cm，孔深 2cm，菌种填满接种孔，并略高出料袋 2~3mm，然后用胶布贴封孔口。筒袋翻转180度，消毒、打孔（位置与对面错开）、接种，胶布贴封，或再套一个聚乙烯塑料袋（双层袋）。

（4）发菌、培养　温度控制在22~25℃，湿度60%~70%，需氧，避光。

（5）出菇管理　菌丝长满后，温度调至8~16℃，空气相对湿度85%~90%，适当通风，给予散射光，使之转色，揭胶布、脱袋或割袋，排场或排架出菇。

（6）采收　子实体成熟后及时采收。干菇鲜售子实体7~8分熟，即菌膜已破裂、菌盖少许内卷时采收；鲜售菇5~6分开伞、子实体5~6分熟，即菌膜破裂或刚刚破裂时采收为宜。

（7）间隙期管理　第一潮菇采收后，将残留的菌柄、碎菇、死菇清理干净，喷水保湿并增加通风。一周后待采菇处发白时，加大湿度，给予昼夜温差刺激，促使第二潮菇形成。

采第二潮菇后，菌棒上用灭过菌的粗铁丝刺孔，水中浸泡，取出待水蒸发后，重复前面的管理办法。

花菇的形成，需要更大的昼夜温差、较低的空气相对湿度和较强的光照。

4. 思考题

（1）简述香菇熟料栽培的工艺流程。

（2）代料栽培香菇的技术关键是什么？

任务三　黑木耳栽培

1. 目的

（1）了解黑木耳生物学特性。

（2）掌握黑木耳袋栽技术。

2. 器材

（1）棉籽壳、木屑、麦麸、蔗糖、石膏、碳酸钙、栽培种、75%酒精、来苏尔或新洁尔灭。

（2）聚丙烯塑料袋、线绳或塑料绳、剪刀、铁锹、火柴、磅秤、水桶、超净工作台、接种工具、灭菌设备、酒精灯、木棒、防潮纸、镊子等。

3. 方法步骤

工艺流程：

配料 → 拌料 → 装袋 → 灭菌 → 接种 → 培养 → 出耳管理 → 采收。

（1）配料　①棉籽壳79%，麦麸18%，豆粉0.5%，石膏1%，蔗糖1%，过磷酸钙0.5%。②木屑78%，麦麸20%，石膏1%，蔗糖1%。③玉米芯59%，木屑30%，麦麸10%，石膏1%。

（2）拌料、装袋　按配方称量、加水拌匀，含水量为60%。采用17cm×33cm聚丙烯塑料袋。边装袋边压实，装至料袋2/3即可。压平料面。用木棒从中央打一个距袋底2~3cm的洞，增加透气性。用无棉盖体封口，如用棉塞封口，套上颈圈，包上防潮纸。把袋表面的培养料擦净。

（3）灭菌、接种　装袋后及时灭菌，高压蒸汽灭菌，压力为0.14~0.15MPa，温度121℃，灭菌1.5~2h；常压灭菌，温度尽快升至100℃，并保持10~12h，再焖一夜。

料温降至28℃以下时，按无菌操作规程接种。去掉菌种瓶棉塞，灼烧瓶口，用接种工具扒去上层老化菌种。拔掉料袋棉塞，将菌种接在培养料表面，一般每瓶菌种可接20~40袋。

（4）发菌、培养　将料袋放培养室的培养架上，料袋间留适当距离。前期室温26~28℃，后期控制在22~23℃。湿度60%~70%，中期5~7d翻堆一次，利于发菌均匀，避光，并适当通风换气。40~45d菌丝可长满料袋。

（5）出耳管理　黑木耳好氧、喜湿，必须满足其要求。菌丝长满后，加大通风，增加光照，温度调至15~20℃，刺激原基分化。耳基形成后，温度调至23~24℃，空气相对湿度90%左右，适当通风，不能向幼耳上直接喷水。

（6）采收　耳片颜色变浅且舒展变软，耳根由粗变细，基部收缩，腹面略见白色孢子时，为采收最好时机。采耳时采大留小，捏住耳片中部，稍用力向上扭动将其采下。

（7）间隙期管理　第一潮菇采收后，将残留的耳根清理干净，停水2d，促菌丝恢复。然后保持相对湿度80%~85%，一周后第二潮幼耳形成，管理同上。

4. 思考题

（1）黑木耳栽培与哪些菇类相似？又有哪些不同？

（2）木耳栽培的关键技术是什么？

任务四　金针菇栽培

1. 目的

（1）了解金针菇的生物学特性。

（2）掌握金针菇袋栽技术。

2. 器材

（1）棉籽壳、麦麸、蔗糖、石膏、碳酸钙、栽培种、75%酒精、来苏尔或新洁尔灭。

（2）聚丙烯塑料袋、线绳或塑料绳、剪刀、铁锹、火柴、磅秤、水桶、超净工作台、接种工具、灭菌设备、酒精灯、镊子等。

3. 方法步骤

工艺流程：

配料 → 拌料 → 装袋 → 灭菌 → 接种 → 培养 → 搔菌 → 出菇 → 驯养（抑制）→ 管理 → 采收。

（1）配料　棉籽壳79%，麦麸18%，蔗糖1%，石膏1%，碳酸钙1%。

（2）拌料、装袋　按配方称量、加水拌匀，含水量为60%。采用 17cm×33cm 聚丙烯塑料袋。料拌好后，焖 30min 后，再装袋，装袋松紧适宜，两头留 5～6cm 扎紧。装袋后，用尖头木棒在料中打一直通袋底的孔，最后塞上棉花塞扎口。把袋表面的培养料擦净。

（3）灭菌、接种　装袋后及时灭菌，高压蒸汽灭菌，压力为 0.14～0.15MPa，温度 121℃，灭菌 1.5～2h；常压灭菌，温度尽快升至 100℃，并保持 8～12h，再焖 4h。

料温降至 30℃ 以下时，按无菌操作规程接种。去掉菌种瓶棉塞，灼烧瓶口，用接种工具扒去上层老化菌种。拔掉料袋棉塞，将菌种接在培养料中间的孔内，孔口也散一层。

（4）发菌、培养　将料袋放培养室的培养架上，料袋间留适当距离。室温 22～25℃，黑暗培养。空气相对湿度保持 60%～70%，不需喷水。30～40d 菌丝可长满料袋。

（5）出耳管理　①搔菌。菌丝长满袋时，将培养料表面的老菌皮和菌种一起耙去并弃除。②驯养。出现菇蕾后，控温为 3～5℃，空气相对湿度保持 75%～80%，加强通风，必要时安装空调。5～7d 后，即有菌盖与菌柄的分化。③降温降湿。菌柄长至 3～5cm 时，翻卷的袋口拉直，温控至 4℃ 左右，通风换气，停止喷水，保持 1～3d，使新原基不再长出，子实体不分枝，菌柄长得圆而结实。④促菌柄伸长。控温为 5～8℃，空气相对湿度保持 85%～90%，黑暗或弱光，二氧化碳浓度 0.11%～0.15%，促菌柄生长。

（6）采收　菌盖开始展开，菌盖边缘开始离开菌柄，开伞度在 3 分开左右，菌柄伸长显著减慢为采收期。此时菌盖直径 1～2cm，菌柄长 13～15cm。用于鲜销的，可延迟到菌盖 6 分开时采收。

（7）间隙期管理　第一潮菇采收后，将培养料表面的菌膜和枯萎的小菇除掉，盖上无纺布或纱布养菌，经 15～20d，便可采收第二潮菇。

4. 思考题

（1）金针菇栽培有哪些特点？

（2）金针菇栽培的关键技术是什么？

▨▨▨ 拓　展

案例一　黑木耳水稻轮作

浙江龙泉市安仁镇项边村陈锦荣种植 20 亩农田，采用耳稻轮作模式。水稻生产季节是 5 月底至 10 月份；11 月初（出田排场）至 4 月下旬栽培黑木耳。

其做法有以下特点：①稳粮增效。利用冬闲田生产黑木耳，不与粮争地。

②良好的生态效益。黑木耳与水稻轮作，一水一旱，能解决食用菌连作障碍问题，既减少了食用菌栽培过程中的病虫害及杂菌污染，又可改善土壤通气，提高水稻产量。③良好的经济效益和社会效益。冬闲田得到利用，土地使用率提高。废菌棒、稻草还田，增加地力，改善土壤结构，解决了稻草还田难的问题，促进环境友好型农业发展。

案例二　香菇葡萄立体栽培

在丽水市现代农业园区内，丽水桑尼食用菌科技开发有限公司种植了100亩农田，采用葡萄香菇立体栽培模式。

茬口安排：葡萄4月萌芽，11月进入休眠期，生产季节为4月至次年1月；香菇在11月排场出菇至次年4月结束，生产季节为11月至次年4月。

模式点评：在葡萄架下生产香菇，是实现资源循环，增加复种指数，提高生产效益的好手段。此做法具有以下特点：①构建了"葡萄→香菇→废菌糠→葡萄"循环栽培模式。修剪下来的葡萄枝条用于生产香菇，葡萄叶给香菇生产遮荫，延长香菇生产季节。香菇生产结束后的废菌糠富含菌丝蛋白可种植葡萄，既改善土壤理化性质，又提高葡萄的品质。②一棚两用，减少了生产设施的投入。利用葡萄设施大棚冬闲季节生产香菇；大棚避雨栽培葡萄，提高了土地利用率，增加单位土地产出率。

案例三　菌棒场兴起

丽水市莲都区六兴食用菌专业合作社，2010年兴建了菌棒制作大棚，引进微电脑控制多功能全自动拌料、装袋一体机以及卧式汽水两用常压高温灭菌锅等生产流水线二条，2011年为当地菇农加工生产香菇菌棒120万棒（节约原辅材料和人工成本20余万元），菌棒由菇农运回到菇棚内接种、发菌和排场出菇。该生产模式（图6-48）受到当地菇农欢迎。

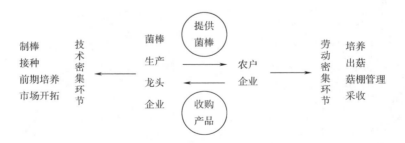

图6-48　菌棒专业化生产示意图

模式点评：食用菌产业发展的三种方式：①千家万户分散式生产；②工商资本的工厂化生产；③菌棒集约化生产＋分散式出菇管理。菌棒加工场最有发展前途。

　　菌棒工厂化生产的主要优势：提高劳动生产效率；提高菌棒制作标准化程度；提高菌棒灭菌效果；促进专业化分工；促进规模化生产；规范投入品；增加就业岗位；实现资源共享；改善生产环境；引导发展方向，增强当地食用菌产业可持续发展能力。

项目七

常见草腐型食用菌栽培

第一节

双孢蘑菇

一、概述

双孢蘑菇［*Agariucs bisporus*（*Lang*）*Imback*］属于担子菌亚门、伞菌目、伞菌科、蘑菇属。因为其栽培最早起于西欧且绝大多数为白色，所以又称为洋蘑菇或白蘑菇（图7-1）。

图 7-1　双孢蘑菇

双孢蘑菇肉质肥厚，鲜美爽口，是一种高蛋白、低脂肪，低热量的健康食品，含有丰富的氨基酸和矿物质元素等营养成分，具有很高的营养价值。双孢蘑菇还有较高的药用价值，经常食用具有强身健体和延年益寿作用；双孢蘑菇所含的多糖化合物具有一定的防癌作用，可作为治疗肝炎的辅助药物，也用于防治肥胖病和肥胖症等。双孢蘑菇栽培始于法国，距今约有 300 年的历史，我国双孢蘑菇始于 20 世纪 30 年代，当时只有上海、福州等地栽植，规模小，产量低。1958 年以后，双孢菌菇遍及全国各地，栽培规模超越法国，仅次于美国。

二、生物学特性

1. 形态特征

（1）**菌丝体**　双孢蘑菇菌丝体由无数管状细胞组成，多为白色至灰白色，栽培养菌期间，菌床中的菌丝体形态主要为绒毛状菌丝。菌床在覆土调水时，特别是喷结菇水前后，土层中的菌丝体由绒毛状转变成线状。线状菌丝除具备结菇功能外，还会继续交织、增粗，形成菌丝束。菌丝束呈现束状或根须状，主要作用是输送养分和支撑子实体的生长。

（2）**子实体**　双孢蘑菇子实体有典型的菌盖、菌柄、菌褶、菌膜和菌环等组成。子实体幼时半球状，逐渐成熟后菌盖展开呈伞状，直径为 5~15cm，呈白色、淡黄色或灰色，表面光滑，而无黏感。菌盖圆而厚，白色，初呈球状，老熟时展开呈伞形。菌肉白色，菌柄中生、柱状、中实。幼菇的菌柄短粗，表面光滑。菌膜是菌盖边缘与菌柄相连的一层膜，有保护菌褶的作用。子实体成熟前期，菌膜窄紧；成熟后期，菌膜被拉大变薄，并逐渐分裂开，菌膜破裂后便露出片状菌褶。菌褶离生，初为白色，子实体成熟前期呈粉红色，成熟后期呈深褐色。菌环是菌膜破裂后残留于菌柄中上部的一圈环状膜，白色，易脱落。孢子深褐色，椭圆形，光滑，一个担子多生两个孢子。

2. 繁殖和生活史

（1）双孢蘑菇的繁殖方式 双孢蘑菇的繁殖方式包括有性繁殖和无性繁殖。其无性繁殖是指由母细胞直接产生子代的繁殖方式。双孢蘑菇有性繁殖是通过核在担子中结合，或两性细胞以菌丝方式结合后形成新的个体。

（2）双孢蘑菇的生活史 双孢蘑菇的繁殖是从担孢子萌发开始，经过菌丝体和子实体两个发育阶段，直到新一代孢子产生、成熟而结束（图7-2）。双孢蘑菇的有性繁殖有两个分支：一支是"+""–"两个不同交配型细胞核的担子，不需要交配就可以完成生活史；另一支仅含有"+"核的担孢子和仅含有"–"核的担孢子，萌发成菌丝后，需经交配才能完成生活史。通常，双孢蘑菇的担子上仅有两个担孢子，绝大多数担孢子内含有"+""–"两个核，这种异核担孢子萌发出的菌丝是异核的菌丝体，它们不产生锁状联合，不需要经过交配就能完成其生活史，因此这种异核担孢子是自体可育的。

图7-2 双孢蘑菇的生活史

1—成熟子实体 2—担孢子 3—担孢子萌发 4——次菌丝体 5—二次菌丝体
6—菌丝体及原基 7—菌蕾 8—小菇体 9—担子及担孢子的形成

3. 对生活条件的要求

双孢蘑菇生长发育的条件包括营养、温度、湿度、酸碱度、通风、光线和土壤等。

（1）营养 双孢蘑菇是一种粪草类腐生型类，不能进行光合作用，需从粪草中吸取所需的碳源、氮源、无机盐和维生素类等营养物质来满足生长发育的需求。

①碳源：凡是提供双孢蘑菇细胞和代谢产物中所含碳元素的营养物质均称碳源。碳源不仅是合成糖类和氨基酸的原料，而且是双孢蘑菇生命活动重要的能量来源。玉米秸、麦秸、稻草等农作物秸秆和甘蔗渣、玉米芯等可作为碳源，用于蘑菇生产，但由于蘑菇菌丝对纤维素、木质素的分解能力很弱，因此各种原料应合理搭配和堆制发酵，依赖嗜热性和中温性微生物以及菌丝本身所分泌的酶，将其分解成简单的糖类才能被蘑菇吸收利用。

②氮源：双孢蘑菇需要的氮源物质有蛋白质、氨基酸、尿素等。生产上主要是利用化学氮肥中铵态氮，不能利用硝态氮，所以补充氮源的化肥是尿素、铵盐。蛋白质不能被直接利用，要被水解成氨基酸和肽类小分子化合物才能利用。

双孢蘑菇子实体的形成和发育对培养料碳氮比的要求比其它菇类严格。培养料堆制发酵前的碳氮比（C/N）以（30~33）∶1为宜，堆制发酵后，由于发酵过程中微生物的呼吸作用消耗了一定量的碳源和发酵过程中固氮菌的生长，培养料的碳氮比率下降。子实体生长发育的适宜碳氮比为（17~18）∶1，发酵后的培养料正好适于蘑菇生长。

③矿物质：矿物质中的大量元素和微量元素，一般培养料都能满足其需要。蘑菇生长发育所需的矿物质元素主要有磷、钾、钙等，其中以钙、磷、钾等最为重要。因此，培养料中常加有一定量的石膏、石灰、草木灰等。培养基中氮、磷、钾元素净质量比为13∶4∶10为宜。

④维生素和生长素：一般可以从培养料发酵期间微生物的代谢中获得。

（2）温度　温度是双孢蘑菇生长、发育过程中一个主要的生活条件。不同温性的菌株对温度的要求有所不同。一般来说，双孢蘑菇孢子弹射最适温度为18~22℃。如果温度超过27℃或低于14℃，双孢蘑菇就不能弹射孢子。孢子萌发最适温度为24℃。双孢菌菇菌丝生长温度为5~33℃，最适温度为25℃，超过35℃菌丝不能生长，甚至死亡。应将菌丝生长温度控制在22~24℃，此温度下的菌丝生长速度虽然不是最快，但菌丝粗壮浓密，再生力强。双孢蘑菇菌丝能耐低温，不耐高温，在−20℃时双孢蘑菇菌丝也不会死亡，所以双孢蘑菇可以安全越冬。

双孢蘑菇为恒温结实型，子实体发育温度为4~23℃，最适为13~16℃。温度低于12℃，子实体生长慢、数量少、个体小、肉厚但质量低。温度高于19℃，子实体数量多，但生长过快、个体小、质量轻、品质差。

（3）湿度　水分是双孢蘑菇的重要组成部分，也是双孢蘑菇生命中不可缺少的元素之一。双孢蘑菇菌丝体含水量为70%~75%，双孢蘑菇子实体含水量在90%左右，其水分主要来自培养料，覆土及空气中的水分。覆土后，子实体大量发生，要使覆土层的含水量在20%左右，以保证子实体的正常发育。

在菌丝生长过程期，菇房空气的相对湿气应保持70%左右，相对湿度过高易发生杂菌，过低则不利菌丝生长。出菇期，相对湿度应保持在85%~90%。

（4）通风　双孢蘑菇为好气性真菌，对氧气的需要量随其生长而不断增加。

播种前必须彻底排放发酵料中二氧化碳和其他废气。菌丝体生长期间二氧化碳会自然积累，一般在其生长阶段，二氧化碳浓度以 0.1%~0.5% 为宜，菇房内空气中的二氧化碳不能超过 0.5%；在子实体分化及生长阶段要求有充足的氧气，二氧化碳浓度不得超过 0.1%。因此，为菇房生长提供新鲜的空气环境，是栽培成功及高产优质的关键性措施。

（5）光线　双孢蘑菇属喜暗性菌类。菌丝和子实体能在完全黑暗的条件下生长和形成，但微弱的光线有利于子实体的分化。一般在较暗的光线下，蘑菇长粗矮健壮，颜色洁白，菇肉肥厚，品质优良如图 7-3 所示。若光线过强，蘑菇容易干燥发黄，品质下降。因此，双孢蘑菇栽培的各个阶段都要注意控制光照。

（6）酸碱度　双孢蘑菇属偏碱性菌类。菌丝生长的 pH 范围是 5.0~8.0，以 6.3~7.0 为最适宜。出菇时的 pH 以 6.3 为最好，子实体生长的最适 pH 为 6.5~6.8。菌丝在生长过程中会不断产生碳酸和草酸等酸性物质，使培养料和覆土层逐渐变酸。因此，生产培养料时，应调节 pH 到 7.0~7.5，覆土材料的 pH 为 8.0~8.5。栽培管理中，还应经常向菌床喷洒 1% 石灰水上清液，以防 pH 下降而影响蘑菇生长，还可以防止杂菌滋生。

图 7-3　双孢蘑菇在无光条件下生长

（7）土壤　双孢蘑菇与其他多数食用菌不同，其子实体的形成不但需要适宜的温度、湿度、通风等环境条件，还需要土壤中某些化学和生物因子的刺激，因此，出菇前需覆土，以满足双孢蘑菇生长发育的要求。①覆土作用：土中臭味假单孢杆菌的代谢物刺激出菇；②覆土时机：菌丝长至料深 2/3 时；③覆土要求：土质持水力强，通气好，无病虫害，料面稍干燥；④覆土方法：铺满料面，以不见料为准，覆土时勿拍压。

三、栽培管理技术

我国双孢蘑菇栽培方式有菇房栽培、大棚架栽培等。可根据品种、地区、气候条件和季节采取相应的栽培方式。

（1）主要栽培品种　双孢蘑菇根据菌丝表现型可分为三种（表 7-1）。

表 7-1	双孢蘑菇的表现型	
菌丝表现型	优点	适用于
匍匐型	高产、抗性强、出菇快	鲜销
气生型	较低产、质优、出菇慢	加工
半气生型	兼有上述二者优点	

另外，根据颜色还可以将双孢蘑菇分为棕色、奶油色和白色品种，其中白色最为广泛。

（2）栽培季节　应根据蘑菇生长发育对温度条件的要求来安排栽培季节。双孢蘑菇实体生长最适温度为 13~16℃ 播种到采集约需 40d，选择播种期应以当地昼夜平均气温稳定在 20~24℃、约 35d 后下降到 15~20℃ 为依据。因蘑菇属偏低温度型，播种期大多数选择在秋季，大部分产区一般在 8 月中旬开始播种。具体播种时间应结合当地、当时的天气，培养料的质量，菌菇特性，辅料厚度及用量等因素综合考虑。

（3）栽培厂所及设施　自然栽培一年一次，可用大棚、草房、砖房等进行层架栽培，也可田间搭小拱棚地载。但无论采用栽培方式，均需要遮阳设施（有空调设施），一年可栽培多次。

（4）栽培基本工艺过程

图 7-4　栽培基本工艺流程图

（5）培养料配方　一般配方中以干粪占 55%、干草 41%、石膏和过磷酸钙各占 1%，pH5.0~8.0 为宜，料的含水量为 65% 左右，堆置时间为 25~30d。

①粪草培养料

a. 干稻草 2000kg、干牛粪 700kg、尿素 30kg、菜饼 100kg、磷肥 50kg、石膏 25kg、石灰 30kg。

b. 干牛粪 1500kg、稻草 750kg、麦秸 1250kg、菜籽饼 250kg、人粪尿 20kg、猪尿 2500kg、过磷酸钙 35kg、尿素 20kg、石灰粉 30kg、石膏粉 30kg、水适量。

c. 大麦秸 900kg、稻草 600kg、干牛粪 3000kg、鸡粪 500kg、饼肥 200kg、过磷酸钙 40kg、尿素 20kg、石灰 50kg、石膏 70kg、水适量。

②无粪合成料

a. 稻草 3000kg、豆饼粉 180kg、尿素 9kg、硫酸铵 30kg、过磷酸钙 54kg、石膏 50kg、石灰 25kg、水适量。碳氮比为 32∶6。

b. 稻草 3000kg、豆饼粉 90kg、米糠 300kg、尿素 9kg、硫胺酸 30kg、过磷酸钙

45kg、石膏40kg、石灰20~25kg、水适量。碳氮比为32∶1。

c. 干稻麦草2500kg、尿素30kg、复合肥20kg、菜饼200kg、石膏75kg、石灰30~50kg。

（6）菇房的选建与消毒

①菇房的选建：菇房应选建在地势高、排水方便、周围空旷、环境清洁的地方，要求附近无排放"三废"的工厂。土壤、水质都符合国家绿色食品生产的标准，供电，交通方便等。菇房的方向最好坐南朝北，这样冬季可以提高室内温度。菇房应具有保温、保湿、通风性能好和易于控制病虫害等特点，另外，菇房顶部及上，中，下还应设有通风口，地面和墙壁要坚实、光滑、便于消毒和冲洗。传统的菇房是土木结构，现已逐步被塑料膜菇房所代替。塑料膜菇房容易架设和拆迁，可逐年更换。减少了病虫害，还利于和农作物轮作和立体栽培（图7-5）。

图7-5 双孢蘑菇的菇房

②菇房的消毒：菇房的消毒常用的方法熏蒸法，即每1m²用甲醛10mL、高锰酸钾5g或硫磺10g，另加敌敌畏2~3mL，于培养料进房前5d进行密封熏蒸。硫黄、敌敌畏可用燃烧法使其挥发，甲醛可倒入高锰酸钾中使其氧化。放药点可选用上中下均匀放置，边放药边退出，密闭熏蒸24~28h，然后开窗排气。菇房无刺激性气味时，即可将培养料移入菇房。口密闭性能较差的菇房可用波尔多液、石硫合剂、敌敌畏等喷洒，也可用20%过氧乙酸喷洒。菇房必须在进料前3~4d进行消毒，以杀灭潜伏的病菌和害虫。

在双孢蘑菇生长后期，如出菇稀少、生产价值不大，就应及时清理废料，以减少污染。清理前，最好先用甲醛等熏蒸菇房。将能拆卸下来的床架材料浸泡于石灰水中，然后刷洗干净，晒干，在使用时要经过石灰水或漂白粉或波尔多液的浸泡。不能拆卸的床架、墙壁、屋顶等可涂一层石灰浆。若地面是泥土，可挖取10cm的老土，再用石灰拌新土填补。

四、常见问题及处理

1. 播种后种块不萌发

原因：播种时温度过高，如连续 2~3d 高于 33℃，使菌丝灼伤；料内氨气过重，使菌丝中毒；菌种老化或有螨害等。

防治措施：如播种后遇高温天气，要早、晚通风使菇房温度下降，防止菇房长期处于闷热状态；如料内氨气过重，可采用打扦、翻格或喷洒甲醛等措施，排除氨气，再进行补种；如果菌种老化，必须重新补种；如遇螨害，需先治螨再补种，将有螨害的局部菌床用薄膜包裹施药处理。如是整个菇房有螨害，应彻底熏蒸。

2. 种块萌发后不吃料

原因：培养料太干；培养料太湿；培养料偏酸（pH≤6.5），培养料营养成分不合理；氨气浓；培养料有小粒霉病为害。

防治措施：培养料太干，用报纸覆盖，向报纸上喷洒 1% 石灰水加湿或加大空气相对湿度；培养料太湿，采用反打扦或撬料处理，再加大通风，使料内水分蒸发；培养料偏酸，可用 pH 为 8~9 的石灰水喷洒；培养料营养成分不适宜，改良配方；氨气浓，用少量甲醛中和，并加强通风；有小粒霉病感染，应及时挖除，再重新补种。

3. 菌丝稀疏无力

原因：温度太高或培养料配比不合理。

防治措施：调节温、湿、气等条件，床面喷洒营养液。

4. 退菌 菌丝突然开始消失，并且有蔓延之势。

原因：螨虫为害或覆土后调水过猛。

防治措施：蘑菇播种后 7d 左右，一旦发现体小呈扁平或椭圆形、白色或黄色的害螨时，立即用菊酯类农药熏蒸、克螨特喷雾或菜籽饼、糖醋药液诱杀等方法杀灭。同时搞好培养料发酵、菇房消毒和环境卫生。

第二节

草菇

一、概述

草菇（*Volvariella volvacea*）属于真菌植物门、担子菌纲、伞菌目、光柄菇科、苞脚菇属。别名为稻草菇、秆菇、麻菇、兰花菇、美味草菇、中国蘑菇、南华菇、贡菇、家生菇。草菇起源于广东韶关的南华寺。200 年前我国已开始人工栽培，大约在 20 世纪 30 年代由华侨传入世界各地，是一种重要的亚热带菇类，是世界第三大栽培食用菌。我国产量占世界总产量的 70%～80%，草菇见图 7-6。

图 7-6　草菇图

草菇含 18 种氨基酸，其中必需氨基酸占 40.47%～44.47%。此外，还含有磷、钾、钙等多种矿质元素，其维生素 C 含量高，能促进人体新陈代谢，提高机体免疫力，增强抗病能力。同时草菇具有解毒作用，如铅、砷、苯进入人体时，可与其结合，形成抗坏血酸，随小便排出。此外，草菇蛋白质中，含有人体 8 种必需氨基酸且含量高，占氨基酸总量的 38.2%。

研究表明，草菇还含有一种异构蛋白质，有消灭人体癌细胞的作用，所含粗蛋白超过香菇，其他营养成分与木腐型食用菌大体相当，同样具有抑制癌细胞生长的作用，特别是对消化道肿瘤有辅助治疗作用，能加强肝肾的活力。草菇能够减慢人体对糖类的吸收，是糖尿病患者的良好食品。

二、生物学特性

1. 草菇的形态结构

（1）菌丝体　菌丝无色透明，细胞长度不一，被隔膜分隔为多细胞菌丝，不断分支蔓延，互相交织形成疏松网状菌丝体。细胞壁厚薄不一，含有多个核．无孢脐，贮藏许多养分，呈休眠状态，可抵抗干旱、低温等不良环境，待到适宜条件下，在细胞壁较薄的地方突起形成芽管，由此产生的菌丝可发育成正常子实体。

（2）子实体　子实体由菌盖、菌柄、菌褶、外膜、菌托等构成（图 7-7）。

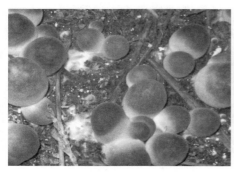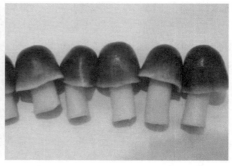

图7-7　草菇子实体形态

草菇不但肉质肥嫩、口感滑脆、味道鲜美，而且营养价值很高。据福建大学分析，鲜草菇卵形期含蛋白质3.37%、脂肪2.24%、矿物质（氧化物）0.91%、纤维素10.4%~11.9%、还原糖1.66%、转化糖0.95%。草菇富含多种氨基酸，其中人体必需氨基酸占氨基酸总量的38.2%。草菇含有多种维生素，包括维生素D、维生素K、维生素C、烟酸等。其维生素C含量为206.27mg/100g，高于一般蔬菜。成人每天食用100~200g鲜草菇，便可满足维生素C正常需要量，能促进人体新陈代谢，提高机体免疫力，增强抗病能力。草菇所含的纤维素，能增强肠胃蠕动、抑制肠癌的发生。

①菌盖：着生在菌柄之上，张开前呈钟形，展开后呈伞形，最后呈碟状，直径为5~12cm，大者达21cm；鼠灰色，中央色较深，四周渐浅，具有放射状暗色纤毛，有时具有凸起三角形鳞片。

②菌褶：位于菌盖腹面，由280~450个长短不一的片状菌褶相间地壁辐射状排列，与菌柄离生，每片菌褶由三层组织构成，最内层是菌髓，为松软斜生细胞，其间有相当大的胞隙，中间层是子实基层，菌丝细胞密集而膨胀，外层是子实层，由菌丝尖端细胞形成狭长侧丝。子实体来充分成熟时，菌褶白色，成熟过程中渐渐变为粉红色，最后深褐色。

③菌柄：中生，顶部和菌盖相接，基部与菌托相连，圆柱形，直径为0.8~1.5cm，长3~8cm，充分伸长时可达8cm以上。

④外膜：又称包被、脚包，顶部灰黑色或灰白色，往下渐淡，基部白色，未成熟子实体被包裹其间，随着子实体增大，外膜遗留在菌柄基部而成菌托。

⑤担孢子：卵形，长7~9μm，宽为5~6μm，最外层为外壁，内层为周壁，与孢子梗相连处为胞脐，是担孢子萌芽时吸收水分的孔点。初期为透明淡黄色，最后为红褐色。

2. 草菇的生活史

（1）菌丝体的形成　担孢子成熟散落，在适宜环境下吸水萌发，突破胞脐长出芽管，多数伸长几微米或几十微米，少数1.9μm后便产生分支，担孢子内含物进入芽管，最后剩一个空孢子。细胞核在管内进行分裂。孢子萌发后 36h 左右，芽管产生隔膜形成初生菌丝，但很快便发育为次生菌丝，并不断分支蔓延，交织成网状体。播种后，形成次生菌丝体，后形成子实体原基，最后形成子实体。

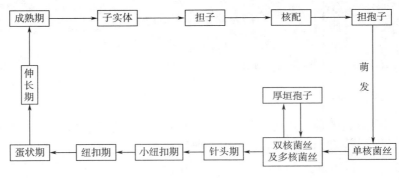

图 7-8　草菇的生活史

（2）子实体发育　子实体发育过程可分为针头期、纽扣期、卵形期、伸长期、成熟期。

①针头期（白色米粒状）：部分次生菌丝体进一步分化为短片状，扭结成团，形成针头般的白色或灰白色子实体原基，尚未具有菌柄、菌盖等外部形态。

②纽扣期：专门化菌丝组织继续分化发育形成子实体各个部分，由黄豆大至雀蛋大，由针头期至纽扣期为时 3~4d。

③卵形期（蛋状期，顶部尖细，最适采收）：各部分组织迅速生长，外膜开始变薄，子实体顶部由钝而渐尖，呈卵形，从纽扣期进入卵形期后，1~2d 是商品采收期。

④伸长期（破膜、开伞）：菌柄、菌盖等继续伸长和增大，把外膜顶破，开始外露于空间，菌膜遗留在菌柄基部成为菌托。

⑤成熟期：菌盖、菌柄充分增大，完全裸露于空间，菌盖渐渐展开呈伞状，后平展为碟状，菌褶由白色转为粉红，最后呈深褐色，担孢子成熟散落。在环境条件适宜时，担孢子又进入一个新的循环。

3. 草菇的生活条件

（1）营养　草菇为典型的草腐菌，分解纤维素、半纤维素能力强，分解木质素能力差。培养料需要含纤维素丰富的材料，所需的营养物质主要是糖类、氮素和各种矿物质，还需要一定数量的维生素。一般来说，草菇所需的营养物质可以从棉籽壳、废棉、稻草、牛粪、麸皮、米糠、甘蔗渣、土壤中获取。菌丝生长阶段碳氮比（C/N）以 20：1 为好，子实体生长阶段碳氮比以（30~40）：1 为好。能利用多种碳源，能很好比利用铵态氮和有机氮对硝态氮利用较差。

（2）温度　草菇属高温性菌类，恒温结实型，对温度极敏感。生长发育温度为10~44℃，对温度的要求因品种、生长发育时期而不同。孢子萌芽温度为30~40℃，40℃时萌发率最高，35℃时次之。30℃以下时发芽率最低，高于45℃或低于25℃时均不发芽。菌丝在10~44℃下均可生长，32~35℃最适宜，低于20℃时生长缓慢，15℃时生长极微，至10℃时几乎停止生长，5℃以下或45℃以上导致菌丝死亡。子实体发育温度为24~33℃，以28~32℃最适宜，低于20℃或高于35℃时，子实体难以形成。

（3）水分　草菇喜湿，适宜在较高湿度条件下生长，培养料含水量在70%左右，空气相对湿度以90%~95%为适宜。空气相对湿度低于80%时，子实体生长缓慢，表面粗糙无光泽；高于96%时，菇体容易坏死和发病。

（4）光线　草菇营养生长阶段对光照要求不严，在无光条件下可正常生长，转入生殖生长阶段需要光的诱导，才能产生子实体。但忌强光，适宜光照为50~100lx。子实体的色泽与光照强弱有关，强光下草菇颜色深黑，带光泽，弱光下色较暗淡，甚至白色。

（5）空气　草菇是好气性真菌，在进行呼吸时需要充足的氧气，呼吸量是蘑菇的6倍。因此，草菇水分含量不能太高，草堆不宜太厚，若用薄膜作临时草堆被，应注意摆上环龙状支撑架以利于通气，保证一定的新鲜空气供应量。

（6）酸碱度　草菇喜中性偏碱环境，担孢子在pH为7.5时萌发率为最高；菌丝生长对pH的要求在4~10.3，7.2~7.5较为适宜；子实体阶段以pH 7.5较为适宜。

4.草菇的栽培方法

（1）培养料的配方与配制

①培养料配方：室内草菇栽培以棉籽壳、甘蔗渣、稻草为主要原料，常用的培养料配方如下：

a.棉籽壳69%~79%、稻草10%、麸皮5%~15%、石灰6%~8%，pH为8~9。水适量；

b.稻草82%、干牛粪15%、生石灰3%、pH为8。水适量；

c.甘蔗渣69.8%、碎稻草30%、尿素0.1%、多菌灵0.1%，水适量；

d.稻草49%、棉籽壳48%、生石灰3%、pH为8，水适量；

e.麦秸80%、干牛粪15%、生石灰3%、pH为8，水适量。

②培养料的配制：夏季栽培时，麸皮用量为5%；反季节栽培时麸皮用量可达15%。培养料堆置时，先把原材料淋水湿透，加入1/3的石灰，拌匀，将多余水分沥出，含水量控制在65%~70%（手握可有水滴滴下，不成串），盖上薄膜，堆沤发酵2d，然后进行翻堆，再把麸皮等辅助料和1/3石灰撒入培养料中，拌匀，再起堆，覆膜发酵2d，如此翻堆2~3次后，把余下的1/3石灰加入，拌匀即可。

（2）菇房的消毒　前茬菇结束后，用加入3%~5%漂白粉或是3%多菌灵喷洒墙壁、地面、床架，干燥后关闭菇房，进料前一天熏蒸消毒，消毒后进行通风换气，呛人气味消失后即可进料。

（3）培养料进房　进料的厚度一般料为 10~15cm，用量为 7.5kg（干料）/m²。培养料进房后的再次发酵过程，即培养料进房后让其升温至 60℃，维持 2~4h，然后降温至 50~52℃，保持 4~7d。二次发酵结束后翻格一次，把培养料中有毒的气体排除。

（4）播种　待料温降至 35℃左右时即可播种。播种方法有点播、条播和撒播。但在实际操作中以点播加撒播效果较好，点播穴距为 10cm 左右，深 3~5cm，将约1/5 的菌种撒在料的表面上，用木板轻轻拍平。也可采用撒播，即进行分层播种．每铺料厚 5cm 左右撒播种一层，最后用菌种封顶。一般 100m² 栽培面积需菌种 300~400瓶（750mL）。

（5）菇房管理　接种后在床面盖上塑料薄膜 2~3d 后掀去薄膜，在床面均匀地盖上一层细园土，厚约 1cm，或盖一层事先预湿的长稻草，并喷洒 1%石灰水，保持土面湿润。

①温度：播种后，关闭门窗在 4d 内室温维持在 30℃左右，料温保持 35℃，如白天温度高可将塑料薄膜掀开，晚上温度降低时再盖上。如果室温太低，应通入蒸汽或采取其他措施加热，菌丝体阶段室温为 30~36℃，空气相对湿度通常在播种后头 3d 要求达 95%以上，从第 4d 开始降至 95%左右。接种后 5~6d，菌丝体开始扭结，产生子实体原基。子实体发育期最适温度为 28~32℃。着高于 35℃，菇体长得快，易开伞，产量低，品质差，若低于 25℃，则出菇困难。

子实体原基形成时，要及时增加料面的湿度、室内光照，加强通风换气，促进子实体形成。子实体形成期间的空气湿度宜控制在 80%~90%，湿度过高，通气不良，则子实体不易形成。

②通风换气：结菇期间，子实体的呼吸作用增强，放出大量的二氧化碳，积累过多会影响子实体的发育。尤其是高温、高湿环境下，如通风不良，容易产生杂菌，所以在子实体形成期间应及时进行通风换气，以保持菇房有充足的新鲜空气。同时，结合换气，在出菇期间应有一定的散射光，以促进子实体的形成。

③严格控制鬼伞发生：在草菇栽培过程中，最常见的竞争杂菌是鬼伞类，鬼伞子实体白色，很快开伞，变黑并自溶如墨汁。它们与草菇争夺营养，影响草菇产量；鬼伞腐烂时，菇房味难闻，导致霉菌产生，鬼伞一般是在草菇播种后 7d 左右出现，若不及时摘除，成熟后孢子很快扩散，防止方法是严格对培养料消毒，特别是后发酵要严格控制温度，同时培养料在播种后 5~6d 和出菇后可喷 2.5%石灰澄清液，使培养料的 pH 保持在 8~9，如发现鬼伞应及时摘除。

（6）采收　在适宜的温度、湿度条件下，一般播种后 6~7d 可见少量幼菇，11~12d 开始采收，商品化的草菇是外菌幕破裂前的草菇，开伞后失去商品价值。采收时用一手接住生长处的培养料，一手持菇体左右旋转，并轻轻摘下。如系丛生应用小刀逐个割取，或一丛中大部分适合采收时一起采摘。采菇时切忌拔取，以免牵动菌丝，影响后期出菇。草菇子实体采收标准见图7-9。

图7-9　草菇子实体采收标准

第三节

鸡腿菇

一、概述

鸡腿菇（*Coprinus comatus*），又名毛头鬼伞，属真菌门、担子菌亚门、层菌纲、伞菌目、鬼伞科、鬼伞属。因形似鸡腿，味似鸡肉，故名鸡腿菇（图7-10）。

据分析，鲜菇含水分92.2%；每100g干菇中含粗蛋白25.4g，脂肪3.3g，总糖58.8g，纤维7.3g，灰分12.5g；鸡腿菇还含有17种氨基酸（包括8种人体必需的氨基酸）。菇体洁白，美观，肉质细腻。炒食，炖食，煲汤均久煮不烂，口感滑嫩，清香味美，因而倍受消费者青睐。

图7-10　鸡腿菇

鸡腿菇是一种药用菌。味甘滑性平，有益脾胃、清心安神、助消化、增食欲、治痔疮等功效。据《中国药用真菌图鉴》，鸡腿菇热水提取物对小白鼠肉瘤180和艾氏癌抑制率分别为100%和90%。另据阿斯顿大学报道，鸡腿菇含有治疗糖尿病的有效成分。

近年来，美国、荷兰、法国、德国、意大利、日本相继进行商业化大规模栽培，鲜菇、干菇（切片菇）、罐头菇均受欢迎。

鸡腿菇是一种条件中毒菌类，与酒类、含酒精饮料同食易中毒。因其所含毒素易溶于酒精，与酒精发生化学反应而引起呕吐和醉酒等现象。

二、生物学特性

1. 形态特征

菌丝体白色或浅灰白色绒毛状，细密，气生菌丝不发达，贴培养基表面生长；后期覆土后，加粗为致密的线状。在试管中培养时会分泌色素使培养基着色。

子实体是人们食用的部分。菌盖初期圆柱状，白色，光滑，紧贴菌柄；后期渐变为成熟时鳞片上翘翻卷，菌盖边缘逐渐脱离菌柄，淡锈色，呈钟形；最后开伞。菌肉白色，粗壮中空或中松，有弹性、具丝状光泽，基部膨大，向上渐细，长 5～20cm，粗 1～3cm。菌环白色，易上下移动，易脱落。菌褶稠密，与菌柄离生，初成白色，开伞后渐有粉红色转变为黑褐色。孢子黑褐色、光滑、椭圆形。菇体开伞后变软变黑，丧失食用价值。在菌盖呈圆柱形，边缘紧包着菌柄时为最适采收期。

2. 生长发育条件

（1）营养　鸡腿菇是一种适应力极强的草腐粪生土生菌。可利用的材料很广泛，如稻草、麦秸、棉籽壳、牛粪、马粪，同时还可以很好的利用多种阔叶木屑。可熟料栽培，发酵料栽培，也可生料栽培。

（2）温度　鸡腿菇是一种中温型变温结实性菌类。菌丝生长适温 20～28℃，以 24～27℃生长最好。子实体形成需要 5～10℃低温刺激，由培养温度降至 20℃以下后，子实体原基则很快形成。出菇温度范围 9～28℃，但以 14～18℃为适，20℃以上菌柄很快伸长，并开伞。16～22℃下子实体发生数量最多，产量最高。鸡腿菇菌丝抗寒能力相当强，在 -30℃条件下，土中的菌丝可安全越冬，而在 35℃以上菌丝会自溶。一般低于 8℃，高于 30℃，子实体难以形成。

（3）湿度　菌丝体阶段，培养基含水量为 60%～70%，空气相对湿度在 80% 左右，夏天湿度不宜超过 85%，否则易产生杂菌污染。

出菇前，覆盖土层的湿度因土质而异，要灵活掌握，一般保持在 16%～25%，即手握成团、触之即散。进入子实体阶段后，所需的水分来自空气，此阶段空气相对湿度 85%～90% 较为适宜。若环境湿度低于 60%，则子实体瘦小、菌柄短，菌盖表面鳞片反卷；湿度 95% 以上，菌盖易得斑点病。

（4）光照　鸡腿菇属弱光性菌类，菌丝体阶段不需光线，强光抑制生长；子实体分化和生长需一定散射光，菇蕾分化需要 300～500lx 的光照强度。在一定范围内，光线弱则菇白，光线强则菇黄。并要氧气充足。

（5）空气　鸡腿菇为典型的好气性菌类，菌丝体、子实体生长阶段都需要大量的新鲜空气。尤其是子实体形成和生长阶段需氧量很大，比平菇要提高 5%。

（6）酸碱度（pH）　鸡腿菇较喜中性偏碱的基质，最适范围为 6.5～7.5。生产中常将培养料和覆土的 pH 调至 8.0 左右，喷水管理时适当喷 1%～2% 石灰水。

（7）覆土　鸡腿菇为土生菌类，出菇需要土中的微生物和矿物质的刺激。不覆土，则不出菇。覆土要求持水力强、通气好、无病虫害。

三、栽培管理技术

1. 栽培季节与场所

（1）栽培季节　鸡腿菇属中温偏高型食用菌，子实体生长发育的最适温度是15～24℃，适宜春、秋两季栽培。人工栽培时，在没有增温、降温条件，纯粹利用自然气温的条件下。

上海地区和邻近的江浙一带秋季均可栽培。秋季栽培，一般6～8月份制栽培种，9月下旬至12月上旬出菇。春季栽培，一般在11月至次年2月份制栽培种，栽培种需要适当加温发菌，4～6月份出菇。

（2）栽培场所　鸡腿菇既可以袋栽，又可以采用箱式栽培或床架栽培，各种日光温室、塑料大棚、山洞、防空洞、车库、地下通道等场所均可以栽培。栽培场所应保温、保湿和通风。

2. 栽培与管理

（1）培养料调配　培养料常用配方如下：

①棉籽壳（发酵）90%，玉米粉8%，尿素0.5%，石灰1.5%。

②棉籽壳（发酵）88%，麸皮11%，石灰1%。

③平菇菌种料45%，棉籽壳（发酵）45%，玉米粉9%，石灰1%。

（2）接种与培养

①熟料袋栽：一般采用（34～36）cm×（14～17）cm×（0.005～0.006）cm的聚丙烯塑料袋。灭菌、冷却后接种，两端接种，约30d菌丝长满。

将培养好的菌袋脱袋后横排或竖排放入畦中，菌棒间间隔2～3cm，填以肥土，每1m² 排放30个菌棒，排放完后，再覆土3cm左右。如果土壤太干，可稍喷水，然后盖上事先用5%来苏尔液浸泡过的聚乙烯塑料薄膜。

②发酵料栽培

a. 袋栽模式：一般选择（20～24）cm×（40～45）cm×0.004cm的聚乙烯塑料袋。采用层播式接种时，一般先在塑料袋底部1层菌种，菌种被掰成枣粒大小，再将培养料装入袋中，边装边压，使菌种与料紧贴；将至菌袋高度约1/3处，放入少量菌种，再继续装料；如此重复，一层菌种一层培养料，形成4层菌种3层料，或者3层菌种2层料。袋口加上透气塞、皮筋或塑料绳进行封口。

b. 畦栽模式：发酵结束后，当料降温30℃以下时，即可铺料播种。可采用层播、点播和撒播等接种方式，播种前将菌种掰成枣粒（1～1.5cm）大小。层播法是先铺5～7cm厚的发酵料，再撒上一层菌种，如此反复，总厚度15～20cm，最上层菌种适量多一些，最后用木板压实拍平。菌种用量按1500～2000g/m²，覆盖报纸或塑料薄膜进行保湿，3~5d后撤掉报纸或薄膜。

（3）覆土

①覆土选择与处理：一般壤土均可利用，覆土使用前进行消毒。可在土壤中加入2%~3%的生石灰粉混匀，调节土壤含水量。

②脱袋或覆土：在棚室南北向做畦，畦宽1~1.5m，深15~20cm，畦间留30cm过道。将已长满菌丝的菌棒脱去塑料袋，排放于出菇场所。菌棒可以横卧排放，也可以直立排放。将菌棒摆放在畦内，菌棒间距3cm，缝隙内填土，使土壤和菌棒紧密联系。

③覆土后管理：覆土后暂时不通风，保持温度22~26℃，空气相对湿度约85%，避光，促进菌丝向覆土生长。3d后逐渐揭膜通风，并向料面喷水，通常8~9d菌丝即可爬上土层。此时宜将菇房温度降至18~20℃，适当增加光度，空气相对湿度控制在85%~90%，菌丝逐渐扭结成幼蕾。当覆土层表面大量米粒状原基出现时，揭去塑料薄膜，进入出菇期管理。

（4）出菇期管理　去掉塑料薄膜后，菇房温度控制在12~24℃，空气相对湿度控制在85%~90%。在原基和菇蕾期，不可直接向菇床喷水，但可以向空中喷雾，或在地面喷水保湿，待幼菇形成时，才可以向菇床喷雾，同时应加强通风。

（5）采收

①采收期：鸡腿菇的子实体长至圆柱形，菌盖与菌环未分离或刚显松时，是最适宜的采收时机。这时的菇体味道鲜，形态美，质量好。若不及时采收，子实体成熟后，菌盖边缘由白色变为浅粉红色，进而开伞产生大量黑色的孢子，菌褶很快自溶成墨汁状，仅留下菌柄，完全失去商品价值。鸡腿菇生长到钟形期后，成熟非常快，所以应及时分次采收。采收旺季，每天早、中、晚各采收一次。

②采收方法：采大留小，不带幼菇，不连根拔起，不伤土层菌丝。采收时，应一手按住基部的培养料，一手握住子实体轻轻转动。丛生的菇，由于菇丛很大，其个体成熟度不一，为避免采收时伤害幼菇，可以先将部分应采收的子实体用刀子从基部切下，防止带动其他菇体而造成死菇。

（6）采后管理　头潮菇采完后，清除畦内的菇根、死菇、菌索和杂物，因菌索量大，尽量除去覆盖的老土，浇一次透水。结合浇水向菌床补充2%的石灰水和1%的复合肥溶液。床面如有虫害发生，可喷施800倍的菊酯类农药药液。3~4d后，用铁耙将床面耙松，再将畦床上覆土补至3~5cm，保温保湿，加强通风和光照，促其继续出菇。

四、常见问题及处理

1. 菌丝徒长

覆土后菌丝生长旺盛，不断往覆土层生长，并在表面形成一层菌皮，使鸡腿菇不能正常出菇，从而引起减产。

原因：温度过高，通风不良。

防治措施：掌握适当的播种时机，保证出菇期温度适宜，并防止培养料过湿及温度过高。如表面已形成菌皮，程度较轻的，可重新覆一层新土，并注意早晚喷水，适当通风；程度较重的，可用铁钩划破菌皮，增加通风量，并降低湿度；如已有菇蕾出现，可在周围扎几个小孔透气，使菇蕾顺利生长。

2. 鸡爪菌防治

鸡爪菌又名叉状炭角菌，导致鸡爪菇，轻者减产，重者绝收。防治措施如下：

（1）合理轮作　合理轮作是防治该病最简便有效的措施。新场地栽培，需取地表土下 20cm 的土掺入石灰粉，再用杀菌杀虫剂熏蒸。每个场地 3～5 年轮作一次。

（2）菇房消毒　鸡爪菌孢子可大量附着于旧菇房的床架上，存活一年以上。这些旧床架若未消毒，即使覆土消毒，还有可能发病。应在栽培前半个月，对菇房墙壁及四周喷洒漂白粉消毒，床架刷石灰水。栽培前一周，用 10mL/m³ 甲醛密闭熏蒸 48h 后，再开启所有门窗通风。

（3）覆土消毒　将覆土在太阳下暴晒，晒干后喷 0.5% 甲醛液和 2000 倍溴氯菊酯堆闷 48h。另外，不要取栽培过鸡腿菇的地块的土做覆土。

（4）忌高温高湿通风差

①气温高时利于鸡爪菌生长，气温低时不易发生；应热天发菌，低温（10～20℃）出菇。②高湿环境利于鸡爪菌生长，出菇阶段做好水分管理，不喷大水和大水漫灌畦床，雨天防止菇房漏雨或进水，以免床面过湿。③适当通风，利于供氧和调温调湿。

（5）及时防治　勤观察，发现鸡爪菌及时处理。发现鸡爪菌后立即停止喷水，让土面干燥并小心取出鸡爪菌子实体，带出菇房深埋。挖除患处周围 10cm 左右的覆土及培养料，再喷洒 10% 的甲醛溶液，或用石灰涂面换上新的消毒土。

第四节

竹荪

一、概述

竹荪 ［*Dictyophora indusiata*（Vent.）Desv.］ 是世界上珍贵的食用兼药用菌，又名竹笙、竹参、竹蛋、网纱菌等，属担子菌门、腹菌纲、鬼笔目、鬼笔科、竹荪属。被誉为"菌中皇后"、"真菌之花"、"素菜之王"。竹荪因自然生长在有大量竹子残体和腐殖质的竹林中而得名。竹荪中的"荪"原指一种香草。竹荪之名意即竹林中的香草。因竹荪在菌褶完全张开时发出浓郁的幽香而得名。竹荪具有绿色的菌盖，粉红色或褐色的菌托，白色的菌柄和网状的菌裙，形态秀美，因此，有"仙人笠"、"面纱女郎"、"穿裙子的少女"等拟人化的美称。

竹荪香甜鲜美，酥脆爽口，风味独特，营养价值较高。据分析，长裙竹荪干品中含有粗蛋白15%~22.2%、粗脂肪2.6%、糖类38.1%、粗纤维8.8%，其蛋白质含有16种氨基酸，谷氨酸含量达1.76%，是竹荪美味的来源。竹荪子实体中含有多种酶和多糖，具有很高的药用价值，可增强机体对肿瘤细胞的抵抗能力，具有良好的抗癌作用。竹荪性寒，味甘，无毒，有滋阴养血、益气补脑、止咳止痰及减少腹壁脂肪积贮的功效，对高血压、高血脂、高胆固醇、冠心病、动脉硬化及肥胖症有良好的疗效。

二、生物学特性

1. 形态特征

（1）菌丝体　竹荪菌丝体初期白色，绒毛状，并逐渐发育成线状，最后膨大成索状。气生菌丝长而浓密，随着培养时间的延长，有的品种由初期的白色，变为粉红色、紫红色、黄褐色等。菌索白色、土白色、粉红色或淡褐色。

（2）子实体　商品竹荪是经脱水加工而成的干品，仅保留可食的菌柄和菌裙两部分。完整的竹荪子实体包括菌盖、菌柄、菌裙和菌托等几部分（图7-11）。

图7-11　竹荪形态

①菌盖：钟形。白色或略带土色，高2~4cm，表面有不规则的多角形凹陷。顶端平，有圆形或椭圆形小孔。子实层位于菌盖的凹陷的表面，孢子着生在其中，暗绿色或黄绿色，初期肉质，暴露在空气中后，迅速液化为黏稠状物，散发出浓烈的臭味，可引诱昆虫来食，以此来传播孢子。孢子柱状，无色透明，表面光滑。

②菌托：菌蕾破裂后的残留成分。下面与深入土壤内的菌索相连，上面支撑着菌柄。蛋形菌托呈鞘状，三层。外面一层为外菌膜，中间为白色的胶质体，里面一层为内菌膜。菌柄柱状、白色、中空、多孔、海绵质、脆嫩，是商品食用部分之一。

③菌裙：菌盖与菌柄之间撒下的白色网状组织。下垂如裙，因此成为菌裙，它是主要商品食用部分。菌裙长 4~20cm 或更长，多数为白色，也有黄色。

菌蕾形成是一个连续的过程，按其特征可化为 6 个时期（表 7-2）。

表 7-2   菌蕾形成过程的 6 个时期

菌蕾形成的时期	形成特征
原基分化期	菌索生理成熟，顶端膨大，分化成瘤状小菌蕾。
球形期	瘤状菌蕾膨大成球形菌体，内部器官已分化完善。表面有刺毛，白色，顶端出现细小裂纹。
卵形期	球形菌蕾顶部突起，裂纹增多，刺毛退掉，形成鸡蛋，表面产生色素。
破口期	菌蕾达到生理成熟后，菌柄即可撑破菌蕾外菌膜，此时顶部出现一道裂口，由细变宽，露出黏稠状透明胶体。通过胶质物可见白色内菌膜，继而可见菌盖顶部孔口。
菌柄伸长期	菌柄迅速伸长，菌盖露出，菌裙逐渐张开。
成形期	菌柄停止伸长，菌裙张开达到最大限度，子实体即成型。

2. 生活习性、生活史及生活条件

（1）生活习性　野生竹荪生长于夏秋季节，散生或群生于海拔 300~1500m 的丘陵和高山竹林下的落叶层及少部分腐树根部。其菌丝体为多年生，多在腐竹基部或偏酸泥土中，不断伸长、繁殖，在适宜的条件下，大量的菌丝体相互缠结形成菌索，菌索大量凝结交织、扭结形成菌蛋，菌蛋进一步发育，裂口后长出子实体。一般情况下，从小菌蛋发育为成熟的子实体，需要 50d。而成熟的菌蛋裂口后出现完整的子实体，只需 8~12h，假如上午 5~6 点子实体破土而出，9~10 点放下菌裙，散发出扑鼻的清香。在空气相对湿度达到 95%，菌裙张开度最大，孢子成熟并开始自溶成泥滴状，至下午整个子实体就开始萎缩倒闭。

（2）生活史

竹荪生活史如图 7-12 所示，竹荪菌丝体可多年生长，在土壤腐殖质上越冬，菌丝体有锁状联合，但极性未见报道。

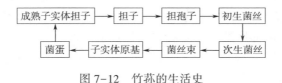

图 7-12　竹荪的生活史

（3）生活条件

①营养：竹荪为竹林腐生真菌，从死亡的竹根、竹、竹竿和竹叶获得营养。野生时多生长于楠竹、平竹、苦竹、慈竹等竹林里。其土质有黑土壤、紫土壤、黄泥土等。竹荪营腐生生活方式，能利用许多微生物不能利用的纤维素、木质素。人工栽培时，竹木屑及多种农作物秸秆、少量无机盐等，即可满足其营养要求。

②温度：竹荪是典型的中温型菌类。菌丝生长的温度为 5~30℃，适宜温度为20~24℃，高于 30℃ 或低于 5℃，菌丝生长缓慢，甚至停止生长。子实体生长温度在 16~32℃，最适温度为 20~25℃。在适宜范围内，子实体生长速度随温度升高而加快。引种时，需了解品种的温性，根据当地的气候条件适时安排生产季节，具体如表 7-3 所示。

表 7-3	不同竹荪对温度的要求			单位：℃
竹荪种类	菌丝生长阶段		子实体发展阶段	
	适应范围	最适范围	适应范围	最适范围
长裙竹荪	5~30	22~24	17~30	22~25
短裙竹荪	5~28	21~23	16~30	20~22
红托竹荪	2~29	21~23	16~30	20~22
棘托竹荪	13~35	30~32	20~30	25~30

③湿度：竹荪所需的湿度包括培养基含水量、土壤含水量及空气湿度三个方面。竹荪对湿度要求较高。菌丝生长阶段，要求培养基含水量达 60%~70%；低于50%，菌丝生长受阻；低于 30%，则休眠或死亡。若含水量高，通气性差，抑制菌丝生长或窒息死亡。土壤含水量要求 20%左右。子实体形成发育要求空气湿度达85%~90%，菌裙散开要求空气湿度 94%或更高，相对湿度低于 80%生长缓慢或表面龟裂，易形成畸形菇。

④空气：竹荪属好气性真菌。无论是菌丝生长发育，还是菌球生长、子实体发育，环境空气必须清新，否则二氧化碳浓度过高，不仅菌丝生长缓慢，还影响子实体正常发育。必须注意的是，竹荪撒裙时，要避免风吹，否则会出现畸形菇。

⑤光照：竹荪菌丝生长发育不需光线，遇光后菌丝发红并易衰老。在自然界中，竹荪生长在荫蔽度达 90%左右的竹林和森林地上。这说明菌球生长及子实体成熟不需强光照。因此，人工栽培竹荪场所的光照强度应控制在 15~200lx，并注意避免阳光直射。原基分化与子实体生长期间应有一定的弱光，强光对其有抑制作用。

⑥土壤：在自然界中，竹荪的生长离不开土壤，人工栽培竹荪时，一定要在培养料面上覆 4.6~6cm 厚的土层才能诱导竹荪菌球发生。

⑦酸碱度：竹荪为嗜酸性菌类，菌丝生长的土壤或培养料要求偏酸，其 pH 为4.6~5.5 为宜，子实体形成以 pH 为 4.6~5.0 为宜。

三、菌种制作

1. 母种制作

母种培养基常用配方如下：

①豆芽 500g、琼脂 20g、蛋白胨 5g、白糖 20g、磷酸二氢钾 2g、硫酸镁 1.5g、碳酸钙 1g、维生素 B_1 0.5g、水 1000mL、pH5.5。

②竹屑 300g、琼脂 20g、蛋白胨 3g、白糖 20g、磷酸二氢钾 2g、硫酸镁 1.5g、碳酸钙 1g、维生素 B_1 0.5g、水 1000mL、pH5.5。

具体操作与其他母种制法相同，0.1~0.15MPa 灭菌 30min，冷却后即可接种。分离方法：在无菌条件下，将竹蛋切开，取中心组织部分约黄豆大一块，放入斜面培养基上恒温培养，待菌丝长满斜面即为母种。

2. 原种制作

原种培养基常用配方如下：

①牛粪 60%、竹屑 30%、麦麸 5%、壤土 1%、石膏 1%、白糖 1%、磷酸二氢钾 0.5%、硫酸镁 0.5%、过磷酸钙 1%、pH5.5，含水量 65%。

②竹屑 71%、木屑 20%、麦麸 5%、壤土 1%、石膏 1%、过磷酸钙 1%、磷酸二氢钾 0.5%、硫酸镁 0.5%、含水量 65%、pH5.5 。

在无菌条件下，每支母种可接原种 3~5 瓶，在无光、恒温条件下约 60d，菌丝可长满瓶。

3. 栽培种制作

栽培种培养基配方与原种相同，菌丝恒温培养一般 50~60d 才能长满瓶。若在自然条件下，大约需半年时间才能长满瓶。

四、栽培管理技术

竹荪常规栽培的工艺流程如图 7-13 所示。

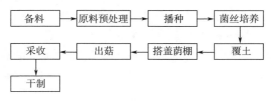

图 7-13　竹荪常规栽培工艺流程图

1. 栽培准备

（1）场地选择　竹荪一般采用室外栽培，场地选择一般为背风向光、排水良好、土壤沙质呈酸性或中性、空气润湿、无白蚁活动的竹林、竹林混交林、阔叶树林等。有条件最好选择高海拔，气候凉爽地带，可避免夏季高温天气对菌丝生长和子实体发育的不良影响，使出菇时间延长，有利于提高产量。选好场地后，应清除地上杂草、保持环境卫生，并撒干石灰粉做消毒处理。

（2）栽培季节的确定　一年四季均可栽培，但以春秋两季播种较好。大多地区2~3月份播种最好，早播种发菌时间长，基质分解充分，菌丝体积累的营养丰富，产菌多，质量好。至6月份出菇，出菇期间温度大致为25~30℃左右，相对湿度80%~90%，适宜子实体发育和开伞，与自然状况下的野生竹荪生长时期一致。若4月接种，出菇期正好遇到高温炎热的7月，易造成杂菌感染导致大量烂菇而影响产量。播种期确定以后，菌种生产应提前安排。

（3）栽培原料选择　现行栽培竹荪的原料分为四类。一是竹类，包括竹子的秆、枝、叶、竹头、竹器加工厂的废竹屑；二是树木类，包括杂木屑、树枝、树叶以及木工厂的碎屑；三是秸秆类，包括玉米芯、谷壳、棉秆、高粱秆等；四是野草类，包括芦苇、斑茅类等。上述原料晒干备用。

2. 栽培与管理

（1）建畦播种　在栽培场地挖去表土3~4cm，将土向两边堆积，并将畦底整平。培养料按配方要求预先处理或用清水浸泡，上料前土壤要求湿润，太干可用清水喷洒。畦面可用0.1%辛硫磷拌松木屑驱虫，上面覆盖1cm厚的细土，再将事先准备好的培养料铺上，每1m²铺料25kg，需栽培种1~2瓶。通常用3层料2层菌种的播种方法，第一层料厚5cm，料面撒一层菌种；第二层料厚10cm再撒一层菌种；第三层料厚5cm。播种完毕，覆土3~4cm，以不见料和菌种为度，再加盖一层竹叶、树叶、稻草覆盖物，以保温、保湿，促进菌丝生长发育。

（2）发菌管理　播种后的管理主要做好保温保湿及通风换气工作。拱棚要盖好塑料薄膜，以保温、保湿，料温可控制在20℃以上。每天正午两段揭膜通风换气30min左右。要经常保持土壤润湿状态，严防积水。如果土面干燥发白，应喷适量清水，保持覆土层润湿。夏季高温干燥时，要注意保温、保湿，在畦床上加厚竹叶层等。

（3）出荪管理　出荪阶段主要做好场地的保湿、防涝工作。遇久晴不雨的天气，要经常在畦面淋水，以保持畦面的湿度和场地的空气相对湿度。若阴雨绵绵，则应及时清理排水沟，不能让培养料浸水，以防菌丝窒息死亡。

出荪阶段喷水时间应安排在早晨7时之前，7时以后开始出荪不能喷水。中午气温高时不能喷冷水，温差刺激不利于菌丝的生长和竹荪球的分化发育。

一潮竹荪采收结束后，可停水5~7d后，在畦面浇一次重水，促进第二潮竹荪的生长。

①菌球期管理：索状菌丝形成后，受到温差和干湿交替环境的刺激，在表土层内形成大量的原基，经过8~15d原基发育成小菌球，露出土面。菌球发育要求空气相对湿度为85%，温度不超过32℃，每日午后通风。菌球初期白色，随后逐渐转灰，菌球表面刺逐渐消失，残留在菌球外呈褐色斑点。菌球外包被逐渐龟裂，出现龟斑。

菌球形成后，管理重点是保湿和通风。要维持拱棚内较高的空气相对湿度，以薄膜内有小水珠聚集但不滴下为度。每天将小拱棚两段薄膜打开换气 30~60min。阴雨天要加大通风量，气温超过 25℃ 更应该加强通风。

②子实体形成期的管理：当菌球有近扁形发育进入菇蕾形期时，应维持小环境内空气相对湿度在 80%~85%，同时增加光照，以利菌球破口。具体措施是每天根据情况和畦面干湿决定喷水次数和喷水量，通常以喷水后土粒湿度为标准，即捏土会扁，松开不粘手。土壤湿度在 20%~25%。若畦面湿度过大，常形成溃状菌球，可采用深挖畦沟、排除积水、团粒土块覆土、畦面打孔，加强通风等办法解决。

随着菌球的发展，其外形进一步演化成"桃形"，预示菌球即将破口，"桃形"菌球通常在凌晨形成。首先菌球顶端出现一字型的裂口，菌盖突破外包被，随后菌柄伸出。当气温偏高时，菌球外包被易出现组织失水，不易破口，从而造成菌球侧面被撕裂，导致菌柄弯曲折断，影响等级。

菌柄破口伸出后，迅速伸张，数小时后菌柄长度就可达 10~20cm；30~60min 后菌裙从菌盖下端开始放裙，正常情况下，从开始撒裙到撒裙结束需要 20min。空气相对湿度高，则菌裙开张角度较大；相反则菌裙呈下垂状。若此时空气相对湿度过小，撒裙速度就会变慢，甚至不放裙。此时可喷雾增加空气相对湿度，也可用采后催撒裙的办法解决。

接着，菌盖潮解，污绿色孢子液流下，会污染白色菌裙，且不易洗净，从而影响等级。故应在菌盖解潮之前及时采收。

（4）越冬管理　竹荪一年播种，可收获 3 年。当年可收总量的 30%，第二年可收 60%，第三年 10% 左右，第三年若能补充营养，可提高一定的产量。当畦面温度下降至 16℃ 以下时停止出荪，应抓好清场补料和防寒越冬工作。

（5）采收与加工

①采收：竹荪播种后可长菇 4~5 潮。子实体成熟都在每天上午 12 时前，当菌裙撒至离菌柄下端 4~5cm 时就要采摘。采后及时送往工厂脱水烘干。

②干制：采后即用小刀从菌盖顶端 2~3cm，在菌盖上轻轻纵切一小刀，剥离去除菌盖污绿色组织部分，将剩下的菌盖组织置于竹篮中。先洒水喷湿水泥地面，分朵摆放，盖上薄膜保湿。由于后熟作用，菌裙依然会正常释放。随后置于铺放有纱布的竹筛上，进行鼓风烘干，使竹荪含水量降至 13% 以下。

③分级与包装：竹荪干品按大小、色泽和伤损程度分级，见表 7-4。

表 7-4　　　　　　　　　　竹荪干品分级情况一览表

级别	长×宽（cm）	色泽	外观
一	12×4	白色	无伤损
二	（10~11）×3	浅黄色	无伤损
三	（8~9）×2	黄色	轻度伤损
四	长<7	深	有破损

干品返潮力极强，可用双层塑料袋包装，并扎牢袋口。作为商品出口和国内市场零售的，则需采用小塑料袋包装，每袋有 25g、50g、100g、300g 不同规格，外包装采用双楞牛皮纸箱。

（6）采后管理　每潮采后，应及时除去表土，铺放 1~3cm 的料，再覆一层新土，让其再次出菇。可以结合耦合水，喷施一些营养液。

五、常见问题与处理

1. 病虫害

主要为杂菌污染和部分害虫尤其是白蚁的为害。

防治措施：①选用优良菌种，改善环境条件，施药防治。②若有白蚁为害，立即用防治白蚁的药物毒杀。若有斑壳虫、小黑壳虫为害，用 2000 倍菊酯类农药喷杀。

2. 子实体异常

（1）缺水性萎缩

症状：菌球暗色变黄，外膜收缩，翻开培养料发现菌丝萎黄，基料干燥松散。

防治措施：喷水增湿，灌水，增加遮荫物。

（2）渍水性萎缩

症状：幼蕾变褐，闻之有臭味，基料色黄，下层变黑，菌丝减少，土层和基料含水量增多。

防治措施：排水，土层内打孔，增加通风时间。

（3）外膜增厚

症状：菌蕾饱满，色泽变褐，拨开外膜，比正常厚 2~3 倍，质硬拉不断。

防治措施：用小刀在菌膜顶端划口。

（4）子实体畸形

症状：菌裙收缩粘贴，呈鹿角状态。

防治措施：增加通风次数和时间，用清水喷雾增湿。

3. 防冻

竹荪在 8℃ 以下不会被冻死，但土壤冰冻造成菌床上两侧泥土的开裂，会导致长在土壤里的菌丝和菌索折断，所以应在菌床和两侧空地多盖一些草料以保温防冻。

习　题

一、名词解释

1. 粪草生菌　　　　　　　2. 仿野生栽培

二、填空

1. 鸡腿菇属于_____，栽培过程中_____（需或不需）覆土，否则菌丝长的再好也不出菇。

2. 鸡腿菇的栽培方法按培养料处理方式分为_____、_____和_____。

3. 堆制发酵的类型有_____、_____和_____。

三、判断

1. 人工栽培鸡腿菇菌丝体具有不覆土不出菇的特点。（　　　）

2. 食用菌菌丝体生长阶段在黑暗或弱光下均可生长良好，而子实体形成阶段必须有散射光的刺激。（　　　）

3. 草菇的母种保藏温度是4℃。（　　　）

4. 双孢蘑菇栽培时覆土的作用主要是利用土壤中臭味假单孢杆菌的代谢物刺激出菇。（　　　）

5. 考虑到食用菌生长对氮源的需求，生料栽培应少加化学氮肥，熟料栽培应多加化学氮肥。（　　　）

6. 双孢菇多采用发酵料栽培。（　　　）

7. 高温、高湿、通气差，是诱发病虫害的主要外因。（　　　）

8. 栽培食用菌的培养料不是越新鲜越好。（　　　）

9. 鸡腿菇子实体生长到中后期易发生鸡爪病。（　　　）

四、简答

1. 鸡腿菇生产中如感染鸡爪菌应如何处理？

2. 优质发酵料应具备哪些条件？

3. 比较金针菇、鸡腿菇不同之处。

▌技能训练

任务一　鸡腿菇的栽培

1. 目的

（1）了解鸡腿菇的生物学特性。

（2）学习鸡腿菇栽培生产程序，掌握其关键技术。

2. 器材

棉籽壳、玉米芯、稻草、干牛粪（或马粪、鸡粪）、石膏、过磷酸钙、硫酸铵、碳酸铵、石灰、尿素、鸡腿菇栽培种、饼肥、铡刀、皮管、铁锹、粪钗、水桶、塑料布、草炭土或沙壤土、喷雾器。

3. 方法步骤

（1）配料 用铡草机将稻草切成 10cm 以下的小段，用 1%～3% 的石灰水预湿，并不断喷水使其吸水软化；玉米芯需提前用石灰水浸泡。参考配方：①稻草（干重）70%，干牛粪20%，石膏3%，石灰3%，硫酸铵1%，过磷酸钙3%。②玉米芯96%，尿素1%，石灰3%。③稻草（干重）57.5%，干牛粪28%，干鸡粪8.5%，豆饼粉1%，石膏1.5%，石灰1.5%，硫酸铵1%，过磷酸钙1%。④棉籽壳97%，蔗糖1%，碳酸钙2%。

（2）堆料发酵 在场地撒一层石灰粉，以杀死场内害虫。在地面铺一层宽2.3m 厚15～20cm 的稻草，然后在上面撒一层5～6cm 厚的牛粪。此后一层稻草一层粪肥，逐层堆至1.5m。从第三层开始加水，以后每铺一层粪草，喷洒一次水。建堆完毕用粪肥封顶，堆四周垂直，堆顶呈龟背状利于排水，不同部位插温度计。用草帘将堆料顶盖好，防日晒雨淋，有大雨时用塑料薄膜盖好，雨后揭开利于通气。

（3）翻堆 料温达 60℃ 并保持 10～12h 就应翻堆，使堆料各部分温度、湿度一致，发酵均匀。第一次翻堆在建堆后 5d 左右，分层加入过磷酸钙和硫酸铵，并补足水分。4～5d 后第二次翻堆，分层加入石膏粉和石灰，再堆制 2～3d，调含水量为 65%～70%，pH 为 7 即可进菇房。

（4）接种 将培养料均匀摊放在菇床上，压实整平，料厚约 15cm，料温降至 25℃ 接种。麦粒种的播种量为 $45g/m^2$，稍加大用量可减少污染；如用混播法，将 75% 的菌种均匀撒在培养料上，随后将菌种与培养料拌匀，再将其余的 25% 菌种均匀地撒在培养料表面，覆盖一层培养料，整平压实即可。当菇房相对湿度达到 80% 时，不需覆盖塑料薄膜，湿度较低时可覆盖。

（5）发菌及覆土 发菌时控制料温在 25℃，空气相对湿度 70%～80%；当菌丝发透料床后，应喷水保湿。

当菌丝蔓延至菌床厚度的 2/3 时覆土，采用草炭土或沙壤土，用 3% 石灰水调整含水量至 16% 左右，要求土粒无白心，覆土厚 3～4cm。

覆土后料温应控制在 25℃ 左右，使菌丝尽快爬上覆土层。喷水要少而勤。

（6）出菇管理 覆土后约 20 天，土面出现白色原基。子实体分化和生长期，室温以 14～18℃ 为宜，不要超过 20℃。空气相对湿度控制在 85%～90%，光照 500～1000lx，要经常通风换气，保持空气新鲜。若 CO_2 浓度过高，刺激菌柄生长，抑制菌盖发育，易形成畸形菇。

（7）采收 鸡腿菇子实体成熟速度快，应在菇蕾期，即菌环尚未松动，钟形菌盖上出现反卷毛状鳞片时采收。采菇后应及时清理床面，补土补水，准备出第二潮菇。

4. 思考题

（1）鸡腿菇栽培的特点是什么？

（2）鸡腿菇栽培中的关键技术是什么？

任务二　草菇的栽培

1. 目的

（1）了解草菇的生物学特性。

（2）学习草菇栽培生产程序，掌握其关键技术。

2. 器材

棉籽壳、稻草、水泥池、麸皮、草木灰、过磷酸钙、石灰、尿素、草菇栽培种、大镊子、塑料薄膜、铁锹、75%酒精消毒缸、75%酒精消毒棉球、酒精灯、火柴、荫棚、喷壶。

3. 方法步骤

（1）配料　用铡草机将稻草切成10cm以下的小段，用1%~3%的石灰水预湿，并不断喷水使其吸水软化。参考配方：稻草（干重）80%，麸皮15%，石灰4%，尿素0.5%，过磷酸钙0.5%。

（2）堆料发酵　将预湿的稻草与辅料分层铺料建堆，半天后翻堆，保持一天散堆，送栽培场使用，发本地好的堆料应柔软、无氨味、无臭味，pH8~9，含水量70%~75%。

（3）巴氏消毒　培养料平铺于菇床上，用料量为10kg/m²，厚约20cm，中间稍厚，周边稍薄，以免积水。关闭门窗，通入蒸汽进行巴氏消毒。当菇房内温度达60℃时，保持6~8h，停止加热，让菇房自然降温。

（4）接种　菇房温度降至38℃时，打开门窗，进菇房接种。穴播时，穴距10cm，深2~3cm，菌种放满穴并稍露料面；也可用混播法；接种后稍加压实，覆盖塑料薄膜。

（5）出菇管理　接种后室温以28~30℃为宜，出菇时保持在27~30℃，正常条件下，7~10d可出现原基，12~15d可采收。

菌丝生长时空气相对湿度控制在70%左右，出菇后90%~95%为宜。

接种后每天揭开料堆上的薄膜1~2次，每次10min，以通风换气；原基出现后，延长通风时间，出菇阶段更应注意通风换气

（6）采收　原基形成3~4d后发育成卵圆形或椭圆形的菇蕾，应在外菌幕未破时采收。一只手按住周围培养料，另一只手握住菇蕾左右旋转，轻轻拧下。第一潮菇采收后，通风一天，清理床面，全面补水，再喷一次石灰水，经适当通风后，重新盖上薄膜养菌管理，准备出第二潮菇。

4. 思考题

（1）草菇栽培的特点是什么？

（2）草菇栽培中的关键技术是什么？

拓　　展

案例一　奶牛蘑菇牧草循环模式

浙江德清县禹越镇国亚奶牛场，有奶牛300多头，年产牛粪1000t，为解决奶牛场排泄废物污染，利用牛粪、牛尿栽培双孢蘑菇；栽培蘑菇后的废菌渣种植牧草；后又建设沼气池，利用沼气的热能增温栽培蘑菇，既消耗了更多的牛粪，又提高了蘑菇种植的经济效益（图7-14）。

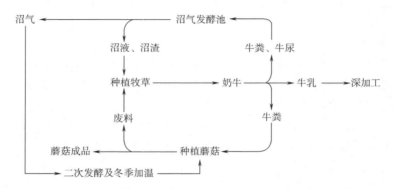

图7-14　奶牛蘑菇牧草循环模式示意图

技术关键：

（1）建立"奶牛牛粪——蘑菇——蘑菇菌渣——种植牧草"循环生产模式。

蘑菇培养料基质配方：稻草47%，干牛粪47%，过磷酸钙2%，石膏2%，尿素1%，石灰1%。

利用牛粪种植蘑菇，相比无粪合成料栽培增产25%以上，蘑菇菌渣还田，牧草增产20%。

（2）建立"奶牛粪尿——沼气——蘑菇栽培加温"节能增效模式。

建立沼气池，以牛粪、牛尿作为沼气源，在蘑菇培养料二次发酵时，以沼气作为锅炉热源，产生的蒸汽通过管道进入菇棚，完成二次发酵；在冬季，又利用沼气产热，管道输送循环热水，将菇棚的温度提高至蘑菇出菇所需的温度，提高蘑菇冬季出菇量，提高经济效益。

案例二　蘑菇草菇连作

浙江遂昌县景鸿食用菌合作社在双孢蘑菇生产结束后，6月中旬在蘑菇菌床废料上播种草菇400m²，至7月底采收草菇820kg，产值1.3万元，除去生产原料、菌种等投入3150元，人工投入3100元，效益6800元。

茬口安排：①9月至次年5月栽培双孢蘑菇。②6月中旬直接在双孢蘑菇料床上播种草菇，7月底生产结束，整个周期40余天。

模式点评：蘑菇草菇连作模式别出心裁，"一低一高，一长一短"。① "一低一高"指蘑菇需低温，草菇需高温。在季节安排上，秋冬春季低温期生产蘑菇，夏季高温期生产草菇。② "一长一短"指生产周期蘑菇长（需要6~7个月），草菇短（仅需要40d）。草菇生产结束后，不影响下一周期的蘑菇生产，如此循环。

项目八

其他食用菌栽培

�

■■■■■■ **教学目标**

1. 了解常见其他类型的食用菌形态特征及子实体发育过程。
2. 掌握发酵料的制作技术、播种量计算、袋栽过程及各生长期的管理要点。
3. 掌握常见其他类型食用菌的栽培技术。

■■■■■■ **基本知识**

重点与难点：生物学特性；培养料的配制；栽培过程各生长期的管理。

考核要求：了解生物学特性；掌握代料栽培、发菌期管理、采后管理等关键技术。

第一节

杏鲍菇

一、概述

杏鲍菇（*Pleurotus eryngii*）又称雪茸、刺芹侧耳等，属担子菌门、伞菌纲、伞菌目、侧耳科、侧耳属（图 8-1）。杏鲍菇的菌肉肥厚细嫩，营养丰富，味美质鲜，保鲜期长，因具有杏仁的香味和鲍鱼的口感而得名。

杏鲍菇具有很高的营养价值，每 100g 干品中含蛋白质 30.8g、粗脂肪 1.5g、

图 8-1 杏鲍菇子实体

糖类 43.8g、粗纤维 13.2g、矿物质 9.1g。在蛋白质中含有 18 种氨基酸，其中人体必需的 8 种氨基酸齐全，还含有多种维生素等。杏鲍菇有多种医用和保健功能，对胃溃疡、肝炎、心血管疾病、糖尿病有一定的预防和治疗作用，并能提高人体免疫力，属高档、珍稀菌类，被誉为"平菇王"。

杏鲍菇子实体内对人体有益的营养成分及呈味物质十分丰富，且具有美容作用，食用时口感脆嫩，备受消费者青睐；主要可食部分是菌柄，肉质肥厚、产量高；加之耐贮、耐运，使其保鲜期限及货架寿命大大延长，深受市场和商家欢迎。

二、生物学特性

1. 形态特征

杏鲍菇菌丝浓白、绒毛状、有分枝和分隔，呈管状，多细胞，双核菌丝有锁状联合；抗杂力较强，菌丝生长速度比白灵菇快，出菇较早。

子实体单生或群生，由菌盖、菌褶和菌柄三部分组成，呈保龄球状或哑铃状，菌盖宽 2~12cm，幼时长圆形，淡灰褐色，后长成圆形或扁形，成熟时形成中间下凹漏斗状，表面平滑，有丝状光泽，颜色浅棕色或浅黄白色，中间和周围有放射状墨绿色细纹。菌盖边缘幼时内卷，成熟后平展呈波状。菌褶向下延长，密集，乳白色，边缘及两侧平滑，具有小菌褶。菌柄侧生或偏生，罕见中生，长 2~8cm，粗 0.5~3.0cm，中实，肉质白色，长球茎状。菌肉白色，无乳汁分泌。孢子近纺锤形，光滑，无色。孢子印白色至浅黄色。

2. 生态习性

杏鲍菇广泛分布于德国、意大利、法国、捷克、匈牙利及印度、巴基斯坦等，我国主要分布在新疆、青海、四川北部，多生长在干旱草原和沙漠中的刺苣、叶拉瑟草和沙参植物上。大多着生于朽死的刺芹、阿魏等植物根部及四周土层中，有一定的寄生性，因野生杏鲍菇多生长在刺芹植物的茎根上，故推测可能与其着生基质中有某种成分驱避害虫、使其得到有效保护有关。杏鲍菇有多种生态型，经人工驯化，利用农林产品下脚料，我国各地都可栽培。

3. 杏鲍菇生长发育条件

（1）营养条件　营养条件包括碳源、氮源、无机盐和维生素类物质等。

①碳源：杏鲍菇是一种具有一定寄生能力的木腐菌，其菌丝分解纤维素、木质素等多糖类物质的能力比较强。杏鲍菇的栽培原料较丰富，大部分农副产品均可利用，以木屑、棉籽壳、玉米芯、蔗渣、豆秆等农作物秸秆为主，以葡萄糖和蔗糖为辅。在目前生产中以前三种原料使用较多，原料必须新鲜、无霉变。

②氮源：杏鲍菇喜欢氮素，氮源比例高，则利于提高产量；生产中以麸皮，玉米芯、米糠和棉子饼为主，辅以蛋白胨、酵母粉。在秋冬季栽培可适量加大氮素含量，促进分化。在添加氮源时，原料一定要新鲜，因为陈米糠或麸皮含有亚油酸，会抑制菌丝生长。

③矿物质元素：杏鲍菇生长过程中，不仅需要碳源和氮源，还需要石灰质及钙、磷、钾等微量元素。适当加入石膏、石灰、磷酸二氧钾、磷酸氢二钾等物质可促进菌丝生长，提高菇品质量。

（2）温度　杏鲍菇属于中偏低温型菌类，尤其是子实体生长的适宜温度范围较窄，因此，选择适宜的出菇季节和品种是栽培成功关键之一。杏鲍菇生长不同阶段温度要求见表 8-1。子实体发育温度为 8~20℃，最适温度为 12~15℃，温度低于 8℃ 很难出现原基，高于 20℃ 则易出现畸形菇。在子实体生长过程中，因其属恒温结实的菇类，在原基形成期给一定温差外，生长期尽量给予恒温管理。杏鲍菇菇房保持恒定温度，如图 8-2 所示。

表 8-1　　　　　　　　　　杏鲍菇生长不同阶段温度要求

生长阶段	最适温度
菌丝生长	20~25℃，超过 30℃ 或低于 8℃ 时菌丝生长缓慢。
发菌期	15~27℃，高于或低于最适温度范围，菌丝生长力弱。
原基形成	12~15℃，温度高于 18℃，子实体生长快，细长，菇体组织松软，品质差。

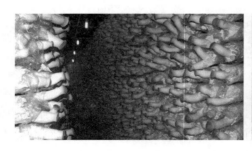

图 8-2　杏鲍菇菇房

（3）湿度　杏鲍菇比较耐旱，在杏鲍菇出菇阶段不宜往菇体上喷水，因此，菌袋的含水量多少对产量有直接的影响。在菌丝生长阶段，培养料含水量以 60%～65% 为宜，在低温季节制袋可提高含水量到 70% 左右，空气相对湿度在 60% 左右。出菇阶段，原基形成期间，适宜的空气相对湿度为 90%～95%；子实体生长发育阶段，适宜空气相对湿度为 80%～90%，在采收前，将空气的相对湿度控制在 75%～80%。

（4）空气　菌丝体生长或子实体生长都需要氧气，但菌丝生长阶段稍高的 CO_2 浓度对菌丝的影响不大，而原基形成和子实体生长要求充足的氧气，环境通气良好，空气清新有利菌盖生长。若要培养柄粗肉厚的子实体，应适当控制通气量，提高 CO_2 浓度。

（5）光线　菌丝生长不需光，在黑暗或弱光条件下菌丝生长良好。原基形成和子实体生长要求一定的散射光。适宜的光照强度为 500～1000lx。

（6）酸碱度　菌丝喜欢偏酸性环境，在 pH 为 4～8 范围内均能生长，以 pH5～6 最适宜。但在调制培养料时，pH 可适当调至 7.5～8.0，随着培养料的发酵或灭菌，pH 下降至最适范围。

三、栽培技术要点

1. 栽培季节安排

根据出菇时要求的温度和当地气候特点确定适宜的栽培时期，杏鲍菇原基形成的温度为 10～18℃，依此温度向前推 40～45d 便为栽培的最佳时机。一般以长江以北分秋、春两季栽培，秋季在 8 月下旬至 10 月上中旬，春栽在 3～4 月份。有控温条件时，可周年栽培。

2. 栽培方法

目前大面积栽培均采用塑料袋栽培方法，在袋式栽培法中有床架式出菇、床畦覆土出菇等形式。如图 8-3 和图 8-4 所示。

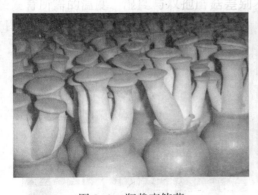

图 8-3　瓶栽杏鲍菇　　　　　图 8-4　袋栽杏鲍菇

（1）杏鲍菇栽培工艺流程如图 8-5 所示。

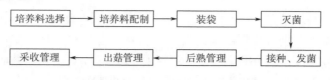

图 8-5 杏鲍菇栽培工艺流程图

（2）培养料的选择与配制　栽培杏鲍菇的主料是棉籽壳、玉米芯、木屑、蔗渣、豆秸及食用菌废料等。辅料为麸皮、玉米粉、碳酸钙、石膏、石灰等。所有原料应新鲜，无霉变、无虫蛀。培养基常用配方有以下几种。

①棉籽壳 40%、木屑 38%、麸皮 20%、碳酸钙 2%。

②玉米芯 46%、棉籽壳 40%、麸皮 6%、玉米粉 6%、糖和石膏各 1%。

③木屑 30%、棉籽壳 28%、麸皮 15%、玉米粉 5%、糖和石膏各 1%。

④杂木屑 60%、棉籽壳 20%、麸皮 18%、白糖和碳酸钙各 1%。

⑤稻草或麸草 57%、棉籽壳 10%、木屑 13%、麸皮 10%、玉米粉 8%，白糖和石膏各 1%。

⑥甘蔗渣 78%、麸皮 12%，玉米粉 8%、白糖和石膏各 1%。

⑦棉籽壳 90%、玉米粉 3%、麸皮 5%、白糖和石膏各 1%。

⑧豆秆 46%、棉籽壳 35%、麸皮 15%、玉米粉 2%、白糖和石膏各 1%。

以上配方中含水量均为 60%~65%，pH 为 7.5~8.0（用石灰水调）。

在调制培养料时，凡有棉籽壳的培养料都要先将棉籽壳加水润湿，然后与其他料一起拌匀，因为棉籽壳不易吸收水分。将易溶于水的物料先溶解在水内，再拌入料内，水要逐步加入，边拌料边加水，反复拌数遍，达到无结块、无白心、含水量一致。拌好的料宜及时装袋灭菌，也可将拌好的料先堆积发酵，再装袋灭菌。

（3）装袋　将拌好的料或发酵好的料装入塑料袋中。袋的规格多为 16cm×35cm 或 17cm×35cm。可采用手工装袋或机械装袋。将袋一端扎牢，将料均匀装入袋内，达到松紧适中，上下一致。袋装好后，两端打活结。见图 8-6。

图 8-6　装袋

（4）灭菌　装好的袋要及时灭菌，不可久放。采用高压灭菌时，0.147MPa维持2h；常压灭菌，锅内温度达100℃时，维持10~16h。

（5）接种　灭菌后的料袋取出放接种室或干净场所冷却，待袋温降至30℃以下时接种。采用两端接种，接种量为10%。一般每瓶（500mL或750mL）菌种可接15~18袋。并且菌种要尽量取块接入，减少细碎型菌种，以加速萌发，尽快让菌丝覆盖料面，最大限度地降低污染，提高发菌成功率。

（6）培养　启用培养室前应执行严格消毒工作，门窗及通风孔均封装高密度窗纱，以防虫类进入接种后的菌袋。培养袋移入后，置培养架上码3~5层，不可过高。尤其气温高于30℃时更应注意。严防发菌期间菌袋产热，室内采取地面浇水、墙体及空中喷水等方式，使室温尽量降低。冬季发菌则相反，应尽量使室温升高并维持稳定。一般应调控温度在15~30℃范围，最佳25℃，空气相对湿度70%左右，并有少量通风。尽管杏鲍菇菌丝可耐受较高浓度二氧化碳，但仍以较新鲜空气对菌丝发育有利。此外，密闭培养室使菌袋在黑暗条件下发菌，既是菌丝的生理需求，同时也是预防害虫进入的有效措施之一。一般在24~26℃条件下发菌，35~40d菌丝可长满袋。

（7）开袋搔菌催蕾　菌丝长满袋后，让其进一步成熟，积累更多的养分。后熟时间的长短直接影响到出菇率、转化率、菇体畸形率和产量的高低。当气温下降到10~18℃，可进行搔菌催蕾。不搔菌也能出菇，但搔菌处理可使出菇整齐一致（图8-7）。打开袋口，搔去袋口料面老菌种块和老菌皮。也可利用搔菌机完成操作。搔菌后应进行保湿，用薄膜将袋口覆盖，或用纸将套环口封住。当原基已在袋口形成，并出现1~2cm小菇蕾时，撑开袋口或剪掉袋口薄膜，每袋留3~4个菇蕾，让其生长发育。控制温度在12~15℃，空气相对湿度85%~90%。

图8-7　搔菌机及搔菌处理

（8）出菇管理

①幼蕾阶段：幼蕾体微性弱，需较严格、稳定的环境条件，该阶段可将菇房温度稳定在10~18℃、相对湿度90%~95%、光照强度500~700lx，以及少量通风，

保持较凉爽、高湿度、弱光照及清新的空气，3~5d，幼蕾分化为幼菇，即可见子实体基本形状（图8-8）。

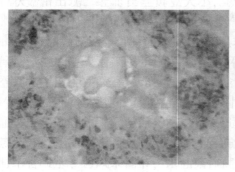

图8-8 幼蕾阶段

②幼菇阶段：子实体幼时尽管较蕾期个体大，但其抵抗外界不利因素的能力仍然软弱，此阶段仍需保持较稳定的温度、湿度、通气等条件，为促其加快生长速度并提高健壮程度，可适当增加光照度至800lx，但随着光照的提高，子实体色泽将趋深，故需掌握适度，经3d左右，即转入成菇期（图8-9）。

幼蕾及幼菇阶段是发生萎缩死亡的主要阶段，其主要原因是温度偏高，尤其是秋栽的第一潮菇和春栽的第二潮菇，处于较高的温度环境中，管理中稍有疏忽或措施不当、管理不及时等，就会使温度急剧上升，一旦达到或越过22℃，幼菇即大批发黄、萎缩，继而死亡。因此，严格控制温度，是杏鲍菇管理的首要任务。

③成菇阶段：为获得高质量的子实体，该阶段应创造条件进一步降低菇房温度至15℃左右，控制湿度90%左右，若低于75%以下时，就会出现子实体破裂的现象。光照强度减至500lx，尽量加大通风，但勿使强风尤其温差较大的风吹拂子实体，风力较强时，可在门窗及通风扎处挂棉纱布并喷湿，或缩小进风口等，以控制热风、干风、强风的进入，既保证室内空气清新，又可协调气、温、水之间的关系，使子实体处于较适宜条件下，从而健康正常生长（图8-10）。

图8-9 杏鲍菇幼菇阶段   图8-10 杏鲍菇成菇阶段

（9）采收及采后管理

①采收：当子实体基本长大，基部隆起但不松软、菌盖基本平展并中央下凹、边缘稍有下卷，但尚未弹射孢子时，即可及时采收，此时大约八成熟。采收的子实体应及时切除基部所带基料等杂物，码放整齐以防菌盖破碎，并及时送往保温库进行分级整理包装。不得久置常温下，以防菌盖裂口、基部切割处变色影响产品质量，更不得浸泡于水中，使其充分吸水以增加重量，否则，产品质量将大打折扣。采收后．清理干净料面，盖薄膜养菌约15d，转入第二潮菇的出菇管理（图8-11）。

图8-11　杏鲍菇采收

②采后管理：将出菇面清理干净，并清洁菇棚，春栽时喷洒一遍菊酯类杀虫药后密闭遮光，秋栽时只喷一遍杀菌剂即可。待见料面再现原基后，可重新进行第二潮菇出菇管理，当菇体充分长大，菌盖展开或按市场要求规格及时采收。

（10）后期覆土增产管理　将发好的菌袋或出菇两茬的菌袋脱去薄膜，竖立于床畦内（畦深20cm），间隔2cm，空间用发酵料或细土填平，菌筒表面覆1.5～2cm厚的细土，喷雾润湿土壤，上盖湿稻草或麦草保湿。加强通风并给予一定的散射光。覆土后因保湿性好，菇体肥大，肉厚质嫩，产量高，能提高栽培的生物转化率（图8-12）。覆土的作用如下：

图8-12　杏鲍菇覆土栽培

①减少气温对培养料温度的影响，调节及保持培养料的含水量。

②因土壤中含有营养物质，能补充培养料的营养，提高杏鲍菇产量。

③土壤中所含的臭味假单孢杆菌，可吸收菌丝体生长所产生的乙烯、丙酮等挥发性物质，能刺激和诱导原基分化形成。

④土壤具有支撑菇体和调节培养料 pH 的作用。

覆土材料及处理：覆土材料要含有丰富的腐殖质。通气性良好，并经过消毒处理。可取菜园地 20cm 以下的潮土（以草炭土为最好）100kg，加草木灰 6kg，氮、磷、钾复合肥 1kg，发酵好的干鸡粪 3kg，消毒的方法：加多菌灵（或 g 霉净）100g，氯氰菊酯 10mL，生石灰 2kg，充分混合均匀，堆闷 12h，然后摊晾 6~8h 备用。其他管理同上。

（11）杏鲍菇的保鲜、干制　杏鲍菇与一般菇类相比保存时间较长，一般在 4℃ 条件下放置 20d 不会变质，所以秋冬季节采收的杏鲍菇以鲜销为主。

杏鲍菇进行干制加工，整菇或切片进行晒干或烘干加工，其加工品香气浓郁，耐贮藏。

四、常见问题及处理

1. 菌袋感染

杏鲍菇接种后易被感染，尤其是易被绿霉感染。

原因：菌种老化或带杂菌；培养料灭菌不彻底；接种时没有严格进行无菌操作；接种后室温长期偏低；培养室不清洁、湿度大、温度高、通风差。

防治措施：选择适龄、健壮、抗逆性强、无污染的优质菌种；灭菌温度、时间适宜；接种时严格无菌操作；培养室遇低温要采取升温措施；注意环境消毒，防病虫传播；培养室要干燥，注意通风，防高温、高湿。

2. 接种后发菌缓慢

接种后菌丝萌发慢，菌丝长势弱，40 多天菌丝尚未发满。

原因：菌种老化，活力低；培养料 pH 过高或过低；接种时袋内料温偏低，接种后培养室温度长时间偏低。

防治措施：挑选优质菌种；培养料 pH 调整到 7~8；抢温接种；菌袋培养期间培养室温度保持在 25℃ 左右。

3. 菇蕾萎缩

原因：空气相对湿度低于 85%；温度高于 20℃；通风不良，CO_2 浓度高等。

防治措施：适时喷水保持菇房相对湿度为 90% 左右；降温至 20℃ 以下；保持菇房空气新鲜。

4. 菇体发黄腐烂

原因：幼菇期遇到高温，导致假单孢杆菌浸染；喷水时喷在菇体上，菇体表面残留水分过多，通风又不及时，遇到高温。

防治措施：搞好菇场清洁卫生，控制温度在 20℃ 以下；防止细菌污染；水不直接喷在子实体上，喷水后及时通风。

5. 菇体泡松

原因：菇场温度过高、湿度过大。

防治措施：注意通风，控温控湿，采收前 1d 停止喷水。

第二节

真姬菇

一、概述

真姬菇 [*Hypsizigus marmoreus (Peck) H. E. Bigelow*]，又名玉蕈、斑蕈、假松茸、胶玉蘑等，隶属于担子菌亚门、层菌纲、伞菌目、白蘑科、玉蕈属。因其具有独特的蟹香味，又称为蟹味菇。目前，栽培品种有浅灰色和纯白色两个品系，白色品系又称为"白玉蘑"（图 8-13）。20 世纪 70 年代在日本长野开始栽培，20 世纪 80 年代中期引入我国，90 年代开始规模化栽培，主要在山西、河北、河南、山东、福建等地。产品以鲜菇和盐渍菇出口日本、韩国等地。

真姬菇外形美观，质地脆嫩，味道鲜美，营养丰富。据分析，每 100g 鲜菇中含粗蛋白 3.22g、粗脂肪 0.22g、粗纤维 1.68g、糖类 4.56g、矿物质 1.32g，磷、铁、钙、锌、钠、钾的含量非常丰富，维生素 B_1、维生素 B_2、维生素 B_6、维生素 C 的含量也较高。蛋白质含 18 种氨基酸，其中人体必需氨基酸 7 种，占氨基酸总量的 36.82%。同时真姬菇具有提高免疫力、抗癌、防癌、预防衰老、延年益寿的功效。这也是近几年真姬菇风靡美国、日本等发达国家及国内市场的主要原因（图 8-14）。

图 8-13　真姬菇子实体

图 8-14　真姬菇工厂化出菇房

二、生物学特性

1. 形态特征

真姬菇由菌丝体和子实体组成。

（1）菌丝体　菌丝色白、浓密，绵毛状，气生菌丝长势旺盛，具较强的爬壁能力，老化后气生菌丝贴壁、倒伏，呈浅土灰色。适宜的条件下，接种后10d左右即可长满斜面；培养温度过高或过低时，在菌丝尖端易产生分生孢子，出现若干个白色、放射状、圆形菌落，菌丝纤细，气生菌丝稀疏，爬壁能力较弱，使质量降低。

（2）子实体　子实体中小型，丛生，每丛15~30株不等（见图8-13），二潮菇子实体常零星、单生，数量较少。菌盖直径大多为2~5cm，肥厚，长有大理石花纹，幼时半球形，后渐平展，菌盖颜色由深褐色、褐色、浅褐色变为黄褐色。菌柄长3~10cm，粗0.5~3cm，中生，圆柱形，中实，肉质，白色或灰白色。孢子近卵圆形至球形，无色透明，孢子印白色。

真姬菇有苦味型和甜味型两类菌株，苦味型有微苦口味，甜味型是相对于苦味型而言的。一般东南亚国家多喜苦味型品种，日本则要甜味型品种。

2. 生活条件

（1）营养　真姬菇属木腐菌。栽培真姬菇的碳源主要有各种阔叶树木屑、棉籽壳、玉米芯、作物秸秆等各种农作物的下脚料，以米糠、麸皮、大豆粉、玉米粉等为氮源，适当加入磷、钾、镁、钙等矿物质元素及一些缓冲物质。试验证实，用玉米秆、玉米芯粉与木屑各占一半的培养基主料栽培真姬菇，产量较高。

（2）温度　真姬菇属低温型变温结实性菇类，对温度条件的要求较为苛刻。其菌丝生长温度范围为5~30℃，温度达35℃以上或低于4℃时菌丝停止生长，最适宜温度为22~24℃，但长成的菌丝体具备较强的抗高温能力，气温在30~35℃时可正常生长，经过高温阶段可提高结菇能力；真姬菇原基分化温度范围为8~17℃，最适温度为12~16℃；子实体生长温度为8~22℃，最适温度为13~18℃；原基的形成需要8~10℃的温差刺激。

（3）水分　真姬菇属于喜湿性菌类。培养料适宜含水量为65%左右，如低于45%，菌丝生长迟缓、稀疏纤细、易发黄衰老，高于75%时，菌丝生长困难，生长极慢，严重者生长停滞，菌丝体生长空气相对湿度以65%~75%为好；子实体发育期要求空气相对湿度为85%~95%，低于80%时，子实体生长缓慢，瘦小易干枯，大于95%时菌盖易变色、腐烂。

（4）通气　真姬菇属于好气性菌类，其菌丝生长阶段尤其是子实体生长阶段需要大量的新鲜空气，菌丝生长阶段，培养袋内二氧化碳浓度不能超过0.4%；子实体分化发育阶段二氧化碳浓度应控制在0.1%以下，最佳浓度为0.05%左右，人进入菇棚感觉空气清新、无明显食用菌气味为佳。培养料不能太粗或太细，否则影响透气性和发菌速度。

（5）光照　同大多数食用菌一样，真姬菇发菌期间不需要光照，黑暗环境中菌丝洁白、粗壮、抗衰老能力强，菌丝扭结成原基及分化则需要一定的散射光。催蕾阶段应给予 50~100lx 的散射光，子实体生长发育阶段则需 300~500lx 的光照。光照适宜时，菇体色泽正常、形态周正、斑纹清晰、菌柄挺拔。实际生产中，可在大棚上覆一层较薄的草帘。

（6）酸碱度　真姬菇菌丝体在 pH 为 5~8 范围之内均能生长，最适 pH 为 6.0 左右。实际生产中，可将培养料的 pH 调高到 8.0 左右，偏碱性的条件可在一定程度上防止或抑制杂菌污染和促进菌丝的后熟。

三、栽培管理技术

真姬菇人工栽培主要有瓶栽法和袋栽法两种。瓶栽法主要应用于日本等工厂化栽培，有保持水分及便于机械化操作等优点；袋栽法装料多、省工、适合农村条件。现以推广面积较大的熟料袋栽为例，介绍真姬菇人工栽培技术。

真姬菇栽培工艺流程如图 8-15 所示。

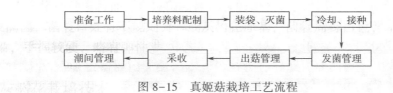

图 8-15　真姬菇栽培工艺流程

1. 场地准备

应选择地势高、远离污染源、平坦开阔的空旷场地建菇场。要求周围环境洁净，排水方便，有水源，通风良好，交通方便，无污染源。

一般棚为东西走向，宽 6m，长度不限，可挖 0.8~1m，南北墙高 0.4m，棚中间高度不小于 2.4m，棚顶要加厚，可用草苫加杂草、麦秸或其他材料覆盖，以起到保温、保湿作用；老菇棚应晒棚、更换架杆，棚膜和棚内彻底消毒。棚内消毒应铲去 3~5cm 厚表土，然后用多菌灵与甲醛混合液（多菌灵、甲醛、水比例为 1:2:100）对棚内进行地毯式喷洒，墙体、边角、立柱、通风孔等应喷洒药剂，不留任何死角，也可用菇保一号或甲醛加高锰酸钾熏蒸消毒。小规模生产，可以在房前屋后的空地上搭建简易菇棚。

2. 栽培季节

实际生产中，可根据当地气温规律，合理安排出菇季节，使出菇期温度在 8~22℃。真姬菇子实体的生长发育进程缓慢，人工栽培过程中，整个制种、栽培的不同培养阶段所需时间如下。

（1）菌种生产所需时间　母种培养 18~20d，原种 35~40d，栽培种 35~40d。要计算好时间及数量，选择适宜的品种，以保证栽培时使用优质的适龄菌种。

（2）袋栽生产周期　发菌 40~45d，后熟培养 50~80d，出菇期 30~45d。从菌种准备到采收完毕，整个栽培周期为 140~180d，比一般菇生长时间长。特别是在菌丝体长满后，还要在特定条件下培养 40d 以上，才能达到生理成熟。

人工栽培时应根据当地气候条件和真姬菇生长发育期较长的特点来安排栽培季节。我国南方省份，一般在 9 月份气温稳定在 28℃ 以下时制菌袋，9~11 月发菌及后熟培养，11~12 月份气温在 20℃ 以下时出菇；山东、河南、河北等地一般在 8 月下旬开始制菌袋，8~10 月发菌，11 月下旬至 12 月中下旬出菇；甘肃、宁夏等省区一般 6 月中旬制菌袋，7~9 月发菌及后熟培养，9 月下旬至 10 月下旬出菇；东北地区则更早。如工厂化栽培，则可周年生产。

3. 培养料制作

（1）配方　真姬菇栽培原料应因地而异，选择适合的主料。现将生产中常用的配方介绍如下。

①木屑 79%、米糠或麸皮 18%、糖 1%、石膏粉 1%、石灰 1%。

②棉籽壳 98%、石膏粉 1%、石灰 1%。

③棉籽壳 48%、木屑 35%、麸皮 10%、玉米粉 5%、石灰 1%、石膏粉 1%。

④玉米芯 80%、麸皮 12%、玉米粉 5%、石膏粉 1.5%、石灰 1.5%。

⑤玉米芯 40%、木屑 40%、麸皮 12%、玉米粉 5%、石膏粉 1.5%、石灰 1.5%。

（2）拌料　按比例称取原料进行拌料。木屑使用前需要过筛，以免装袋时刺破料袋。由于木屑吸水较慢，拌料时应提前拌水吸湿，至木屑吸透水无白心为宜；麸皮和米糠要求新鲜、无结块、无霉变；棉籽壳要求新鲜、无霉烂，使用前（特别是陈年棉籽壳）一定要暴晒；玉米芯、豆秸使用前要晒 1~2d，再粉碎成黄豆大小。配料前，干燥的玉米芯、豆秸要加水预湿。

可采用人工拌料或机械拌料。人工拌料时，选择水泥地面拌料为好。为了达到混拌均匀的效果，先将比例少的原料混拌均匀，再将其与比例大的原料进一步混拌，干料拌均匀后，再拌水，培养料的含水量以 55%~60% 为宜（含水量测定方法是用手紧握培养料成团不松散，指缝间有水印而不下滴为宜）；机械拌料时，先将主料倒入机仓，辅料拌匀后撒在主料表面，干拌 2~3min 后，按比例加水，加水量可用水表来定量。加水后再拌 3~5min 即可。

4. 装袋与灭菌

一般可选用 17cm×（30~33）cm×0.004cm 的聚乙烯或聚丙烯折角塑料袋，每袋装干料约 500g。该种塑料袋可排放在栽培架上直立出菇。长出的子实体形态周正，个头均匀，粗细适中，商品价值较高。装料时，尽量采取机械作业。也可人工操作，当料装至袋长的 70% 左右时，袋口套颈圈、加棉塞后（或其他封口方式）

即可进行灭菌。在装料及灭菌过程中，要轻拿轻放，必要时在排放袋堆的底部垫报纸，以免薄膜破损。

图 8-16　真姬菇机械装袋、装瓶

装袋后要及时进行灭菌。可采用常压灭菌也可用高压灭菌。常压灭菌一般为100℃，保持 10h 左右。高压灭菌一般压力为 0.118~1.147MPa，保持 1.5~2h。

5. 冷却与接种

袋温降至 25℃ 以下时，即可接种，可采用接种帐、接种箱、超净工作台等接种设备接菌。因真姬菇菌丝生长速度慢，抵抗污染能力偏低，因此，应较一般菇类的接种操作要求更严格。接种前 1~2d 对接种帐进行消毒灭菌。首先，地面撒白灰，然后用菇保 1 号等气雾消毒剂对空间消毒。接种方法同常规操作，接种时必须严格按无菌操作规程进行。

真姬菇子实体有先在菌种层上分化出菇的习性，故接种时应有足够的用种量，并保持一定的菌种铺盖面积和表面积。接种前把菌种掰成花生仁大小，接种在料面上，使之自然成凸起状，既增加了出菇面积，又有利于子实体的自然排列，不仅产量高，而且整齐度好。

6. 发菌管理

（1）菌丝培养　接种后将菌袋搬入预先消毒的培养室培养。发菌室对环境的要求是温度控制在 20~25℃。当气温超过 30℃ 时，应采取措施进行降温；空气相对湿度保持 65%~70%，过低的湿度往往使菌袋失水严重，影响出菇。湿度过高时易染杂菌，因此应注意每天通风 2~3 次，暗光培养。气候条件适宜时，也可置于室外空地上发菌。菌垛大小根据季节和温度适当调整，切忌大堆垛放，以免发生烧菌现象。一般发菌 50d 左右，菌丝即可长满袋。见图 8-17。

（2）菌丝后熟培养　真姬菇菌丝发满袋后，因菌丝还未达到生理成熟，所以尚无结菇能力，仍需要继续培养，称为"二次发菌"阶段。该阶段的管理是真姬菇和其他菇类不同的地方。后熟培养阶段是真姬菇能否顺利出菇及影响产量、质量的重要环节。后熟培养的操作很简单，菌袋可在原地不动。利用通气等方式使室

图 8-17　真姬菇菌丝培养

温升高到 30~35℃，长成的菌丝体具有较强的抗高温能力，不但不影响菌丝活力，而且可以提高真姬菇的结菇能力，但不可高于 37℃。其他条件可同前期发菌阶段。控制相对湿度在 75% 左右，通风量较前稍加大，可适当增加光线及温差刺激，以提高后熟效果，缩短培养期。一般 50d 左右菌丝体即可达生理成熟。其标志：菌袋菌丝由洁白转为土黄色；菌柱由于失水而收缩，但菌柱四周与塑料薄膜贴合较紧，成凹凸不平的皱缩状；手指敲之发出干段木的轻音，不闷不沉；无病虫害。

　　菌丝后熟培养结束后，如仍处于高温季节而不适宜出菇，可将菌袋进行简单的存放或转入越夏处理。存放条件以阴凉、通风、闭光、无虫害为最佳。可在人防工事、地下室等场所存放，待气候适宜时即可进行出菇管理。

　　7. 出菇管理

　　（1）搔菌　各地可根据出菇时间的长短、温度的高低等条件，确定真姬菇搔菌的方式及其力度。如时间充裕，可提前进行搔菌，如温度偏高，此时搔菌可采用重搔的方式，方法是将袋口打开，用工具将接种块去掉，并将表面基料刮去 0.2~0.3cm。然后通过培养使其重新长出一层气生菌丝。其优点是出菇整齐一致，个体均匀，便于管理。如时间偏晚，可用硬毛刷将袋口表面菌丝破坏，但不去掉接种块。若搔菌时气温已稳定在 10~20℃，很适合出菇，袋口未打开前，将袋口按在地面上轻揉 1~2 圈，使表面菌丝稍受损伤，然后打开并拉直袋口，使其直接出菇（图 8-18）。

图 8-18　真姬菇机械及人工搔菌

　　（2）注水　搔菌后，可往袋口内灌注清水 200~300g，两头出菇的菌袋可直接浸入水池中，令其自行吸水，约 2h 后，将多余的清水倒出，或将菌袋从水池中捞出重新码放。该工序可对菌袋进行有效刺激，并能补充发菌过程中失去的水分，可增加出菇的整齐度和数量。

（3）催蕾　催蕾分化时应严格控制菇棚温度在 12～16℃，最佳为 15℃ 左右；适当光照，保持空气清新、湿润，空气相对湿度为 90%～95%，约一周后袋口料面便可长出一层浅白色气生菌丝，并形成一层菌膜。这时，调控 8～10℃ 左右的昼夜温差，数日内菌膜逐渐由白色变为浅土灰色，标志着原基即将形成。3～5d 后，灰色菌膜表面将会出现细密的原基，并逐渐分化为菇蕾，便进入育菇管理阶段。

图 8-19　真姬菇催蕾

（4）育菇管理　菇蕾形成后，控制菇房温度为 13～18℃，空气相对湿度为 85%～90%，每日通风 3～4 次，控制二氧化碳浓度在 0.1% 以下，光照强度为 200～500lx。子实体生长中、后期，拉起袋口，适当提高菇房二氧化碳浓度，以刺激菌柄的伸长，保持菇盖 1.5～3cm。在子实体生长中，若菇房空气相对湿度低于 80%，可在空中喷水或地面洒水，但不能直接向子实体喷水。10～15d 后菇蕾即可发育成商品菇。此期应防止温度过高、湿度偏低，否则会导致大批菇蕾萎缩死亡。

8. 采收及潮间管理

当子实体长至八成熟时，应及时采收。采收的标准：菌盖上大理石斑纹清晰，色泽正常，形态周正，菌盖直径 1.5～3cm，柄长 4～8cm，粗细均匀。此时菌盖边缘没有全部展开，孢子尚未弹射，是采收的好时机。

真姬菇的生物学转化率可达 75%～85%，产量主要集中在第一潮。若第一潮出菇少，可进行第二潮菇的管理。具体作法：第一潮菇采收后，及时清除袋内死菇、菇柄及料面菌皮，稍拧紧袋口，降湿保温养菌 5～7d，然后转入第二潮管理，一般可出 3 潮菇。

第三节

大球盖菇

一、概述

大球盖菇（*Stropharia rugosoannulata* Far. ex Murrill）又名球盖菇、皱环球盖菇、

酒红色球盖菇、褐色球盖菇、裴氏球盖菇等，属担子菌亚门、层菌纲、伞菌目、球盖菇科、球盖菇属。大球盖菇主要分布在欧洲、南北美洲及亚洲的温带地区，我国云南、四川、西藏、吉林等省均有野生分布，该属我国已知有 10 种（图 8-20）。

图 8-20　大球盖菇子实体

大球盖菇是许多欧美国家栽培的食用菌之一，也是联合国粮农组织（FAO）向发展中国家推荐栽培的优秀食用菌品种之一。其驯化栽培在 1969 年始于德国，20 世纪 70 年代发展到波兰、匈牙利等地，我国于 20 世纪 80 年代从波兰引种栽培成功，现已在全国栽培推广。

大球盖菇菇朵大，色泽艳丽，肉质滑嫩，柄爽脆，口感极好，干菇香味浓，可与花菇相媲美。其营养丰富，每 100g 干品中含蛋白质 29g、脂肪 0.66g、粗纤维 9.9g、糖类 54g、磷 44mg、铁 11mg、钙 24mg、维生素 B_2 2.14mg、维生素 C 6.8mg。还含有多种人体必需的氨基酸和具有抗肿瘤作用的多糖，其子实体提取物对小鼠肉瘤（S-180）、艾氏腹水癌的抑制率均为 70% 以上，因此，大球盖菇是一种食药兼用菌，越来越受消费者青睐。

大球盖菇栽培技术简便，抗杂菌感染能力强，适应温度范围广，栽培周期短，产量高，生产成本低，售价高，经济效益可观，具有广阔的市场前景及商业生产潜力。

二、生物学特性

1. 形态

大球盖菇子实体单生、群生或丛生，它们的个头中等偏大，单个菇团可达数千克重。菌盖近半球形，后扁平，直径 5~15cm，菌肉白色肥厚，菌盖初为白色，常有乳头状的小突起，随着子实体逐渐长大，渐变为酒红色或暗褐色，老熟后褐色至灰褐色，表面光滑，有纤维状或细纤维状鳞片，湿润时表面有黏性，菌盖边缘内卷，常附有菌幕残片。菌褶是直生的，而且排列非常密集，刀片状，稍宽，裙缘有不规则缺刻；初为污白色，后变成灰白色，随菌盖平展，逐渐变成褐色或紫黑色。菌柄粗壮，近圆柱形，靠近基部稍膨大，菌柄早期中实有髓，成熟后逐渐中空，柄长 5~15cm，柄粗 0.5~4cm。菌环以上污白，近光滑，菌环位于柄的中上部，菌环较厚或双层，膜质，白色或近白色，上面有粗糙条纹，深裂成若干片段，裂片尖端略向上卷，易脱落，在老熟的子实体上常消失，菌环以下带黄色细条纹。

孢子光滑，棕褐色，椭圆形，有麻点，顶端有明显的芽孔，厚壁，褶圆囊状体棍棒状，顶端有一个小突起。孢子印紫黑色。

2. 生长发育条件

（1）营养 大球盖菇为草腐菌，分解利用纤维素、木质素的能力较强，常用稻草、麦秆、木屑等作为培养料，但粪草料以及棉籽壳并不适合作为大球盖菇的培养料。大球盖菇可直接利用的氮源物质有氨基酸、蛋白胨及一些无机氮素，但不能直接吸收利用蛋白质、硝态氮、亚硝态氮，生产中常在栽培料中添加麸皮、米糠、豆粉作为大球盖菇氮素营养来源，不仅补充了氮素营养和维生素，也是早期辅助的碳素营养源。大球盖菇正常菌丝生长和出菇还需要钙、磷、钾、铁、铜等矿物质元素，一般栽培大球盖菇所采用的农作物秸秆原料中含有的矿物质元素就能完全满足其生长所需，不需添加任何有机肥和化肥；但子实体生长需要的微量元素来源于土壤，没有土壤难形成子实体。在用纯稻划栽培时，菇潮来势猛，朵形挺拔高大，周期短。

（2）温度 大球盖菇属中温型菇类，孢子萌发的适宜温度为 12~26℃，以 24℃孢子萌发得最快。菌丝体生长温度较为范广，最适温为 23~27℃，一般在 5~34℃均能生长，但在 12℃以下、32℃以上菌丝生长缓慢，超过 35℃菌丝停止生长，持续时间长时会造成死亡。菌丝有超强的耐低温能力，−20℃冻不死。原基形成的最适温度为 12~25℃，当气温超过 30℃以上时，子实体原基难以形成。子实体形成所需的温度范围是 4~30℃，在此温度范围内，随着温度升高，子实体的增长速度增快。但在较低温度下，子实体发育缓慢，形成的菇品菌盖大且厚，柄短，菇体紧密，不易开伞，品质好；在较高温度下，子实体生长速度太快，形成的菇品朵形较小，菌柄细长，菌盖变小，易开伞，菇质较差。子实体生长最适温度为 15~25℃，在此温度内子实体出得最整齐，产量最高，气温低于 4℃和高于 30℃子实体难以形成和生长。

（3）水分和湿度 培养基适宜的含水量是栽培成功的保证，基质中含水量高低与菌丝生长及长菇量有直接的关系。菌丝体生长要求培养料含水量 65%~70%为宜，发菌期应保持环境空气相对湿度在 65%~75%，以防培养料失水。如果培养料中含水量过高，会使菌丝生长不良，表现为菌丝稀疏、细弱，甚至还会使原来生长的菌丝萎缩；培养料含水分量过低（低于 55%）时菌丝生长无劲，不浓白，且产量低。原基分化需要较高的空气湿度，一般要求在 85%~95%，因为菌丝从营养生长阶段转入生殖生长阶段必须提高空气的相对湿度，方可刺激出菇，假如菌丝虽生长健壮，但空气相对湿度低，出菇也不理想。子实体生长阶段空气湿度以90%~95%为宜，此时子实体生长快，盖大肥嫩；如湿度不足，子实体生长缓慢且瘦小，菌柄变硬。

（4）空气　大球盖菇是好气性菌类，新鲜而充足的氧气是保证其生长的重要因子之一。在菌丝生长阶段只需少量氧气，随着菌丝生长，对氧气的需求量逐渐增加，在原基形成及子实体生长发育阶段要求有充足的氧气。空间的二氧化碳浓度应低于0.15%，需特别注意通风换气，如通风不良，则子实体生长缓慢，菇盖变小，变薄，菌柄细长，易形成畸形菇，因此出菇时应每日通风2~3h。

（5）光照　大球盖菇的菌丝生长可以完全不需要光线，在黑暗的条件下菌丝生长旺盛，较强的光照反而对菌丝生长有抑制作用，而且会加速菌丝体的老化。原基分化和子实体发育则需要一定的散射光（100~500lx），散射光对子实体的形成有促进作用。栽培场所如选半遮阴的环境，栽培效果更佳。但是，强光对子实体也有抑制作用，如果较长时间的太阳光直射，造成空气湿度降低，会使正在迅速生长而接近采收期的菇柄龟裂，影响产品的外观。

（6）酸碱度　大球盖菇菌丝在pH 4~9之间均能生长，但微酸性环境更适宜生长，最适宜的pH范围为5~8，此时菌丝生长快速、健壮。由于菌丝在新陈代谢的过程中，会产生有机酸，使培养基pH下降，因此栽培时常将培养料的pH调高至5.6~6.5。子实体生长时的基质培养料pH适宜5~6；覆土材料的pH以5.5~6.5为宜。

（7）覆土　大球盖菇菌丝营养生长结束后，需要覆土促进子实体的形成，这和覆盖层中的微生物有关。覆盖的土壤要求具有团粒结构，保水透气性良好，质地松软，含有腐殖质，具有较高的持水率，生产中常用森林表层土、果园中的土壤，切忌用沙质土和黏土。覆土在使用前需经消毒，pH以5.7~6为宜。

三、栽培管理技术

1. 栽培场地的选择

大球盖菇可在室内人工栽培，产量无明显差异。室外栽培是目前栽培大球盖菇的主要方法。北方栽培最好在林地或果园里建塑料大棚，也可建在房前屋后或大田地里（图8-21），或人为地创造半阴半阳的生态环境。在塑料大棚内采用高畦栽培，高10~15cm，床宽100cm，长度1.5~7.0m，畦与畦之间的距离40~50cm，畦床在使用前要喷施500倍的敌百虫杀灭虫害。

2. 栽培季节

栽培大球盖菇一个生产周期要3~4个月，一般春栽气温回升到8℃以上，秋栽气温降至30℃以下即可播种，各地可根据具体的气候特点安排播期。如果有栽培设施，则除严冬和酷暑外，均可安排生产。

图 8-21 大球盖菇栽培

3. 菌种制作

大球盖菇母种和原种可通过组织分离法和孢子分离法获得，大量栽培所需的栽培种也可通过从供种单位引入原种再进行扩繁获得。

（1）母种制作

①麦芽糖酵母琼脂培养基（MYA）：大豆蛋白胨（豆胨）1g、酵母 2g、麦芽糖 20g、琼脂 20g，加水至 1000mL。

②马铃薯葡萄糖酵母琼脂培养基（PDYA）马铃薯 300g（加水 1500mL，煮 20min，用滤汁）、酵母 2g、豆胨 1g、葡萄糖 10g、琼脂 20g、加水至 1000mL。

③燕麦粉麦芽糖酵母琼脂培养基（DMYA）燕麦粉 80g、麦芽糖 10g、酵母 2g、琼脂 20g、加水至 1000mL。

按菌种制作的常规方法制作培养基、分装、灭菌，严格无菌操作接种，适宜条件下培养。为了缩短菌种培养时间，提高成品率，最好选用蛋白胨葡萄糖琼脂培养基作母种培养基。对保存的菌种要先进行复壮，再采用多点接种方法克服菌种培养时间长（一般 60d 左右）、污染率高等问题。

（2）原种和栽培种制作 制作大球盖菇原种和栽培种的培养基，用麦粒最好，常用配方：小麦或大麦 88%、米糠或麦麸 10%、石膏或碳酸钙 1%、石灰 1%、含水量 65%。培养基制作好后，在无菌条件下采用多点式接种，或尽量铺满料面，以免杂菌污染。在 24~28℃ 条件下，暗培养 7~10d，菌丝萌发生长至直径 4cm 左右的菌斑时，立刻对菌丝进行人工搅拌，搅拌时接种点的菌丝被搅断受刺激，同时由于开瓶口（在超净台上进行）实际上给菌丝起增氧作用，有利于菌丝迅速生长，一般整个培养过程需 25~30d 可长满瓶。

4. 栽培料的准备

（1）栽培材料的选择 栽培大球盖菇的原料来源很广，农作物的秸秆都可以使用，不需加任何有机肥，大球盖菇的菌丝就能正常生长并出菇，添加化肥或有机肥菌丝生长反而很差。大面积栽培大球盖菇所需材料数量大，不同地区可根据具体条件就地取材，提前收集贮存备用。

（2）栽培材料的处理　生产中常用生料栽培，这里以稻草生料栽培为例介绍栽培料的处理方法。

①稻草浸水　将稻草直接放入水沟或水池中浸泡，边浸边踩，浸水时间一般为 2d 左右，不同品种的稻草和不同的原料，浸泡时间略有差别，充分泡透的草料呈柔软状，稍变黄褐色，翻动草堆无"草响"，此时含水率约为 75% 左右。如果用水池浸草，每天需换水 1~2 次，以防酸败。除直接浸泡方法外，也可以采用淋喷的方式，具体做法：把稻草放在地面上，全天喷水 2~3 次，并连喷 6~10d，期间还需翻动数次，使稻草吸水充足均匀。

经浸泡或淋透的稻草，自然沥水 12~24h，让其含水量达最适宜湿度 70%~75%。可以用手测法判断含水量是否合适，具体方法是：抽取有代表性的稻草一把，将其拧紧，若草中有水渗出，而水滴是断线的，表明含水量适度；如果水滴连续不断线或无水滴渗出，则表明含水量过高或偏低，可通过延长沥水时间或补水调整到适宜的水含量之后才可以建堆播种。

②预堆发酵　在大多数情况下，如果气温稳定在 20℃ 以下，基质预湿后，一般可不必经过预堆发酵，可以直接铺床播种；只有当白天气温高于 23℃ 以上时，为防止建堆后草堆发酵，温度升高，影响菌丝生长，才需要进行预堆。发酵的目的是利用高温杀死杂菌和病虫害，并消耗掉竞争性杂菌可以利用的部分可溶性物质，降低杂菌污染，同时软化秸秆，增加基质紧密性，调节含水量和 pH。具体做法：将浸泡过的稻草放在较平坦的地面上，堆成宽约 1.5~2m、高 1~1.5m，长度不限的草堆，要堆结实，隔 3d 翻一次堆，再过 2~3d 即可散堆调节建堆，使水含量达 75% 左右，尤其是堆放在上层的草常偏干，一定要补足水分后才能播种建堆，否则会造成建堆后温度上升，影响菌丝的定值，同时调 pH 至 6~7，就可以入床铺料播种了。

5. 建堆播种

将准备好的栽培料均匀铺在畦床上，每 1m² 用干草 20~30kg，用种量 600~700kg。铺料、播种要分层进行，一般分三层，铺一层草，播一层种，每层草厚约 8cm，前两层用种量各占 25%，最上面一层的用种量占整个用种量的 50%。播种完毕，料面上的菌种用木板压一压，使菌种与培养料紧密接触。铺草播种要掌握两个关键技术：一是入床铺料一定要压平按实，松软的菌床往往导致失水和升温，不利于菌丝定植和生长；二是菌种块不要掰的过碎，一般以鸽蛋大小为好。播完种后，在草堆面上加覆盖物，覆盖物可选用旧麻袋、无纺布、草帘、旧报纸等。旧麻袋因保湿性强，且便于操作，效果更好，一般用单层即可。大面积栽培时用草帘覆盖也行。草堆上的覆盖物，应经常保持湿润，防止草堆干燥，可以直接在覆盖物上喷雾水，以喷水时多余的水不会渗入料内为度。

6. 发菌管理

发菌期间应加强管理，温度、湿度的调节是大球盖菇栽培管理的中心环节。

建堆接种后，每天早晨和下午定时检测畦床草料温度变化，要求料温控制在 20~30℃，最好 25℃，当堆温在 20℃以下时，在早晨及夜间加厚草被，并覆盖塑料薄膜，待日出时再揭去薄膜，料温高于 30℃，应采取揭膜通风、在料面覆盖物上喷冷水、在料面上打散热孔等措施使之降温。播种后 3d 内，可采取密闭大棚的管理方法，使菌种伤口愈合，一般 3d 后菌丝开始萌发，此后可采取逐步适量加大通风的管理措施，同时注意保持棚湿。发菌期前 10~15d 一般不喷水或少喷水，平时补水只是喷洒在覆盖物上，不要直接喷水于菇床上，不要使多余的水流入料内；发菌期间要严格闭光，更不允许有直射光进入。15d 后菌丝占整个料层 1/2 以上，此时料面局部变干发白，应局部喷水增湿，喷水要勤喷，菇床四周的侧面应多喷，中间部位少喷或不喷。如果菇床上的湿度已达到要求，就不要天天喷水，否则会造成菌丝衰退。

一般经 30~35d 的培养，大球盖菇的菌丝在料下生长达到 2/3 时，就可以覆土了。

7. 覆土催菇

菇床覆土一方面可促进菌丝的扭结，另一方面对保温保湿也起积极作用。覆土常用森林表层土、果园中的壤土，切忌用沙质土和黏土。覆土在使用前需经消毒，pH 以 5.7~6 为宜。具体的覆土时间应结合不同季节及不同气候条件区别对待，如早春季节建堆播种，如遇多雨，可待菌丝接近长透料后再覆土；若是秋季建堆播种，气候较干燥，可适当提前覆土，或者分两次覆土，即第一次可在建堆时少量覆土，第二次待菌丝接近透料时再覆土。覆土厚度为 3~5cm，覆土含水量 36%~37%，即用手捏土粒，土粒变扁但不破碎也不粘手为宜，覆土后继续加盖覆盖物（覆盖厚 3~5cm 的草，草用竹片架起，防止伤害菇蕾）。覆土后 3d 可见到菌丝爬到土层，此时要调节好覆土层的湿度。为了防止内湿外干，最好向上层的覆盖物喷水，喷水量要根据场地的干湿程度、天气的情况灵活掌握。菌床内部的含水量也不宜过高，否则会导致菌丝衰退，同时注意通风换气，控制空气相对湿度为 85%~90%。覆土后约 20d 左右菌丝就可长满土面，此时应及时揭去覆盖物，加大通风量，降低空气湿度，约半天时间，爬出土面的气生菌丝基本全部倒状。该现象即为现蕾前的重要环节，目的是控制菌丝徒长，迫使菌丝由营养生长进入生殖生长，这时土层内菌丝开始形成菌束，扭结大量白色子实体原基。为保证原基能顺利分化形成子实体，此时应着重加强水分管理，使畦面的空气相对湿度保持在 85%~95%。喷水宜少而勤，表土有水分即行。

8. 出菇管理

大球盖菇从原基分化到子实体成熟一般需要 5~8d，出菇期间的重点是调控好温、湿、气、光等环节。

（1）温度　出菇期间温度宜控制在 14~18℃，大棚内日夜温差不宜大，棚内温度宜相对稳定。在适宜的温度下，大球盖菇发育健壮有力，出菇快，整齐，优质菇多。当温度低于4℃或超过30℃，均不长菇。温度高，大球盖菇的生长速度比较快，但是色泽、性状不是很理想，应尽量使棚温保持下限水平，以使子实体个头均匀、肥大，商品质量高。气温低于14℃以下，应采取增设拱棚、增加覆盖物、减少喷水等措施以提高料温。进入霜冻期，在增加覆盖物的同时停止用水，使小菇蕾安全越冬。

（2）湿度　大球盖菇出菇阶段空气的相对湿度为90%~95%。气候干燥时，因湿度太低，菇体往往不能正常发育而干僵，子实体容易因干燥而菇盖破裂，要注意菇床的保湿，经常保持覆盖物及覆土层呈湿润状态。若采用麻袋片覆盖，可将其浸透清水，去除多余的水分后在覆盖到菌床上，每天处理1~2次即可；若采用草帘覆盖，则可用喷雾的方法保湿。揭开覆盖物时，同时检查覆土层的干湿情况，若覆土层干燥发白，必须适当喷水，使之达到湿润状态。喷水不可过量，多余的水流入料内会影响菌床出菇。若堆内有霉烂状或挤压后水珠连续不断线，即是含水量过高，应及时采取停止喷水、揭去覆盖物、加强通气、开沟排水、从菌床的面上或近地面的侧面上打洞、促进菌床内的空气流通等措施补救。

（3）光照　大球盖菇生长期需散射光，散射光对大球盖菌的形成与发育有促进作用，在菌丝倒伏后，选择气温较低、阳光不同的时间，揭开棚顶草苫，增加棚内光照量，以刺激现蕾整齐一致，光照控制在1000lx左右，时间约3h左右。菇蕾出现后仍以避光管理为好，其生理需要的光线，在人进入棚内能观察、管理所需的光线即可满足。

（4）空气　大球盖菇子实体生长需新鲜空气，通气的好坏会影响菇的质量与产量，二氧化碳的浓度较正常值高时，菇盖的生长被抑制，而促进菇柄的生长，导致长而小的子实体出现。相反，氧浓度较正常值高时，子实体就会变成菇柄短而粗、菇盖大而厚的优良商品性状。当畦面有大量子实体发生时，更要注意通风。一般每天通风2~3次，每次1h。

9. 采收

适时采收的子实体形态是基部隆起但不松软、菌盖基本平展并中央下凹、边缘稍向下内卷、尚未弹射孢子，最迟应在菌盖内卷、菌褶呈灰白色时采收。一般现蕾后5~10d子实体即可采收，菌盖直径在6~8cm。

采收后，将出菇料面清理干净。春栽、秋栽时喷洒杀虫剂、杀菌剂，以趋避害虫和预防杂菌病害。除去菇床上残留的菇脚，留下的洞穴要及时覆土补平，履膜保湿。经10~12d，又开始出第二潮菇，管理方法同第一潮菇。可连续采3~4潮菇，每潮间隔15~20d，以第二潮菇产量最高，每潮菇产量一般6~10kg/m²。

第四节

白灵菇

一、概述

白灵菇〔*Pleurotus nebrodensis*（Inzenga）Quel〕是白阿魏侧耳的商品名，又称为白灵侧耳、白阿魏蘑、翅鲍菇。隶属真菌门、担子菌亚门、层菌纲、伞菌目、侧耳科、侧耳属，因形似灵芝而得名。是 20 世纪 90 年代以来我国规模化栽培的一种珍稀食用菌。野生白灵菇分布于南欧、北非、中亚内陆地区，在我国仅分布于新疆干旱的沙漠地区。因其腐生或兼性寄生在伞形科多年生药用植物阿魏或刺芹植物的根茎上，在新疆地区又称为阿魏蘑、"西 d 白灵芝"、"山神菇"，1983 年经新疆科技人员驯化栽培成功，目前在我国北方广泛栽培，是我国具有自主知识产权和明确原产地的品种。

白灵菇子实体色泽洁白、个体大，营养丰富，肉质细嫩，香味浓郁，味美可口，具有较高的食用及保健价值，被誉为"草原上的牛肝菌"，见图 8-22。据分析，白灵菇子实体含蛋白质量 14.7%、脂肪 4.31%、矿物质 4.8%、粗纤维 15.4%、糖类 43.2%，含 17 种氨基酸，尤其是人体所必需的氨基酸含量占总氨基酸含量的 35%。此外，还富含维生素和微量元素等。据报道，白灵菇可治胃病，可有效提高人体免疫力，具有抗病毒、抗肿瘤、降低胆固醇、防止动脉硬化等功效。

图 8-22　白灵菇

白灵菇作为一种珍稀的天然保健食品，可鲜销或进行各种加工，深受国内外消费者的青睐，为当前出口看好的品种，开发前景广阔。

二、生物学特性

1. 形态特征

白灵菇菌丝体在试管斜面上比平菇菌丝体浓密洁白，菌苔厚且较韧，但生长速度比平菇慢、气生菌丝旺盛。在显微镜下观察，菌丝较粗，有分枝，锁状联合明显。

白灵菇子实体呈单生或丛生。显蕾时菌盖近球形，后展开成掌形或中央稍微下陷的歪漏斗状，色白，直径 5~15cm。开伞后菌盖边缘内卷，菌肉白色、肥厚，中部厚达 3~6cm，向菇盖边缘渐减薄。菌褶刀片状密集，长短不一，近延生，奶油色至淡黄白色。菌柄偏心生至近中生，其长度因菌株而异，一般长 6~14cm、粗1.5~4cm，上下等粗或上粗下细，表面光滑、无色。孢子印白色。

2. 生长发育条件

（1）营养　在自然界，白灵菇主要发生于伞形科大型草本植物，如刺芹、阿魏、拉瑟草、绵毛芹等植物的茎根上。白灵菇是一种腐生菌，也兼有寄生的特性。经过不断的栽培驯化，许多富含木质素、纤维素和半纤维素的农副产品均可用来栽培白灵菇。

（2）温度　白灵菇是一种中低温型变温结实性食用菌。菌丝生长温度范围为3~32℃，最适温度为25~28℃，超过35℃则菌丝停止生长。菇蕾分化的适宜温度为0~13℃，子实体发育温度范围为5~18℃，而以12~15℃为最适温度。原基形成需10℃的温差刺激。

（3）水分　白灵菇菌丝生长阶段培养料含水量以60%~65%为宜。子实体形成及其正常发育的空气相对湿度为85%~95%。由于白灵菇个体大，菌肉厚，故其抗旱能力比其他食用菌强。

（4）光照　白灵菇菌丝生长时不需要光照，在黑暗条件下生长良好，但原基形成则需要一定的散射光。子实体需较强光照，在200~600lx光照条件下才发育正常，若光线过弱，则菇柄徒长，菌盖小且畸形。在直射光或完全黑暗时不易形成子实体。

（5）空气　白灵菇为好氧性菌类，菌丝体生长与子实体发育均需要足够的新鲜空气，尤其是子实体阶段，因代谢旺盛、呼吸强度大，对氧气更加敏感，如果菇房通风不良，当二氧化碳浓度超过0.5%时，则易产生畸形菇。

（6）pH　菌丝能在pH为5~11的基质上生长，最适pH为5.5~6.5。

三、栽培管理技术

1. 栽培季节

白灵菇是中低温型菌类，在12~15℃子实体长得较快。当地气温降至12~16℃前50~60d制袋接种最适。制袋接种时日最高气温稳定在30℃以下为最适。一般在

8月底9月初开始接种。秋季接种，冬、春季出菇，则产量高、质量好。有制冷设备的空调菇房可周年栽培。

2. 栽培场所

栽培场所因地制宜，专业菇房、普通民房和塑料大棚等都可使用。无论采用哪种菇房均要求能保温、保湿、通风透光，同时栽培场所的环境要洁净，水质纯净无污染。

3. 菌种

（1）品种选择　根据白灵菇的菇体形态，有两种基本类型的菌株可供选择：一种是手掌形、短菌柄的或无柄的；另一种是漏斗形、长菌柄的。从目前国内外市场对白灵菇的需求看，手掌形的白灵菇最为畅销，售价也较高；漏斗形的白灵菇则栽培周期相应较短。栽培者可根据自身的目标市场和栽培条件严格进行品种选择，方能增产增效。

（2）菌种制作　母种采用PDA（马铃薯葡萄糖琼脂培养基）或PSA培养基（马铃薯蔗糖琼脂培养基），菌丝培养温度为25℃，菌龄为10d。原种可用棉籽壳、木屑、麸皮培养基培养，培养基含水量为62%~63%，用750mL广口瓶装料，每瓶装干料200g。经高压灭菌，冷却后接种，25℃下培养，经30d后瓶内即可长满菌丝。

4. 栽培袋制备

（1）栽培料配制　供栽培白灵菇的原料较广，适合栽培的主料有阔叶树的木屑、棉籽壳、甘蔗渣和玉米芯等，辅料有麸皮、玉米粉、黄豆粉、碳酸钙、过磷酸钙、钙镁磷肥和酵母粉等。无论采用哪种原料，务必要求新鲜、干燥、无霉变。如原料陈旧、潮湿、已霉变则很容易致使栽培失败。培养料配方如下：

①棉籽壳68%、麸皮20%、甘蔗渣10%、石膏1%、石灰1%。

②木屑78%、麸皮20%、石膏1%、碳酸钙1%。

③棉籽壳78%、麸皮15%、玉米粉5%、石灰1%、碳酸钙1%。

④棉籽壳62%、玉米芯25%、麸皮10%、石膏1%、石灰1%，过磷酸钙1%。

⑤木屑40%、棉籽壳40%、麸皮10%、玉米粉8%、石膏1%、石灰1%。

料水比为1∶（1.3~1.4）。

（2）装袋灭菌　栽培白灵菇多选用（15~17）cm×（33~36）cm×0.005cm的聚丙烯塑料袋培养。每袋装干料500g（湿料1kg左右），袋内装料松紧要适中，太紧密则通气性差，太松弛则装料少，且产量低。装满后扎口（可直接扎活结，也可套上塑料套环、塞上棉花），进行高压或常压灭菌。高压灭菌时保持压力0.15MPa灭菌2h。常压灭菌时100℃持续12h，灭火后再闷4h，待料温降至60℃以下时，灭菌结束。

5. 接种

灭菌后的栽培袋降温至30℃以下时，在无菌条件下接种。接种最好选择夜间或清晨进行，这有利于提高接种成功率。两头接种，一般情况下，每瓶菌种可接种 25 袋左右。

6. 发菌

接种后的菌袋应及时移入预先消毒灭菌好的发菌室内避光培养，室内温度应控制在 22~28℃，空气相对湿度在 70% 以下，并注意经常通风换气，以保持空气新鲜。培养过程注意观察菌丝长势，及时剔除已污染上杂菌的袋子。一般培养 35d 左右，菌丝即可长满袋。

7. 后熟培养

当白灵菇菌丝长满袋后，不能立即出菇，因此时菌丝稀疏，菌袋松软，必须进行菌丝后熟培养，即在温度 20~25℃、空气相对湿度 70%~75%、通风透气良好的环境下，再继续培养 30~40d，使菌丝长得致密、洁白、粗壮，菌袋结实坚硬，以累积充足养分，达到生理成熟后才能出菇。在后熟培养后期，需要 200~300lx 的散射光照射，以促进菌丝扭结。

8. 出菇管理

经后熟培养后，即进入出菇管理期。此时出菇场地宜选择塑料温室大棚，采用墙式栽培出菇。管理工作主要分为搔菌、催蕾和育菇等三个阶段。

（1）搔菌　为促进菌丝更好地发育及定位出菇，可采取"搔菌增氧"措施。具体操作方法：打开袋口（有塞的话，将棉花塞拔出），用小耙刮掉老菌块或轻轻搔去料面中央的菌皮，直径 2~3cm，其他位置不要搔动，以免菌丝恢复生长较难且现蕾过多。搔菌后用皮筋扎袋口（有塞的话，将棉花塞轻轻塞上），以保持良好的通气性，且不会使料面干燥。搔菌期间，棚内应注意保湿，控制室温 15~20℃，并尽量缩小温差，促使搔菌处的菌丝 3~5d 内恢复生长。见图 8-23。

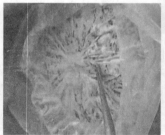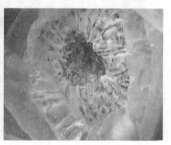

图 8-23　白灵菇的搔菌处理

（2）催蕾　当搔菌处的菌丝恢复生长后即可催蕾。催蕾室要求 300~600lx 散射光，保持相对湿度 85% 左右。白灵菇属于不严格的变温结实性菌类，没有温差刺激也能出菇，但出菇慢，且不整齐。在催蕾期间最好给予 10℃ 左右的昼夜温差刺激。具体操作方法：白天在菌袋上覆盖塑料薄膜，温度控制在 15~18℃，当夜间气温下降时则揭开薄膜，将室温降至 5~8℃。同时，室内要通风透气，这样 10~12d 原基即可形成。

（3）育菇　原基形成后，菇室温度应控制在5～18℃，以12～15℃为宜，空气相对湿度在85%～95%，增强光照强度达到500lx左右。当菇蕾长到黄豆大小时，可除去棉花塞及套环；长至蚕豆大小时，则撑开袋口疏蕾，弃弱留强，一般每袋保留1～2个壮实、形态好的菇蕾，见图8-24；当菇蕾长到乒乓球大小时，可剪口育菇，即将塑料袋上端沿料面剪弃，让菇蕾和料面露出，以便为菇体提供足够的生长空间和新鲜空气。同时应适当加大通风换气量，气候干燥时，可采用空间喷雾，或朝地面泼水增湿，但切勿直接向菇体喷水，以保证子实体的正常发育。

图8-24　白灵菇疏蕾处理

9. 采收及采后管理

白灵菇采收应遵循即熟即采的原则。采收太早，子实体未充分发育，品质欠佳，并影响产量；采收太迟，子实体易老化，直接影响其贮藏与保鲜。采收时要轻采、轻拿、轻装，尽可能减少机械损伤。从原基形成到采收需要15d左右，一般采收一潮菇，生物学效率平均可达60%左右。采收后的菌袋注水或覆土，管理得当，可出第二潮菇。

采收完的菌渣养分还很充足，适当调配堆制发酵后，可栽培鸡腿菇、金针菇、平菇、毛木耳等。

白灵菇个体大、肉质肥厚致密、含水量较低、保鲜期长，耐远距离冷藏运输，特别适宜鲜销。同时因白灵菇不易变色，而适合切片烘干、盐渍及制罐加工等，并可深加工成各种食品或保健品。

第五节

茶树菇

一、概述

茶树菇（*Agrocybe aegerita* Huang.）又名茶薪菇、茶菇、杨树菇、油茶菇、柳环菌、柳松茸、柱状田头菇等。属担子菌门、层菌纲、伞菌目、粪伞科、田头菇属。原为江西广昌境内高山密林地区的一种野生蕈菇，现一般分布在温带及亚热带。

茶树菇为长柄丛生型子实体的菌类，营养丰富，味道鲜美，盖肥柄脆，气味香浓，尤其菌柄口感极佳，属高档食用菌。茶树菇是集高蛋白、低脂肪、低糖分、集食用与保健于一身的纯天然绿色食用菌。据测定，每 100g 干品中，含蛋白质 19.55g、脂肪 2.05g、糖类 30.28g。含有 18 种氨基酸，其中人体必需的 8 种氨基酸齐全，还含有丰富的 B 族维生素及矿物质元素。

茶树菇性平，甘温、无毒，有清热、平肝、明目的功效，可以补肾壮阳、利尿、健脾、止泻，可用于治疗腰酸痛、胃冷、头晕、腹痛、呕吐、头痛等症，还具有降血压、降血脂、抗癌、抗衰老等功效。

我国科技工作者于 1972 年在福建分离到第一株野生茶树菇纯种。自 20 世纪 80 年代以来，我国开始了其生物学特性及栽培技术研究，并开始零星栽培。目前，已大规模栽培。

图 8-25　茶树菇

二、生物学特性

1. 形态特征

茶树菇菌丝体纤细、有分枝，绒毛状，双核菌丝有锁状联合。

子实体单生、双生或丛生，菌盖直径 2~10cm，表面平滑，初为半球形，暗红褐色，后渐变为扁平，浅褐色或土黄色，有浅皱纹，成熟后，菌盖常上卷，边缘破裂。菌肉白色，略有韧性，中部较厚，边缘较薄。菌柄长 3~9cm，粗 0.3~1.5cm，中实，纤维质，近白色，基部色稍深。菌环白色，膜质，生于菌柄上部。孢子卵形至椭圆形，淡黄褐色，表面光滑。孢子印褐色。

2. 生活条件

（1）地理分布　茶树菇主要分布在北温带，亚热带地区也有分布，热带地区罕见，极冷极热的气候条件都不适宜发育，茶树菇可按一般的培养方法来进行栽培。

茶树菇在自然条件下，生长于小乔木类油茶林腐朽的树根及其周围，生长季节主要集中在春、夏之交及中秋前后。砍伐老林后的再生林中较多发生。由于油茶树木质坚硬，腐朽速度慢，因此茶树菌丝体的生长周期较长。

据调查，野生茶树菇的发生往往受上一年的降水量影响。即上一年的降水量多，第二年3月份前又是适量的降水量，那么第二年的4、5月份就会有大量的茶树菇发生。如果第一年降水量较少，第二年3月份也比较干旱，那么即使第二年4、5月份降水较充足，茶树菇的发生也较少。正是由于发菌时间长，有利于菌丝聚集能量和蓄积子实体生长发育所需要的充足营养物质，才形成了营养丰富、清脆爽口、味道鲜美、口感极佳、外形美观的菇中珍品。

（2）营养　茶树菇是一种对木质素分解能力较弱的木腐菌。经人工驯化后，可利用油桐、枫树、柳树、栎树、白杨等阔叶树做栽培材料，但以材质较疏松、含单宁成分较少的杂木屑较为适宜。由于茶树菇菌丝分解木材能力较弱，而分解蛋白质能力较强，为提高产量和质量，必须在配方中加入适量的有机氮源，如新鲜的米糠、麸皮、花生饼粉、棉子饼粉等。茶树菇能在较大的碳氮比（C/N）范围内生长，在（25~70）：1的范围内菌丝生长较好，在60：1时菌丝的干重量最大。栽培时，培养基碳氮比为（30~60）：1时，子实体的产量高，菇质也好。

（3）温度　茶树菇属中温型食用菌。其菌丝体在4~35℃条件下均能生长，在45℃以上失去活力而死亡。菌丝在25℃时生长最快，每天伸长7.5mm，23~28℃范围内，其生长较快。子实体形成和生长的温度范围为16~32℃，最适温度为18~24℃。在较低温度处理一段时间，再转入18~24℃培养，可使出菇整齐、子实体的商品性能提高。

（4）水分和湿度　茶树菇栽培的培养基含水量应掌握在60%~65%，用手抓一把培养基，用劲捏，指缝间湿润，稍有水但不流下，手指松开成块、落地后散开为宜。但不同树种、不同粗细的木屑略有差别，应灵活掌握。菌丝生长时，空气相对湿度在70%以下；子实体形成发育期为85%~95%，生长期适当降低，以延长产品保鲜期。

（5）空气　茶树菇为好气性真菌，对CO_2十分敏感，通气不良、CO_2浓度过高（>0.3%），易造成菌丝生长缓慢、子实体菌柄粗长、菌盖细小、开伞早、畸形菇多。菌丝生长阶段发菌室要间断通气，每天通风1~2次，子实体生长阶段栽培房要勤通风换气，每天通风3~6次，视实际情况而定。

（6）光照　菌丝体生长不需光，原基形成及子实体生长需150~1000lx光照。子实体生长有明显向光性，一定条件下可获得盖小、柄长的产品，犹如金针菇栽培。如可采用塑料袋做套筒的办法，使光线均匀一致、局部CO_2浓度增高，获得菌盖小、菌柄长、生长致的产品。

（7）酸碱度　茶树菇菌丝喜弱酸性环境，最适pH为5.5~6.5，pH4以下或

6.5 以上菌丝生长稀疏、缓慢。原基分化及子实体生长发育所需 pH 为 5.0~6.0。考虑到菌丝生长过程中培养料 pH 的变化，拌料时 pH 掌握在 7~7.5 为宜。

三、栽培技术

1. 菌种选择

我国各地栽培茶树菇优良菌种主要来源有两处：①福建省三明市真菌研究所。其菌株菌柄粗，丛生子实体较少，颜色较深，菌盖呈深褐色，子实体耐高温能力强，产量高，但鲜菇口感较差；②江西广昌。其菌株菌柄细，丛生子实体数多，颜色略浅，菌盖呈红棕色，产量略低，但肉质嫩，鲜菇口感好。

2. 栽培材料与配方

凡富含纤维素和木质素的农副产品下脚料，茶饼粉、杂木屑、玉米芯、棉籽壳等都可以栽培茶树菇，但以茶籽壳、茶籽饼加入培养料生产出的产品香味、色泽、药用价值都不失天然特殊风味。

木屑以阔叶树木最好，如杨树、柳树等栽培茶树菇产量较高，菌丝生长较快。不管采用哪一种木屑都以陈旧的比新鲜的好，要把木屑堆于室外，长期日晒雨淋，让木屑中的树脂挥发及有害物质完全消失。其配方中加入棉籽壳，营养丰富，蛋白质、脂肪含量较高，制作的培养基通风较好，可提高产量近一倍（图 8-26）。

图 8-26　茶树菇栽培

茶树菇培养料假如含氮量较高，则污染率高、出菇迟；含氮量过低，则产量低。常用配方如下：

①木屑 36%、棉籽壳 36%、麸皮 20%、玉米粉 5%、茶籽饼 1%、轻质碳酸钙 1%、蔗糖 1%，水适量。

②棉籽壳 87%、麸皮 10%、石灰 2%、蔗糖 1%，水适量。

③木屑 73%、麸皮 25%、碳酸钙 1%、蔗糖 1%，水适量。

④棉籽壳 73%、木屑 10%、麸皮 15%、石膏 1%、蔗糖 1%，水适量。

以上配方，主料以棉籽壳最好，木屑以泡桐、杨树等速生木材为好。往培养料中添加适量（5%~15%）茶籽饼粉，效果较好。也可添加豆饼粉等，并适当加大麸皮或米糠的用量。

3. 装袋

主要采用（14~17）cm×（34~38）cm 的聚丙烯塑料袋，原料粉碎至米粒大小，木屑过筛，棉籽壳加水搅拌堆积，使其吸透水分再加辅料，充分拌匀。装料要松紧适度，料面平整，松紧一致，以免周身出菇。装料至 1/2~2/3 即可，空余的料袋便于出菇期管理。可在料中央用圆捣木打一个深 10cm 左右的穴。

4. 灭菌

装袋完毕，用干净的棉布擦干净菌袋表面，便可进锅灭菌。高压蒸汽灭菌 0.14MPa 灭菌 1.5~2.0h；常压灭菌 100℃ 保持 12h 以上。茶树菇抗杂能力较弱，灭菌一定要彻底。

5. 接种

首先应选择质量好，菌龄不超过 80d 的适龄菌种，接种时料袋的余温不能超过 36℃，否则易烧死菌种，造成不萌发菌丝的现象。温度低于 30℃ 后，将料袋放入接种箱内，再将各种接种器械经 75% 酒精消毒后放入接种箱内一起消毒 10~20min，再开始接种。接种时袋口要靠近酒精灯火焰处，袋口朝下，除少量菌种接入洞内，大部分菌种放在培养基表面，然后扎紧袋口，一瓶（750mL 菌种瓶）或一袋栽培种可接料袋 20~25 袋。

6. 培养

接种后速将菌袋放在培养室的菇架上培养（培养室内放入菌袋的前三天应做好消毒灭虫的前期工作，否则容易感染杂菌及病虫害；菌袋立着放比较好，20d 以后应堆起，横着放，底对底，一般应放到 5~6 层为宜），室内应保持 23℃ 左右。相对空气湿度应保持不超过 65% 左右。室内光照不能过强，应在黑暗下培养，以免一边发菌、一边出菇的现象出现，早晚通风、勤打扫，特别注意防鼠害，以免感染其他杂菌，造成严重损失。一般温度适宜，30d 左右菌丝长满袋，60d 左右可开袋出菇。

7. 出菇管理

菌袋长满菌丝后，再过 10d 左右，即温度在 16~20℃ 时可搬入经事先经消毒灭虫的大田棚内，也可在室内，用 0.05% 高锰酸钾液体冲洗干净菌袋表面的灰尘及细菌，干后用刀片在接种口即菌袋顶部割开一寸小口左右，刮掉料面的种块和老菌皮，覆盖薄膜。茶树菇属于不严格的变温结实性菇类，没有温差刺激也可出菇，但适当的温差刺激，有利菇蕾形成。因而开袋后应适当给予温差刺激。菌丝从营养生长转入生殖生长阶段料面颜色有变化，初期出现黄水，表面有深褐色的斑块，接着出现小菇蕾。只要温度湿度适合，一般开袋后 15~20d 内开始出菇。

子实体生长阶段，保持温度在 20~28℃ 左右，空气相对湿度 85~90% 以内，开口后十几天，不能直接喷水，以免感染杂菌。开口5d后，如湿度过高，通风时间可长一点，一般10~15min；如湿度过低，可在旁边喷水提高湿度。待茶树菇菌盖呈半球形，内菌幕尚未脱离菌盖时采收，从菇蕾到采收一般需要5~7d。第一期出菇后应停止喷水5~6d，任其恢复菌丝生长，为下期出菇积累营养。15d后再逐步提高温度到第二潮菇长出来，时间间隔约需5~15d。此后，按以上方法管理，再出第三潮菇，采摘三潮菇后，如菌袋干燥失水，可开袋喷水，增加湿度，还可再出菇。

四、常见问题及处理

1. 水渍状斑点病

菌盖出现针刺状凹点，紧接着周围颜色变浅，最后出现裂纹及水渍状斑点。

原因：菇房内较长时间的高温、高湿、通风不良，使得子实体发育不正常。昆虫咬食也会出现相似的症状。

防治措施：在子实体发生和生长期间，加强菇房的通风降温，增湿应结合通风进行，不打关门水，菇房内的湿度也不可长时间处于饱和。

2. 细菌性腐烂病

菇体水渍状腐烂，有恶臭味，病斑褐色，有黏液。常发生于菌柄和菌盖处，使菌柄变黑。

原因：病原菌为黄色单孢杆菌和托氏假单孢杆菌。在菇房高温高湿时，病原菌通过水、工具、昆虫或人等媒介，从子实体的机械伤口或虫口传播，导致发病。

防治措施：使用洁净水；控制菇房空气相对湿度不超过95%，尤其不要长时间过高；保持菇房适当通风，喷水后注意换气；防治病虫害（菇蚊、菇蝇等）进入菇房；及时清除病菇，防止传播蔓延；发病初期，可喷200单位的农用链霉素。

3. 基腐病

菌柄基部呈褐色，最后变黑、腐烂，使子实体倒伏。

原因：病原微生物为瓶梗青霉。培养料含水量过高，菌袋搔菌后表面积水、菌袋长期覆盖薄膜导致通风不良，菇房内空气相对湿度过大，该病容易发生。

防治措施：培养料含水量要适宜；菇水分管理要科学；初发现病菇，及时清除，并用70%甲基托布津1500倍液或65%代森锰锌500倍液喷洒。

4. 软腐病

菌柄基部呈黑褐色水渍状斑点，后病斑逐渐扩大变软、萎蔫、腐烂。病斑上可产生白色絮球状分生孢子丛。

发生原因：病原微生物为异形葡枝霉。在栽培后期，若气温起伏不定、湿度又大时容易发生。

防治措施：防止菇房内气温变化过大；降低空气相对湿度；子实体一旦发病，及时连根清除，在地上撒生石灰，并用1%的多菌灵溶液喷洒。

第六节

姬松茸

一、概述

姬松茸（*Agaricus bazei* Murrill）又名巴西蘑菇、小松菇、柏氏蘑菇、松口蘑、小松菇、老鹰菌、送伞菌等，属担子菌门、层菌纲、伞菌目、蘑菇科、蘑菇属。云南又叫青岗菌，西藏则称鸡丝菌。因其原产巴西，又名巴西蘑菇。日本称为松蕈、松茸。在我国，它主要野生于吉林省和黑龙江省牡丹江林区的赤松林地中，以延边出产的最负盛名。此外，云南、贵州、广西、四川、西藏、安徽等地的山区松林或针、阔叶树混交林地亦有少量分布。朝鲜、日本是盛产松茸的国家。野生松茸主要与松树根形成菌根关系（图8-27）。

图8-27　姬松茸

我国的姬松茸主要出口日本。因其风味独特，被称为"菌类之王"，又因食药兼优，被日本医学界称为"地球上最后的食品"。姬松茸具有浓郁的杏仁香味，子实体脆嫩爽口，富有弹性，香气浓郁，食后余香满口，风味独特，用其做主料，可烹饪出许多美味菜肴。

姬松茸营养丰富，食药两用。每100g干品中含粗蛋白43.19g、可溶性糖41.56g、粗脂肪3.73g、粗纤维6.01g、矿物质5.54g、麦角甾醇0.14g，还含有多种维生素和抗肿瘤、降血糖的多种多糖。姬松茸与香菇、金针菇化学成分比较如表8-2所示。

表 8-2		姬松茸与香菇、金针菇化学成分比较		单位:%
成分	姬松茸鲜菇	姬松茸干菇	干香菇	干金针菇
水分	86.59	0	0	0
粗蛋白质	5.79	43.19	18.3	13.9~16.2
粗脂肪	0.59	3.73	4.9	1.7~1.8
粗纤维	0.81	6.01	7.1	6.3~7.4
粗灰分	0.74	5.54	3.4	3.6~3.9
可溶性糖	50.57	41.56	66.3	60.2~62.2

姬松茸中氨基酸含量也十分丰富。据相关报道，除色氨酸、鸟氨酸待测外，已测定的17种氨基酸总量为19.22%，其中人体必需氨基酸含量为9.65%，占总氨基酸含量的50.18%，略高于羊肚菌，高于一般食用菌。

姬松茸的药用价值很高，对肝病、糖尿病、痔疾等有较高的疗效。姬松茸中含有多糖类物质，对小白鼠肉瘤 S-180 抑制率为91.8%，对艾式腹水癌的抑制率为70%。对人体肿瘤也有良好的辅助疗效。

因此，姬松茸价格昂贵，经济效益非常可观，极具开发价值。

二、生物学特性

1. 形态特征

菌丝体在 PDA 培养基上，白色、绒毛状、致密纤细，气生菌丝旺盛，爬壁能力强。在粪草培养基上，菌丝呈匍匐状，生长粗壮整齐，生长速度比同属的双孢蘑菇快，随菌龄增长，常形成菌丝束，并在培养基表面形成白色菇蕾。在麦粒培养基上菌丝洁白、浓密，有菌丝束。在显微镜下观察，菌丝有间隔和分枝，但无锁状联合。

子实体中等大，粗壮，菌盖扁圆形至半球形，长大后呈馒头状，后平展，中央部平坦，褐色，直径 5~11cm，表面被有淡褐色至栗褐色纤维状鳞片，盖缘有内菌幕残片。菌肉厚，白色，四周较薄，受伤后变橙黄色。菌褶离生，较密集，初时乳白色，受伤后变肉色至黑褐色。菌柄圆柱状，中实，上下等粗或基部稍膨大，柄长 4~14cm，粗 1~3cm，菌环以上的菌柄乳白色，菌环以下有栗褐色纤维状鳞片，后变光滑。菌环着生于菌柄上部，膜质，白色，后褐色，膜下有褐色的棉屑状附属物。孢子暗褐色，光滑，宽椭圆形至球形。孢子印黑褐色。

2. 生长发育条件

（1）营养　姬松茸为草腐菌，菌丝能分解稻草、棉籽壳等多种农作物秸秆和猪牛粪便等作为碳源、氮源。最适碳源为蔗糖，在 1%~7% 浓度范围内随添加浓度升高，菌丝生长速度加快，不能利用淀粉。最适氮源为各种有机氮，也能利用尿素、硫酸铵等无机肥。可添加少量石膏、过磷酸钙来补充矿物质，添加石灰调节酸碱度。

（2）温度　姬松茸属中温型恒温结实性菇类。菌丝生长的温度范围为 10～37℃，最适温度 23～27℃。10℃以下菌丝生长极慢，37℃以上菌丝干枯死亡。子实体生长温度范围 16～32℃，最适温度 22～28℃。出菇不需温差刺激。

（3）水分和湿度　栽培料水分控制在 60%～65%。发菌期空气相对湿度控制在 70%左右；出菇期空气相对湿度控制在 85%～90%，子实体发育时 80%～85%为宜，稍低于少数食用菌。

（4）光照　发菌期间应闭光，黑暗利于菌丝生长发育，直射光易对菌丝体造成损伤，甚至导致自溶。子实体生长期间允许微弱的散射光，光照度在 500～1000lx 之间，不可过强，尤其不可有直射光。光线过强，则菇体瘦小，菌盖上鳞片上卷。光照强度还会影响子实体的颜色。

（5）通气　姬松茸是一种好气性真菌，菌丝生长和子实体发育都 需新鲜空气。发菌阶段应将菇棚内 CO_2 浓度控制在 0.3%以下，出菇阶段应调控至 0.1%以内；尤其是子实体膨胀期，一定要保持棚菇内空气清新，人进入菇棚内几乎感觉不出食用菌的特殊气味，更不能有臭味。若通气不良，菌丝生长缓慢，甚至死亡，菇蕾变黄枯萎。空气新鲜时菇色亮，菇体硬，生长健壮。

（6）酸碱度　菌丝在 pH 5～9 范围内皆可生长，最适 pH 6.5～8.0。由于菌丝生长过程中 pH 的动态变化，培养料 pH 可调整至 5～11。

三、栽培技术

1. 栽培方式

姬松茸一般为发酵料开放式畦栽或床栽，栽培方式与双孢蘑菇完全相同。生长发育所需的温度、湿度与双孢蘑菇差别不大，栽培中注意季节并及时调整即可（图 8-28）。

图 8-28　姬松茸栽培

2. 栽培季节

从播种到出菇需要 40~50d，低海拔地区可春、秋两季栽培，但以秋栽为好。①春栽：1~2 月堆建，3~4 月播种，5~6 月出菇；②秋栽：7 月上旬至 8 月下旬建堆，8 月中下旬至 9 月上旬播种，9 月下旬至 10 月出菇。

高海拔地区一年可栽一季，2~6 月底建堆，3~7 月底播种。

栽培时应提前 22~23d 建堆发酵，前发酵 14~15d，后发酵 6~8d，播种后发菌 20~25d，池菌丝基本长满后覆土。覆土后 20d 出菇，一般每 10d 左右可采收一潮菇，共收 4~5 潮菇。播种后整个生长周期为 100~120d。

3. 菇棚建造

姬松茸一般在菇棚中栽培，采用二层覆膜，棚内升温快且持续时间长，保温效果好，可为姬松茸栽培成功提供重要的温度条件。棚内设床架，每架 4~6 层，层间 50~60cm，层架宽度 1.4m 底层距地面 20cm，顶层离顶屋 1m，层架之间走道为 100cm。床面铺小竹或竹片及少量茅草。菇房四周及床架刷石灰浆。

4. 配料

姬松茸以纤维素类为主要养分，其原料来源甚广，稻草、麦秆、甘蔗渣、棉籽壳、玉米秆、高粱秆、野草等均可任选一种或几种混合，辅以牛粪、禽粪、少量化肥、石灰粉、碳酸钙等辅料。所用的原料均要求晒干并新鲜。常用配方如下：

①稻草 70%、干牛粪 15%、棉籽壳 12.5%、石膏粉 1%、过磷酸钙 1%、尿素 0.5%。

②稻草 42%、棉籽壳 42%、牛粪 7%、麸皮 6%、磷肥 1%、碳酸钙 1%、磷酸二氢钾 1%。

③芦苇 75%、棉籽壳 13%、干鸡粪 10%、混合肥 0.5%、石灰粉 1.5%。

④玉米秆（或麦秸）70%、棉籽壳 12%、牛粪粉 15%、石膏粉 1.5%、过磷酸钙 1%、尿素 0.5%。

⑤玉米秆 36%、棉籽壳 36%、麦秆 11.5%、干鸡粪 15%、碳酸钙 1%、硫酸铵或尿素 0.5%。

⑥甘蔗渣 80%、牛粪 15.5%、石膏粉 2%、尿素 0.5%、石灰粉 2%。

⑦稻草（或麦秸）65%、干粪类 15%、棉籽皮 16%、石膏粉 1%、尿素 0.5%、石灰粉 1%，过磷酸钙 1%、饼肥 0.5%。

配方较多，可利用当地资源灵活调整。培养料用量以 20kg/m² 左右为宜。

5. 培养料处理

姬松茸以发酵料栽培为主，发酵方法可参考双孢蘑菇的栽培。

（1）一次发酵 一次发酵结束后优质培养料的标准：深咖啡色，不酸、不臭、不黏。生熟适中，草柔软而有弹性，有韧性。含水量在 65% 左右，切忌过湿。总氮为 1.5%~1.8%，pH 为 8.0~8.5。

（2）二次发酵 二次发酵又称为后发酵。后发酵结束后优质培养料的标准：

褐色，手握培养料柔软而有弹性，有韧性而不黏手。有香味而无氨味、臭味。含水量 65% 左右，手指捏有 2~3 滴水下落。pH 为 7.0 左右。

6. 播种及管理

菇棚进料前要进行消毒。铺料要厚薄一致，料厚 20~25cm，床面平整，等料温降至 30℃ 以下时再播种。目前的栽培种大都采用麦粒菌种。播种时将麦粒菌种轻轻掰碎，2/3 均匀撒在培养料面上，用叉适当抖动将菌种落入料内，1/3 撒在床面上，再盖上一层预先留下的含粪肥较多的优质培养料，厚度以看不到谷粒菌种为度，见图 8-30。菌种用量，一般 1~2 瓶（750mL）/m²，播种后用木板轻轻抹面，并轻按压，使菌种与料面紧密接触，并使料面平整。播种后关闭门窗和通风口，前 3 天不通风，第 4 天起注意菇棚内的温度变化，既要保温、保湿，又要使新鲜空气通入菇房，以人进入菇房时不感到气闷为宜，但不得有光照尤其是直射光进入。播种后菇房的温度一般掌握在 23~25℃，最高不超过 30℃，最低不低于 18℃，空气相对湿度以 75%~85% 为宜。通气良好，暗或微弱光。发菌管理的重点是，控制温度，保持湿度，适宜通风。20d 左右菌丝即可长至料底。当菌丝布满料面，并深入到料层 2/3 处时，就要及时覆土。

7. 覆土

覆土直接影响到产量和质量，不覆土就不出菇。料面的覆土应预先预备。对覆土材料的选择，要选用保水通气性能较好、不含肥料、新鲜的土粒，不能用太尖硬的沙土。可取用工作层以下的土层，主要原因是该土层杂菌基数低，易于处理，对预防后期某些病害有明显效果。备好覆土材料后，应摊开充分曝晒，然后按 0.5%~1% 比例加入石灰粉，均匀堆闷，维持时间约 10d 左右，再配制多菌灵溶液边喷洒边拌匀，至土粒上均有药液沾覆时，重新堆闷，1 周后即可随用随取了。覆土含水量以 20%~22% 为宜。

覆土消毒也可用 500 倍的菊酯类农药和 1% 的甲醛混合液喷洒覆土，然后用薄膜盖严，密闭 24~28h，摊开散去药味即可使用。一般 100m² 床面覆土量为 3~4m³。

覆土一般分两次进行，先覆粗土粒，厚约 2~2.5cm，不重叠、不漏料，用木板轻轻拍平，向土粒上喷水，使土粒无硬心。隔 5~7d 覆 1cm 细土，补匀、喷水。要求覆土厚薄一致，表面平整。

覆土后通风 1d，然后喷水，喷水要采取少量多次的方法，使其含水量保持在 18%~20%。调水可用 1% 的澄清石灰水或自来水。再调水时要加大通风量，调水后适当减少通气量。覆土和调水既能提供菇蕾形成所需的温度和湿度，又可刺激菌丝扭结形成菇蕾。菇蕾形成以后要给予适宜条件，使菇蕾健壮生长。覆土后温度保持在 22~25℃，调温、调湿、通风相互有联系，应结合进行。当土中菌丝量增多、少量爬出土层、菌索粗壮时，即可进入出菇管理。

8. 出菇管理

覆土后 10~15d，剥开泥土见大量洁白的索状菌丝时，便可定量喷水催菇，水分管理主要是往覆土层喷水，向斜上方喷，保持土层湿润，通常不让水流向料层，保持料面泥土含水量22%，并保持棚内空气相对湿度85%以上，1周内土面即有白米粒状菇蕾出现，继而长至黄豆大小，就进入出菇阶段。出菇阶段要消耗大量氧气，并排出CO_2，因此必须加强通风换气，每天开窗通风1~2次，每次不少于30min，气温较高时早晚开窗通风，气温较低时中午开窗，阴雨天可长时间开窗，以保持菇棚中空气清新、不闷气。在通风的同时注意菇床土层的湿度，确保菇棚内空气相对湿度在85%~95%，培养料含水量60%~65%，菇床温度在20~25℃。大约3d后菇蕾发育生长至直径2~3cm时，应停止喷水。当床面长出大量小菇时，要注意气温的影响，料温保持在20℃最适宜，出菇温度最适宜在26~28℃。气候闷热，气温偏高易导致小菇死亡。所以这阶段管理的重点是保温、保湿和通风，同时结合喷水、通风来调节，以利菇体健壮生长。

9. 采收

姬松茸每潮菇历时约8~10d，其子实体的生长很快，要适时采收。当姬松茸子实体七成熟、菌盖直径4~10cm、柄长6~14cm、未开伞、表面淡黄色、有纤维鳞片、菌幕未破时，及时采收。在夏季温度适宜时可每天采收两次，采收前2天应停止向菇菌喷水。采摘时，用拇指、中指捏住菌盖，轻轻旋转采下，以免带动周围小菇。采收过程中要轻拿轻放，以防柄盖分离和机械损伤。鲜菇不宜久置，要及时进行加工处理，鲜销或盐渍或干制销售。

10. 采后管理

采菇后应及时挑出遗留在床面上干瘪、变黄的老根和死菇。菇脚坑应及时用湿润的覆土填平，保持畦面平整，防止喷水后穴内积水，影响菌丝生长。第一、二潮菇后，如发现土层板结，应及时用小铲松动土层，将土层内的菌丝撬断，可促进转潮和结菇。第三潮菇后，为了增加培养料的透气性，散发菇生长过程中产生的废气，还应及时在培养料反面戳洞，以促进料内气体交换，使之持续不断地出菇。一般秋季栽培可收4~5潮菇。

第七节

灰树花

一、概述

灰树花 [*Grifola frondosa* (Dicks.) Gray] 又名贝叶多孔菌、栗蘑、云蕈、千佛菌、莲花菌、舞茸等，属担子菌门、层菌纲、非褶菌目、多孔菌科、树花属。其子实体形似盛开的莲花，扇形菌盖重重叠叠，因而称为灰树花。灰树花有独特的香气和口感，营养丰富，不仅是宴席上的山珍，还具有保健和药用价值，是珍贵的食药两用菌（图8-29）。

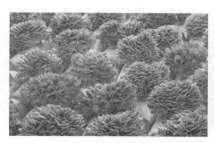

图8-29　灰树花

灰树花脆嫩可口、味如鸡丝。具有"一泡即用，长煮仍脆"的特点，做汤风味尤佳，是宴席上不可多得的佳肴。据测定，每100g干品中含粗蛋白31.5g、可溶性糖49.69g、粗脂肪1.7g、粗纤维10.7g、矿物质6.41g，还含有多种维生素。灰树花具有多种医疗功效，其所含多糖能增加人体T细胞（胸腺依赖性淋巴细胞）的数量，增强机体免疫力，具有明显的抗肿瘤、抗艾滋病病毒的效果，还可用于治疗水肿、肝硬化、糖尿病等。

灰树花是一种木生菌，野生时一般生长在阔叶树木桩周围。我国20世纪80年代初开始对灰树花进行人工驯化栽培。1985年河北迁西县的科技人员充分考察了当地野生灰树花的生育条件，利用当地野生灰树花进行人工驯化栽培，于1992年创造了"灰树花仿野生栽培法"。现全国许多地区都有灰树花的规模化栽培，主要产区是河北省迁西县和浙江省庆元县。栽培模式主要是塑料大棚内的床架式袋栽，采2~3潮菇，生物学转化率一般为60%~80%。

灰树花在日本是送礼佳品，销量仅次于香菇和金针菇，居第三位。灰树花不论鲜品、干品、软包装罐头或盐渍品在国内、外市场上都是备受消费者青睐的高档食品。

我国栽培灰树花的资源丰富。各种阔叶树修剪的枝丫碎屑与棉籽壳、玉米芯均可做栽培原料，发展前景广阔。

二、生物学特性

1. 形态特征

（1）菌丝与菌核　菌丝体白色、绒毛状，气生菌丝弱。菌丝有间隔、有分枝，无锁状联合。

灰树花菌丝在越冬或遇不良环境时能形成菌核，菌核直径5~15cm，坚硬，木质化；菌核外层由菌丝密集交织形成，棕褐色至黑褐色；菌核内部由密集的菌丝、土壤砂砾和基质组成。菌核既是越冬的休眠器官，又是营养贮藏器官，野生灰树花的世代就是由菌核延续的。因此野生灰树花在同一个地点能连年生长。野生灰树花多长在栗树的阴面，子实体从菌核顶端长出。

（2）子实体　子实体大或特大，肉质。呈珊瑚状分枝，分枝末端生多个扇形或匙形菌盖，重叠成丛，丛径可达 40~60cm，重 2~4kg。人工栽培的最大单丛重可达 5kg。菌盖直径 2~8cm，表面灰色至浅褐色，有绒毛，老后光滑，有放射性条纹，边缘薄，内卷。菌肉白色。当子实体幼嫩时，菌盖背面为白色。子实体成熟后，菌盖背面出现蜂窝状多孔的子实层，菌孔长 1~4mm，管孔延生，孔面白色至淡黄色，管口多角形。菌柄多分枝，侧生，扁圆柱形，中实，灰白色，肉质（与菌盖同质）。成熟时，菌孔延生到菌柄。担子棒状，具 4 小梗。孢子无色，光滑，卵圆形至椭圆形。孢子印白色。

2. 生态习性

野生灰树花发生于夏季、秋季之间的栗树根部周围，以及栎、栲等阔叶树的树干即木桩周围，导致木材腐朽，是白腐菌。野生灰树花在我国分布于河北、黑龙江、吉林、四川、云南、广西、福建等省（自治区），另外在日本、欧洲、北美等地有分布。野生灰树花发生的环境，多数都长有杂草，杂草主要有乌拉草、莎草、狗尾草及艾叶草等。白天若是晴天，灰树花生长不显著，但颜色深、香味浓。在阴雨天和夜间，灰树花长得快，但颜色浅、香味差。野生灰树花生长的土质，多为含有腐叶和腐烂根毛的砂土，砂粒细的如面粉，粗的为花生米至板栗大小的石块。沙土的含水量为 20%~25%，pH 为 6.5 左右。

采下野生灰树花之后顺基部往下挖，与子实体相连的是菌索，在地下 15~40cm 的区域内，菌索纵横交错地与多个菌核相连。菌索和菌核都是由白色的菌丝与砂土、石块组合而成的混合体，质地硬而脆，菌索是直径 2.0~3.5cm 的条状物，菌核是直径为 5~20cm 的块状物。再剥开附有菌核的树皮观看，在韧皮部布满了白色的菌丝束，长有菌丝束的树皮组织是坏死的，但湿度很大。在木质部表面，有一块近圆形的白腐部分，直径为 6~8cm，长满了菌丝束，菌丝束通过木质部的内部。由此可以表明灰树花是木材白腐菌，栗树木质部的白腐现象是灰树花菌丝侵蚀而形成的，菌丝对活栗树有危害作用。

菌索是野生灰树花的营养运输线，菌核是野生灰树花度过不良环境的营养贮存体。野生灰树花能连续若干年从同一栗树根部周围发生，其原因就是因为它有地下菌核。灰树花菌丝把其分解木质部得到的养分源源不断地通过菌索输往菌核，在菌核内贮存了大量的养分，在外界条件适宜时，子实体靠这些养分得以生长。

3. 生活史

灰树花的生活史与其他担子菌的类似，是由担孢子萌发形成单核菌丝体，经质配形成双核菌丝，最后形成原基，再形成子实体。

4. 生长发育条件

（1）营养条件　灰树花为木生白腐菌，分解木质素能力较强，主要采用壳斗科栎属的树种如麻栎、板栗、蒙古栎等的木屑为主料进行栽培，也可利用棉籽壳、玉米芯、甘蔗渣等农副产品下脚料栽培。

（2）温度　灰树花为中温结实型菇类，菌丝生物的温度范围为 5~35℃，最适温度 21~26℃；原基形成和分化的最适温度是 10~16℃；子实体生长发育温度为13~28℃，最适温度 18~22℃。

（3）水分和空气相对湿度　菌丝体生长时培养基含水量以 60%~65% 为宜。发菌环境空气相对湿度 70% 以下，出菇期的空气相对湿度为 90% 左右。

（4）空气　灰树花为好氧性真菌，需氧量较多，发菌期及子实体生长期都要求有充足的新鲜空气。

（5）光线　菌丝生长不需要光，原基形成及子实体生长城要充足的散射光和一定的直射光。光照不足，子实体色泽浅、风味淡、菇质差，并影响产量。原基形成阶段，光照强度应在 50lx 左右，子实体生长阶段以 200~500lx 为宜。

（6）酸碱度　菌丝生长的 pH 为 4.5~7.0，最适 pH 为 5.5~6.5。

三、灰树花菌种制备

对于一般的灰树花生产者而言，引种是快捷可靠的方法。目前生产上栽培的灰树花从色泽上分为两种。一种是灰色品种，菌盖颜色呈灰白或灰褐色；另一种是白色品种，子实体形成至成熟色泽均为白色。

1. 选种

不同来源的灰树花菌株，其菌丝生长表现出较大差异，表明它们的遗传性状不同。不同株系不仅有形态差别，在原基形成所需日数和产量上也有差异，尤其是原基形成所需日数与产量有直接关系，原基形成越早产量越高。河北迁西县所用的灰树花菌种是该县食用菌研究所选育的，已筛选出迁西1号、迁西2号等优良品种。该品种适合仿野生条件栽培，特点是菇形大、色泽深、产率高。

2. 灰树花母种制备

灰树花母种适宜的培养基为 PDA 综合培养基和谷粒培养基。

（1）PDA 综合培养基

①去皮马铃薯 100g、麸皮 30g、葡萄糖 20g、琼脂 20g、磷酸二氢钾 0.5g、磷酸氢二钾 0.1g、硫酸镁 0.5g、蛋白胨 2g、水 1000mL。

②去皮马铃薯 100g、玉米粉 30g、葡萄糖 20g、琼脂 20g、磷酸二氢钾 0.1g、磷酸氢二钾 0.1g、硫酸镁 0.5g、蛋白胨 2g、水 1000mL。

（2）谷粒培养基谷粒（小麦、大麦、高粱、玉米、稻谷等）98%、石膏 1%、糖 1%、水适量。

按常规方法制作，分离和转扩均在无菌操作下进行，要注意母种菌龄，及时转为原种和栽培种。

3. 原种与栽培种制备

灰树花母种用于扩接原种，原种用于扩接栽培种。

在阔叶树木屑中添加 20%～30% 经过处理（参见营养条件）的针叶树木屑，对灰树花产量影响不大。木屑要过孔径 5mm 筛，清除杂物及尖刺木片，以免戳破料袋。灰树花发酵需要较多的氧气，木屑的粒径大小对通气有影响，因此在细木屑中添加 30% 左右的粗木屑（玉米粒大小）。辅料以麸皮和玉米粉搭配使用较好，麸皮与玉米粉的比例为 1∶2。此外，新培养料中混入 20%～30% 出过灰树花的旧菌糠，有 5%～10% 增产效果。在培养料中添加 10%～20% 的果园土也可促进出菇。

根据灰树花的适宜出菇期确定菌袋出产期。华北地区一般在 4 月份脱袋栽培，需在 3 月份制备原种袋。如果生产量大，发酵室不够用，也可提前到 10 月份利用秋温发酵，灰树花菌丝耐寒，原种袋可度冬贮藏。原种制备工作流程为：拌料→装袋→灭菌→接种→培养。

（1）原种培养基配方

①传统配方：阔叶树木屑（粗∶细 = 1∶3）75%、麸皮玉米粉（1∶2）混合物 23%、白糖 1%、石膏粉 1%、含水量调至 60%～63%，pH5.5～6.5。

②加棉籽壳：阔叶树木屑 50%、棉籽壳 30%、麸皮玉米粉（1∶2）混合物 18%、白糖 1%、石膏粉 1%、含水量调至 60%～63%，pH5.5～6.5。

③加玉米芯：阔叶树木屑 50%、玉米芯（粗粒）30%、麸皮玉米粉（1∶2）混合物 18%、白糖 1%、石膏粉 1%、含水量调至 60%～63%，pH5.5～6.5。

④加果园土：阔叶树木屑 50%、玉米芯（粗粒）20%、麸皮玉米粉（1∶2）混合物 20%、果园表土 10%、含水量调至 60%～63%，pH5.5～6.5。

⑤加栗蘑残料：阔叶树木屑 50%、灰树花残料（干重）30%、麸皮玉米粉（1∶2）混合物 18%、白糖 1%、石膏粉 1%、含水量调至 60%～63%，pH5.5～6.5。

⑥加针叶树木屑：阔叶树木屑 50%、针叶树木屑（已处理）30%、麸皮玉米粉（1∶2）混合物 18%、白糖 1%、石膏粉 1%、含水量调至 60%～63%，pH5.5～6.5。

⑦短枝条综合培养基：以长 2～3cm、直径 1.5～2.5cm 的短枝条为主料，占总量的 90%，拌入 10% 辅料配制而成。辅料配方以棉籽壳 49%、木屑 39%、麸皮或米糠 10%、石膏 1%、白糖 1%，含水量为 60% 左右为宜。注：短枝条以阔叶树枝条为宜。

⑧谷粒培养基：谷粒（小麦、大麦、高粱、玉米、稻谷等）98%、石膏 1%、白糖 1%，水适量。

（2）配料　确定配方后，将木屑、棉籽壳等主料称好，混在一起搅拌均匀，再将麸皮、玉米粉、白糖、石膏等辅料随水拌入料中，料水比为 1∶1.2 至 1∶1.3，即含水量达到 65% 左右。拌好料后堆闷 1h 左右，用手抓一把料后用力握紧，指缝有水渗出但不滴下为宜。培养料的含水量要特别注意，适宜与否对菌袋发菌的成功率有重要影响。含水量适宜，菌丝生长健壮，现蕾早，出菇快；料过湿则缺氧发菌慢，过干则出菇困难产量低。必须强调拌料均匀，不能有干料团，否则灭菌不彻底而易发生杂菌。

（3）栽培种制备　栽培种培养基与原种相同，原种培养成功后扩接栽培促。栽培种制备工作流程及操作要点与原种生产相同。

（4）菌种袋污染类型

①袋口料面污染及其原因：菌袋接种后 3~7d，袋口料面常出现杂菌，且污染的速度较快，杂菌种类似木霉、毛霉为最多。污染原因：一是原种本身带有杂菌；二是接种操作不当；三是棉塞潮湿发霉，杂菌孢子从袋口部位侵入。

②菌种袋周围或底部污染：这类污染面积小，零散发生。细致检查可以发现污染区的袋壁有破损或微孔，杂菌以孔为中心，向周围辐射。多因菌袋运输方法不当造成菌袋破损，或因饲料袋质量不合格，高温灭菌造成大范围的破损。另外，有时菌袋没有微孔现象，也出现斑状的污染区，并伴有酸臭味，这是灭菌不彻底引起的细菌或酵母菌污染。

③菌丝干枯发黄、生长缓慢或停滞：菌袋中下部出现黄色粉末状杂菌污染，多在发菌阶段的后期发生。这种情况多是发菌室内温度过高，超过 29℃或多日维持在 26℃左右，空气干热抑制了菌丝正常生长，使菌丝老化而污染杂菌。

此外，还有各种各样杂菌污染的情况，要即时检查，具体分析，查找原因提出处理意见。

（5）合格菌种袋特征　在发菌条件适宜的情况下，小袋 25~30d、大袋经 40~50d 发满菌，菌袋口处有不规则突起或灰树花原基，菌袋周身白色，基本上没有杂菌污染，手握较硬，略有弹性。

四、灰树花栽培技术

1. 栽培季节与场所

灰树花为中温型菇类，春秋栽培，长江以北地区一般于 1~3 月份接种菌袋，4~6 月出菇；秋栽在 8~9 月份制菌袋，10~12 月份出菇。长江以南地区，春栽适当提前，秋栽适当推后。栽培场所应地势平坦、环境干净、背风向阳。可采用菇房、菇棚、荫棚等场所进行栽培。

灰树花工厂化栽培的出菇室有控温、通风等设施，一年可栽培 5~8 次。栽培时用的容器一般为聚丙烯塑料制成的袋或瓶，袋栽时 60~70d 一个周期；瓶栽时 45~55d 一个周期。

2. 灰树花栽培与管理

（1）培养料配方

①阔叶树木屑 78%，麦麸 20%，蔗糖 1%，石膏 1%，水适量。

②阔叶树木屑 55%，棉籽壳 25%，麦麸 18%，蔗糖 1%，石膏 1%，水适量。

③阔叶树木屑 45%，棉籽壳 33%，麦麸 15%，黄豆粉 5%，蔗糖 1%，石膏

1%，水适量。

④阔叶树木屑 42%，棉籽壳 36%，麦麸 7%，玉米粉 13%，蔗糖 1%，石膏 1%，水适量。

⑤硬杂木屑 65%，麦麸 20%，山地土（腐殖土）15%。

（2）培养料处理　将原料按配方加水搅拌均匀，含水量以手紧握少量培养料有 1~2 滴水滴下为宜。

（3）装袋与灭菌　一般选用（15~17）cm ×（33~35）cm×0.004cm 的低压高密度聚乙烯塑料袋。常规装袋，料应虚实均匀。

装袋后尽快灭菌，常压灭菌保持 100℃ 12h 以上。

（4）接种　灭菌后，当袋温降至 60~70℃ 趁热取出，放在清洁卫生的房间冷却，待温度降至 30℃ 时，严格按无菌操作规程接种。两端接种，每瓶菌种接种 20 袋左右。

（5）发菌期管理　接种后及时将菌袋移入培养室进行培养。发菌初期控制温度 25~27℃，中期 23~25℃，后期 21~22℃。同时控制空气相对湿度不超过 70%，保持黑暗和空气新鲜。

每隔 10d 翻堆一次，调整菌袋的位置，以利于发菌均匀。发现杂菌污染的菌袋应及时处理。

在适宜条件下，一般 35~40d 即可长满菌袋。开始在培养料表面形成菌皮，并逐渐降起。这时需增加光照强度，适当把菌袋摆放稀疏一些，以免相互遮挡光线。经过 15~20d 的后熟培养和光线刺激后，培养基表面的降起开始变成灰黑色，表面有皱褶状凹凸，还会分泌出淡黄色的水珠。这时开袋比较适宜。开袋太早或太迟都会影响子实体的形成和产量。（图 8-30）

图 8-30　灰树花栽培

（6）出菇期管理

①墙式出菇：将成熟的菌袋移入出菇室，齐扎绳处剪去外端薄膜，按高 80cm、墙距 80cm 的间距码好菌袋。保持温度 20℃左右、空气相对湿度 90%左右、光照强度 200~500lx、加强通风，大约一周后袋口即可形成原基。

原基形成后，保持温度在 18~22℃，空气相对湿度 85%~95%、光照强度 200~500lx、充足的氧气，使菇体健壮生长。20~25d 后，子实体成熟，即可采摘。采后养菌 5~7d，补水后重新摆好，可出二潮菇。为提高产量，可以在采完头潮菇后再进行覆土出菇。

②覆土出菇：覆土出菇是我国现阶段灰树花栽培出菇的主要方式，它模仿灰树花野生环境，朵形整齐，色泽自然，产量高。覆土栽培可以在塑料大棚或荫棚下进行。

首先在棚内建畦，畦宽 1m 左右、深 20cm，畦间留 25cm 宽、10cm 高的管理通道。将脱去塑料袋的菌袋垂直放在畦床内，袋间距 2cm，1m² 可摆放 50~60 袋。在菌袋间隙填入灭菌杀虫处理过的土壤，最后在菌袋表面覆盖一层 1.5~2cm 的土壤。覆土后及时调节覆土的水分。调水时应用喷雾器均匀喷水，掌握少量多次的原则，必须在 1~2d 内将覆土层含水量调到 18%~20%，即用手捏土粒，不碎也不粘手为宜。最后在土层表面均匀盖上一层阔叶树树叶或 2cm 长的稻草段，厚 0.5~1cm。也可在土层上面盖一层鹅卵石，既可以保持土层表面的湿度，又可以避免因灰树花柄短而粘上泥土。

由于灰树花菇蕾生长需要 90%~95%的湿度和新鲜空气，所以栽培管理的关键是水分管理和通风换气。每天喷水 2~3 次，尽量避免将水喷到菇蕾上，每天通风 1~2h。气温在 20℃左右，经过 10~15d，灰黑色的小菇蕾就会长出覆土层，初期成团，如脑状、有皱褶，并分泌黄色小水珠。逐渐长大后，形似珊瑚，并开始出现朵片的雏形。随着时间延长，扇形菌盖分化，形成覆瓦状重叠，越长越大，菌盖表面的颜色也由深灰黑色变成浅灰色，菌盖下面的白色子实层也逐渐发育形成，并出现菌孔。扇形菌盖幼时向上翘起，子实体长大后逐渐接近平展。过分成熟的子实体，扇形菌盖就向下弯卷。成熟的子实体，孢子向外飞散，覆土层表面也可看到一层白色的孢子粉，菌盖颜色变成淡白色。

（7）采收　灰树花的子实体，在适宜的温、湿度条件下，从长出土面、出现脑状皱褶的小子实体到长大成熟，一般需要 15~18d。

当灰树花的扇形菌盖外缘无白色生长端，边缘变薄，菌盖平展、伸长，颜色呈浅灰黑色，整朵菇形像盛开的莲花，并散发出浓郁的菇香时，即可采收。

采收前 1d 停止喷水。采摘时，先用一手伸入子实体基部，托着菇体，轻轻旋动后向上拔起，动作要平衡。因为灰树花的菌盖很脆嫩，操作不当极易折断或弄碎菇盖。

刚采收的灰树花，若是覆土栽培的，基部常沾一些泥土或树叶等，要用小刀细心剔除干净。新鲜的灰树花要轻拿轻放，最好放在塑料周转筐中，有时还要根据用户要求或市场需要，仔细用利刀切成单片或是小朵。

（8）后潮菇管理　采收后，清理料面，停水养菌 5~7d 后补水，进行后潮菇管理。一般可出 2~3 潮。

五、灰树花的保鲜贮运及加工

1. 保鲜贮藏

灰树花应贮放在密闭的箱内或框内，每朵灰树花单层排放，尽量不要堆的过高，造成积压。需要密集排放时，应使菇盖面朝下，菇根面朝上。贮藏温度以 4~10℃为宜，若温度过高，鲜菇会因继续生长而老化。贮运时切勿挤压、碰撞和颠簸。

2. 灰树花干制加工

灰树花的干制可以用晒干或烘干的办法进行。在烘干时，要注意温度由低向高逐渐进行。起始温度一般为 40℃，每隔 4h 将温度升高 5℃左右，最后用 60℃的温度将子实体烘干。

为了较快地烘干子实体，可以将子实体分为单片后进行。灰树花子实体的含水量相对较低（一般为 80%~90%），烘干方式较好。烘干后的灰树花香味较浓，比晒干的好。

灰树花的干品较容易吸潮，由于其香味浓郁又营养丰富，比较容易出现虫蛀或发霉现象。所以干品最好用双层塑料袋密封保存，并放在干燥的地方，最好放在冷藏库中贮藏。

3. 灰树花盐渍

灰树花的盐渍加工与其他食用菌的盐渍加工方法一样。由于灰树花的子实体朵形较大，因而在煮之前，要用小刀将子实体分为单片的扇形菌盖，煮透后冷却，用盐或饱和食盐水盐渍。在盐渍时要注意经常倒缸，更换盐水或加盐，直到腌透为止（盐水浓度不再下降）。

腌好后可转入塑料桶中。在桶中要加足饱和食盐水，并加入封口盐，盖上内外盖。然后放入温度较低的仓库中贮存。

习　题

一、名词解释
1. 木生白腐菌　　　　　　　　2. 腐生菌
二、填空
1. 从子实体分化对温度要求来讲，姬松茸属于＿＿＿＿＿＿＿＿＿＿温结实性食用菌。

2. 杏鲍菇是一种具有一定寄生能力的＿＿＿＿＿＿＿＿＿＿腐菌，姬松茸为
＿＿＿＿＿＿＿＿＿＿腐菌。

3. 真姬菇属＿＿＿＿＿＿＿＿＿＿腐菌，＿＿＿＿＿＿＿＿＿＿温结实性食
用菌。

三、判断

1. 白灵菇是一种中低温型变温结实性食用菌。（　　　）

2. 栽培杏鲍菇，不应开袋搔菌催蕾。（　　　）

3. 覆土出菇是我国现阶段灰树花栽培出菇的主要方式，它模仿灰树花野生环境，朵形整齐，色泽自然，产量高。（　　　）

4. 覆土直接影响到姬松茸的产量和质量，不覆土就不出菇。（　　　）

5. 杏鲍菇不搔菌也能出菇，但搔菌处理可使出菇整齐一致。（　　　）

6. 大球盖菇为木腐菌。（　　　）

四、简答

1. 杏鲍菇后期覆土增产管理的机理是什么？

2. 什么是茶树菇软腐病？怎样防治？

▰▰▰▰▰ 技能训练

任务一　杏鲍菇栽培

1. 目的

（1）了解杏鲍菇的生物学特性。

（2）掌握杏鲍菇袋栽技术。

2. 器材

（1）棉籽壳、玉米芯、麦麸、蔗糖、石膏、栽培种、75%酒精、75%酒精棉球。

（2）聚丙烯塑料袋、线绳或无棉塑料盖、剪刀、铁锹、火柴、磅秤、水桶、超净工作台、灭菌设备、酒精灯、记号笔、防潮纸、大镊子或接种勺等。

3. 方法步骤

工艺流程：

配料 → 拌料 → 装袋 → 灭菌 → 接种 → 培养 → 出菇 → 采收。

（1）配料

①棉籽壳80%，麦麸18%，蔗糖1%，石膏1%。

②棉籽壳40%，玉米芯40%，麦麸18%，蔗糖1%，石膏1%。

③玉米芯80%，麦麸18%，蔗糖1%，石膏1%。

（2）拌料、装袋　按配方称量原辅料，将蔗糖、石膏溶于水中，充分拌匀，泼洒在棉籽壳和麦麸堆上，边加水边搅拌。料拌好后，闷30min，使料吸水均匀，含水量60%～62%。装袋时边装边压实，袋口用线绳扎紧或用无棉塑料盖密封，最后将袋表面擦干净。

（3）灭菌、接种　装袋后及时灭菌，高压蒸汽灭菌，压力为0.14～0.15MPa，温度121℃，灭菌1.5～2h；常压灭菌，温度尽快升至100℃，并保持10～12h。

料温降至25℃左右时，按无菌操作规程接种。去掉菌种瓶棉塞，灼烧瓶口，用接种工具挖去菌种表面的原基及老化菌丝，将菌种捣散。接种量以布满培养料表面为宜，一般每瓶菌种可接20～30袋。

（4）发菌、培养　将接种后的栽培袋移入25℃左右的培养室，放架上培养，一般堆3～4层。培养室应通风、黑暗、清洁、空气相对湿度保持60%。每隔10d翻堆一次，使发菌一致。经过30～40d的培养，菌丝可长满菌袋，随后去掉无棉塑料盖，将袋口翻卷至接近培养料的表面。

（5）出菇管理　将菌袋移入13～15℃的菇房，空气相对湿度控制在85%～90%。当气温高于18℃时，喷水降温，同时加大通风量，以免高温高湿出现烂菇和污染现象。子实体形成和发育阶段，应增加散射光，适宜照度500～1500lx，光线过强，菌盖变黑；光线过暗，菌盖变白，菌柄变长。10d左右即可出头潮菇。

（6）采收　菌盖平展，孢子尚未弹射时采收。第一潮菇采收后，再培养14d可采收第二潮菇。

4. 思考题

（1）栽培杏鲍菇技术要点有哪些？

（2）通风、光照在出菇管理中的作用是什么？

任务二　白灵菇栽培

1. 目的

（1）了解白灵菇的生物学特性。

（2）掌握白灵菇袋栽技术。

2. 器材

（1）棉籽壳、麦麸、玉米芯、木屑、玉米粉、蔗糖、石灰、石膏、栽培种、75%酒精、75%酒精棉球。

（2）聚丙烯塑料袋（17cm×33cm×0.005cm）、线绳或无棉塑料盖、剪刀、铁锹、火柴、磅秤、圆锥形木棒、水桶、超净工作台、灭菌设备、酒精灯、记号笔、防潮纸、大镊子或接种勺等。

3. 方法步骤

工艺流程：

配料 → 拌料 → 装袋 → 灭菌 → 接种 → 培养 → 后熟 → 低温处理 → 出菇 → 采收。

（1）配料

①棉籽壳 80%，麦麸 18%，蔗糖 1%，石膏 1%。

②棉籽壳 70%，玉米芯 7%，木屑 10%，麦麸 5%，玉米粉 5%，石灰 1%，石膏 1%。

（2）拌料、装袋　按配方称量原辅料，将蔗糖、石灰、石膏溶于水中，充分拌匀，泼洒在棉籽壳、木屑、玉米芯和麦麸堆上，边加水边搅拌。含水量 60%~62%，以手攥料能成团，但指缝中无水溢出。装袋时边装边压实，袋口用绳扎紧或用无棉塑料盖密封，最后将袋表面擦干净。

（3）灭菌、接种　装袋后及时灭菌，高压蒸汽灭菌，压力为 0.14~0.15MPa，温度 121℃，灭菌 1.5~2h；常压灭菌，温度尽快升至 100℃，并保持 10~12h。

料温降至 25℃左右时，按无菌操作规程接种。去掉菌种瓶棉塞，灼烧瓶口，用接种工具挖去菌种表面的原基及老化菌丝，将菌种捣散。接种量以布满培养料表面为宜，一般每瓶菌种可接 20~30 袋。

（4）发菌、培养　将接种后的栽培袋移入 23~25℃的培养室，放架上培养，一般堆 3~4 层。培养室应通风、黑暗、清洁、空气相对湿度保持 60%。每隔 10d 翻堆一次，使发菌一致。经过约 40d 的培养，菌丝可长满菌袋。再进行后熟处理，即将菌袋在 20~22℃继续培养 30~35d，不经后熟处理，基本不出菇。

（5）低温处理　将菌袋放在 0~5℃条件下进行低温处理，低温处理 7d 较为适宜。其作用在于促进子实体的生长发育，提高生物学效率。

（6）出菇管理　将经低温处理的菌袋移入 13~15℃的菇房，去掉无棉塑料盖，将袋口翻卷至接近培养料的表面。空气相对湿度控制在 85%~90%。子实体发育阶段要加大通风量，避免因通风不畅、氧气供应不足而菌柄过分膨大、抑制菌盖分化导致畸形。子实体形成和发育阶段，应给予一定的散射光，适宜照度 200~500lx。

（7）采收　菌盖完全展开时，就应采收。采收过早，产量低；过迟采收，品质劣。

（8）采后管理　第一潮菇采收后，通过补水或覆土，增加菌袋内的含水量。覆土时，将菌袋脱去，埋入湿土中，浇足底水。此外，也可采用墙式覆土方法，将菌袋脱袋后，一层泥土，一层菌袋，摆放 4~5 层，最上面用泥土封顶，再用塑料薄膜覆盖保湿。经补水或覆土后，过一个月左右，菌袋开始出菇，出菇管理方法与第一潮菇相同。

4. 思考题

（1）白灵菇生物学特点是什么？

（2）栽培白灵菇技术要点有哪些？

拓　展

案例一　大球盖菇夏玉米轮作

浙江景宁县鹤溪镇余山村应用大球盖菇接茬夏玉米复种轮作模式57亩，经测产验收，亩产值2.96万元，纯收入1.89万元。辐射带动东坑镇深洋村和渤海镇大根村等地300亩，为农民增收500多万元。

茬口安排：

（1）大球盖菇季节安排　根据大球盖菇生物学特性及浙江气候条件和单季晚稻收割期，9月上旬至10月上中旬播种，11月下旬开始出菇，采收5潮菇，5月底采收结束。

采收结束后，菌渣还田种植玉米。

（2）夏玉米季节安排　夏玉米品种为浙凤糯2号，6月上旬播种，密度为4000~4500株/亩，全生育天数为75d左右，至8月底采收结束。

玉米采收后，玉米秆用作栽培大球盖菇的培养基质。

模式点评：玉米是山区主要种植作物，玉米秸秆多废弃在田间地头，有的一烧了之。大球盖菇夏玉米轮作，构建了"玉米等农作物秸秆→大球盖菇→菌渣→有机肥料→玉米"等生态循环链，实现变废为宝、变害为利、节本增效的目的。其主要特点有：①利用冬闲田种菇，稳粮增效；②利用玉米秆种菇，菌渣还田，构建生态循环链；③夏玉米大球盖菇轮作，优化种植结构。

案例二　笋竹林套种姬松茸

2008~2010年，浙江松阳县新处乡东北头村叶洪标在笋竹两用林中套种姬松茸。姬松茸生产所需的开沟铺料替代了笋竹两用林的劈山松土，栽培姬松茸的废菌糠留地培肥地力，改善了笋竹林的生长环境。节省了笋竹两用林肥料投入、管理人工费用，笋、竹产量均提高50%以上，姬松茸、笋、竹综合产值4900元/（亩·年）。

季节安排：

在笋竹林套种姬松茸，一年种三年收，浙江当地播种适宜时间为4~6月，采收期主要集中在6~9月。

模式点评：笋竹林套种食用菌，属仿生栽培范畴，有利竹林养护，有利食用菌产品风味品质提升，有利更充分地利用时空增收。笋竹林套种的食用菌，因处于开放式生长环境，宜选择抗杂性好、适合发酵料床栽、喜阴的食用菌品种。姬松茸是一种喜阴的草腐菌，品种选择比较对路。

项目九

药用菌栽培

1. 了解常见药用菌形态特征及子实体发育过程。
2. 掌握培养料的制作技术、播种量计算、栽培及管理要点。
3. 掌握常见药用菌的栽培技术。

■■■■■ **基本知识**

重点与难点：生物学特性；培养料的配制；栽培过程各生长期的管理。

考核要求：了解生物学特性；掌握代料栽培、发菌期管理、采后管理等关键技术。

第一节

猴头

一、概述

猴头 [*Hericium erinaceum*（Bull.）Pers.] 又名猴头菇、猴头蘑、猴头菌、刺猬菌、菜花菌、山伏菌，属于真菌门、担子菌纲、非褶菌目、猴头菌科、猴头菌属。猴头菇在自然界中寄生在树木的枯枝上，主要产于我国东北、西北各省区，其他各省也有生产，但数量稀少。

猴头既是珍贵的食用佳肴，又是重要的药用菌。其子实体圆而厚，且布满针状菌刺，形状似猴子的头并因此得名。近年来，人工栽培尤其代料瓶栽的成功，产区日益广泛，加上可用于栽培的原料种类多，生长周期短，成本低，收益大，猴头的生产得到迅速发展。

猴头为木腐菌，野生猴头多生在阔叶树的腐朽处，树种多为壳斗科树木，有麻栎、栓皮栎、青冈栎等，也有少数生在针叶树上（图9-1）。

图9-1　猴头子实体

在东北大、小兴安岭的原始森林中的野生猴头，当发现在树干的一面长一只，在树干的另一面也一定会生第二只，因此，当地人称"阴阳蘑""鸳鸯蘑""对脸蘑"。

猴头是我国传统的名贵菜肴，肉嫩味香，鲜美可口，色、香、味上乘，是我国著名的"八大山珍"之一。自古就有"山珍猴头，海味燕窝"之说，并与熊掌、燕窝、海参一起被列为"四大名菜"。据北京市食品研究所测定，每100g干品中含蛋白质26.3g、脂肪4.2g、糖类44.9g、粗纤维6.4g、灰分3.68g，含钙2mg、磷856mg、铁18mg，含胡萝卜素（维生素A原）0.01mg、硫铵素（维生素 B_1）0.69mg、核黄素（维生素 B_2）1.86mg、烟酸（维生素 B_5）16.2mg。在其蛋白质中含有16种氨基酸，包括人体必需的8种氨基酸。猴头特有的鲜味是其蛋白质中含有呈鲜氨基酸——谷氨酸的缘故，且含量丰富。

猴头菇也是贵重药材，具有滋补健身、助消化利五脏的功能，其菌体所含多肽、多糖和脂肪族的酰胺物质，对消化道肿瘤、胃溃疡和十二指肠溃疡、胃炎、腹胀等有一定疗效。以猴头菇为原料制成的"猴头菌片"就是作为治疗消化道系统溃疡和癌症的一种药物。见图9-2。

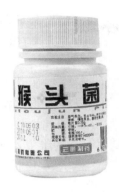

图 9-2　猴头菌片

二、生物学特性

1. 形态特征

猴头菌丝体在不同的培养基上略有差异。在试管培养基上，初时稀疏呈散射状，后变浓密粗壮，气生菌丝呈粉白绒毛状；在木屑培养料基质中，浓密，呈白色或乳白色，有时灰白色或较暗。其菌丝由管状细胞组成，直径 $10 \sim 20 \mu m$。细胞壁薄，有分支和横隔膜。双核菌丝有锁状联合，也会产生白色厚垣孢子。表面菌丝分布不均，气生菌丝不明显。在含氮丰富的培养基上，通风良好，长出的菌丝细而密，稍有气生菌丝出现。

子实体肉质，球状或半球形，不分枝，基部着生处较窄，外布有针形肉质菌刺，刺直伸而发达，下垂毛发，刺长 $1 \sim 5 cm$，刺粗 $1 \sim 2 mm$。新鲜子实体洁白或淡黄，干后变淡黄褐色，形似猴子的头，直径为 $3.5 \sim 10 cm$，人工栽培的可达 $14 cm$以上。担子长 $20 \mu m$、宽 $6 \mu m$。担孢子球形或近球形，无色透明，光滑，直径 $5 \sim 6 \mu m$ 左右，内含油滴，大而明亮。孢子印白色。

2. 生活史

猴头菇完成一个正常的生活史，必须经过担孢子、菌丝体、子实体、担孢子几个连续的发育阶段。猴头菇孢子萌发后产生单核菌丝，为单倍体，又称一次菌丝。不同性别的两种一次菌丝接触，两个细胞互相融合，形成双核菌丝（即二次菌丝）。二次菌丝达到生理成熟后就形成子实体。子实体上长出菌刺，在菌刺上形成担子。担子中的两个细胞核进行核配，很快又进行减数分裂，形成 4 个单倍体的细胞核，然后 4 个单倍体的细胞核进入担子小梗的尖端，形成担孢子。一个猴头菌子实体上可产生数亿个担孢子。在干燥、高温等不良环境条件下，产生厚垣孢子。在适宜条件下，厚垣孢子又会萌发菌丝，继续进行生长繁殖。

3. 生长发育条件

（1）营养　猴头菇是一种木腐生真菌，只能利用有机碳，对无机碳吸收困难。

配制营养料时可加入适量蔗糖用来诱导胞外酶产生，以加速对高分子含碳化合物的分解利用。碳素来源：棉籽壳、甘蔗渣、木屑、秸秆等；氮源来自蛋白质等有机氮化物的分解，应适量添加含氮量较高的麸皮、米糠等物质。

菌丝生长阶段碳氮比（C/N）以 20：1 为好；子实体生长阶段 C/N 以（30~40）：1 为好；配制培养基时，需适量加入磷、钾、钙、镁、钼、铁等矿物质元素，还要添加维生素 B_1、维生素 B_2、维生素 B_6 等。缺少维生素 B_1，菌丝生长缓慢，子实体生长受抑制。在培养基中添加适量的麦麸或米糠可提供足量的维生素 B_1。

（2）温度　猴头菇属中温型真菌。菌丝正常生长的温度为 6~32℃，最适生长温度为 22~25℃，超过 35℃，菌丝停止生长并逐渐衰老而死亡。菌丝耐低温，能在 -20℃ 条件下越冬。子实体属低温结实型和恒温结实性，子实体形成的温度为 15~24℃，最适温度为 18~20℃。低于 6℃ 或超过 25℃ 时，子实体停止分化。

（3）水分和湿度　菌丝体和子实体生长时要求培养料的含水量为 60%~70%；菌丝生长期间，空气相对湿度应保持在 70% 以下。子实体生长发育的最适空气相对湿度一般为 85%~95%。空气相对湿度低于 70%，子实体生长缓慢、菌刺变短、品质变劣、产量下降；相对湿度超过 95%，子实体呈分枝状、菌刺变粗，严重时形成畸形菇，抗逆能力下降。

（4）空气　猴头菇属好氧性真菌，菌丝生长或子实体生长都需充足新鲜空气。子实体生长期对二氧化碳特别敏感，当通气不良，二氧化碳浓度超过 0.1% 时，子实体生长受到抑制，生长缓慢，常出现畸形。

（5）光照　菌丝体可以在黑暗中正常生长，不需要光线；假如光线过强，菌丝生长变缓。子实体需要有散射光才能形成和生长，光照强度一般控制在 200~400lx。光照适宜，则子实体膨大顺利、菌刺较长、个体硕大而洁白。如光照超过 1000lx，子实体受抑制而膨大变缓、颜色变成红褐色、品质变劣。栽培时必须注意控制光照条件，避免阳光直射。猴头生长期，其菌刺有明显的趋光性。在菌刺形成过程中，不断改变光源方向，会使菌刺弯曲、子实体不圆整，还会影响到担孢子的自然弹射，形成的子实体品质下降、带有苦味。

（6）酸碱度　猴头喜偏酸环境，在酸性条件下菌丝生长良好，菌丝生长的 pH 范围为 2.4~8.5，最适 pH 为 4.5~5.5；pH 在 4 以下和 7 以上时，菌丝生长不良。由于有机质分解而产酸，故在培养基中加一定量的石膏粉或碳酸钙，不但增加猴头菇的钙质营养，而且可调节培养基中的酸碱度。

猴头对石灰十分敏感，不能用石灰调整酸碱度。

三、栽培管理技术

人工栽培猴头菇有瓶栽、袋栽、段木栽培等多种方法。但目前应用较多、周期短、管理方便、成功率高的是瓶栽和袋栽。

1. 猴头菇的栽培工艺流程如图9-3所示。

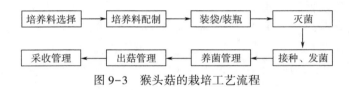

图9-3　猴头菇的栽培工艺流程

2. 栽培季节

目前大多是利用春、秋两季自然气温适宜的时期进行栽培。长江中下游地区，春栽在3~6月，秋季以9月上旬~11月中下旬为适宜。菌丝生长适宜温度为25℃左右，子实体生长适宜温度在15~24℃，猴头菌丝要经过20~30d培养才能由营养生长转入生殖生长，因此，可由当地气温达到出菇最适温度时向前推25~30d制作菌袋。

3. 原材料的准备

（1）培养料的选择　代料栽培猴头选用的培养料以木屑、棉籽壳、玉米芯和麸皮较多，还有稻草、甘蔗渣、米糠、麦秸、废甜菜丝等。最好选用新鲜、无病虫害、不结块的材料。如果材料隔年，应暴晒2~3d，并放在通风阴凉处保存，防止霉变或腐烂。

（2）原料的处理

①稻草的处理：选干燥、新鲜、无霉变、无腐烂的稻草，用铡刀切成2~3cm长，放入1%~2%的石灰水中浸泡12~24h，除去稻草表面的蜡质并消灭部分病虫害，然后用清水洗至中性，沥干备用。

②麦秸的处理：选新鲜、无霉变的干麦秸，用1.5mm网底的粉碎机粉碎。用2%的石灰水中浸泡24h，然后用清水洗至中性，沥干备用。

4. 培养基配方及配制

（1）培养基配方　目前生产上常用的培养基配方有以下几种：

①棉籽壳78%、谷壳10%、麦麸10%、蔗糖1%、石膏1%。

②棉籽壳86%、麦麸12%、石膏1%、过磷酸钙1%。

③甘蔗渣76%、米糠20%、蔗糖1%、黄豆粉1%、石膏粉1%、过磷酸钙1%。

④棉籽壳52%、木屑12%、麦麸10%、米糠10%、棉籽饼粉8%、玉米粉5%、石膏1%、过磷酸钙2%。

⑤玉米芯72%、木屑20%、豆秸粉5%、蔗糖1%、石膏1%、过磷酸钙1%。

（2）培养基配制　根据当地资源，选好培养基配方，按比例分别称好各种配料。如果有蔗糖，先把蔗糖溶于水中，将配方的其他料混匀，再将蔗糖水徐徐加入料中，边加水边搅拌，使料与水混合均匀。以用手握料时，手指缝有水渗出但不成串流下为宜。其料中含水65%~75%。调pH至5~6。

5. 袋栽和瓶栽的装料

（1）袋栽的装料　袋栽具有降低生产成本、简化栽培工具的优点，适合大面积栽培。与瓶栽相比，生长周期可缩短15d左右，目前国内袋栽猴头有袋口套环栽培法和卧式袋栽法两种方式。

①袋口套环栽培法：采用长50cm、宽17cm、厚0.006cm的聚丙烯塑料袋作容器。培养料含水量要比瓶栽低一些。装料时逐渐压实，然后在袋口套上塑料环代替瓶口。再用聚丙烯薄膜或牛皮纸封口（也可先套上环再盖上盖），再灭菌接种。见图9-4。

图9-4　袋口套环栽培

②卧式袋栽法：将长50cm的聚丙烯塑料膜做成筒形袋。装料后两头均用线扎口，并在火焰上熔封。用打孔器在袋侧面等距离打4~5个孔，孔径为1.2~1.5cm，深1.5~2cm，将胶布贴在接种孔上，然后灭菌接种。见图9-5。

图9-5　猴头菇卧式袋栽法

（2）瓶栽的装料　将配好的培养料装入培养瓶（菌种瓶，或用广口瓶代替），边装边用木棒捣实，使料上下松紧一致，料装至瓶肩，再将斜面压平，并在中央用捣木向下打一洞穴，以便接种。装好料后用清水将瓶口内外及瓶身洗干净，塞上棉塞，进行灭菌。

6. 灭菌

培养料装满瓶或袋后，及时灭菌。用高压蒸汽灭菌时，在0.14~0.15MPa压力下，持续 2~3h；用常压蒸汽灭菌时，在 100℃ 条件下，持续 8~10h，再闷一夜。冷却后迅速将袋或瓶移入无菌箱或无菌室进行接种。

7. 接种

待料温降到 28℃ 时，按无菌操作规程撕开袋上胶布，接入菌种后再将胶布封好，移入培养室培养。瓶装时，拨开棉塞进行操作。

8. 栽培管理

（1）菌丝培养　培养温度为 25℃ 左右，瓶栽约 20d 菌丝可以发到瓶底。袋栽培养 15~18d，即两个接种穴菌丝开始接触时，应揭去胶布，以改善通气状况，约 1 个月后袋内长满菌丝。

（2）出菇管理　当菌丝长至料中 2/3 时，原基已有蚕豆粒大小时，开始催蕾（瓶要竖立并去掉封口纸）盖上湿报纸，保持空气相对湿度在 80% 左右，给予 50~400lx 微弱散射光，通风良好，温度调至 18~22℃（图 9-6）。

图 9-6　猴头菇出菇管理

（3）子实体发育期　当幼菇长出瓶口 1~2cm 高时，便进入出菇期管理。室温为 18~22℃，空气相对湿度为 85%~95%。切忌直接向子实体喷水，否则会影响菇的质量。

9. 采收

在子实体充分长大而菌刺尚未形成，或菌刺虽已形成，长度在 0.5~1cm，但尚未大量弹射孢子时采收。此时子实体洁白，含水量较高，风味纯正，没有苦味或仅有轻微苦味。采收时，用弯形利刀从柄基割下即可。采割时，菌脚不宜留得过长，太长易于感染杂菌，而且影响第二潮菇的生长。但也不能损伤菌料，一般留菌脚 1cm 左右为宜。

10. 采后管理

第一潮菇采收后，要立即清除残留在基部的碎片或菌膜，停止洒水 4~5d，让菌丝休养生息积累营养。当表面菌丝发白时，立即增加洒水量，提高空气相对湿度。经过 7~10d 培养，第二潮菇开始形成，温度、湿度、光线和通风等方面的管理和第一潮菇一样。

四、常见问题及处理

1. 畸形菇

（1）光秃无刺型　子实体呈块状，无菌刺分化，块状体表面粗糙，有时呈皱褶状。块状体虽能不断膨大，但菌肉质地松软，具有猴头的气味，颜色较正常猴头子实体深。见图9-7。

原因：温湿度管理不当。如温度较高、湿度不足，菌刺便停止生长。若温度高于25℃，加上空气湿度低，会出现不长刺的光秃子实体。

防治措施：加强通风，降低温度，使温度不超过20℃。另外，在子实体膨大高峰期，增加洒水量，使空气相对湿度保持在90%左右，保证菌刺湿润，促使菌刺不断增长。

（2）丛枝珊瑚型　由猴头基部分生出许多丛状分枝，主分枝会继续分生出小枝，呈珊瑚状。丛状分枝的基部与菌索状菌丝连接。有的分枝在生长过程中萎缩，有的会继续生长，分枝顶端膨大呈球状小子实体。见图9-8。

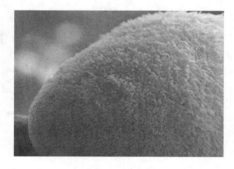

图9-7　珊瑚丛畸形猴头　　　　　　　　图9-8　光秃型猴头

原因：环境中 CO_2 浓度过高。此外，培养料中的养分不足也会出现此现象，第二潮菇出现畸形菇比例较高就是因为营养失调。

防治措施：在出菇期加强通风，使 CO_2 的浓度保持在0.1%以下；采完第一潮菇后，及时向培养料中补充营养液，如1%的蔗糖水、0.1%的复合肥或淘米水，能有效地防止珊瑚状菇的形成。

（3）色泽异常型　子实体在生长中后期逐渐由白色变成黄褐色、粉红色，菌刺变粗变短，菇的味道变苦。

原因：子实体变红、变黄，除因霉菌侵染外，也会因培养条件不适引起，如室内温度低于14℃，子实体会逐渐由白色变成浅红色，并随温度变低而加深。

防治措施：子实体个别变红时，立即将室内温度提高，同时保持较高的空气相对湿度。如果子实体变黄是霉菌引起的，会使子实体膨大停止并使之变成僵菌，菌刺变短变粗。这种僵菌味苦，失去商品价值，可喷洒杀菌剂抑制霉菌浸染。如发现有霉菌发生时，应立即挑出，防止扩散。

2. 粉红病

原因：环境温度低于14℃、湿度明显降低时，子实体即开始变红，并随温度下降而加深；环境中散射光强度超过1000lx，子实体也会发红；子实体受到粉红端顶孢霉侵染，子实体失去光泽，不再膨大，呈萎缩状，表面长出一层粉红色的粉状霉层，子实体逐渐腐烂，还会影响下潮菇的形成。

防治措施：环境应经常消毒，温、湿度不应偏低，同时要加强通风，降低粉红端顶孢子的悬浮量；局部发生粉红端顶孢霉病时，立即摘除病菇，并挑出受感染的病袋，远离菇房销毁；病菇摘除后立即喷洒0.2%的25%多菌灵（剂型为25%的粉剂）消毒，有效防止霉菌扩大蔓延。

第二节

灵芝

一、概述

灵芝［*Ganoderma lucidum*（Curtis）P. Karst.］古称灵芝草、神芝、万年蕈，属担子菌门、层菌纲、非褶菌目、灵芝科、灵芝属。其形似"如意"状，又被认为是吉祥的象征，故称"瑞草""仙草"。中华传统医学长期以来一直视之为滋补强壮、固本扶正的珍贵中草药。民间传说灵芝有起死回生、长生不老之功效。

东汉时期的《神农本草经》中将灵芝列为上品，认为"久食，轻身不老，延年神仙"。明朝李时珍编著的《本草纲目》中记载：灵芝味苦、平、无毒，益心气，活血，入心充血，助心充脉，安神，益肺气，补肝气，补中，增智慧，好颜色，利关节，坚筋骨，祛痰，健胃。

现代医学、药理研究证明：灵芝子实体和孢子皆为药材，菌丝体也含有药用成分。灵芝含有多种生理活性物质，能够调节、增强人体免疫力，对高血压、肝炎、肾炎、糖尿病、肿瘤等有良好的协同治疗作用。最新研究表明，灵芝还具有抗疲劳，美容养颜，延缓衰老，调节机体免疫力，防治艾滋病等功效。灵芝中的药用成分有多糖、多肽、三萜类、腺苷、灵芝碱、有机锗等。尤其是灵芝属中的红芝，其菌盖内有机锗是人参含锗量的3~6倍。锗能促使血液循环，促进新陈代谢，延缓衰老；锗还能强化人体的免疫系统，提高人体对疾病的抵抗能力。灵芝的孢子粉还具有很好的止血收敛作用。近年来，国内外以灵芝为原料制成了多种药用剂型，属于高效保健药品。

图 9-9　黑灵芝与赤芝

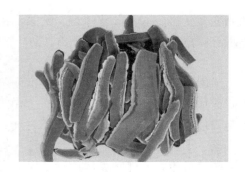

图 9-10　灵芝切片

二、生物学特性

1. 形态特征

灵芝菌丝呈白色、纤细、有分隔，具锁状联合，菌丝分泌白色草酸钙结晶。老化的菌丝在接种块周围变黄色，菌丝膜质化，韧性强，难以挑取。

灵芝子实体单生、丛生或群生，由菌盖和菌柄组成，成熟后为木质化的木栓质。菌盖扇形，腹面布满菌孔，盖宽 3~20cm。幼时黄白色或浅黄色，成熟时变红褐色或紫黑色，皮壳有光泽，但成熟的子实体菌盖上常覆盖孢子，呈棕褐色而无光，有环状轮纹和辐射皱纹。菌柄侧生，紫褐色。孢子褐色，卵形，大小为 (8.5~11.5) $\mu m \times$ (5~7) μm，孢子壁双层，中间有小刺状管道。灵芝品种虽多，但药用价值最高的为赤灵芝。

2. 繁殖方式及生活史

灵芝在自然界是以有性繁殖为主，产生有性孢子——担孢子。灵芝的生活史是指从有性孢子萌发开始，经过菌丝生长发育，形成子实体，再产生新一代孢子的整个生长发育过程，也就是灵芝的一生所经历的全过程。一般来说，它是由孢子萌发形成单核菌丝、发育成双核菌丝和结实性双核菌丝，进而分化形成子实体，再产生新孢子这样一个有性循环过程。

3. 生长发育条件

（1）营养条件　灵芝为木腐菌，但有少数能寄生生长，如松杉灵芝能寄生在铁杉树上，引起树干心腐病，还有一些品种能寄生在槟榔树上，造成槟榔减产甚至死亡。

灵芝可以利用富含木质素、纤维素、半纤维素等成分的棉籽壳、木屑、玉米芯等栽培。由菌丝分泌出的胞外酶，将高分子的含碳物降解为小分子的可溶性糖后被吸收利用。栽培时添加麦麸、米糠等提供氮源，还需添加一定量的矿物质元素，如钾、钙、镁、磷等。灵芝在含有葡萄糖、蔗糖、淀粉、纤维素、半纤维素、木质素等基质上生长良好。它也需钾、镁、钙、磷等矿质元素。

菌丝生长期碳氮比（C/N）为22∶1，子实体生长期为30~（40∶1）。

（2）温度　灵芝属中高温型恒温结实性菌类，其温度适应范围较为广泛。灵芝菌丝能在4~35℃范围内生长，适宜温度是25~28℃。15℃以下生长缓慢，7℃以下极为缓慢，33℃菌丝停止生长，35℃以上会衰老而枯死。

子实体在18~32℃内均能生长，最适25~28℃。低于20℃，子实体生长缓慢，菌盖表面细胞易纤维化，极易形成畸形灵芝。低于18℃，子实体停止生长。超过32℃时，子实体品质差，柄长，菌盖薄且单体小。25℃形成的子实体质地紧密，子实层发达，担孢子弹射量最多，商品性好。

作为恒温结实性菌类，子实体形成不需要温差刺激。

（3）水分和湿度　培养料的含水量通常在60%左右，菌丝生长阶段空气相对湿度70%以下。子实体形成阶段，空气相对湿度要求在85%~95%；子实体生长阶段空气相对湿度在80%~90%。如空气相对湿度长期超过95%，会引起霉菌滋生，造成培养料污染；低于60%，子实体膨大缓慢或停止。

（4）光照　在菌丝体生长阶段不需要光照，光照对菌丝生长有明显的抑制作用。

子实体阶段需要一定光照（散射光）。灵芝为相对强光照型菌类，光照影响灵芝体扇片的分化和颜色光泽的形成。在子实体形成阶段，若在全黑暗环境下不分化；原基形成时，缺少散射光的刺激，原基只能形成堆状体。灵芝开片时，需要更强的散射光，光强低于2000lx时形成畸形芝。灵芝有明显的趋光性，光源不同或光源紊乱易使菌盖畸形。

灵芝子实体不仅有趋光性，而且有明显的向地性，即灵芝子实体的菌管生长具有向地性。

（5）空气　灵芝为好氧性真菌。菌丝生长期，空气中的CO_2含量保持在1%~3%，可促进菌丝生长；子实体生长期，CO_2浓度超过0.3%时，原基不能形成；灵芝开片时，CO_2浓度超过0.1%时，会形成畸形芝。因此，在灵芝生长的整个过程中，都必须注意通风换气，保持环境中空气新鲜。

（6）酸碱度　灵芝菌丝喜欢中性偏酸性环境，在pH 3~7.5条件下能正常生长，最适pH范围在5.5~6.5。

三、栽培技术

人工栽培灵芝采用段木栽培和代料栽培两种方式，见图9-11和图9-12。段木栽培历史悠久，是传统的栽培方式，在山区推广较多，又分为短段木熟料栽培和长段木生料栽培（图9-11）；代料栽培又可分为瓶栽、地畦栽培和塑料袋栽培。目前广泛采用代料栽培，代料栽培中多数采用塑料袋栽培。其生长周期短，成本低、产量高，根据出芝场所的不同，又分为室内栽培和室外栽培（图9-12）。

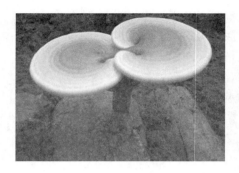

图 9-11　灵芝段木栽培　　　　　　　图 9-12　灵芝代料栽培

1. 栽培季节与品种

（1）灵芝的栽培季节　段木栽培方式一般安排在春季，生产周期较长，要经过 4~5 个月才能出芝。代料栽培生产周期较短，整个周期 80~90d。就春季栽培而言，由于各地气候条件不同，可根据灵芝生长发育对温度的要求，不同地区灵活安排具体栽培时间。秋季栽培因产量低、子实体形态差而不常采用。

（2）灵芝栽培品种　灵芝的品种较多，以其颜色不同，主要有赤灵芝、黑灵芝、黄灵芝、密纹薄芝、紫芝、鹿角灵芝等。目前推广的品种主要有泰山赤芝、日本赤芝、韩芝、台湾一号、云南四号、植保六号、801 等。

2. 灵芝代料栽培技术

灵芝代料栽培就是用木屑、秸秆、棉籽壳等原料代替段木进行栽培。目前代料栽培已有多种方法。栽培季节一般来说以 4 月上中旬接种为宜，5 月制栽培瓶或袋，6~9 月出灵芝。

（1）灵芝栽培工艺流程如图 9-13 所示。

图 9-13　灵芝栽培工艺流程

（2）菌种培养

①配方

原种、栽培种培养都可使用以下配方：

a. 杂木屑 78%、麦麸或米糠 20%、蔗糖 1%、石膏 1%。

b. 杂木屑 74.8%、米糠 25%、硫酸铵 0.2%。

c. 棉籽壳 44%、杂木屑 44%、麦麸或米糠 10%、蔗糖 1%、石膏 1%。

d. 棉籽壳 60%、杂木屑 30%、麦麸或米糠 7%、蔗糖 1%、石膏 2%。

e. 玉米芯 50%、木屑 35%、麦麸或米糠 15%。

f. 杂木屑 80%、米糠 20%。

图 9-14　灵芝原种

图 9-15　灵芝栽培种

②培养料配制：根据当地资源，选好培养料，按比例称好，拌匀，含水量为 60%～65%。加水至手捏培养料只见指缝间有水痕而不滴水为宜。

（3）瓶栽法　瓶子一般用罐头瓶或用 750g 菌种瓶作栽培瓶。培养料以杂木屑、秸秆、米糠、麦麸等为主。

①装瓶、灭菌、接种：参考原种、栽培种培养料配方，将拌匀的培养料及时装入瓶内，边装边适度压实，使瓶内培养料上下松紧一致，料装至瓶肩再压平，并在中间扎孔，以利于接种。随即将瓶口内外用清水洗干净塞好棉塞。进行高压灭菌或常压间歇灭菌，灭菌后，温度降至 30℃ 以下时移入接种箱，进行无菌操作接种，然后移入培养室培养。

②栽培管理：遵循灵芝在生长发育条件要求，细致管理，相互协调，即可长出光泽度明亮的灵芝。

（4）塑料袋栽培法　灵芝塑料袋栽培法具有操作管理方便、运输成本低和效益高等优点，是目前代料栽培灵芝的主要方法。

①塑料袋的规格与培养料的配方：塑料袋一般采用规格为（15～17）cm×（33～35）cm×0.004cm 的低压高密度聚乙烯袋，每袋可装干料 0.5～0.75kg 左右。若采用高压灭菌，可采用（15～18）cm×（30～35）cm×0.005cm 的聚丙烯袋。培养料常用配方如下。

a. 棉籽壳 78%、麸皮 20%、蔗糖 1%、石膏粉 1%。

b. 玉米芯 75%、过磷酸钙 3%、麸皮 20%、蔗糖 1%、石膏粉 1%。

c. 木屑 40%、棉籽壳 40%、玉米粉（麸皮）18%、蔗糖 1%、石膏粉 1%。

d. 豆秸粉（或花生壳、棉秆粉）78%、麸皮 20%、蔗糖 1%、石膏粉 1%。

e. 玉米芯 50%、木屑 30%、麸皮 20%。

f. 稻草粉 45%、木屑 30%，麸皮 25%。

g. 稻草粉 35%、麦秸粉 35%、米糠 25%、生石灰 2%、石膏粉 2%、蔗糖 1%。

将上述配方中的稻草、麦秸、玉米芯、豆秸等去除杂质和毒变部分后晒干粉碎，木屑、石灰、过磷酸钙等过筛，按规定比例分别称好，混合均匀。把蔗糖用清水溶解后徐徐加入混合料中搅拌均匀，使含水量达 60%~65%。用手紧握一把料，手指间有水印即为适宜含水量。

②装袋、灭菌、接种：将配好的料，检查含水量及 pH 是否适宜，然后装袋，袋子一头扎紧，装袋时要注意上下松紧一致。装入培养料至袋长的 3/5。在塑料袋上加上颈圈，用木棒打一孔洞，塞上棉塞再用牛皮纸或报纸扎好袋口。然后进行灭菌，一般常压灭菌 100℃ 维持 12h 以上。灭菌后温度降至 30℃ 以下，移入接种箱进行无菌操作接种。

③发菌期管理：接种后立即将袋子移入培养室，平放在培养架子或地面上，根据气温决定摆放层数。保持温度 25~28℃，空气相对湿度 70% 以下，保持暗光、空气新鲜。7d 左右翻袋一次，使袋受温均匀，发菌一致。翻堆时拣出感染杂菌的菌袋进行处理。当菌丝发至袋的 1/3 时，将室内温度降到 25℃ 以下，促使菌丝长粗长壮，30d 左右菌丝会发满全袋。

④出芝期管理：当菌丝发满全袋，手拿袋子有弹性，袋子两端有黄色水珠出现时，立即运往出芝棚。一头出芝的袋子要竖直整齐排放，洒水时防止袋中积水。两头出芝的袋子要平摆成墙状，高 7~10 层。袋子排放好后立即洒水，将空气相对湿度提高到 90% 左右。同时保持温度 25~28℃，给予较强的散射光照，加强通风，保持空气新鲜。经 10d 左右的培养，料面会有乳白色的原基形成。

当袋口出现原基时，用剪刀剪去扎口绳。保持温度 25~28℃，空气相对湿度 90% 左右，增强散射光，加强通风，促菌盖快速膨大。若环境中 CO_2 浓度超过 0.1% 时，就会形成"鹿角灵芝"。

假如料面现蕾较多，还要进行疏蕾，每袋保留 2~3 个蕾，使养分集中，长成盖大朵厚的子实体。也可将料袋摆在地面上出芝。

如果场地充足，可进行畦栽。将薄膜脱去，间距 2~3cm 卧放在宽 80~100cm、深 12~15cm 的畦内，覆 2cm 厚的壤土，进行出芝管理。

⑤采收：灵芝的子实体生长初期为白色，后变为淡黄色，经过 50~60d，就变成棕黄色或褐色。种类不同，子实体颜色也不同。当菌盖不再增厚，不再长大时，菌盖表面色泽一致，触摸有硬壳感，菌盖上布满锈色孢子时，要及时采收。灵芝不能过老采收，否则会降低药效，且不利于第二潮生长。

采收方法是用小刀从柄中部切下，不使切口破裂。或一手按着袋子，一手拿着菌柄慢慢转动，当基部和培养料脱离后再轻轻拔出，不能直接向上用力拔出，否则会将基部的培养料带出，影响下潮产量。采收后停止喷水 1~2d，按上述方法管理，又会长出芽茬。

采收后应及时烘干、晒干，烘干时温度不能超过 60℃，干制后灵芝含水量达到

13%左右。每 2.5~3kg 鲜灵芝可晒 1kg 干灵芝。干制后要马上装入塑料袋密封存放，不能散堆在仓库内存放。灵芝极易吸水返潮，会使灵芝变霉或虫蛀，失去使用价值。灵芝存放时间长或遇到长期阴雨天，天晴后立即复晒脱水，干后再密封存放。

3. 灵芝段木栽培技术

灵芝段木栽培分为长段木栽培和短段木栽培。长段木栽培是将适宜灵芝生长的树木截成 0.8~1m 的段，打孔接种进行栽培，一次接种多年出芝。具体方法可参考香菇段木栽培法。

灵芝短段木栽培是一种熟料栽培方式，即短段木经灭菌变成熟料，接菌种进行栽培。其特点是菌丝长得快、出芝早、成功率高。短段木栽培推广很快，基本上取代了长段木栽培。

短段木栽培 10 月下旬伐木、晾晒、截段，11 月装袋、灭菌、接种。

（1）树种选择和截段　适宜灵芝生长的树种有栎、柞、青冈、桦、栲、槭、槠、榆、栗、野山桃等。砍后经干燥，将树干截成 15cm 长的木段，晾晒 2~3d，以段木中心有 1~2cm 微小裂痕为宜，此时段木含水量为 35%~42%。

为节约资源，木片法栽培较为适宜。利用阔叶树枝杈及边料作为主要栽培基质，选用直径 6~12cm 的原木，砍伐后 15d 内将其截成 15cm 的段。用柴刀削去截面四周毛刺、刮平周围树皮尖锐部分，粗、细段木全部从中心部位平均劈为四瓣，用绳捆扎装入塑料袋进行灭菌，装袋时将树枝夹在木片之间，提高资源利用率。该法木片间空隙多，通气性好，灭菌彻底，发菌快，栽培成功率高。

（2）装袋　一般选择规格为（20~24）cm×（50~55）cm×（0.004~0.005）cm 的低压高密度聚乙烯袋。装袋前将段木表面尖锐突出处用刀削平，以免刺破袋子。然后用捆扎木片法把短段木装入袋中扎口。把细木屑在水中拌匀后，用勺子把其填充到菌袋底端，将捆扎木片装入袋中，两端扎口。

（3）灭菌、接种　装袋后及时灭菌，常压灭菌，100℃维持 24h 以上。冷却后，将降至 30℃的袋子放入接种室内进行接种。接种时两人配合，一人解开扎口绳，一人将菌种接入段木的两个端面，整个端面要用菌种覆盖严，然后再将扎口绳扎紧。用捆扎木片法的一般一端接种。接种量为段木重的 5%~8%。

（4）发菌期管理　接种后，菌袋搬入预先灭过菌的培养室，摆放 8~10 层，堆高 1~1.2m，每堆之间留 0.7~0.8m 的通道。控制室温 25℃左右，空气相对湿度 70%以下，暗光，空气新鲜。10d 后进行翻堆，挑出菌种未定植的袋子，在无菌箱内重新补种。淘汰污染的袋子。发菌后期，为促使长入木质部的菌丝变粗壮，将室内温度降到 20℃。经过 2~2.5 个月的培养，菌丝可发满整个段木，此时应打开袋口，加强通风。

（5）覆土　发满菌丝的菌袋运往出芝棚。棚内建数条 0.8~1m 宽的畦。于 15℃左右的晴天，把短段木（捆扎木片）从袋中取出，竖直排放在畦内，每根段木之间留 8~10cm 的距离，盖上沙质湿土，再在表面盖 1cm 左右的稻草或麦秸，可防止喷水时泥土溅在子实体上。也可将菌袋下端 1/3 的塑料袋割去，间距 8~10cm 竖直排放在畦内，顶端留 0.5cm 长的菌棒在土外。

覆土 7d 后，菌丝全部恢复生长，如采用菌袋法，即可剪口。从袋口扎绳处将袋口剪下，保留袋口折痕，不可把袋口全部剪下，以减少袋内菌木水分蒸发，有利于每个芝棒出 1~2 个优质灵芝。

（6）出芝期管理　覆土后喷雾洒水，保持地面土壤湿润。棚顶要遮荫，给予散射光照，棚内经常洒水，保持空气相对湿度 90% 左右、温度 25~28℃。7~10d 后，段木上端出现乳白色瘤状原基。10~15d 后，原基开始分化。子实体膨大期，保持温度 25℃ 左右，空气相对湿度 90% 左右，加强通风换气。

一个原基上分化多个芝柄或一根菌棒上分化 2 个以上原基并均形成芝柄的，应疏芝，一根菌棒上留一个健壮芝芽。对没有出芝的菌棒，可用疏去的芝芽进行嫁接，用利刀把芝芽削成楔形，插于菌木顶部的树皮与木质部之间的菌丝层内，同时用力稍按楔形芝芽两侧的菌木使芝芽固定。对生长过快的芝柄可留 3~5cm，将其余部分剪去，进行嫁接。随芝盖的生长，芝盖间距缩小，若相邻灵芝间距过近，可用小树枝等将菌柄轻轻撑开，以减少相互粘连，长成单柄优质灵芝。

（7）采收　当菌盖不再增厚，菌盖边缘颜色与中央一致，通体为深褐色，用手触摸有硬壳感，要及时采收。

采收时，用果树剪从芝盖以下 3cm 部位剪去，留下菌柄以利再生第二潮灵芝。采收时不可用手握菌盖，以免菌盖下层附着孢子粉，使色泽不均匀，从而降低商品质量。留柄剪芝，二潮芝可以用头潮芝柄作原基快速长出芝芽，减少潮次间隔时间，缩短生产周期。但在收二潮灵芝准备过冬时，用手握住菌柄基部从菌材上摘下。

（8）采后管理　如果采收孢子粉，一般一年只收一潮灵芝，一个菌棒上除可采收 15~20g 孢子粉外，还可采收 30~35g 灵芝干品；否则，可收两潮灵芝。

采过第一潮灵芝后，立即用塑料薄膜将段木盖好，让菌丝生长 2~3d，然后洒水增湿。5~7d 后第二潮原基开始出现，经过 25~30d 后便可采收第二潮芝。

采完第二潮芝后，天气转凉，原基不再大量形成，要做好段木的越冬工作。不完全覆土出芝的，先将老菌皮去掉，用稻草覆盖，上面再盖上沙土，保温防冻。

第二年春天气温回升到 20℃ 左右时，立即将覆盖的稻草和沙土清除干净，向畦内灌水，提高出芝棚的湿度，到 5 月原基开始形成，6 月可以采收。一般情况下，短段木栽培可连续收获 2~3 年。

（9）其他事项　对于灵芝的栽培管理，可总结如下几点：

①要有一定散射光照：灵芝生长对光照相当敏感，如过阴，灵芝子实体柄长盖细小，再加上通气不良和 CO_2 浓度高，则形成"鹿角芝"。光线控制总的原则是前阴后阳，前期光照度低有利于菌丝的恢复和子实体的形成，后期应提高光照度，利于灵芝盖的增厚和干物质的积累。

②注意温度变化：灵芝子实体为恒温结实型，正常的生长温度为18～34℃，最适范围为25～28℃。菌袋埋土后，如气温在24～32℃，通常20d左右即可形成菌芽。当菌柄生长到一定程度后，温度、湿度、光照度适宜时，即可分化菌盖。气温较高时，要时常注意观察展开芝盖边缘白边的色泽变化情况，防止变成灰色，否则再增大湿度也不能恢复生长。如中午气温高，还要揭膜通风。

③控制空气相对湿度：灵芝生产需要较高的湿度，灵芝的子实体分化要经过菌芽→菌柄→菌盖分化→菌盖成熟→孢子飞散过程。从菌芽发生到菌盖分化未成熟前的过程中，要经常保持空气相对湿度85%～95%，以促进菌芽表面细胞分化，土壤也要保持湿润状态，晴天多喷，阴天少喷，下雨天不喷，但不宜采用香菇菌棒的浸水催芽的做法。

④重视通气管理：灵芝属好气性真菌，在良好的通气条件下，可形成正常肾形菌盖，如果空气中CO_2浓度增至0.3%以上则只长菌柄，不分化菌盖。为减少杂菌危害，在高温高湿时要加强通气管理，让畦四周塑料布通气，揭膜高度应与柄高持平。这样有利于分化菌盖，中午高温时，要揭开整个薄膜，但要注意防雨淋。

⑤做到"三防"，确保菌盖质量：一防连体子实体的发生，排地埋土菌袋要有一定间隔，当发现子实体有相连可能性时，除非有意嫁接，否则不让子实体相互连接，并且要控制袋上灵芝的朵数，一般直径15cm以上的灵芝以3朵为宜，15cm以下的以1～2朵为宜，灵芝朵数过多将使一级品数量减少。二防雨淋或喷水时泥沙溅到菌盖造成伤痕，品质下降。三防冻害，海拔高的地区当年出芝后应于霜降前用稻草覆盖畦面，其厚度为5～10cm。

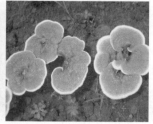

图9-16　灵芝覆土栽培生长的不同阶段

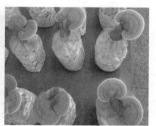

图9-17　灵芝代料栽培生长的不同阶段

四、常见问题及处理

1. 白蚁为害

在灵芝段木栽培中，由于发满菌丝的菌棒较长时间埋于土中，极易遭到白蚁的危害。白蚁为群居性很强的小动物，其数量大、集中摄食，不仅摄食灵芝的菌丝体、子实体，还能将整个菌棒掏空，给灵芝的段木栽培造成极大的为害。

防治措施：埋菌棒前，在土中撒灭白蚁的药物，如生石灰粉、灭蚁粉等；在灵芝子实体生长过程中定期检查，看是否有白蚁发生，发现苗头，立即在出芝棚四周的防护沟外沿撒生石灰粉、灭蚁粉等。

2. 灵芝畸形

室内 CO_2 浓度较高、生长温度常低于20℃、散射光强度低于1000lx 等，都有可能引起灵芝畸形。

防治措施：在子实体膨大期加强通风，降低室内 CO_2 浓度；保证室内温度不低于25℃，空气相对湿度在90%左右；室内散射光强度提高至1000lx 以上，同时保持光照均匀一致。

第三节

蛹虫草

一、概述

蛹虫草［*Cordyceps militaris*（L.）Link.］又称为北冬虫夏草、北虫草、蛹草，属子囊菌亚门、核菌纲、麦角菌目、麦角科、虫草属。

蛹虫草是现代珍稀中草药，蛹虫草与野生冬虫夏草的组成相近，营养齐全，具有重要的滋补价值，可与人参、鹿茸相媲美，它富含蛋白质、氨基酸、维生素、虫草酸及多种微量元素。具有治疗肺结核、止血化痰、补精髓、抑制癌细胞、延缓衰老、提高免疫力等功能。

蛹虫草主要分布于辽宁、吉林、黑龙江、河北、安徽、福建、广西、陕西、云南等地，欧洲和北美洲也有分布。

二、生物学特性

蛹虫草是指蛹虫草真菌寄生在鳞翅目夜娥科昆虫的蛹（幼虫）体上形成的蛹（幼虫）与子实体的复合体。蛹虫草的形态分为菌丝体和子座两部分（图9-18）。

图 9-18　蛹虫草　　　　图 9-19　工厂化栽培蛹虫草　　　图 9-20　蚕虫草

1. 菌丝体

蛹虫草的菌丝是一种子囊菌，其无性型为蛹草拟青霉。其菌体成熟后可形成子囊孢子，孢子散发后随风传播，孢子落在适宜的虫体上，便开始萌发形成菌丝体。

蛹虫草的菌丝在土豆、葡萄糖、蛋白胨、琼脂培养基上生长迅速，适温下 7d 左右可长满斜面。菌丝体白色，菌苔干贴，易形成菌被，无光下能产生疏松的气生菌丝。

2. 子实体

从昆虫体长出的所谓"草"，即子实体，称子座。子座单生或数个一起从寄生蛹体的头、胸或近腹部伸出，颜色为橘黄色或橘红色，子座头部顶端钝圆，柄细长，呈棒状圆柱形或扁形，全长 2～10cm，粗 2～9mm。蛹体颜色为紫色，长 1.5～2cm。

子座上着生近圆锥形的子囊壳，表面密生许多凸起的小疣，即子囊壳的开口部分，约有 3/5 埋于子座组织里（通常呈子囊壳半埋生）。子囊壳外露部分棕褐色，成熟时由壳口喷出白色胶质孢子角或小块。切片镜下观察子囊壳大小为（500～1098）μm×（132～264）μm。子囊壳内有多个子囊，每个子囊内有 8 枚平行排列的线形子囊孢子。子囊孢子成熟后沿子囊孢子壁横裂而分离，形成分生孢子。孢子无色或略带淡黄色，表面有刺状突起，无色。蛹虫草子座与蛹体联结部为白色菌丝所缠绕，呈菌束状。

三、生长发育条件

1. 营养

蛹虫草属兼性腐生菌。野生蛹虫草以蚕蛾科、舟蛾科、天娥科、尺蛾科、枯叶蛾科等鳞翅目昆虫蛹为营养，人工栽培时可利用碳源、氮源、矿物质元素作为营养。

蛹虫草可利用多种碳源，尤其以甘露醇、葡萄糖、麦芽糖为最好，可溶性淀粉和乳糖较差。生产中利用大米或小麦作为碳源。

蛹虫草能利用多种氮源，有机态氮利用效果较好，以 *dl*-天冬氨酸和柠檬酸铵最好，硝酸钙、硝酸铵较差。人工栽培蛹虫草时需加入一定置的动力蛋白，以蚕蛹粉、蛋清为最佳。

蛹虫草菌丝及其子座生长需要矿物质元素，因此生产时常加磷酸二氢钾、硫酸镁等。

蛹虫草栽培时添加适量的生长因子有刺激和促进蛹虫草菌丝生长、提高产量的作用，因此，生产时应适量添加维生素 B_1、维生素 B_6、维生素 B_{12} 等。

适宜的碳氮比是蛹虫草人工栽培的必需条件，合适的碳氮比为 (3~4)∶1。碳氮比过高或过低将导致菌丝生长缓慢、污染严重、气生菌丝过旺，难以发生子座，即便有子座分化，其产品的数量和质量也不佳。

2. 温度

蛹虫草属中低温型变温结实性菌类。孢子弹射适宜温度 28~32℃；菌丝体在 5~30℃ 下均能生长，最适温度 18~22℃，低于 10℃ 极少生长，高于 30℃ 停止生长，甚至死亡；子座形成和生长温度 10~25℃，最适温度 20~23℃；原基分化时需 5~10℃ 的温差刺激。

试验证明，蛹虫草在 10~20℃ 下变温培养需要 30~45d 才能出草，而在 19℃ 恒温条件下培养，仅需要 15~25d 就出草。因此栽培时，尤其是菌丝生长期间要避免高温，以减少细菌或真菌的污染。

3. 水分和湿度

菌丝生长阶段培养基含水量要求为 57%~65%，低于 55% 时，菌丝生长缓慢，高于 65% 时，培养基易酸败。当第一批子实体被采收后，培养基含水量会下降到 45%~50%，此时若不及时补充水分将影响第二批子实体的生长，甚至不出第二批子实体，因此在转潮期应补足水分，结合补充营养，通常用营养液进行补水。

菌丝体培养阶段的空气相对湿度应保持在 65%~70%；子实体生长期间，要求空气相对湿度达到 80%~90%。

4. 空气

蛹虫草是好气性菌类，菌丝和子实体发育均需要清新的空气，尤其子座发生期应增大通气量，若 CO_2 积累过多，则子座不能正常分化或出现密度大、子座纤细、畸形，因此在生产时要注意通风换气。

5. 光照

孢子萌发和菌丝生长不需要光线，光照会使培养基颜色加深，易形成气生菌丝，并使菌丝提早形成菌被。在菌丝成熟由白色转成橘黄色，即原基形成时，需要一定的光照，此时要保持 100~200lx 的光照刺激，每天光照时间要达到 10h 以上，生产时夜间可用日光灯作为光源。光线过弱，原基分化困难，出草少，子实体呈淡黄色，产品质量低。光照应均匀，否则会造成子实体扭曲或一边倒。

6. 酸碱度

蛹虫草适应酸性环境，菌丝生长阶段要求 pH 为 5~8，最适 pH 为 5.4~6.8。由于高温灭菌及菌丝生长会产生酸类物质，使培养基 pH 下降，因此在配置培养基时要将 pH 调高至 7~8，同时添加 1~2g/L 的磷酸二氢钾或磷酸氢二钾等缓冲物质，以减缓培养过程中 pH 的急剧变化对菌丝生长的影响。

四、栽培管理技术

1. 菌种制作

长期采用无性繁殖及多次转管的蛹虫草菌种易变异，出现子实体畸形、产量下降。应定期对其进行有性繁殖，选育菌丝生长健壮、菌龄短、无杂菌、色泽正、转色快、出草快而整齐、高产、优质、易生子座、早熟的菌种。

（1）母种分离

①组织分离法制母种：组织分离法制母种，是利用子实体内部组织来获得纯菌种。选新鲜蛹虫草，表面消毒，把子座纵向撕开，用经消毒的解剖刀，无菌条件下在子座基部中心取 3mm×1mm 的白色菌肉组织，接在加有 50μg/mL 链霉素的加富培养基 PDA 培养基试管斜上，20℃恒温箱中培养 10d 左右，菌丝即可长满斜面。菌丝纯白，粗壮浓密，紧贴培养基生长，边缘清晰，后期分泌浅黄色色素。

②孢子分离法制母种：孢子分离法制母种，是利用菌类成熟孢子能自动弹射的原理，在无菌条件下，使孢子在适宜培养基上萌发成菌丝体而获得菌种。选择新鲜的蛹虫草子实体，用毛笔蘸清水擦洗外表，用 75%酒精进行表面消毒 3~5min，无菌水清洗干净后，置盛有灭过菌的 PDA 培养基的锥形瓶上方悬空，在 28~32℃下静置培养。待培养基表面出现星芒状虫草菌落时，在接种箱内挑取单个或多个菌落置斜面培养基上培养。待虫草菌丝长好后再提纯。经过提纯获得母种，经出草比较试验，选优质虫草子实体再进行一次组织分离，经筛选后方可用于转扩原种和栽培种。

（2）菌种检验　分离的母种或购来的母种，都需进行检验。将母种扩大培养后，接种在大米培养基上，于 23~25℃下培养 20~30d，观察生长情况。若已纯化无杂菌污染，再继续培养 1 个月，即有橙红色子座产生，说明菌种纯正可靠，可应用于生产。

（3）菌种选择与使用　选用菌丝洁白、适应性强、见光后转色和出草快、性状稳定的速生高产优质菌种，是获得栽培成功和高产的关键。

与其他食（药）用菌相比，蛹虫草菌种极易退化，因此正确的选种、保种与用种非常重要。具体做法：一是不用三代以上的母种进行扩制；二是保种时不宜用营养丰富的培养基，保种与生产要轮换使用不同配方的培养基；三是长期保藏的菌种需转管复壮后才可使用。

（4）原种、栽培种制作

①固体菌种

固体菌种常用以下培基：

a. 米饭培养基。将大米用水浸泡 24h，捞出后放在锅内煮 30min。

b. 大米 50g、磷酸二氢钾 0.05g、葡萄糖 10g、维生素 B_1 0.5g，水 50mL。

c. 大米 10g、木屑 88g、蔗糖 1g、石膏 1g，米汤 60mL。

常规制备，高压灭菌，接种后 23~25℃暗光培养。20~30d 菌种可长满瓶。

②液体菌种：蛹虫草人工培养大多数用液体菌种接种，常用的液体菌种的培养基配方如下（图 9-21）。

a. 葡萄糖 2%、蛋白胨 0.4%、牛肉膏 0.4%、磷酸二氢钾 0.4%、硫酸镁 0.4%、维生素 B_1 微量，pH6.5~7。

b. 玉米粉 2%、葡萄糖 2%、蛋白胨 1%、酵母粉 0.5%、硫酸镁 0.05%，pH 6.5~7。玉米粉加水煮沸 10min，过滤取滤液，加入其他成分。

c. 马铃薯 20%、奶粉 0.5%、葡萄糖 2%、磷酸二氢钾 0.2%，pH6.5~7。马铃薯去皮切块后加水煮沸 0~15min，过滤取滤液，加入其他成分。

d. 葡萄糖 1%、蛋白胨 1%、蚕蛹粉 1%、奶粉 1.2%，磷酸二氢钾 0.15%、磷酸氢钠 0.1%，pH 6.5~7。

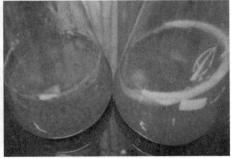

图 9-21　蛹虫草液体菌种培养

2. 人工培养基瓶栽技术

蛹虫草人工栽培主要有蚕蛹培养基栽培和人工培养基栽培。人工培养基采用大米、玉米渣或高粱米等谷粒作主料，配入少量鸡蛋清或蚕蛹粉作辅料。目前大规模生产蛹虫草以大米（小麦）培养基栽培方式为主。

栽培工艺流程如图 9-22 所示。

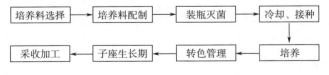

图 9-22　蛹虫草人工栽培工艺流程

（1）栽培季节的确定　根据蛹虫草对温度的要求，可分春、秋两季栽培。适宜的播种时间由两个条件决定：一是播种期当地旬平均气温不超过 22℃；二是从播种时往后推 1 个月为出草期，当地旬平均气温不低于 15℃。春播一般安排在 4 月上旬播种，秋播在 8 月上旬播种。立秋过后，气温由高转低，昼夜温差过大，正好有利于出草，是栽培的最佳季节。

（2）培养料的选择　依据培养料的选择，蛹虫草培养方法大致分为两类，一类是用蚕蛹直接培育蛹虫草，另一类是用人工配制的培养基代替蚕蛹培育。

蛹虫草人工栽培可选用大米或小麦等作为栽培主料，大米以籼米为主，因其含的支链淀粉较少，灭菌后通气性较好，有利于菌丝的生长。选用的大米、小麦要求新鲜无霉变、无污染、无虫蛀。

（3）培养基配制与装瓶　蛹虫草人工栽培培养基配方有多种，具体如下。

①籼米 35g、蚕蛹粉 1g、营养液 45mL

营养液组分：葡萄糖 10g、蛋白胨 10g、磷酸二氢钾 2g、硫酸镁 1g、柠檬酸铵 1g、维生素 B_1 10mg，捣碎，补充水至 1000mL，pH 为 7；马铃薯 200g，煮汁去渣，滤液内加入蔗糖 20g、奶粉 15～20g、磷酸二氢钾 2g、硫酸镁 1g，补充水分至 1000mL，pH 7～8；葡萄糖 10g、蛋白胨 10g、磷酸二氢钾 2g、柠檬酸铵 1g、硫酸镁 0.5g、维生素 B_1 10mg，补充水至 1000mL。

②籼米 70%、蚕蛹粉 23%、蔗糖 5%、蛋白胨 1.5%、酵母粉 0.5%、维生素 B_1 微量。

③籼米 89%、玉米（碎粒）10%、酵母粉 0.5%、蛋白胨 0.2%、磷酸二氢钾 0.1%、硫酸镁 0.05%，蚕蛹粉、蔗糖、维生素 B_1 适量。

④小麦 93.6%、蔗糖 5%、磷酸二氢钾 0.5%、硫酸镁 0.1%、酵母粉 0.5%、蛋白胨 0.3%。

⑤高粱 45%、玉米渣 40%、小米 10%、蔗糖 2%、蛋白胨 2%、酵母粉 0.8%、磷酸二氢钾 0.1%、硫酸镁 0.1%。

蚕蛹粉可用药店零售的僵蚕代替。大米应籽粒饱满，新鲜无霉，用前浸泡 4～5h 或煮至半熟。培养料拌匀，含水量 57%～60%，pH 6.0～6.5。用罐头瓶、塑料瓶（耐高温高压）作为栽培容器，每瓶装干料 30～50g，培养基装至瓶深 1/4～1/3 处。灭菌前用聚丙烯薄膜外加报纸封口，再用绳或橡皮筋扎紧。

在制作培养基时要注意以下几个方面：一是主料与营养液的比例要适当，不能太干或太湿，适宜的含水量为 57%～65%；二是培养基 pH 严格控制在 5.5～7.2 之间；三是主料与营养液在灭菌前的浸泡时间不能太长，一般不能超过 5h，否则会发生培养基发酵和糖化，影响前期的转色和出草；四是培养基采用常压灭菌时必须在 3h 以内使灶内温度达到 100℃，否则培养基容易酸化变质，影响产量。

（4）灭菌　配制好的培养基应及时彻底灭菌，高压蒸汽灭菌 0.14MPa 保持 1.5～2h，常压灭菌 100℃ 保持 10～12h。灭菌后瓶内培养基要求上下干湿一致，米粒间有空隙，不能黏稠成糊状。见图9-23。

（5）冷却接种　灭菌结束后取出冷却，移入接种室，当培养基冷却到30℃以下时，在无菌条件下接种，每瓶接种液体菌种5～10mL或固体菌种10g左右。为防止污染，可适当增加接种量，以利于菌丝加快生长，迅速占领料面。接种完毕，立即移入经消毒和防虫处理的培养室内培养。

图9-23　蛹虫草大米培养基灭菌

（6）菌丝培养　在接种后的3周内，要进行遮光培养。接种后最初将温度保持在16℃恒温培养，以减少杂菌污染，当菌丝生长至培养基1/2～2/3时，可将温度升至19～21℃，室内要保持黑暗、通风，空气相对湿度控制在65%左右。经15～20d菌丝可发满瓶。见图9-24。

图9-24　蛹虫草菌丝培养及转色

（7）子座培养　菌丝长满后，由白色逐渐转成橘黄色时，表明菌丝营养生长已经完成，此时菌丝已成熟，可增加光照，白天利用自然散射光，保持200lx左右，早、晚用日光灯增加光照，每天不少于10h，同时给予10℃左右的温差刺激，促进转色和诱导原基形成。当培养基表面和四周有橘黄色色素出现，开始分泌黄色水珠，并伴有大小不一的圆丘状橘黄色隆起物时，则表示子座开始形成。此时室内温度保持18～23℃，空气相对湿度保持80%～90%，每天通风2～3次，每次30min。

湿度太大则容易产生气生菌丝，对子实体生长不利；湿度太低则容易使培养基失水而影响产量。在子座形成之后，应根据蛹虫草有明显趋光性的特点，结合实际情况适当调整光源方向，保证受光均匀，避免光线不均匀造成子实体扭曲或一边倒。子座培养期间要适当通风，但不可揭掉封口塑料薄膜，可在薄膜上用针穿刺小孔，以利于气体交换。待子实体长至3cm高时，可去掉封口膜，满足其对氧气的需求（图9-25）。

图 9-25　蛹虫草子座形成

（8）采收加工　一般从播种到子囊成熟需要 40d 左右，菌丝扭结到子实体成熟需要 20d 左右，每瓶可生长子座 10~20 支，但只有 5 支左右商品性状最好，生物学效率在 30% 左右。

当子座呈橘红色或橘黄色棒状，高度达 5~8cm，头部出现龟裂状花纹，表面可见黄色粉末状物时，应及时采收。若采收过迟，则子实体枯萎或倒苗腐烂。采收时，用无菌弯头手术镊将子实体从培养基轻轻摘下即可。

子座采收后，应及时将根部整理干净，晒干或低温烘干。然后用适量的黄酒喷雾使其回软，整理平直后扎成小捆，并包装出售。采用罐头瓶熟料栽培的方法，一瓶可出干品 2~3g（图 9-26）。

图 9-26　蛹虫草采收标准

（9）转潮管理　子座采收后应停水 3~4d，然后将 5~10mL 无菌营养液注入培养基内，再薄膜扎口放到适温下遮光培养，使菌丝恢复生长。待形成菌团后再进行光照等处理，使原基、子实体再次发生，一般 10~20d 后可生长第二批子座。

（10）常见问题及处理

①菌丝体表面出现菌皮

原因：转色条件控制得不好，造成转色期过长。菌皮严重影响产量和品质。

措施：白天控制在20℃，夜里控制在15℃，每天保持5℃温差刺激。转色阶段温度不得低于14℃，否则不能形成子实体。每天光照12h左右，光照强度以200lx左右为宜，白天充分利用自然散射光，晚上用日光灯补光。此外，应注意培养室内空气相对湿度控制在65%。注意适当通风换气，两天1次，每次30min，经过上述管理，3d后菌丝开始转色，6~7d后，菌丝全部为橘黄色。

②接种后菌种不萌发或发菌慢

原因：培养基受杂菌污染，腐臭发黏；使用固体种接种，操作不熟练，造成菌种块灼伤或死种，或使用液体种接种，悬浮液中菌丝含量不足或杂菌污染所致；培养温度处于菌体正常生长温度的下限，接种块在低温下愈合慢，生长迟缓。

措施：确保培养料的灭菌效果，灭菌结束，不要急于出锅，待压力表指针至零后，再冷却一段时间，以防止高温出锅料瓶内外空气交换。料瓶冷却后要及时接入菌种。将接种后培养基污染严重、已腐臭发黏的培养瓶挑出后，远离培养场地，将污染料深埋，以防杂菌扩散。应该注意严格无菌操作，熟练运用操作技术。对确认不萌发又未污染杂菌的料瓶重新接种。接种培养后，若环境温度偏低，培养室要辅以加温措施，保持15~18℃，以加快菌种定殖萌发，迅速占领料面。

③菌丝长满料面后，向深处吃料困难

原因：灭菌前，培养料未经预湿吸水，灭菌后料内上部较干，下部为粥状；在配制培养基时，加水太多，造成灭菌后培养料黏结太紧，透气性差。

措施：培养料装瓶后，不要急于装锅，可先浸泡2~3h，待培养料上下均匀吸水后，再进锅灭菌，或者重新配制培养基。

④菌丝长势很好，但不转色，不分化子座

原因：①配料中氮素偏高，以致在培养过程中，菌丝徒长结被，影响转色。②培养室光线不匀，使处于弱光下的菌体转色淡，处于黑暗中的菌体完全不转色。③在培养室环境温度低于12℃时，菌体难以转色。④使用长期连续转管及常温下贮放时间超长的菌种，其母本变异，接种培养后，不转色，不分化子座。

措施：①采用科学配方，配料中严格掌握各成分的组合比例。对因配方不合理造成碳氮比失调所形成的料面结被现象，弃去表层菌被，适量补加低浓度含碳营养液，10d左右可分化子座。②调整培养室光照强度至150~200lx，使培养瓶受光均匀，不存死角。③进入生殖、生长期管理后，要及时调整培养温度至18~23℃，结合通风，促其转色。④定期对菌种进行有性繁殖，认真做好育种、选种工作。

⑤菌体正常转色后，不出草或出草稀疏

原因：栽培季节选择不当，菌体转色后，遇连续低温或高温的环境条件，使成熟的菌体转入生殖生长后，在高于或低于原基分化温度的情况下，由于基内营养的不断输送供给，而在表层形成坚硬的菌核，在周围形成爬壁菌索。在培养室光照超强、通风较差的情况下，原基分化密集，生长缓慢相互粘连。使用劣质菌种，种性较差。

措施：a. 根据当地的气候特点，选好栽培季节，早春低温下播种，培养室辅以加温措施，保持在15℃以上；秋季播种避开高温期，在白天气温稳定在28℃以下时播种，使培养室温度在26℃以下。对转色后不出草的菌瓶，弃去表层菌核，适量补加营养液，调整室温为15~21℃，待菌丝恢复生长后，拉大昼夜温差，短期内即会形成子座。b. 加强对培养室的通风增氧，保持培养室相对湿度80%~85%，5~6d可恢复子座的正常生长形态。c. 使用经出草试验表明优质高产的适龄优质种投产。

3. 蚕蛹培养基栽培技术

用蚕蛹培育蛹虫草，周期短，成功率高，成本低。从接种到子座成熟需35~45d，蛹虫草菌感染率、子座长出率均达95%以上，从蚕蛹中长出的子座外观同野生蛹虫草几乎相同。

（1）前期准备

①菌株筛选：蛹虫草菌经活蛹体多次复壮后筛选出对蚕蛹致病力强、易形成子座的菌株。

②孢子悬液制作：蛹虫草菌在含有蛋白质的培养基上，在22℃和室内自然光线下培养形成大量分生孢子，挑取分生孢子用无菌水制成孢子悬液。

③寄主选择：家蚕或蓖麻蚕上簇后用烟熏消毒，一周后剖茧取蛹，剔除病蛹和不良蛹，选适当发育时期的健壮蛹作寄主，或直接取上簇前的5龄后期幼虫作寄主。上簇：将成熟的家蚕捉到蚕簇上的过程。蚕簇；养蚕设备。

（2）接种和管理　将孢子悬液接种于寄主上，并保护寄主直至僵硬，然后将僵硬的蛹，在模拟蛹虫草的生态条件下培养子座成熟。

①接种：用针蘸取孢子悬液，刺入蛹体，每个刺一针。

图9-27　蚕蛹培养基栽培

②定植培养：感染后的蛹体平摊于蚕蛹或类似的筐内，在适当温度下保护到蛹体僵硬，剔除败血蛹。

③子座培育：在模拟蛹虫草的生态环境下培养僵硬的蚕蛹至子座成熟。其方

法是，采用多孔的材料（如煤渣、碎海绵等）覆盖在僵硬的蛹体上，在适当温度、湿度、室内自然光线条件下培养。

④子座的定向成长：为使子座长而硬，克服蛹体长出的子座多而细的缺点，将僵硬的蛹头朝上，插入有孔易保湿的材料（如蜂窝煤或预先打好孔的海绵）上进行培养。

（3）采收　蛹虫草成熟后，挖出清洗，整理好子座，采用冷冻干燥或在60℃的温度下烘干，然后包装，保存在阴凉干燥处。

习　题

一、名词解释

1. 子座　　　　　　2. 短段木熟料栽培

二、填空

1. 人工栽培猴头菇有_____、_____、_____等多种方法。

2. 蛹虫草人工栽培主要有_____培养基栽培和_____培养基栽培。

3. 从营养类型上看，灵芝为_____菌，蛹虫草属_____菌。

4. 人工栽培灵芝采用_____栽培和_____栽培两种方式。

三、判断题

1. 猴头菇是一种木腐生真菌，只能利用无机碳，对有机碳吸收困难。（　　　）

2. 蛹虫草属中低温型变温结实性菌类。（　　　）

3. 灵芝属中高温型恒温结实性菌类。（　　　）

4. 猴头生长期，其菌刺有明显的趋光性。在菌刺形成过程中，不断改变光源方向，会使菌刺弯曲、子实体不圆整，还会影响到担孢子的自然弹射，形成的子实体品质下降、带有苦味。（　　　）

四、简答题

1. 猴头粉红病是怎么回事？怎样防治？

2. 光秃型猴头形成的原因及防治措施是什么？

技能训练

任务一　灵芝栽培

1. 目的

（1）了解灵芝的生物学特性。

（2）掌握灵芝袋栽技术。

2. 器材

（1）棉籽壳、木屑、麦麸、蔗糖、玉米粉、石膏、尿素、过磷酸钙、栽培种、75%酒精、75%酒精棉球。

（2）聚丙烯塑料袋、线绳或无棉塑料盖、剪刀、铁锹、圆锥形木棒、火柴、量杯、磅秤、水桶、超净工作台、灭菌设备、酒精灯、记号笔、防潮纸、大镊子或接种勺等。

3. 方法步骤

工艺流程：

配料 → 拌料 → 装袋 → 灭菌 → 接种 → 养菌 → 出芝管理 → 采收。

（1）配料

①棉籽壳78%，麦麸20%，蔗糖1%，石膏1%。

②棉籽壳98%，尿素0.5%，过磷酸钙0.1%，石膏1.4%。

③木屑76%，麦麸20%，玉米粉3%，石膏1%。

（2）拌料、装袋　按配方称量原辅料，将蔗糖、石膏溶于水中，充分拌匀，泼洒在棉籽壳和麦麸堆上，边加水边搅拌。料拌好后，闷30min，使料吸水均匀，含水量60%左右。pH 5.5~6.5。装袋时，在袋底放少量培养料，用手指将袋底的料压实，使袋成方形，便于竖放在床架上，装料松紧适宜，袋面要平整。当装入3/4容积的料，用锥形木棒从袋口向底部打孔，用无棉塑料盖封口，最后将袋表面擦净。

（3）灭菌、接种　装袋后及时灭菌，高压蒸汽灭菌，压力为0.14~0.15MPa，温度121℃，灭菌1.5~2h；常压灭菌，温度尽快升至100℃，并保持10~12h。

料温降至30℃左右时，搬入接种室，按无菌操作规程接种。去掉菌种瓶棉塞，灼烧瓶口，用接种工具挖去菌种表面的原基及老化菌丝，将菌种捣散。料袋长20cm以内，只需在袋的一端接种，若大于20cm，则需在袋两端分别接种。接种量以布满培养料表面为宜。

（4）发菌、培养　将接种后的栽培袋移入25~27℃左右的培养室，放架上培养，一般堆4~5层。培养室应通风、黑暗、清洁、空气相对湿度保持60%~65%。经过7~10d的培养，菌丝可长满培养料的表面，4~5d翻堆一次，及时挑出污染袋。

（5）出芝管理　灵芝为高温恒温结实性菌类，出芝室温度保持25~28℃，空气相对湿度控制在85%~90%，每天喷雾1~2次，保持空气清新。菌盖形成后，空气相对湿度提高到90%~95%，每天喷雾2~3次，喷水时打开门窗，喷水结束后1~2h，待子实体表面水迹干后方可关闭门窗。随着菌盖长大长厚，盖面颜色变为红褐色，菌盖边缘白色生长点消失，这时应停止喷水。出芝期间，每天开窗通风2~3次，增加通气量，降低CO_2浓度。子实体形成期对CO_2十分敏感，空气中CO_2浓度超过0.1%时，菌盖生长受抑制，只长菌柄，形成鹿角芝。子实体生长和孢子形成时，需要一定的散射光，光照强度1000~2000lx。光照不足，菌盖薄，颜色浅，影响产量和质量。灵芝有很强的趋光性，因此要求光照均匀。

（6）采收　当菌盖边缘的白色生长点消失，色泽与中央一致，菌盖不再增厚时为采收适期。采收时握住菌柄转动将其摘下，然后用小刀挖去残留的菌柄。停止喷水2~3d，进行再生芝的管理，整个周期可采收两批。再生芝要比第一批芝盖小且薄。

4. 思考题

（1）栽培灵芝技术要点有哪些？

（2）出芝期通风、光照不当会出现什么情况？

任务二　蛹虫草栽培

1. 目的

（1）掌握摇床液体菌种制作技术。

（2）掌握蛹虫草瓶栽技术。

2. 器材

（1）大米、玉米粉、蛋白胨、酵母粉、磷酸二氢钾、硫酸镁、维生素 B_1、葡萄糖、蚕蛹粉、蛋清、过磷酸钙、栽培种。

（2）罐头瓶、500mL 锥形瓶、塑料膜、防潮纸或牛皮纸、线绳、棉塞、烧杯、天平、玻璃棒、电炉、高压蒸汽灭菌锅、接种铲、酒精灯、75%酒精消毒瓶、75%酒精棉球、火柴、超净工作台、记号笔、镊子等。

3. 方法步骤

（1）液体菌种制作

①液体培养基配方

a. 玉米粉20g，葡萄糖20g，蛋白胨10g，酵母粉5g，磷酸二氢钾1g，硫酸镁0.5g，pH6.5，加水定容至1000mL。

b. 马铃薯200g（煮汁），玉米粉30g，葡萄糖20g，蛋白胨3g，磷酸二氢钾1.5g，硫酸镁0.5g，pH6.5，加水定容至1000mL。

c. 葡萄糖10g，蛋白胨10g，蚕蛹粉10g，奶粉12g，磷酸二氢钾1g，硫酸镁0.5g，pH6.5，加水定容至1000mL。

②培养基制作

a. 称量：准确称取原辅料，加入烧杯中，加水混合，溶解慢的原料可加热助溶。

b. 调 pH：加水至总体积约为900mL，然后调整 pH 为6.5。

c. 定容：加水定容至1000mL。

d. 分装：每个500mL 锥形瓶装入100~150mL 培养基，用透气塑料膜或8~12层纱布扎封瓶口，再盖上一层防潮纸或牛皮纸，用线绳扎紧。

e. 高压灭菌：压力为0.14~0.15MPa，温度121℃，灭菌20~30min。

③接种：每支母种接种5~6瓶，放到恒温摇床上振荡培养，摇床转速为140~

150r/min，温度为 22~25℃，振荡培养 4~5d 备用。培养好的液体菌种，有大量菌丝体，培养液变清澈，有浓郁虫草香味。

（2）蛹虫草米饭培养基瓶栽

①培养基配方

a. 大米 68.5%，蚕蛹粉 25%，蔗糖 4.8%，蛋白胨 1.5%，维生素 B_1 0.01%，磷酸二氢钾 0.15%，硫酸镁 0.04%。

b. 大米 67%，玉米粉 30%，蚕蛹粉 1%，葡萄糖 0.8%，蛋白胨 1%，维生素 $B_1$0.01%，磷酸二氢钾 0.1%，硫酸镁 0.05%，柠檬酸铵 0.04%。

②装瓶：大米在清水中浸泡 3~4h，加入辅料，调含水量 65% 左右，pH 6.5。每 500mL 罐头瓶装干料约 50g，料面压平，瓶口包扎聚乙烯薄膜，再包一层防潮纸。高压灭菌，压力 0.14~0.15MPa，温度 121℃，灭菌 45min。常压灭菌，温度尽快升至 100℃，并保持 8h。灭菌后米粒间应有空隙，不能呈糊状。

③接种：培养基冷却至 30℃ 以下时，无菌条件下接种，每瓶接种液体菌种 10mL，也可用固体菌种接种。

④发菌、培养：将接种后的栽培瓶置 15~18℃ 的培养室，应清洁、避光，空气相对湿度保持 60%~65%。待料面布满菌丝，将室温调节到 20~25℃，经 12~14d，菌丝可长满瓶。

⑤子座培养：菌丝体成熟后，由白色逐渐变成橘黄色。应增加光照，每天光照时间 10h 以上，以促进菌丝体转色和刺激原基分化。当培养基表面或四周有橘黄色色素出现，聚集有黄色水珠，并有大小不一的橘黄色圆丘状隆起时，为子座即将形成的前兆。此时室温应保持在 19~23℃，并提高相对湿度至 85%~90%。蛹虫草有明显的趋光性，因此在子实体形成之后，应根据情况适当调整培养瓶与光源的相对方向，或调整室内光源方向，使其受光均匀，以保证子实体的正常生长，并可提高产量和质量。子实体生长期间要适当通风，补充新鲜空气，整个培养期不要揭去封口薄膜，可在薄膜上用牙签穿刺小孔，以利瓶内气体交换。

（3）采收 当子实体长至高 5~8cm，头部出现皲裂状花纹，表面可见黄色粉状物时，应及时采收。采收时，用消毒镊子将子实体从培养基上摘下。采收后在瓶内加入适量水或营养液，10~20d 后可长出第二批子座。

4. 思考题

（1）液体菌种有哪些优缺点？

（2）如何提高瓶栽蛹虫草的产量和质量？

■■ 拓 展

拓展一 案例——猴头、平菇循环生产

浙江省常山宝新果蔬菌有限公司生产猴头 16 万棒，栽培结束后利用部分猴头

菌渣生产平菇16万袋，显著提高了经济效益。平菇生产结束后，菌渣还地作果菜有机肥。

茬口安排：

（1）猴头生产季节　南方生产季节为9月至次年4月，9月下旬制菌棒，发菌期45~50d，出菇采收期在11月至次年4月初，共采收三潮。猴头从接种到采收结束一般需要180d。北方8~9月或翌年2~3月接种，9~11月或翌年3~6月出菇。

（2）平菇生产季节　高温平菇生产季节为5月至8月，5月中下旬制菌棒，培养45d，出菇期采收在6月下旬至8月中旬，共采收三潮。高温平菇从接种到采收结束一般需要90d。

模式点评：猴头、平菇循环生产，具有以下特点：①构建了"猴头——平菇——果菜"资源多级利用生态循环生产模式。猴头采收后的菌渣再添加稻草、棉籽壳二次栽培中高温型平菇，平菇采收结束后，菌渣还田作有机肥，种植的果菜产量高、品质好，同时避免了废弃菌渣随意乱丢造成的环境污染。②食用菌栽培场地与设施实现了周年利用。猴头栽培从9月下旬开始至次年4月份结束，5月份至8月份高温季节种植夏季中高温平菇，菇房设施得到全年利用。由于绝大多数食用菌是中低温型品种，大多集中在9月份到翌年4月份的低温季节上市，所以高温平菇上市恰好填补了市场空白，互补和竞争优势十分明显。

拓展二　食用菌的工厂化栽培

食用菌工厂化栽培在日本率先得到发展，带动了中国台湾地区和韩国的工厂化栽培。如享有盛誉的台湾戴氏养菌园，采用了全套现代化瓶栽系统，雇佣工人60人，日产金针菇30t。

工厂化栽培食用菌是典型的用工业理念发展现代农业，是农业生物工程技术和工业先进生产手段的产物。它是利用温控设备、空间设施，在可控条件下进行"精准化、智能化"管理，实现立体化、周年化规模生产，隶属于"精品农业"范畴。它所依赖的不是肥沃的土壤，而是电力、机械和农艺技术的有机结合。在产品的安全性、可控性、标准化、产量产值等诸多层面，它是农业产业中唯一可媲美工业的产品，是可扎根城市的都市农业，是发展城市菜篮子工程的一抹亮色。

模式点评：①工厂化食用菌是"保供给、均衡市场"的有效手段。其生产效率具有其他农作物无可比拟的优势。单位面积土地工厂化金针菇年产量可达90t/亩，杏鲍菇可达110t/亩，约为蔬菜的6~10倍，水稻的90~100倍。这得益于食用菌的立体栽培和较短的生产周期。食用菌的工厂化生产完全不同于大田作物，不受季节限制，一年四季均可生产，每天可采收上市，产量稳定，计划性强，市场供应均衡。②工厂化食用菌是农业标准化的典范。工厂化食用菌在质量安全方面具有天然优势，因为其生长基质经过高温灭菌，无菌操作，培养条件可控，且一次性收获，生产全过程不用农药、化肥，是安全、放心的健康食品。各生产环节遵循统一的工艺流程，周而复始，拌料、灭菌、接种等环节均实现机械化，培养、出菇均在温度、湿度、光照、氧气控制条件下进行，产品大小、成熟度一致，如同工业产品一样规格整齐均等。工厂化栽培生产情况具体可见图9-28至图9-30。

图9-28　工厂化食用菌生产车间

图9-29　工厂化瓶栽白灵菇　　　　图9-30　工厂化菌丝体液态培养监控室

拓展三　信息技术在食用菌工厂化生产中的研究与应用

工厂化模式是世界食用菌栽培的发展趋势，食用菌生产从机械化逐步向智能化、信息化发展，其中信息技术的研究和应用是实现食用菌全自动工业化生产的唯一途径。提高食用菌工厂化信息技术水平，是实现食用菌产业高产值、高效益、高集约化的有效途径。

1. 信息技术与食用菌工厂化生产

农业信息技术是近年来新崛起的一个技术群，以现代信息科学、系统科学、控制论为理论基础，以微电子技术、通信技术、计算机技术为依托，将现代信息技术成果引入到农业科研、生产中，加速农业的发展和农业产业的升级。食用菌工厂化生产，包含了生物技术、信息技术、机械技术、工程技术等多门类高新科学技术成果，是跨学科领域的技术结晶。食用菌工厂化生产是工厂化农业模式的典型代表，是现代工业技术和农业技术的系统结合，是生态农业的典范模式，是实现农业快速、可持续发展的重要途径，是现代农业发展的重要标志。其工厂化生产的环境系统既是一个受自然规律制约的人工仿真系统，又是一个人类驯化了的自然生态系统，信息技术和数字技术是其支撑核心。

2. 国内外食用菌工厂化生产信息技术发展现状

（1）国外食用菌信息技术发展现状　发达国家农业信息网络发达，美国的AGNET是世界上最大的农业信息网络，可提供200多个不同用途的农业软件，英国的AGRINET、日本的CAPTAIN，荷兰的EPIPRE等都是著名的农业信息网络。目前发达国家将人工智能技术、网络等信息技术引进食用菌领域，用于复杂的管理、决策及咨询，大大提高了食用菌智能化、自动化及科学化管理水平。整个生产全部自动化、周年化、流水线作业，通过传感器，对温度、湿度、太阳辐射、CO_2浓度、生长状况等要素进行实时监控，研制了自动化采摘、包装、分类等智能器械，在机器视觉、图象分析诊断、鲜品采收等方面均有不少进展。

（2）国内食用菌信息技术发展现状　近年我国食用菌工厂化生产迅速发展，食用菌信息技术取得了跨时代的发展，极大缩短了与食用菌强国之间的差距。在环境控制、信息采集、生境模拟、专用传感器等信息技术研究和应用方面，取得了许多创新性成果，大大提高了我国食用菌工业化控制水平和管理水平。自20世纪末以来，仅上海日产2 t以上的企业已发展至7家，投资达2.5亿元。

3. 食用菌工厂化生产信息技术的研究与开发

（1）建立完善食用菌工厂化生产综合数据库系统　数据库系统是一种有组织地和动态地存贮、管理，能重复利用与系统有密切联系的数据集合的计算机系统。目前，食用菌工厂化信息无论是在数量、质量上均不足以形成信息产业，虽然科研成果也不少，建立了很多生产模型，但很零散，系统化理论落后，缺乏组织管理，没有得到推广和利用。应大力挖掘信息资源，扩大数据库数量，提高数据库质量，实时更新，保证数据库的及时、有效性。

（2）食用菌专家系统和决策系统的研究和开发　食用菌工厂化生产非常复杂，定量化描述无法实现，专家的知识与经验显得非常重要和实用。开发专家系统和决策系统，将其集成到控制系统中，是信息技术快速发展的重要研究领域。它集成了多领域专家的知识、经验和成果，克服了因一个领域专家知识上的不完备而造成的决策失误。利用智能信息技术，如知识获取、知识表示、知识推理、人机接口以及多媒体技术、数据库技术、神经网络技术等，将复杂的食用菌生产技术，以简单、易懂、易学的方式表现出来，针对食用菌生产关键环节出现的问题向用户提供丰富详实、科学合理的决策，诸如厂房设计、出菇管理、病害诊断、异常问题分析、投资效益分析等。

（3）智能化环境监控平台的研究和开发　目前，食用菌工厂化软件系统发展滞后，缺乏通用性强，集监控、管理、维护于一体的商业软件，无法完成对关键控制点的自动化监控，仍停留在人工检测、文本记录阶段。必需开发实时监控的自动化软件，建立完善的智能化平台。危害分析关键控制点（HACCP）目前被纳入到食用菌栽培中，荷兰等国家，1台计算机统一控制全部厂房，工作人员在办公室对食用菌栽培的各种参数监控，及时修偏，使产品品质得到很好控制。监控系统通过关键点的智能化感应探头及时获取各项数据参数，通过远程传输、信号转换手段实时监控，并及时报警异常情况，利用专家决策系统进行分析，及时纠偏，并记录提供参考。

（4）智能信息技术、设备的研究

①传感设备：开发工厂化农业专用传感器，按其用途可分为温度传感器、湿度传感器、pH传感器、CO_2传感器、生物传感器、图象处理、视觉与触觉传感器、位置传感器、速度传感器等，都可应用到食用菌工厂化生产上来。传感器研究应朝多样化、数字化、网络化、智能化方向发展。符合长期稳定性好、系统兼容性好、优良的性价比。要求传感器性能与控制系统相适应。尤其是传感器的长距离布点、传感器灵敏度的一致性、响应时间等。

②计算机视觉技术：基于WEB和无线远程控制管理是信息化时代的基本特征，计算机视觉技术，包括计算机图象识别技术、多媒体可视化技术等在食用菌工厂化生产中应用前景非常广阔。通过计算机视觉技术，完全可以利用计算机软件实现食用菌全自动化作业。计算机视觉技术对食用菌工厂化来说是一门关键技术，可以对食用菌不同生育阶段以及相同生育阶段不同时期的生态因子实现自动化智能控制。计算机视觉技术是完全工厂化生产的前提，通过监控这些参数，及时纠偏校正，完成整个工厂化运转。

③自动化信息技术：智能机械，包括机器人、机器手等的应用是食用菌工厂化生产的必然要求，在许多国家，蘑菇生产的集约化程度虽很高，但人工采摘蘑菇效率低，且分类的质量不易得到保证，从而制约了生产效率和经济效益的提高。因此，农业发达国家研制了具有计算机视觉系统的蘑菇采摘机器人或机器手，使蘑菇生产从苗床管理到收获分别实现了全过程自动化。未来食用菌工厂化自动化技术的研究还将进一步深化和专业化。

（5）食用菌生产模拟模型的建立 食用菌工厂化生产是由机械系统、生物系统、工程系统、信息系统、智能系统相互协调完成的，涉及学科范围广，技术过程复杂。各模拟模型的建立和参数的设定是整个工厂化系统成功运转的关键，包括食用菌生长模型、营养吸收模型、品质模拟模型、环境因子控制模型、工业化厂房模型、净化系统模型、管理信息模型等方面的内容。近年来模拟模型的研究对于农业现代化的发展倍受重视。食用菌工厂化生产模式是更为复杂的现代化农业生产体系，各系统模型的建立和相互协调作用是完全自动化生产的基础。

食用菌工厂化生产是农业高度自动化和智能化的典范，其关键的核心技术之一是现代信息技术的应用和集成。随着我国生态农业和可持续农业整体发展水平的不断提高，一些简易、可控性差的温室设施必将逐步被现代化设备所武装起来的完全工厂化模式取代。许多先进的生物技术、工业技术和信息技术广泛应用到食用菌工厂化领域，必将为我国食用菌生产模式开拓出一个新的里程碑。

项目十

食用菌病虫害及其防治

教学目标

1. 了解常见食用菌病虫害种类及发生原因。
2. 掌握常见食用菌病虫害的症状和危害特点，并且能有效防治。
3. 能协调运用多种防治方法，掌握食用菌病虫害的无公害防治措施。

基本知识

重点与难点：食用菌常见病害的种类和症状特点；常见害虫的危害特点和发生原因。

考核要求：了解常见病虫害的种类；掌握危害特点、发生原因、有效的防治措施；掌握食用菌病虫害的无公害防治方法。

食用菌栽培是在特定条件下进行的生产。其营养基质本身既适合食用菌也适合病虫的生长繁殖，特别是生料栽培，从一开始就成为食用菌和病虫争夺的阵地。栽培的生态条件——温度、湿度、散射光、特殊的通风透气性等，同样为多种病虫害的发生创造了适宜的条件。

不恰当的防治方法，会造成食用菌产量和品质降低，甚至造成绝产，同时还会造成农药残留和环境污染等问题。因此，有效地控制和防治病虫危害，是夺取食用菌栽培优质高产的关键。

食用菌侵染性病害

由病原生物侵染引起的具有相互传染特性的病害叫侵染性病害或传染性病害，也称为非生理性病害。根据病原菌的种类不同，可以把侵染性病害分为真菌性病害、细菌性病害、病毒性病害及线虫病害；根据病原菌危害方式的不同，可以把侵染性病害分为竞争性病害和寄生性病害。竞争性病害是指生长在段木或代料等培养基质中的杂菌，它们与食用菌争夺水分、养分和空间，甚至分泌有害物质，抑制食用菌的生长发育；寄生性病害，也称为致病性病害，是指病原微生物寄生于食用菌的菌丝体或子实体并从中吸取营养分泌有害物质，使食用菌生长发育受阻，产量降低和品质变劣。

一、寄生性病害

寄生性病害，也称为致病性病害，是指病原物寄生于食用菌的菌丝体或子实体并从中吸取营养，分泌有害物质，使食用菌生长发育受阻，产量降低和品质变劣的一种病害。病原物主要有真菌、细菌、病毒等。

1. 寄生性真菌病害

凡是真菌直接侵害食用菌菌丝体和子实体引起的病害称为寄生性真菌病害。真菌寄生可以引起菌丝萎缩死亡，子实体畸形，并可使子实体出现斑点、变黏、发臭、霉烂、萎缩等，最终导致产量和品质下降。常见的寄生性真菌病害有褐腐病、褐斑病、猝倒病等。

（1）褐腐病　又称疣孢霉病、白腐病、湿泡病。病原菌为疣孢霉（*Mycogone perniciosa*），是蘑菇栽培中普遍发生危害较重的一种病害，主要危害菇蕾及子实体。除危害蘑菇外，还可危害平菇、金针菇的子实体。

症状：疣孢霉感染子实体，不感染菌丝体。蘑菇幼菇受病菌侵染后，不能正常生长发育，不形成菌盖和菌柄，而形成不规则菌块组织。表面布满白色毛状菌丝，后渐变褐，并渗出褐色汁液而腐烂，散发出特殊臭味，故称褐腐病及湿泡病。子实体中晚期染病后，在菌盖或菌柄上出现褐色病斑，病斑较大，下面的菌肉长出灰白色霉状物（图10-1）。

传播途径：蘑菇从感染到发病约10d。该菌主要通过覆土带入菇房，厚垣孢子可在土壤中休眠数年，随后发病。喷水、操作工具、采菇人员、带病菇体是主要传播途径。当菇房通气不良，湿度过高时，发病最重，但在10℃以下则很少发生。

防治方法：搞好菇房卫生，菇房使用前后严格消毒；覆土要经过消毒处理，覆土切勿过湿；发病初期立即停止喷水，加大菇房通风，以降低菇房内空气湿度，再将温度降至15℃以下；发病严重时，需去掉带菌覆土，更换新土，同时烧毁病菇，所用工具均需消毒；消灭菌蝇，以防其传播病原菌。

（2）褐斑病　又称干泡病，轮枝霉病。其病原菌为轮枝孢霉（*Verticillum fungicola*），感染力强，主要危害蘑菇和平菇的子实体。

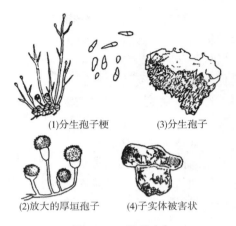

(1)分生孢子梗　　(3)分生孢子

(2)放大的厚垣孢子　(4)子实体被害状

图 10-1　褐腐病

症状：子实体染病后，先在菌盖上产生许多针头大小的不规则的褐色斑点，逐渐扩大发生凹陷。凹部成灰白色，充满轮枝霉的分生孢子。蘑菇发育不同阶段受到感染，其病症也不同。在菌盖和菌柄分化前被感染，会形成一团灰色组织块，与疣孢霉病不同的是质地较干，组织块较小，颜色也较暗。后期感染，会使菌柄基部加粗，变成褐色，外部组织剥落，菌盖缩小，并有小疣状附属物。染病的子实体呈畸形，菌盖变歪，常干掉和裂开成革质状（图 10-2）。该病菌只感染子实体，不感染菌丝体，但菌丝体可刺激其孢子萌发。

与疣孢霉病不同的是病菇不腐烂，不产生汁液，无特殊臭味；病菌可通过害虫进行传播。

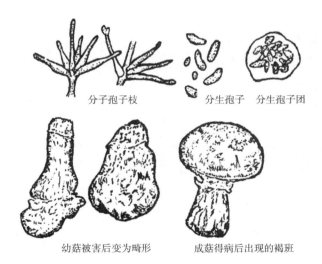

分子孢子枝　　　分生孢子　分生孢子团

幼菇被害后变为畸形　　　成菇得病后出现的褐斑

图 10-2　褐斑病

传播途径：蘑菇从感染到出现褐色斑，需 15d 左右，轮枝霉的分生孢子主要通过喷水传播。孢子常粘成一堆，通过菇蝇、螨类、人手、工具等传播，也可随气流传播或通过覆土进入菇房。菇房湿度过大或覆土过湿都有利于此病发生。

防治措施：防止带病原菌的覆土和菌种进入菇房，保持环境清洁卫生；菇房应经常通风，降温降湿；防止菇蝇进入菇房，所用工具需用4%甲醛溶液消毒；病区可喷洒2%甲醛或1∶800倍多菌灵，也可喷0.3%波尔多液等，施药时交替使用几种杀菌剂，以免产生抗药性。

（3）软腐病　又称霉菌病。其病原菌为指孢霉（*Dactyliumdendroides*），是蘑菇、平菇栽培中发生在料面及子实体上的一种病害。

症状：发病初期，菇床表面长出一层白色棉絮状菌丝，蔓延迅速；子实体发病，在菌柄和菌褶相连处长出一层白色棉絮状菌丝，病菌从子实体的菌柄基部侵入，菌柄从基部向上呈淡褐色软腐状，但没有臭味，患病子实体用手稍接触即到。发病较轻时，子实体外表为黄白色。

传播途径：病原菌萌发的孢子，在蘑菇或覆土表面长成菌落，由覆土或空气传播（在湿度大、培养料含水量高的条件下，容易为害）。

防治措施：发病后加强菇房通风，降低空气相对湿度，防止蔓延扩大；将病菇及时除掉烧毁；喷1∶500倍多菌灵或托布津。

（4）枯萎病　又称猝倒病、萎缩病。其病原菌为尖孢镰刀菌（*Fusarium oxysporum*）、菜豆镰刀菌（*Fusarium martii*）。主要危害蘑菇、平菇、银耳等。

症状：主要侵害菌柄。在幼菇期开始发病。染病的幼菇初期渐呈失水状，颜色淡黄色，湿润时，菌柄基部有白色菌丝，偶尔可见浅红色分生孢子，菌柄由内到外变褐色，菇体发育受阻或不再生长，发病后期，菌柄的髓部萎缩成褐色，菇体呈轻革质状，菇体变褐而枯萎，菌盖色泽逐渐变褐，菇体不再长大，最后变成"僵菇"或呈猝倒状。

传播途径：覆土、培养料灭菌不彻底引起。覆土层太厚房，高温高湿、通风不良易诱发此病。

防治措施：覆土应消毒，常进行蒸汽或喷1∶500倍多菌灵消毒，培养料的堆制处理应严格按要求进行；发病后，可用11份硫酸铵与1份硫酸铜混合，每56g混合物加18kg水溶解后喷洒，也可用500倍托布津或苯来特喷洒；注意菇房的通风换气，控制温湿度，采用少量多次的雾状喷水法。

2. 寄生性细菌病害

此类细菌绝大多数为假单胞杆菌，喜高温、高湿、近中性的基质环境。常见的寄生性细菌病害有细菌性斑点病和菌褶滴水病。

（1）细菌性斑点病　又称细菌性褐斑病、麻脸病。病原菌为托拉氏假单胞菌（*Pseudmonas folaosii*），主要危害蘑菇、平菇。

症状：病斑仅局限于菌盖表面，不深入菌肉。发病初期在菌盖表面出现黄色或黄褐色的小点或病斑，然后变成暗褐色凹陷的斑点。斑点潮湿时有菌脓，发散臭味，干燥时则成菌膜，具光泽。一个菇体上的病斑少则几个到几十个，多则达几百个。感病菇体干巴扭缩，色泽差，菌体易开裂。

传播途径：该细菌在广泛分布于空气、土壤、水源和培养料中，主要通过覆土、气流、病菇、菇蝇、工具、工作人员等传播，高温、高湿特别是菌盖表面较长时间有水膜的条件下有利于病害发生。

防治措施：菇房、覆土、培养料、接种工具彻底灭菌，杀死所有病菌；加强通风，控制喷水量，防止菇盖表面过湿和积水；减少温度波动，防止高温高湿，空气相对湿度控制在85%以下；感病后立即停止喷水，并摘除病菇，喷洒3份漂白粉与1份纯碱混合配制的0.5%的溶液于菇床上，或3000mg/kg土霉素或400mg/kg链霉素等隔日喷雾一次，可控制病害蔓延。

（2）菌褶滴水病　病原菌为菊苣假单孢菌（*Pseudomonas cichorii*），主要危害蘑菇。

病状：感病后，在蘑菇开伞前没有明显的病症，菌膜破裂，就可发现菌褶已被感染。在染病菌褶上可以看到奶油色小液滴，最后大多数菌褶烂掉而成褐色粘液团。

传播途径：多由工作人员或昆虫传播。当奶油色细菌渗出物干后，也可由空气传播。

防治措施：同细菌斑点病。

3. 病毒性病害

病毒为专性寄生物，食用菌病毒多为球形，少数为杆状。病毒主要危害蘑菇、香菇、平菇等食用菌，发生病毒病后，子实体畸形，轻者减产，重者颗粒无收。

（1）蘑菇病毒病　曾被称为褐色蘑菇病、顶枯病、菇脚渗水病等。已从病蘑菇中分离得到5种病毒，其中四种为多面体粒子，1种为杆状粒子。它们能单独或混合侵染。

症状：病毒粒子寄生于菌丝体、担孢子或子实体的活细胞内，染病后症状复杂。一般菌丝感染病毒后，生长缓慢，细胞短而膨胀，变为浅黄色或褐色，出菇能力差或不能出菇；感病子实体出现提早现蕾，发菌不良或无菌褶，菇柄细长，菇盖小，歪斜，有的菇体水浸状，挤压菇柄有液体渗出；有的产生褐色小菇；有的菇体矮化，盖厚，柄粗短；病菇开伞早等。

传播途径：主要通过感病孢子、菌丝联接而传播、也可通过风、昆虫、使用工具等进行传播。在卫生条件差，消毒不彻底的菇房易发生。

防治措施：选用无病毒或抗病毒菌种；老菇房要彻底消毒减少霉菌和虫害的发生，及时清除废料，各种材料用0.2%的甲醛溶液或加有0.5%~1.0%碳酸钠的2%五氯酚钠溶液喷洒；菇房进行通风换气，空气进出口要分开；采菇及时，尽量开伞前采摘，以防"感病孢子"扩散；出现病菇，应及时摘除，并喷洒2%的甲醛溶液，再用报纸或薄膜覆盖；对带毒的高产优质菌种进行脱毒或钝化处理；病害严重或者重复感染时，应将整批菇销毁，菇房立即进行蒸汽高温消毒，再清料，以免重复染病。

（2）香菇病毒病　病毒粒子为球形或杆状。

症状：香菇被感染后，在菌丝生长阶段，原菌种或菌块上的白色菌丝由上向下逐渐退去，出现无菌丝的空白斑块，并显出木屑及其它培养料原色；子实体生长阶段，发生畸形（菌柄肥大，菌盖缩小），有的子实体开伞早，菌盖薄。

传播途径：主要靠带病毒的菌种传播。此外，当带有病毒的担孢子落到菇床上后，也可引起发病。

防治方法：参照蘑菇病毒病的防治方法。

二、竞争性杂菌病害

竞争性杂菌病害是指生长在段木或代料等培养基质中的杂菌，与食用菌争夺养分、水分、氧气和空间，有的甚至分泌毒素，抑制食用菌生长发育并造成危害的一类病害。有些杂菌虽不直接侵染菌丝体或子实体，但会造成菌种污染，严重的会造成菌种报废。

1. 竞争性真菌病害

食用菌也属于真菌，所以食用菌的竞争性杂菌中以真菌种类最多，危害最重。

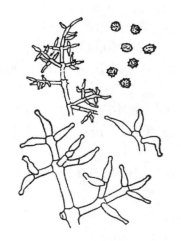

（1）木霉　又称绿霉（图 10-3），分解木质素和纤维素的能力强，繁殖能力也强，是食用菌主要竞争性杂菌，几乎所有的食用菌在不同生产阶段都会受到危害。常见种类主要有绿色木霉（*Trichoderma viride*）和康氏木霉（*Trichoderma koningii*）。

症状：培养料受木霉污染后，初期菌落白色，菌丝稀疏纤细，随后呈灰白色绒状，一旦分生孢子大量形成后，菌落变为绿色，粉状。由于孢子数量不断增多，老熟菌落转为深绿色，范围逐渐扩大，绿霉菌丝能分泌毒素，抑制食用菌菌丝生长，危害十分严重。

传播途径：木霉主要靠分生孢子在空气中飘浮扩散，一旦孢子沉降到培养料上，就很快萌发为菌丝，形成菌落。制种或栽培过程中，由于操作不严，管理不善或菇房消毒不彻底等，都会使孢子有机可

图 10-3　木霉的分生孢子梗及分生孢子

入被污染。孢子易在酸性未萌发的菌块或栽培块以及潮湿培养料上形成菌落，通风不良、偏酸性的环境下，危害尤为严重。

防治措施：做好接种室、菌种培养室及菇房的清洁卫生工作，并及时严格消毒；培养基、培养料、接种工具要彻底灭菌，保证不带杂菌；制作菌种时一定要

严格按照无菌操作进行；控制好培养条件，如温度、湿度、通气量及 pH；培养料装好袋后，检查袋体有无破损；在菌种培养过程中，经常认真检查，发现受污染菌种及时剔除；菌袋局部发病，及时喷洒 1：500 倍的苯来特液，防治效果良好，喷洒石灰水也有一定的防治作用。

（2）青霉　也称蓝绿霉，是食用菌制种和栽培过程中常见污染性杂菌。能危害多种食用菌，在培养料中与食用菌争夺养料、水分，抑制菌丝体生长和子实体的发育，严重时甚至造成子实体腐烂。常见的有产黄青霉（*Penicillium chrysogenum*）、指状青霉（*Penicilliumdigitatum*）等。

症状：食用菌培养料被青霉污染后，初期出现白色或黄白色绒状菌丝，菌落近圆形，外观呈粉末状。随着孢子的大量产生，菌落的颜色便渐渐变为绿色或蓝色，局限性生长，青霉可分泌毒素，食用菌菌丝生长受到一定程度的抑制。

传播途径：分生孢子随气流、昆虫、水滴飞溅传播。常附着在未经彻底消毒而潮湿的材料、工具上被带入菇房以及栽培场所。高温、高湿、通风不良、培养料及覆土呈酸性时极易感染此病。

防治措施：培养料要新鲜，严禁用青霉感染的材料；严格消毒各种材料和工具；培养料局部感染，可撒石灰与多菌灵混合粉末控制青霉扩散；若已深入料中，要彻底去除，再撒石灰与多菌灵混合粉，以防止扩散蔓延。

（3）曲霉（*Aspergillus* spp）　危害食用菌的曲霉（图 10-4）有黄曲霉（*Aspergillus flavus*）、黑曲霉（*Aspergillus niger*）、灰绿曲霉（*Aspergillus glaucus*）等，但以黑曲霉发生较多。曲霉分解有机质能力很强，是食用菌制种和栽培过程中经常发生的一种杂菌。常污染培养料表面和子实体，培养料感染后，菌丝生长受阻，影响出菇；木耳、银耳子实体受侵染，则烂耳。黄曲霉中有些菌株产生毒素，有致癌作用，染病的子实体不能食用。能危害多种食用菌，如蘑菇、香菇、银耳、平菇、猴头等。

图 10-4　曲霉

症状：黑曲霉污染培养料后，菌落初期为白色，绒毛状菌丝体，扩展较慢，很快从菌丝上长出分生孢子梗，形成黑粉状分生孢子，使菌落呈黑色粉状。黄曲霉污染培养料后，形成黄色粉状分生孢子，菌落呈黄色粉状。灰绿曲霉菌落初期为白色，后为灰绿色。

传播途径：同青霉。黄曲霉耐高温能力很强，是培养料灭菌不彻底时出现的主要杂菌。在 25~35℃ 温度下，空气湿度偏高时生长繁殖快，危害更重。培养料含淀粉或糖类较多的，培养料及覆土 pH 呈中性时容易诱发曲霉污染。

防治措施：培养料要求新鲜无霉变，拌料水分不得超过 65%；培养室及菇房应清洁卫生，温度控制在 25℃ 以下，所用工具应严格消毒处理；被污染的培养料，可喷洒 800 倍多菌灵或代森锌稀释液防治。

（4）毛霉（*Mucor* spp）和根霉（*Rhizopus* spp）　菌种生产和栽培过程中常见

的杂菌，可危害多种食用菌菌种和栽培袋。常见中种类有总状毛霉（*Mucor racemosus*）、大毛霉（*Mucor mucedo*）、黑根霉（*Rhizopus stolonifer*）等（图10-5）。

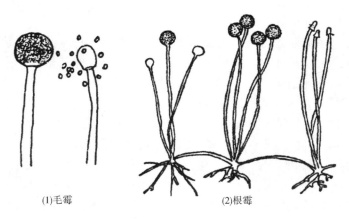

(1)毛霉　　　　　　　　　　(2)根霉

图 10-5　毛霉与根霉图

症状：毛霉和根霉分解淀粉和蛋白质的能力都很强，生长和蔓延速度极快，如条件合适 3~4d 就可占领整个料面，影响菌丝生长和发育，严重时不出菇。受毛霉污染的培养料，初期生长出灰白色粗壮稀疏的菌丝，后期菌丝表面产生许多圆形黑色小颗粒体，导致料面不能出菇；培养料被根霉污染后，料面初为灰白色或黄色，后变成黑色，到后期致使培养料表面布满黑色颗粒状霉层，致使食用菌菌丝无法生长。

传播途径：毛霉和根霉孢子常分布于土壤、食品、粪便和空气中，并随其传播。食用菌制种或栽培中，灭菌不彻底，操作不严，都会引起它们的大量生长。高温、高湿、通风不良、培养料湿度过大、棉塞受潮等都易造成污染。

防治措施：培养料应新鲜，并适当减少淀粉辅料的比例，含水量要适宜；培养基消毒灭菌应彻底；少量污染时，应及时剔除，并撒上石灰与多菌灵混合粉，以免复发；或立即喷洒波尔多液或代森锌抑制和杀灭，使其不得扩散蔓延。

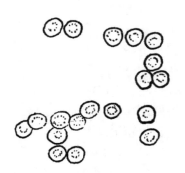

图 10-6　胡桃肉状菌的子囊孢子

（5）胡桃肉状菌（*Dichliogces microsprus*）　引起的病害称为胡桃肉状菌病或菜花病或块菌病。病原菌属于子囊菌，因其子囊果很像胡桃肉，故称为胡桃肉状杂菌（图10-6）。

症状：播种后至覆土后期侵染时，料面上发生棉絮状、奶油色的浓密菌丝。料内的蘑菇菌丝生长受到抑制，培养料呈暗褐色湿腐状，并散发出刺鼻漂白粉气味。覆土后延伸到料层表面，土表出现潮湿斑块，漂白粉气味浓，菌丝生长 7~14d 后，开始扭结产生红褐色、块状、多深皱褶的子囊果。由于该菌的发生，导致食用菌菌丝生长受到抑制，菌床的覆土出现凹凸不平，不能或很少出菇，产量损失严重。

传播途径：分生孢子和子囊孢子均可传播。由污染的工具、培养料和覆土带入菇房。在高温高湿，菇房通气不良，培养料透气性差且为弱酸性的情况下大量发生。

防治方法：严格检查菌种，防止菌种带菌；注意菇房通风，避免高温高湿；控制培养料水分；调节培养料 pH 为中性或偏碱性。

（6）鬼伞菌（*Coprinus* spp） 属于担子菌类真菌。鬼伞生长快，周期短，与食用菌争夺养分和空间能力特强，是危害最大的一种竞争性杂菌。常见种类有毛头鬼伞（*Coprinus comatus*）、长根鬼伞（*Coprinus macrohizus*）、墨汁鬼伞（*Coprinus atramentarius*）等，主要危害平菇、草菇、双孢蘑菇等的培养料，特别是草菇栽培中最为常见（图10-7）。

图 10-7　白绒鬼伞

症状：子实体出现前在料面上无明显症状，也见不到鬼伞菌丝，其发生初期，菌丝为白色，但其菌丝生长速度极快，颜色较白，子实体长出料面后，可看到许多黑色小型伞菌，子实体单生或群生，菌盖小而薄，菌柄细长、中空，质地脆弱，子实体寿命短。从子实体形成到成熟，菌盖自溶成黑色黏液团，只需 1~2d 时间。子实体在菇床上腐烂后发出恶臭，易导致其他病害发生。

传播途径：气流、培养料和覆土带菌是鬼伞菌传播的主要方式。培养料堆制发酵不彻底、高温、高湿、偏酸性的环境容易诱发鬼伞菌大量发生；培养料中添加麸皮、米糠及尿素过多，或添加未经腐熟的畜禽粪，有利于鬼伞发生。

防治方法：选用新鲜无霉变的培养料；培养料要经过灭菌和高温发酵后再使用，可适当添加石灰粉，调节 pH 在 8~9，控制培养基中的含氮量；菇床上一经发现鬼伞时，尽早拔除，防止孢子扩散。

（7）酵母菌 酵母菌是单细胞真菌，在自然界分布很广，也是食用菌制种和栽培过程中常见的一种竞争性杂菌。常见种类有红酵母菌。

症状：菌种分离、培养基、原种及栽培种培养料均可被酵母菌污染，其中以污染培养料最为严重。由于酵母菌没有菌丝，所以培养料被污染后，症状不明显或不表现症状，但培养料被污染后发酵变质，并散发出酒酸味，抑制食用菌菌丝生长。酵母菌在无氧和缺氧条件下也能生长繁殖，具备竞争力，并且耐高温能力也较强，所以在密闭的容器中容易造成隐性的危害。

发病原因：初次污染是被空气中的酵母菌孢子所污染；接种工具或培养料灭菌不彻底；气温高、湿度大、通气不良时易发生。

防治方法：参照青霉防治方法。

2. 竞争性细菌病害

细菌不仅污染食用菌菌种和培养料，还可引起子实体发病，而且细菌生长繁殖速度快，危害较大。可危害多种食用菌。

症状：试管种受污染，细菌菌落常包围食用菌，接种点多为白色，与酵母菌相似，但发散出臭味而不是酒酸味，使食用菌生长不良，培养料在栽培中被污染时发粘变湿、色深，有刺鼻酸臭味，严重时培养料变质、发臭腐烂。芽孢类细菌因其常产生芽孢所以耐高温性强，常规灭菌手段很难彻底杀灭细菌芽孢，在高温季节栽培，残存的芽孢萌发成菌体，细菌繁殖速度快，很快占领培养料而抑制食用菌菌丝的生长，往往造成很大损失。

发病条件：高温、高湿和缺氧环境有利于细菌竞争；培养料过湿、pH 中性或微碱性容易受细菌污染。

防治方法：培养基、接种工具严格灭菌、杀死所有杂菌；菌种移接过程中，严格无菌操作；接种后 1~3d 仔细检查菌种，发现污染管后，及时剔除；原种、栽培种培养料严防水分过多，避免造成缺氧环境而使细菌大量发生。

第二节

食用菌非侵染性病害（生理性病害）

食用菌非侵染性病害，又称生理性病害，是指在食用菌栽培过程中，由不良环境条件或不恰当的栽培措施造成食用菌生理代谢失调而发生的病害。引起非侵染性病害的原因很多，如培养料中水分含量过高或过低，pH 过大或过小，温度不适宜，相对湿度过高或过低，光线过强或过弱，CO_2 或其他有害气体浓度过高，农药使用不当，尿素及生长调节剂使用过量等。这类病害的特点是没有生物参与，不会相互传染。一般表现为畸形或变色等。

一、菌丝体生长阶段的生理病害

1. 菌丝徒长

症状：蘑菇出土后，绒毛状菌丝不断向覆土表面生长，只冒菌丝但迟迟不出菇的现象叫菌丝徒长，菌丝徒长严重时浓密成团，结成菌被，使菇蕾窒息而死。香菇块栽时在菌丝愈合阶段会形成白色菌被而不转色，也不产生子实体。主要发生于蘑菇、香菇、平菇等。

发病原因：菇房通气不良，湿度大，温度高而引起；培养料中含氮量偏高，菌丝进行大量营养生长，不能扭结出菇；菌棒脱袋后温、湿度十分适宜菌丝生长，菌丝开始二次生长，从生殖生长转为营养生长，造成代谢紊乱而不能出菇。

防治措施：加强菇房通风换气，降低温度和湿度以及 CO_2 浓度，以抑制菌丝生长；培养料配比要适宜，掌握合理的碳氮比，防止氮营养过剩；加大通风，以抑制菌丝生长，对已形成的菌被，及时用刀划破徒长菌丝层，促进子实体形成。

2. 菌丝萎缩

症状：播种后，菌丝、菇蕾，甚至子实体停止生长，逐渐萎缩、发黄、变干甚至死亡。主要发生于蘑菇、平菇等。

发病原因：①料害：培养料翻堆后期添加化肥，以致料中游离氨浓度过高，使菌丝"中毒"。培养料发酵期过长，而腐熟酸化，菌丝便萎缩。生料栽培含水量偏高，厌氧菌发酵释放氨，引起菌丝"中毒"。②水害：培养料过湿，缺氧，使菌丝萎缩。③气害：高温、高湿、闷热条件下，菌丝新陈代谢加快，使二氧化碳浓度过高，菌丝易发黄死亡，产生"烧菌"现象，降温后仍难以恢复生长。

防治措施：严格控制培养料的含水量；培养料中的化肥必须在第一次翻堆时加入，发酵腐熟要适度；加大菇房的通风量，降低空气湿度，并严格灭菌杀虫；发菌过程中，要严防高温烧菌，特别是生料栽培时要严防堆内高温。

二、子实体阶段的生理病害

1. 子实体畸形

子实体畸形常发生于蘑菇、香菇、平菇等。

症状：子实体生长阶段遇不良环境条件，导致形成的子实体形状不规则，如子实体盖小柄长、菌盖锯缺、子实体不开伞等畸形表现，导致产量降低。见图 10-8。

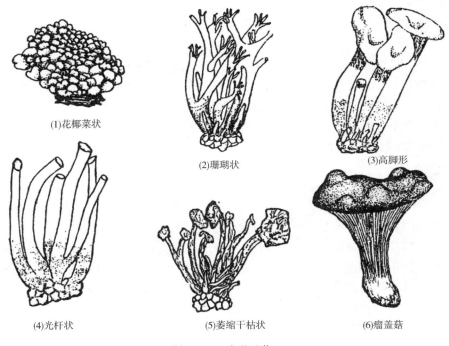

(1)花椰菜状

(2)珊瑚状

(3)高脚形

(4)光杆状

(5)萎缩干枯状

(6)瘤盖菇

图 10-8　畸形平菇

发病原因：土粒过大、土质过硬、出菇部位低、机械损伤等；光线不足可使黑木耳不黑，香菇菌盖变为浅黄色，出现高脚状的平菇和香菇子实体，其菌柄偏长；二氧化碳浓度过高或栽培环境过于密闭，造成菌盖小、柄长，如灵芝不形成菌盖，平菇出现肥脚菇等；出菇期由于药害或物理化学诱变剂的作用，导致菌褶退化，菌盖锯缺；发育温度不适。

防治措施：调节适宜温度、适量喷水，以免出菇过密；通风换气时不要让风直接吹向子实体；出菇时给以适量散射光刺激；合理安排栽培时期，避免高温季节出菇；延长营养生长时间，促进菌丝成熟。

2. 死菇病

症状：出菇期间，在无病虫害情况下，幼菇变黄、萎缩、停止生长甚至死亡。

发病原因：出菇过密，营养不足；培养料缺水或空气相对湿度过低；高温、高湿、通风换气差，菇房二氧化碳浓度过高；喷药过量，引起药害；菇棚通风换气太勤，子实体风干致死。

防治措施：避免长势过密；根据气温特点合理安排种菇季节，避免高温危害；避免温差过大；调节适宜温度，注意合理通风换气、降温，合理喷水；合理施用农药，减少农药使用次数和用量；采菇时要小心，不要伤害幼菇。

第三节

食用菌虫害

在食用菌栽培过程中，常遭受害虫、螨类及有害动物的危害，它们有的可直接取食菌丝、子实体；有的也可使培养料变黑，菌丝萎缩，子实体畸形、腐烂；有的还可传播杂菌。通常以昆虫发生量最大、危害最重，因而人们习惯把对食用菌有害的动物，统称为害虫。由于害虫的作用，造成食用菌及其培养料被损伤、破坏、取食的症状，称为食用菌虫害。

一、眼菌蚊

眼菌蚊又名尖眼菌蚊，俗称小黑蚊子、菇蚊等（图10-9）。

危害特征：是以幼虫（蛆）取食危害食用菌的菌丝、子实体及培养料。幼虫取食菌丝，引起菌丝萎缩；危害子实体，常从子实体基部开始钻蛀，直至菌盖、菌褶，蛀食菇柄及菇盖，并发出难闻的腥臭味，使菇体失去食用价值；危害培养料表现为培养料被吃成碎渣和粉末，从而使菇体缺乏营养，不仅出菇少，而且长出的菇常发黄萎缩。成虫基本不危害。此外，眼菌蚊还传播杂菌、病原菌和螨类，造成更大损失。

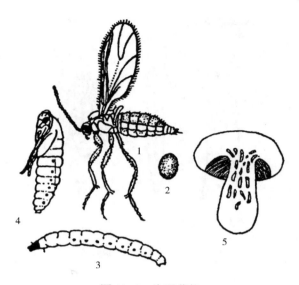

图 10-9　尖眼菇蚊
1—成虫　2—卵　3—幼虫　4—蛹　5—被害状

防治措施：

①菇房安装纱窗，纱门，防止成虫侵入。

②空菇房消毒处理。栽培前把菇房、栽培架清洗干净，然后进行熏蒸处理。

③换潮培养料浸水防治。在前潮菇收完后，下潮出菇前的休整阶段，将袋栽培养料在水中浸泡24h，杀灭幼虫和蛹。

④化学防治。食用菌虫害防治过程中应尽量少使用化学农药，在迫不得已的情况下，可使用低毒低残留农药熏蒸。在喷药前，子实体采收干净，下一茬菇采收时注意安全间隔期。

二、食用菌瘿蚊

食用菌瘿蚊又称红蛆、白蛆等（图10-10）。

危害特征：食用菌瘿蚊的食性很广，除取食所栽培的真菌外，还能以放线菌、各种霉变的植物材料、垃圾等为食。

瘿蚊侵入菇房后，幼虫常在培养料中取食菌丝与养分，影响发菌。出菇后在菌柄、菌盖、菌褶上爬行和钻蛀，多数聚集在菌褶中。由于繁殖速度很快，虫口密度很大，严重发生时可见菇体由于幼虫钻入而呈橘红色或淡红色。子实体受害后，出现很多的沟痕和条纹斑，导致腐败变质，失去食用价值。

防治措施：参照眼菌蚊。

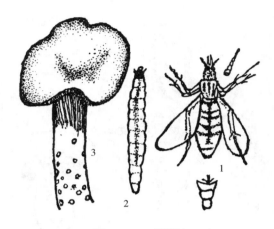

图 10-10　菌瘿蚊
1—成虫　2—幼虫　3—被害状

三、菌螨

危害食用菌的螨类常称为菌螨、菇螨、菌虱、菌蜘蛛等。

危害特征：菌螨是食用菌栽培、菌种生产及保藏单位的大敌，在温暖潮湿环境易发生。其危害表现为：一是直接咬断菌丝取食；二是将子实体蛀食成孔洞，菇体萎缩变褐，严重者死亡；三是被害组织出现褐色病斑，降低产量；四是携带病菌和传播病毒，加重病害发生；五是引起栽培人员皮肤发痒，严重时引起慢性皮炎或眼皮肿胀；六是危害仓库中存放的干菇、干耳，导致污损变质。螨类危害严重时，覆土或菌盖上完全被浅灰色"活动尘埃"所覆盖。

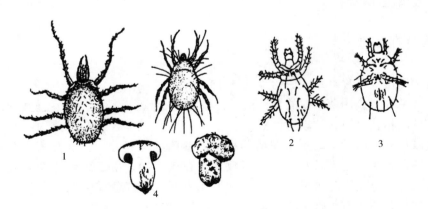

图 10-11　螨类
1—食酪（菌）螨　2—蒲螨（雌）背面　3—粉螨（雌）腹面　4—子实体被害状

防治措施：

①把好菌种质量关。菌种生产环节必须严格消毒，保证菌种不带害螨。

②保持菇房清洁。特别是老菇房，进料前一定要进行一次全面彻底的内外环境清洗、消毒，以杀死潜藏的害螨；菇房菇床要与粮食、饲料、肥料、仓库、鸡舍、原料处保持一定距离。

③诱杀菌螨：菌螨对肉香味特别敏感，把肉骨头烤香后，置于菌床各处，待菌螨大量聚集于肉骨头上时，将其投放于开水中烫死。肉骨头可反复使用。

④熏蒸杀螨：菌种瓶中发生害螨后及时用磷化铝熏蒸杀螨。

四、跳虫

俗称烟灰虫（图10-12），种类多，分布广。主要危害平菇、香菇、草菇及蘑菇。

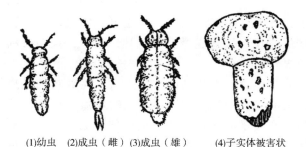

(1)幼虫　(2)成虫（雌）(3)成虫（雄）　(4)子实体被害状

图10-12　跳虫

危害特征：常在培养料和子实体爬行，取食多种食用菌的菌丝和子实体，受惊时可弹跳相当高的距离。20~28℃时大量产生，取食菌丝体，严重时成百上千成虫聚集在接种穴周围；有的种类群集于子实体上，啃食菌肉和菌盖，使菌盖及菌柄表面出现形状不规则、深浅程度不一的凹陷斑纹；菌柄内部被害后，有细小的孔洞，受害菌褶，呈锯齿状。跳虫还可携带病原菌、病毒和螨虫，造成菇床二次感染，出现退菌现象。

防治措施：

①搞好制种和栽培场所内外的清洁卫生，减少虫源。

②培养室及菇房应设防虫网阻止害虫侵入。

③培养料在使用前应进行灭虫处理，跳虫喜温暖潮湿但不耐高温，培养料最好使用发酵料，使料温达到65~70℃，可以杀死成虫及卵。

④室外栽培场地可采用黑光灯或糖醋液诱杀成虫。

⑤菇房和覆土经过药剂熏蒸以后方可使用。

五、线虫

线虫属于线形动物门，食用菌栽培过程中，特别是蘑菇、平菇、木耳栽培过程中常发生线虫危害。见图 10-13。

图 10-13　线虫

危害特征：所有食用菌均能被侵害，主要危害菌丝体。以口腔中的口针穿刺菌丝细胞壁，吸食内容物，使菌丝萎缩或消失；严重时，菌丝体生长稀疏或呈线状，培养料下陷，外观黑湿多水，有酸败味。出菇早期受到危害，菇床上常出现局部或大量小菇不断萎缩、腐烂、死亡现象，严重时形成无菇区；菇蕾形成时受害，则菇盖中央变黄渐及整个菇蕾，软腐水渍状；幼蕾期受害，菇体畸形，柄长盖薄小，甚至全部死亡；子实体受害，变成黄褐色，枯死，有的具有难闻的腥臭味。线虫不仅直接造成烂菇、流耳、减产，且伤口利于细菌侵染，同时又是病毒传播的媒介。

线虫在自然界分布广泛，不清洁的水、土壤、培养料和昆虫等，都带有线虫和卵，是食用菌线虫的初侵染源。若用不清洁的水喷洒料面，可造成线虫的大量繁殖。培养料本身含有大量的线虫，若杀虫处理不彻底，可造成线虫侵染；培养料随意堆放在污泥地面，也易受土壤线虫的侵染，进入菇房的害虫，常带有线虫的虫体或卵，在危害食用菌的同时也传播了线虫。

防治措施：

①搞好菇房内外环境卫生，及时清除烂菇、废料；对菇房、培养料进行杀虫消毒。

②防止培养料含水量过大，喷水过多，减少发虫率。

③高温杀虫，通过培养料发酵，保持 57~60℃，经 6h 即可杀死线虫。

④培养料局部发生线虫时，应将病区周围的培养料挖掉，使其干燥或用 1% 的醋酸或 25% 的米醋喷洒防治。

⑤出菇期间加强通风，防止菇房闷热、潮湿。

六、蛞蝓

又称鼻涕虫，软蛭，水蜒蚰，属软体动物门腹足纲蛞蝓科（图 10-14）。主要危害平菇、草菇、木耳、银耳等，全国各地普遍发生。

危害特征：成、幼虫直接取食菇蕾、幼菇或成熟子实体，被啃食部位留下明

显的缺刻或孔洞或凹陷斑块，并在受
害部位附近留下明显的白色粘液状痕
迹（故名鼻涕虫），影响产品的外观与
质量；在取食处常会诱发霉菌和细菌，
造成腐烂。

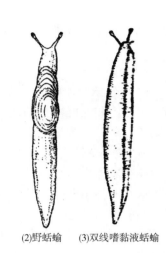

防治措施：

①搞好栽培场所清洁卫生，清除
周围垃圾和杂草，破坏隐蔽场所。

②在蛞蝓严重危害的地区，四周
撒施新鲜石灰粉，可有效趋避或杀死
蛞蝓。

③利用蛞蝓昼伏夜出的活动习性，
可在早晨、晚上、阴雨天到菇房进行
捕捉，捕捉后直接杀死或撒盐致其
死亡。

(1)黄蛞蝓　　(2)野蛞蝓　　(3)双线嗜黏液蛞蝓

图 10-14　蛞蝓

④多聚乙醛诱杀。用多聚乙醛和砂糖、敌百虫和豆饼粉，按照 3∶1∶0.5∶4
的比例混合，加水适量拌成颗粒状，撒在菇床周围，诱杀效果良好。

第四节

食用菌病虫害的综合防治措施

随着人们生活水平的不断提高，人们对食用菌的品质也提出了更高的要求，
但随着化学农药在食用菌病虫害防治过程中的普遍使用，食用菌农药残留超标，
对人们的身体健康造成极大的损害，也给农业生态环境造成严重的破坏。因此，
推广食用菌病虫害的无公害防治措施势在必行。

一、无公害防治原则

食用菌生育期短，组织柔嫩，抗药能力差，且子实体易于积累化学农药，影
响食用菌的风味和人的身体健康。其次，由于食用菌与大多数杂菌及病原菌具有
同源性，且目前还没有高效的选择性杀菌剂可供使用。因此食用菌病虫害及杂菌
的防治应遵循"预防为主，综合防治"的原则，强调环境控制和物理、生物防治
相结合的综合防治办法。

二、无公害防治措施

1. 预防措施

（1）菇场设计科学　场地选择和设计要科学合理。选址应远离垃圾堆、畜禽场、化工厂和人群密集的地方，水源充足且清洁无污染。室外栽培时，应选择土质肥沃、疏松、排灌方便、未受工矿企业污染的土壤。从防止有害生物角度出发，把原料库、配料厂、肥料堆积场等感染源区与菌种室、接种室、培养室、出菇棚等易染区隔离；防止材料、人员、废料等从污染区流动到易染区；有条件的菇场，应将培养室与出菇棚分开，以减少培养期污染。

（2）环境卫生清洁　搞好环境卫生是有效防治食用菌病虫害的重要手段之一，也是其他防治技术获得成功的基础。做好日常清洁卫生工作，将废弃物和污染物及时烧毁或深埋；及时清理周边环境中的杂草、积水及各种有机残体，避免病虫滋生；同时控制栽培场所人员流动；对发病严重的老菇房要进行熏蒸消毒，发现病菇、虫菇要及时摘除，并进行集中烧毁或深埋，不可随意丢弃。此外，每一季栽培结束后，应彻底清理菇场。

（3）选用优良品种　因地制宜选用抗病虫性、抗逆性强的菌种；同时，使用菌龄适宜的菌种，并通过适当加大播种量，增强抗病虫能力；不得使用老化或受到污染的菌种。

（4）配料慎重合理　选用新鲜、无霉变、干燥的原材料做培养料；配料时勿添加过多糖、粮类营养，拌料时要求偏弱碱性；草腐菌培养料进行发酵处理，利用堆肥发酵高温杀死病菌虫卵，严格要求进行二次发酵；严格灭菌操作，避免灭菌不彻底造成的批量污染；拌料避免使用污水，水质应达到饮用水标准，培养料的含水量不能过高；培养料应混合均匀，并严格按照配方要求进行配制。

（5）实施轮作换茬　对于发生过严重性病害、虫害的出菇棚或栽培场所应采取换茬或轮作的方法，避免病虫害再次爆发。

（6）接种过程严格无菌操作　接种室使用前先清洁，再严格消毒，紫外线灯与熏蒸或喷雾配合使用；接种人员进入接种室更换衣帽，操作者的双手也要严格消毒；接种前做好菌种的预处理，接种工具要用火焰灼烧；接种过程动作迅速；接种后及时清洁接种室。

（7）创造适宜培养条件　对于不同种类的食用菌，在发菌和出菇阶段，科学合理调控光、温、水、气及 pH 等生态条件，促使食用菌健壮生长，控制和防治病虫害的发生。

2. 防治措施

（1）物理防治措施

①设置屏障：菇场门窗和通气口安装防虫网、纱窗或纱网，出入菇房随手关

门，防止成虫飞入产卵；在地道菇房的进出口保持几十米黑暗，注意随时关灯，防止有趋光性的成虫趋光而入。

②人工诱杀：利用菌蚊幼虫群集吐丝拉网习性，可在其群集后人工捕捉销毁；利用菇蚊喜欢麸皮的习性用腐烂麸皮配合杀虫剂进行诱杀；根据跳虫喜水习性，利用水盆诱集消灭；对有趋光性的害虫，利用黑光灯和节能灯辅以粘虫板或杀虫剂进行诱杀；利用螨类对香味的趋性，可以利用肉骨头或炒香的茶籽饼或棉籽饼进行诱集，集中消灭；还可利用螨类和蝇类对糖醋液的趋性进行诱杀。

③水浸法防治害虫：瓶或袋栽的食用菌可将水注入瓶或袋内，菌棒或块栽的可将栽培块浸入水中压以重物，避免浮起，浸泡 2~3h，幼虫便会漂浮死亡，浸泡后的瓶、袋沥干水即放回原处。

（2）生物防治措施 生物防治是利用有益生物或其代谢产物来防治食用菌病虫害的方法，其优点是对人、畜安全，不污染环境、没有残毒，它是实现无公害食用菌生产防治的关键技术。

①以虫治虫：利用捕食性和寄生性天敌来防止食用菌害虫。前者如利用蜘蛛捕食菇蚊、菇蝇。利用捕食螨捕食菌螨；后者如利用姬蜂寄生菌蚊蛹、瘿蜂寄生菌蝇杀死害虫。

②利用微生物及其代谢产物防治病虫害：利用抗生素防治病害，如防治细菌性病害可用链霉素、金霉素等，防治真菌性病害用农抗120、井冈霉素、多抗霉素等抗生素；防治螨类、菇蚊、菇蝇等害虫可选用苏云金杆菌、阿维菌素等生物制剂。

③化学防治措施：对食用菌病虫害防治不提倡使用农药防治，在必须使用化学农药时，禁止在菇类生产过程中使用剧毒、高毒、高残留农药，应选用高效、低毒、低残留的药剂，并严格控制使用浓度和次数。且化学农药不易在出菇期使用，可在出菇前或采收后施药，并注意应少量、局部使用，防止扩大污染。

总之，对食用菌病虫害的防治必须遵循"预防为主、综合防治"的原则，综合运用各种防治方法，创造出不利于病虫发生的环境，减少各类病虫危害造成的损失，最终达到高产、优质、高效、无害的目的。

习　题

一、填空

1. 食用菌病害，按其病原不同可分为两大类，即＿＿＿＿＿＿＿＿＿＿＿＿＿＿和＿＿＿＿＿＿＿＿＿＿＿＿。

2. 食用菌病虫害防治的原则是＿＿＿＿＿＿＿＿＿＿＿＿＿＿＿＿＿＿＿＿。

3. 病原物寄生于食用菌的菌丝体或子实体并从中吸取营养使食用菌生长发育受阻的病害称为＿＿＿＿＿＿＿＿＿＿＿＿＿＿＿＿＿。

4. _____是指病原物主要侵染培养料，与食用菌争夺水分、养分和空间，抑制食用菌生长发育的一类病害。

二、判断

1. 食用菌生理性病害由于没有病原生物参与，不会相互传染。（　　）

2. 食用菌病虫害防治时，可以采用高毒、高残留农药。（　　）

3. 食用菌病虫害防治过程中，治重于防。（　　）

4. 毛霉、青霉、木霉等杂菌属于寄生性杂菌，主要侵染子实体。（　　）

5. 菇蝇和菇蚊危害食用菌时，是以幼虫危害。（　　）

三、简答

1. 在食用菌栽培过程中，常见的非侵染性病害有哪些？如何防治？

2. 在食用菌栽培过程中，常见的竞争性病害有哪些？如何防治？

3. 在食用菌栽培过程中，常见的寄生性病害有哪些？如何防治？

4. 简述食用菌病虫害的无公害防治措施。

■■■ 技能训练

任务一　调查香菇主要病虫害

1. 目的

（1）了解香菇病虫害调查的方法。

（2）识别香菇杂菌、病虫的形态特征及危害状态。

（3）了解香菇病虫害对香菇生长的影响和危害。

2. 器材

香菇菌种袋、香菇菇床、放大镜、无菌袋、镊子、培养箱等。

3. 方法步骤

（1）香菇主要病害的调查

在菌种培养室或菇房，对

任务二　调查香菇主要病虫害

1. 目的

（1）了解香菇病虫害调查的方法。

（2）识别香菇杂菌、病虫的形态特征及危害状态。

（3）了解香菇病虫害对香菇生长的影响和危害。

2. 器材及场所

放大镜、显微镜、镊子、载玻片、盖玻片、蒸馏水、接种钩、擦镜纸、吸水纸、香柏油、染色剂、酒精灯、火柴等。

3. 方法步骤

（1）香菇主要病害的调查

①菌丝体阶段：在菌种培养室或菇房，对香菇母种、原种和栽培种逐管、逐瓶或逐袋检查，看有无变色、有无异味、表面是否有渗出物或其他异常现象等，如果有以上现象，从变色或异味或渗出物部位，挑取少量粘液或丝状物，制成水浸片，于显微镜下（40×物镜）观察其特征，如果为丝状体，可初步断定为真菌性病害；如果在40×物镜下看不清楚，可涂片染色后观察。

②子实体阶段：在香菇菇床上，逐朵检查，看菌盖或菌柄表面有无斑点、变色、或者腐烂、畸形、发臭等症状，如果出现上述症状，对照香菇细菌性病害和真菌性病害的病状和病征及病毒性病害的病状进行鉴定。

（2）香菇主要虫害的调查　在香菇菌种培养室和菇床上，观察培养料和子实体，看其上有无虫体、缺刻、孔洞、窟窿、蛀孔、碎渣或粉末、或者有无虫体爬过的痕迹，如果看见虫体，直接在显微镜下观察虫体，统计数量；如果是缺刻、孔洞、碎渣或粉末等现象，在附近找寻虫体，统计虫口数量，进一步计算被害率。

4. 作业

（1）列表记述观察到的香菇病害和虫害的症状或危害状态。

（2）绘制出一种香菇病害的病原物形态图。

（3）绘制出一种香菇害虫的形态图。

任务三　食用菌主要病虫害的识别

1. 目的

（1）了解食用菌常见的病虫害。

（2）正确识别病虫害的形态特征、侵染症状，分析产生的原因。

（3）掌握病虫害防治的原则，能采取正确的防治方法。

2. 器材

（1）材料：被侵染的培养料和各种子实体。

（2）器具：显微镜、解剖镜、放大镜、接种针、尖头镊子、载玻片、盖玻片、吸水纸、酒精灯、无菌水、火柴、染色剂等。

3. 方法步骤

（1）竞争性真菌侵染症状的识别

①外观：用肉眼和放大镜观察根霉、毛霉、青霉、木霉、曲霉、链孢霉等竞争性杂菌的孢子、菌落颜色及危害症状。

②镜检：载玻片中央滴半滴无菌水或染色剂，用无菌尖头镊取少许污染材料置于水或染液中，无菌接种针轻轻拨散，放盖玻片进行观察。

（2）真菌病害的识别

①外观：用肉眼和放大镜观察褐腐、褐斑、软腐病的危害症状。

②镜检：载玻片中央滴半滴无菌水或染色剂，用无菌尖头镊取少许病部组织置于水或染液中，无菌接种针轻轻拨散，放盖玻片进行观察。

（3）主要虫害的识别

①外观：用肉眼和放大镜观察菇蚊、菇蝇、螨虫、线虫等害虫的危害症状。

②镜检：包括虫卵的观察和虫体的观察。

虫卵的观察：载玻片中央滴半滴无菌水或染色剂，用无菌尖头镊取少许被害材料置于水或染液中，无菌接种针轻轻拨散，放盖玻片进行观察。

虫体的观察：将菇蚊、菇蝇、螨虫、线虫等虫体置于解剖镜下观察。

4. 讨论与思考

（1）比较根霉、毛霉、青霉、木霉、曲霉、链孢霉等竞争性杂菌在危害症状及个体形态方面的不同点。

（2）比较褐腐、褐斑、软腐病等真菌病害的危害症状及个体形态的不同点。

（3）菇蚊、菇蝇的成虫、幼虫及卵的形态特征有哪些异同点？

（4）食用菌病虫害防治的原则是什么？

拓　展

拓展一　食用菌常用消毒剂性能及其使用方法

1. 酒精

（1）理化性质　无色透明，具有特殊香味的液体（易挥发），可与水混溶，可混溶于乙醚、氯仿、甘油等多数有机溶剂。呈弱酸性（或中性），pH 为 6.9～7。对人刺激小，对物品无损害，属微毒类。

（2）使用方法　杀灭菌体使蛋白质变性，但不能杀死细菌芽孢和真菌孢子。主要用于菌种袋、菌种瓶表面的擦洗、接种工具的浸泡、接种人员的手面消毒等处理。消毒时需将浓度为 95% 的原液稀释成 70%～75%。酒精灯燃烧时用 95% 的浓度。应选用医用或食用型酒精，不能用工业酒精或甲醇代替。

2. 高锰酸钾

（1）其他名称　灰锰氧，PP 粉。

（2）理化性质　紫黑色针状结晶，20℃ 时在水中的溶解度为 6.38g/100mL，有毒性，有一定腐蚀性。吸入后可引起呼吸道损害。溅入眼内，刺激结膜，重者致灼伤。刺激皮肤后呈棕黑色。浓溶液或结晶对皮肤有腐蚀性，对组织有刺激性。

（3）使用方法　可杀死细菌体和菌丝片断，但不能杀死芽孢和孢子。主要用于环境消毒和擦洗菌袋。接种工具的浸泡消毒，使用浓度以稀释 1000～2000 倍为宜，高锰酸钾与甲醛混合后产生氧化反应，散发出的甲醛气体有强烈的杀菌作用，这种气雾杀菌方式常用于接种室和培养室的空间消毒。使用时先将高锰酸钾按甲醛的半量加入陶瓷容器中，然后将规定量甲醛（加适量水稀释，以增加环境中的湿度）慢慢加入其中，此时混合液自动沸腾，从而使甲醛汽化。$1m^3$ 空间按甲醛溶液 30mL、高锰酸钾 15g、水 15mL 计算用量。关上门窗熏蒸 2h 可杀灭房内的细菌繁殖体、霉菌菌体和病毒。房间使用前开门窗通气。

3. 甲醛

（1）其他名称　福尔马林，蚁醛，甲醛溶液。

（2）理化性质　纯品无色，具有刺激性和窒息性的气体，商品为其水溶液。易溶于水，溶于乙醇等多数有机溶剂。易燃，具强腐蚀性、强刺激性，可致人体灼伤，具致敏性。其蒸汽与空气接触可形成爆炸性混合物。遇明火、高热能引起燃烧爆炸。与氧化剂接触反应猛烈。

甲醛的作用机制是凝固蛋白质，直接作用于有机物的氨基、巯基、羟基、羧基，生成次甲基衍生物，从而破坏蛋白质和酶，导致微生物死亡。

（3）使用方法　甲醛气体的产生，以氧化法最为简便和实用。先将高锰酸钾按甲醛的半量加入陶瓷或搪瓷容器中，然后将规定量的甲醛（加适量水稀释，以增加环境中的湿度）慢慢加入其中，此时混合液自动沸腾，从而使甲醛汽化。$1m^3$ 空间按甲醛溶液 30mL、高锰酸钾 15g、水 15mL 计算用量。

4. 过氧乙酸

（1）其他名称　过醋酸，过氧醋酸，PAA，过乙酸。

（2）理化性质　无色液体，有强烈刺激性气味。易燃，具爆炸性，具强腐蚀性、强刺激性，可致人体灼伤。对眼睛、皮肤、黏膜和上呼吸道有强烈刺激作用。吸入后可引起喉、支气管的炎症、水肿、痉挛，化学性肺炎、肺水肿。不可直接用手接触，配制溶液时应佩戴橡胶手套，防止药液溅到皮肤上。对金属有腐蚀性，不可用于金属器械的消毒。

（3）使用方法　是一种普遍应用的、杀菌能力较强的高效消毒剂，具有强氧化作用，可迅速杀灭各种微生物，包括病毒、细菌、真菌及芽孢。使用方法有多种：

①浸泡：拖地的拖把用浓度为 0.04% 的溶液浸泡 1h；接种工具洗净后用 0.5% 的溶液浸泡 30~60min。

②擦拭：将原液稀释成 0.2% 的溶液，可擦拭消毒接种的原种和菌袋的瓶口或袋口表面。对接种箱和桌子表面进行消毒，用浓度为 0.2%~1% 的溶液，擦拭后保持 30min，即能达到杀菌的目的。

③喷雾及熏蒸：将原液稀释至 0.2%~0.4%，关闭门窗，采用喷雾或加热熏蒸消毒方法，使其较长时间悬浮于空气当中，对空气中的病原杂菌起到杀灭作用。熏蒸时，常用浓度为 $1g/m^3$。喷雾或熏蒸后密闭 20~30min 即可达到消毒目的，然后开窗通风 15min 后方可进入，以减少过氧乙酸给人体带来的刺激及不

适感。

5. 二氧化氯

（1）其他名称　亚氯酸酐，氯酸酐。

（2）理化性质　本品为红黄色有强烈刺激性臭味气体，易溶于水，同时分解，很难与水发生化学反应（水溶液中的亚氯酸和氯酸只占溶质的2%）。其对微生物的杀菌机理为：二氧化氯对细胞壁有较强的吸附穿透力，可有效地氧化细胞内含巯基的酶，快速抑制微生物蛋白质的合成来破坏微生物。0.1mg/L即可杀灭所有细菌繁殖体和许多致病菌。

（3）使用方法　二氧化氯是一种高效强力广谱杀菌剂。可以杀灭一切微生物，包括细菌及其芽孢、真菌、分枝杆菌和肝炎病毒、各种传染病菌等。是液氯、漂白粉精、优氯净、次氯酸钠等氯系消毒剂最理想的更新换代产品。在低温和较高温度下杀菌效力基本一致，pH适应范围广，能在pH 2~10范围内保持很高的杀菌效率。主要用于食用度菌生产中的空气、水、接种工具、环境等消毒处理，使用浓度为100~500mg/L。

6. 来苏尔

（1）其他名称　甲酚皂溶液。

（2）理化性质　由甲酚500mL、植物油300g、氢氧化钠43g配成。无色或灰棕黄色液体，久贮或露置日光下颜色变暗，有酚臭。可溶于水（1：50），能与乙醇、氯仿、乙醚、甘油混溶，可溶于碱性溶液，2%的水溶液呈中性。

（3）使用方法　甲酚皂能杀灭多种细菌，包括铜绿假单胞菌及结核杆菌，但对芽孢作用较弱。1%~2%水溶液用于手和上肤消毒；2.5%溶液浸泡拖把30min和拖洗地面能杀灭杂菌菌体。3%~5%溶液用于接种用具和菌袋表面消毒。

7. 石炭酸

（1）其他名称　苯酚、羟基苯。

（2）理化性质　石炭酸常温下无色晶体，是一种原浆毒，能使细菌细胞的原生质蛋白发生凝固或变性而杀菌。

（3）使用方法　浓度在0.2%时即有抑菌作用，大于1%能杀死一般细菌，1.3%溶液可杀死真菌。用3%~5%溶液浸泡拖把和拖洗地面能杀灭杂菌菌体，也可用于接种用具和菌袋表面消毒。

8. 新洁尔灭

（1）其他名称　苯扎溴铵、溴化苄烷铵。

（2）理化性质　常温下为白色或淡黄色胶状体或粉末，低温时可能逐渐形成蜡状固体。带有芳香气味。水溶液振摇时产生大量泡沫，具有耐热性，可贮存较长时间而效果不减。易溶于水、乙醇，微溶于丙酮，不溶于乙醚、苯，水溶液呈碱性反应。

新洁尔灭为一种季铵盐阳离子表面活性广谱杀菌剂，杀菌力强，对皮肤和组织无刺激性，对金属、橡胶制品无腐蚀作用，不污染衣服，性质稳定，易于保存，属消毒防腐类药剂。

（3）使用方法　0.1%溶液广泛用于接种环境的消毒，可长期保存效力不减。接种工具置于0.5%的溶液中浸泡30min，可杀灭各种致病菌。忌与肥皂、盐类或其他合成洗涤剂同时使用，避免使用铝制容器。

9. 必洁仕

（1）其他名称　二氧化氯消毒剂。

（2）理化性质　本消毒剂为无毒级产品，使用后，无农药残毒残留，无致畸致癌物。

（3）使用方法　可用于食用菌实验室、接种室（接种箱、接种帐）、培养室（培养车间）、菇房（菇棚）的消毒。也可用于种植食用菌各个环节的消毒。把本消毒剂A剂药片投放到B剂溶液中，即刻产生消毒气体，对空间和物体表面消毒。接种箱消毒用一片A剂+3mL B剂，熏蒸40min；环境消毒1m^{3}用一片A剂+5mL B剂，熏蒸60min；另可配制成消毒液喷洒，或擦洗消毒，对多种杂菌有显著的防治效果。

10. 石灰

（1）其他名称　生石灰，氧化钙。

（2）理化性质　石灰为不规则的块状物，白色或灰白色，不透明，质硬，粉末白色。易溶于酸，微溶于水。暴露在空气中吸收水分后，则逐渐风化而成熟石灰。不溶于醇，溶于甘油。属碱性氧化物，有刺激和腐蚀作用。与酸类物质能发生强烈反应。具有较强的腐蚀性。

（3）使用方法　食用菌生产中常利用石灰的碱性进行环境消毒，用2%~3%的浓度拌料提高基质中的pH，抑制细菌发酵，促进培养料熟化。

拓展二　食用菌病虫控制器使用方法

1. 臭氧发生器

臭氧是一种有气味的浅蓝色气体，氧的同素异形体，其相对分子质量为48，具有广谱高效杀菌作用。利用其强氧化性，在较短时间杀灭细菌及其芽孢、真菌、病毒等一切病原微生物，对室内空气和物品表面达到理想的消毒和杀菌效果。其杀菌效果与过氧乙酸相当，强于甲醛，杀菌力比氯高1倍。快速的气味可以驱除对气味敏感的小动物和昆虫，如老鼠、蟑螂等。

臭氧消毒的特点：①灭活速度比紫外线快3~5倍，比氯快300~600倍；②灭活率随臭氧浓度的增加而提高；③消毒时不消耗氧气，还原快；④无消毒死角，凡空气能到达的地方都能有效消毒；⑤不需要辅助药剂；⑥使用方便安全；⑦适用于接种室、培养室、出菇室等场地的空气消毒。

表 10-1   臭氧消毒器的类型及主要性能

性能类型	适用范围/m³	消毒时间/min	消耗功率/W	体积/m³
FCY-3	25~30	60	≤40	340×165×70
FCY-3A	50~100	60	≤100	470×208×100
FCY-5A	100~200	60	≤260	220×560×450
FCY-5B	100~200	60	≤260	220×350×600
可移动式		适用于大规模工厂化生产		
外接管道式		适用于大规模工厂化生产		
内置风道式		适用于大规模工厂化生产		

2. 诱虫灯

（1）原理 利用趋光、趋波、趋色、趋性信息的特性，将光的波段和波的频率设定在特定的范围内，近距离用光，远距离用波，加以昆虫本身产生的性信息引诱成虫扑灯，被频振式高压电网触杀，落入接虫袋内。

（2）使用方法 在成虫羽化期，菇房上空悬挂杀虫灯，每间隔10m挂一盏灯。在晚间开灯，早上熄灭，诱杀大量的成虫，可有效减少虫口数量。

（3）型号 PS-15Ⅱ（普通、光控），PS-15H（普通、光控），PS-15Ⅲ（光温）。

（4）生产厂家 佳多科工贸有限公司。

3. 粘虫板

（1）原理 多种害虫成虫对黄色敏感，具有强烈的趋黄性。中外科学家经过多年试验，通过色谱分析确认了某一特殊黄色具有最好的诱虫效果。采用这种特殊黄色配以特粘胶，开发研制出高效黄色粘虫板，实践证明诱杀效果非常显著。

（2）使用方法 从开袋或出菇期开始使用，并保持不间断使用可有效控制害虫发展。每亩悬挂25cm×15cm黄板30块。在菇床上方20cm处悬挂。

项目十一

食用菌的保鲜与加工

████ 教学目标

1. 了解食用菌的标准化分级。
2. 掌握食用菌贮藏与保鲜的基本方法。
3. 掌握食用菌常见加工技术。

████ 基本知识

重点与难点：食用菌保鲜与加工的原理与工艺。

考核要求：掌握食用菌常见加工技术。

食用菌的保鲜与加工，包括采收与标准化分级、保鲜、加工等内容。加工又分为初级加工和深加工。初级加工指对食用菌的一次性的不涉及对其内在成分改变的加工；深加工指对食用菌二次以上的加工，主要指对各种营养成分、活性成分的提取和利用。初级加工使食用菌发生量的变化，深加工使其发生质的变化。

干制、高渗浸渍、罐藏、食用菌食品加工等属于初级加工；提取食用菌中具有较高营养、药用或其他特殊价值的特定物质成分，进而生产具有更高附加值产品的生产过程属于深加工。

食用菌产品的采收与标准化分级

一、食用菌产品的采收

食用菌的鲜菇，一般应在七八成熟时采收，也可按商家要求而定。具体要求如下：

（1）菌株（品种）适宜；

（2）基质符合要求；

（3）栽培地 $1km^2$ 内无化工厂、医院、畜禽养殖场、垃圾处理站、废品堆、粪肥处理厂等；

（4）栽培原料药残留量小于或等于相关标准；

（5）栽培过程不使用违禁药物或添加剂；

（6）设备、工具、材料等不得含有禁用成分；

（7）鲜菇不老化、无虫蛀、无虫卵、无病害等。

二、食用菌的标准化分级

食用菌的商品分级，不同地区、不同年代有不同的标准，本书列出的标准仅供参考。在实际工作中，应首先查询最新的国家标准、行业标准或地方标准。出口、出境产品还要了解进口国（境）的标准。同一种食用菌经不同的加工、保藏而得到不同的产品，如鲜菇、干品、罐头、盐渍品等，则执行相应不同的分级标准。假如查不到相关标准，则按实际工作经验或与商家协商而定。

不同食用菌的分级标准不同。一般原则：①肉质伞菌：测定菌蕾大小、色泽、开伞程度、菌盖边缘是否齐整，菌盖卷边，菌盖厚度，菌盖上的花纹，菌盖直径，菌柄长度、颜色、香味、含水量、杂质、虫霉程度等。②耳类食用菌：测定菇耳的颜色、结块结团状，蒂头的大小，耳膜的厚度，耳膜的褶皱度，含水量、杂质、虫霉程度等。③块菌类：测定菌块大小、形状、颜色、切面颜色、泥沙杂物、香味等。④木栓质食用菌：测定菌盖形状，菌盖上花纹，菌盖大小、厚度、颜色，菌柄着生位置、颜色等。⑤特殊食用菌：虫草、天麻、竹黄等，根据形态特征，先鉴别是否真正品种，再进行评级。

1. 香菇

（1）鲜香菇

一级：菌盖直径 $5.5\sim7cm$，圆整，色泽正常棕褐；菌柄长度不大于菌盖半径，切削平整；无虫蛀，无破碎。

二级：菌盖直径 4.5~5.4cm，圆整，色泽正常；菌柄长度不大于菌盖半径，切削平整；无虫蛀，无破碎。

三级：菌盖直径 3~4.4cm，圆整，色泽正常；菌柄长度不大于菌盖半径，切削平整；无虫蛀，少量破碎。

（2）干香菇　干香菇一般分为三类，分别是花菇、厚菇、薄菇，每类又分三级。NY/T 1061—2006《香菇等级规格》中将香菇分为特级、一级、二级，各等级规定标准见表 11-1。

表 11-1　　　　　　　　　　　　　　干香菇等级

类别	项目	特级	一级	二级
干花菇	菌褶颜色	米黄至淡黄色		淡黄色至暗黄
	形状	扁平球形稍平展或伞形，菇形规整		扁平球形稍平展或伞形
	菌盖厚度/cm	>1.0	>0.5	>0.3
	菌盖表面花纹	花纹明显，龟裂深	花纹较明显，龟裂较深	花纹较少，龟裂浅
	开伞度/分	<6	<7	<8
	虫蛀菇、残缺菇、碎菇体	无	<1.0%	1.0%~3.0%
干厚菇	菌盖颜色	菌盖淡褐色至褐色，或黑褐色		
	形状	扁平球形稍平展或伞形，菇形规整		扁平球形稍平展或伞形
	菌褶颜色	淡黄色	黄色	暗黄色
	菌盖厚度/cm	>0.8	>0.5	>0.3
	开伞度/分	<6	<7	<8
	虫蛀菇、残缺菇、碎菇体	无	<2.0%	2.0%~5.0%
干薄菇	菌盖颜色	菌盖淡褐色至褐色		
	形状	扁平球形稍平展，菇形规整		扁平球形平展
	菌褶颜色	淡黄色	黄色	暗黄色
	菌盖厚度/cm	>0.4	>0.3	>0.2
	开伞度/分	<7	<8	<9
	虫蛀菇、残缺菇、碎菇体	<1.5%	1.5%~3.0%	3.0%~5.0%

2. 双孢蘑菇

（1）鲜双孢蘑菇　NY/T 1790—2009《双孢蘑菇等级规格》中对同一包装的新鲜双孢蘑菇提出了以下要求：无异种菇；无异常外来水分；无异常气味或滋味；无霉变、腐烂，无病虫损伤；采收时应切去菇脚，菇柄切削平整，不带泥土；无虫体、毛发、动物排泄物、金属等异物。等级划分应符合如表 11-2 所示的规定。

表 11-2　　　　　　　　　　　　　新鲜白色双孢蘑菇等级

项目	特级	一级	二级
菇体颜色	白色，无机械损伤或其他原因导致的色斑。	白色，有轻微机械损伤或其他原因导致的色斑。	白色，有机械损伤或其他原因导致的色斑。
菇体形状	圆形或近圆形，形态圆整，表面光滑，菇盖无凹陷；菇柄长度不大于 1cm；无畸形菇、变色菇和开伞菇。无机械损伤或其他伤害。	圆形或近圆形，形态圆整，表面光滑，菇盖无凹陷；菇柄长度不大于 1.5cm；畸形菇、变色菇和开伞菇总量小于 5%。轻度机械损伤或其他伤害。	圆形或近圆形，形态圆整，表面光滑，菇盖无凹陷；菇柄长度不大于 1.5cm；畸形菇、变色菇和开伞菇的总量小于 10%。菇体有损伤，但仍有商品价值。

以新鲜双孢蘑菇菌盖直径来划分双孢蘑菇的规格，分三种，见表 11-3。

表 11-3　　　　　　　　　　　　　新鲜白色双孢蘑菇规格

规格	小（S）	中（M）	大（L）
菌盖直径	<2.5cm	2.5~4.5cm	>4.5cm
同一包装中直径最大和最小的差异	≤0.7cm	≤0.8cm	≤0.8cm

（2）双孢蘑菇罐头原料收购的质量分级标准

①一级　色泽洁白，肉质肥厚粗壮，菇形圆整，未开伞；菌盖直径 2.0~4.5cm，菌柄长不超过 1.0cm，切削平整，无空心、白心，无污泥、虫蛀、锈斑、机械损伤，无异味，有菇香。

②二级　色泽洁白，菌盖直径 2.0~4.5cm，菌柄长不超过 1.0cm，允许有薄皮菇、稍有畸形和轻度白心、空心，无污泥、虫蛀、锈斑、机械损伤，无异味。

③三级　色泽洁白，菌盖直径 2.0~4.5cm，菌柄长不超过 1.5cm，切削平整，包括白心、空心、畸形、伤斑菇及未开伞的薄皮菇；无污泥、虫蛀，无异味。

④等外　略有开伞但菌褶不发黑，无污泥，无异味，无死菇。

3. 黑木耳

（1）鲜黑木耳　NY/T 1838—2010《黑木耳等级规格》中对黑木耳提出了以下要求：无异种耳；含水量不超过 14%；无异味；无流失耳、虫蛀耳和霉烂耳；清洁，几乎不含任何可见杂质。同时，按形态和质地的不同，将黑木耳分为三个等级，各等级应符合如表 11-4 所示的规定。

表 11-4　　　　　　　　　　　　　　黑木耳等级

项目	特级	一级	二级
色泽	耳片腹面黑褐色或褐色，有光亮感，背面暗灰色	耳片腹面黑褐色或褐色，背面暗灰色	黑褐色至浅棕色

续表

项目	特级	一级	二级
耳片形态	完整、均匀	基本完整、均匀	碎片≤5.0%
残缺耳	无	<1.0%	≤3.0%
拳耳	无	无	≤1.0%
薄耳	无	无	≤0.5%
厚度/mm	≥1.0	≥0.7	/

按黑木耳朵片大小过圆形筛孔直径，划分为三种规格，单片黑木耳和朵状黑木耳规格应符合如表11-5所示的要求。

表 11-5 　　　　　　　　　　　　　　　黑木耳规格

类别	小（S）	中（M）	大（L）
单片黑木耳过圆形筛孔直径/cm	0.6~1.1	1.1~2.0	≥2.0
朵状黑木耳过圆形筛孔直径/cm	1.5~2.5	2.5~3.5	≥3.5

（2）干黑木耳

①我国传统的干木耳分级标准

a. 甲级（春耳）：春耳以小暑前采收者为主，表面青色，底灰白，有光泽，朵大肉厚，膨胀率大；肉层坚韧，有弹性，无泥沙虫蛀，无卷耳、拳耳（由于成熟过度，久晒不干，粘连在一起的）。

b. 乙级（伏耳）：伏耳以小暑到立秋前采收者为主，表面青色，底灰褐色，朵形完整，无泥沙虫蛀。

c. 丙级（秋耳）：秋耳以立秋以后采收者为主，色泽暗褐，朵形不一，有部分碎耳、鼠耳（小木耳），无泥沙虫蛀。

d. 丁级：不符合上述规格，不成朵或碎片占多数，但仍新鲜可食者。

②全国实施的干木耳收购标准

a. 一级：色泽纯黑，有光泽，朵大肉厚，体轻质细，无碎屑杂质，无小耳，无僵块，无霉烂。

b. 二级：色泽黑，朵形完整，无僵块，无霉烂，耳根棒皮及灰屑不超过1%。

c. 三级：色泽黑而稍带灰白，朵形不一，有部分碎，无泥杂虫蛀。

d. 四级：不合以上规格，不成朵或碎耳占多数，无杂质、无霉变。

4. 草菇

（1）鲜草菇、草菇干　根据广州市农业技术规范（DB 440100/28—2003），鲜

草菇分级如表 11-6 所示，草菇干分级如表 11-7 所示。

表 11-6 鲜草菇分级

项目	一级	二级	三级
结实度	结实	较结实	疏松
菌膜		未破	
菇径/cm	2.5~3.5	2.0~2.4	1.5~1.9
形状	卵圆形		卵圆形顶部较尖（菇体伸长）
颜色	灰黑色、灰褐色（黑色品系）或灰白色、白色（白色品系）、肉白色		
气味	具有鲜草菇特有香味，无异味		
杂质	无		
混入物	不得有毒菇、畸形菇、霉变菇、异种菇		
破损菇/%	0	1	2

表 11-7 草菇干分级

项目	一级	二级	三级
形状	菇片完整结实、无脱褶	菇片完整、较松	菇片完整结实、松
菇径/cm	≥2.0，均匀	≥1.5	≥1.0
长度/cm	≥3.5	≥3.0	≥2.5
颜色	切面淡黄色	切面深黄色	切面色暗
气味	具有草菇干特有香味，无异味		
杂质	无		
混入物	不得有毒菇、畸形菇、霉变菇、异种菇		

（2）罐装原料

①一级：菇呈灰色、褐色或灰褐色，横径 2~4cm（每个应小于 25g），新鲜幼嫩，菇体完整、无霉烂、无异味，无破裂，无机械损伤，无病虫，无死菇，无表面发黄、发黏、萎缩积压变质现象；不开伞，不伸腰，允许轻微畸形，菇脚切面平整，不带泥沙杂质。主要用来做整粒的划菇罐头。

②二级：菇体新鲜完整，横径 2~4.5cm；无霉烂，无破裂，无病虫，不开伞，允许小伸腰、畸形和表面轻度变色，无泥沙杂质。一般用来于做草菇片罐头。

5. 鲜金针菇

（1）一级 菇形完整，菌盖呈白色，菌盖直径小于 1cm，盖内卷呈半球形。

菌柄长 13~16cm，白色或 2/3 白色、1/3 为淡黄色，基部修剪干净不粘连。无畸形菇、无病虫害、无斑点、无霉烂变质及杂质。具有鲜金针菇应有的自然滋味和气味。

（2）二级　菇形完整，菌盖呈白色或淡黄色，菌盖直径小于 1.5cm，盖内卷呈半球形。菌柄长 10~18cm，白色或 1/3 白色、2/3 为淡黄色或金黄色，基部修剪干净。无畸形菇、无病虫害、无霉烂变质及杂质。具有鲜金针菇应有的自然滋味和气味。

（3）三级　菇形较完整，菌盖呈白色、金黄色或淡咖啡色，菌盖直径小于 2.5cm，菌柄长 6~20cm，无明显纤维质感，基部修剪干净。无畸形菇、无病虫害、无霉烂变质及杂质。具有鲜金针菇应有的自然滋味和气味。

6. 平菇

根据中华人民共和国农业行业标准平菇等级规格（NY/T 2715—2015）规定，平菇基本要求：无异种菇；外观新鲜，发育良好，具有该品种应有特征；无异味、无腐烂；无严重机械伤；无病虫害造成的损伤；无异常外来水分；清洁、无肉眼可见的其他杂质、异物。

各等级应符合如表 11-8 所示的规定。

表 11-8　平菇等级要求

等级	特级	一级	二级
色泽	具有该品种自然颜色，且色泽均匀一致，菌盖光洁，无异色斑点。	具有该品种自然颜色，且色泽较均匀一致，菌盖光洁，允许有轻微异色斑点。	具有该品种自然颜色，且色泽基本均匀一致，菌盖较光洁，带有轻微异色斑点。
形态	扇形或掌状，菌盖边缘内卷，菌肉肥厚，菌柄基部切削平整，无渍水状、无黏滑感。	扇形或掌状，菌盖边缘稍平展，菌肉较肥厚，菌柄基部切削较平整，无渍水状、无黏滑感。	扇形或掌状，菌盖边缘平展，菌柄基部切削允许有不规整存在。
残缺菇/%	≤8.0	≤10.0	≤12.0
畸形菇/%	无	≤2.0	≤5.0

平菇规格，以菌盖直径为指标，划分为小（S）、中（M）、大（L）三种，应符合如表 11-9 所示的规定。

表 11-9　平菇规格　　　　　　　　　　　　　　单位：cm

类别	小（S）	中（M）	大（L）
糙皮侧耳	<6.0	6.0~8.0	>8.0
白黄侧耳	<2.8	2.8~4.0	>4.0
肺形侧耳	<4.0	4.0~5.0	>5.0

三、食用菌卫生标准

根据中华人民共和国农业行业标准 NY 5095—2002《无公害食品香菇》、NY 5097—2002《无公害食品双孢蘑菇》和 NY 5098—2002《无公害食品黑木耳》，卫生标准必须符合如表 11-10、表 11-11、表 11-12 所示的规定。

根据广州市农业技术规范（DB440100/28—2003），草菇的安全指标应符合表 11-13 的规定。

根据（GB 7096—2014）《食品安全国家标准 食用菌及其制品》，理化指标应符合表 11-14 的规定；污染物限量应符合 GB 2762—2017 的规定；农药残留限量应符合 GB 2763—2016 的规定；即食食用菌制品致病菌限量应符合 GB 29921—2013《食品中致病菌限量》中即食果蔬制品类的规定；食品添加剂的使用应符合 GB 2760—2014《食品添加剂使用标准》的规定。

表 11-10　　　　　　　　无公害香菇的卫生指标

项目	指标/（mg/kg）	
	干香菇	鲜香菇
砷（以 As 计）	≤1	≤0.5
汞（以 Hg 计）	≤0.2	≤0.1
铅（以 Pb 计）	≤2	≤1
镉（以 Cd 计）	≤1	≤0.5
亚硫酸盐（以 SO_2 计）	≤50	
多菌灵（carbendazim）	≤0.5	
敌敌畏（dichlorvos）	≤0.5	

注：根据《中华人民共和国农药管理条例》，剧毒和高毒农药不得在蔬菜（包括食用菌）生产中使用。

表 11-11　　　　　　　　无公害双孢蘑菇的卫生指标

项目	指标/（mg/kg）	项目	指标/（mg/kg）
砷（以 As 计）	≤0.5	六六六（BHC）	≤0.1
汞（以 Hg 计）	≤0.1	滴滴涕（DDT）	≤0.1
铅（以 Pb 计）	≤1	多菌灵（carbendazim）	≤0.5
镉（以 Cd 计）	≤0.5	敌敌畏（dichlorvos）	≤0.5
亚硫酸盐（以 SO_2 计）	≤50		

注：根据《中华人民共和国农药管理条例》，剧毒和高毒农药不得在蔬菜（包括食用菌）生产中使用。

表 11-12   无公害黑木耳的卫生指标

项目	指标/（mg/kg）	项目	指标/（mg/kg）
砷（以 As 计）	≤1	多菌灵（carbendazim）	≤0.5
汞（以 Hg 计）	≤0.2	敌敌畏（dichlorvos）	≤0.5
铅（以 Pb 计）	≤2	百菌清（chlorothalonil）	≤1
镉（以 Cd 计）	≤1		

注：根据《中华人民共和国农药管理条例》，剧毒和高毒农药不得在蔬菜（包括食用菌）生产中使用。

表 11-13   草菇安全指标

项目	指标/（mg/kg）	
	鲜草菇	草菇干
砷（以 As 计）	≤0.5	≤1
汞（以 Hg 计）	≤0.1	≤0.2
铅（以 Pb 计）	≤1	≤2
镉（以 Cd 计）	≤0.5	≤1
亚硫酸盐（以 SO_2 计）	≤50	
多菌灵（carbendazim）	≤0.5	
敌敌畏（dichlorvos）	≤0.5	
乐果（dimethoate）	≤0.1	

注：根据《中华人民共和国农药管理条例》，剧毒和高毒农药不得在蔬菜（包括食用菌）生产中使用。

表 11-14   食用菌及其制品的理化指标

项目	指标	检验方法
水分/（g/100g）		
香菇干制品	≤13	GB 5009.3—2016
银耳干制品	≤15	《食品中水分的测定》
其他食用菌干制品	≤12	
米酵菌酸/（mg/kg）		GB/T 5009.189—2016
银耳及其制品	≤0.25	《食品中米酵菌酸的测定》

第二节

食用菌的贮藏与保鲜

    食用菌子实体含水量高，组织脆嫩，采摘后在室温下极易腐烂变质，而食用菌从产地到销售市场或加工工厂之间往往需要经过一段距离的运输，这就需要事先对食用菌进行某些保鲜处理。另外，食用菌生产季节性很强，为了保证食用菌淡旺季的均衡供应，也需要有一定数量的食用菌贮藏。因此，食用菌的保鲜与加工处理也是食用菌生产中一个不可缺少的重要环节。

影响食用菌保鲜贮藏的直接因素：呼吸作用、蒸腾作用和褐变。另外，子实体采收的成熟度、含水量、机械损伤以及微生物的侵染等，也不同程度地影响食用菌的保鲜贮藏时间。

保鲜的原理是，通过控制食用菌菇体贮藏环境的温度、相对湿度、气体组成等，使食用菌菇体的新陈代谢活动维持在最低的水平，较长时间内保持它的天然免疫性，抵御微生物的入侵，延缓腐败变质，从而延长货架期。

保鲜方法：冷藏保鲜、气调保鲜、化学保鲜、冷冻保鲜等。

1. 冷藏保鲜

原理：鲜菇在低温时呼吸微弱，发热减少，微生物活动受到抑制。

方法：一般需要预冷和冷藏两个主要环节。预冷可迅速降低食用菌的代谢速度，利于后续工序进行。一般预冷温度稍高于冷藏温度1~2℃，以保证食用菌不冻结。

冷藏保鲜的设施包括预冷库和冷藏库，采收后首先在预冷库快速冷却，并完成分拣、整形、分级和包装等（图11-1）。食用菌的冷藏温度一般为0~5℃，相对湿度为85%~90%。

图11-1 食用菌冷藏保鲜处理工艺路线

常用的冷藏保鲜方法：

（1）机械制冷保鲜 利用机械制冷（冷冻机），控制温度在1~5℃（草菇为15~18℃），空气相对湿度为85%~90%，将鲜菇分级包装置入冷库、冷藏车或大冷柜中，入库保鲜或长途运送保鲜。多数菇类能保鲜10~15d。

（2）冰块制冷保鲜 将鲜菇放在专用箱内，上层、下层放置冰块，将小包装鲜菇置入中层，冰块放入塑料袋内。如运输距离较远，中途需更换冰块，以保持箱内低温。

2. 气调保鲜

原理：通过调节空气组分的比例，抑制呼吸作用，防止鲜菇老化变质。

方法：自发气调、充气气调、真空包装等。

呼吸强度的变化与贮藏环境的O_2/CO_2成正比，调节贮藏环境中O_2/CO_2可有效实现食用菌的保鲜，即气调贮藏。在大气中，氧气含量为21%，二氧化碳为0.09%，氮气78%，其他气体约占1%。通过气调后，将氧气浓度降至3%~5%，在 3~5℃ 条件下，保鲜时间可延长 10~25d。将鲜平菇密封于 0.006~0.008cm 厚的聚乙烯塑料袋中，室温可保存 3~7d。

一般用 N_2 等气体调节并保持储藏环境的气压。结合低温条件，气调贮藏显著减弱食用菌的呼吸强度，呈现出一种复合型的抑制作用，保鲜效果更好（见图 11-2）。

图 11-2　低温气体保鲜基础工艺路线

双孢蘑菇在 3℃、空气相对湿度 95% 条件下，O_2 体积分数为 5%，以 N_2 作平衡气体，可有效保持商品性状 9~11d，失重减少，褐变较轻，软化较慢。

气调保鲜宜采用充入氮气、降低温度、增加湿度、注入臭氧杀菌的"四位一体"保鲜方法，以达到较好保鲜效果。

3. 化学保鲜

原理：采用符合食品卫生标准的化学药剂，对菇体进行浸泡处理，可以防止鲜菇变色变质或开伞老化。

方法：保鲜液浸贮法、激动素保鲜、盐水保鲜、焦亚硫酸钠法等。

常用试剂：焦亚硫酸钠、氯化钠、柠檬酸、吲哚乙酸、萘乙酸、维生素 C、比久等。

低温贮藏、气调贮藏均需要专门的大型设备，投资大，能耗也较高。利用化学品保鲜食用菌，可方便操作，成本相对较低。化学品的使用，必须充分考虑到食品安全。如超量超范围长期食用焦亚硫酸钠，可能会对肝脏和肾脏的功能造成危害。比久在一定条件下可以水解成有致癌、致畸作用的偏二甲基肼。

（1）氯化钠（食盐）保鲜　用 2g/L 的食盐水，加入 1g/L 的氯化钙，制成混合浸泡液，将鲜菇浸泡 30min，捞出并沥去多余的水，可在 16~18℃ 下保鲜 4d，在 5~6℃ 下保鲜 10d。

（2）稀盐酸溶液浸泡保鲜　将鲜菇浸泡于 0.05% 的稀盐酸溶液中，用塑料薄膜将浸泡鲜菇的容器封严，此法可作为加工前的短期保鲜。

（3）保鲜剂浸泡法　配制 0.2~0.5g/L 的维生素 C 和 0.1~0.2g/L 的柠檬酸混合液（保鲜液），将鲜菇浸泡 10~20min，捞出沥干水装入塑料袋中，能在运输中进行短期保鲜，并具有护色作用。

（4）比久保鲜　将鲜菇浸泡于 0.01~0.1g/L 的比久水溶液中 10min，取出沥干水分装入塑料袋中，在 5~22℃ 下可保鲜 8d。

4. 速冻保鲜

在低温下快速将鲜菇冷冻，主要用于一些珍贵的野生菇和人工栽培品种，如美味牛肝菌、松茸、金耳、鸡油菌、羊肚菌、白灵菇等。

操作方法，将未开伞的鲜菇漂洗干净，放入 10g/L 柠檬酸溶液中护色 10min，再进行漂烫、冷却，捞出沥干水分装入塑料袋或铝箔袋中，放入 -35℃ 的低温冰室中，快速冷冻 40min 至 1h 后移入 -18℃ 冷藏柜中贮藏，能保鲜 1~1.5 年。食用时在室温下解冻，能保持鲜菇原有的风味。

下面以双孢蘑菇为例，说明食用菌速冻工艺。

（1）工艺流程

选菇、处理 → 护色、漂洗 → 预煮、冷却 → 修剪 → 排盘、冻结 → 挂冰衣 → 包装 → 冷藏

（2）操作要点

①选菇、处理：选成熟度低的子实体，无机械损伤，无病虫害。菇柄切削平整，不带泥根。

②护色、漂洗：先用 0.3g/L 焦亚硫酸钠液漂洗防褐变，再移入 0.6g/L 焦亚硫酸钠液浸泡 2~3min 进行护色，随即捞出用清水漂洗，要求二氧化硫残留量不超过 0.02g/L。护色漂洗也可采用 10g/L 柠檬酸溶液浸泡 10min。

③预煮（杀青）、冷却：将蘑菇按大小分级，放入 100℃ 沸开的 1.5~3g/L 柠檬酸预煮液中煮沸 1.5~2.5min，以菇心熟透为度。随即移入 3~5℃ 流动冷水中进行冷却。

④修剪：将菌柄过长，有斑点，有严重机械损伤，有泥根等不符合质量标准的菇拣出，经修整、冲洗后使用，特大菇、缺陷菇可作生产速冻菇片的原料加以利用，脱柄菇、脱盖菇、开伞菇应予以剔除。

⑤排盘、冻结：先将菇体表面附着水分滤去，单个散铺于冻结盘中，置螺旋冻结机进口的网状传送带上送入机内，在 -40~-37℃ 下进行冻结，约 30~40min，冻品中心温度可达到 -18℃。

⑥挂冰衣：从螺旋冻结机出口取出已冻结的蘑菇，在低温房内逐个拣出分开成单个菇粒，放入小竹篓里，每篓约 2kg，置 2~5℃ 清水中，浸 2~3s，立即提起倒出蘑菇，在菇体表面很快形成一层透明的薄冰，这层冰能使菇体与外界隔绝防止蘑菇干缩、变色、可延长贮藏时间。

⑦包装：用无菌塑料袋盛装，按出口要求，有 0.5kg、2.5kg 两种装袋规格。然后，装入双瓦楞纸箱，箱内衬有一层防潮纸。

⑧冷藏：迅速将装箱的产品用冷藏车运往冷库内贮藏，冷库温度应稳定在 -18℃，库温波动不超过 ±1℃；相对湿度 95%~100%，波动不超过 5%；应避免与气味或腥味挥发性强的冻品一同贮存，贮藏期为 12~18 个月。

第三节

食用菌的干制

一、脱水目的和原理

1. 脱水目的

排除菌体的水分，使细胞原生质发生变性或失活，不再进行分解代谢，可溶性物质浓度增加到微生物及害虫不能利用的程度（含水量在13%以下），以便产品能长期贮藏。

2. 脱水原理

（1）菌体中的水分　游离水：60%左右，容易被脱掉；胶体结合水：10%左右，在较高温度时，可以部分脱去；化合水：不能在干燥过程中被脱掉。

（2）脱水原理

①湿度梯度：当菌体所含水分超过平衡水分时，菌体与介质接触，由于干燥介质的影响，菌体表面开始升温，水分向外界环境扩散。当菌体水分逐渐降低，表面水分低于内部水分时，内部水分便开始向表面移动。因此，菌体水分可分若干层，由内向外逐层降低，称为湿度梯度，它是香菇脱水干燥的一个动力。

②温度梯度：菌体内外的温度差，是促使水分蒸发的另一动力。在干制过程中，有时采用升温、降温、再升温的方法，形成温度波动。当温度升高到一定程度时，菌体内部受热；再降温时，菌体内部温度高于表面温度，这就构成内外层的温度差别，称为温度梯度。水分借助温度梯度，沿热流方向迅速由高温区向低温区即往外移动而蒸发。

③平衡等度：干制过程是菌体受热后，热由表面逐渐传向内部，温度上升造成菌体内部水分移动。初期，一部分水分和水蒸气的移动，使菌体内、外部温度梯度降低；随后，水分继续由内向外移动，菌体含水量减少，即湿度梯度变小，逐渐干燥。当菌体水分减少到内外平衡状态时，其温度与干燥介质的温度相等，水分蒸发过程停止。

（3）影响鲜菇干燥速度的因素　干燥速度的快慢对干制品质量的好坏起决定性作用。当其他条件相同时，干燥速度愈快，品质愈好。干燥速度取决于干燥介质的温度、相对湿度、气流循环速度。

①干燥介质的温度：干燥时利用的热空气称为干燥介质，热空气是湿的，是干空气和水蒸气的混合物。当这种热空气与湿润的原料接触时，将所带来的热放出，原料吸收了热量，使所含的一部分水分汽化，空气的温度因而降低。因此，要使菌体干燥，就必须持续不断地提高干空气和水蒸气的温度。

②干燥介质的湿度：空气温度升高，相对湿度就会降低；反之，温度降低，

相对湿度就会升高。在温度不变的情况下，相对湿度越低则空气的饱和差越大，菌体干燥速度也就越快，所以，在干燥过程中，应合理控制升温与降湿。

③气流循环速度：干燥空气流动速度越快，菌体表面水分蒸发越快；反之，则越慢。加快气流速度，既有利于将热量传递给菌体以维持其蒸发速度，又可将菌体蒸发水分迅速带走，并不断补充新鲜未饱和的空气，促进菌体表面水分不断蒸发。

（4）菌体在干燥过程中的变化

①质量与体积的变化：在干燥过程中，菌体的水分不断蒸发，细胞收缩，因此，干制品的质量仅为鲜品质量的5%～15%。体积仅剩30%～40%，并且菌体表皮出现皱折。

②颜色的变化：鲜菇在干制过程中或干制品的储藏中，常发生褐变和非酶促褐变。为防止酶促褐变，可把干制前的原料经过热烫和二氧化硫预处理，或用氯化钠、抗坏血酸等溶液进行预处理，以破坏酶或酶的氧化系统，减少氧的供给，从而避免或减轻干制品颜色的变化。非酶促褐变一般作用较为缓慢，而且与温度的关系密切，因此可通过降低烘干温度和干制品的储藏温度来减轻颜色的变化。

③营养成分及品质的变化：一些生理活性物质、维生素类，如维生素C往往不耐高温，在烘干过程中易受破坏，菌体中的可溶性糖，如葡萄糖、果糖、蔗糖等在较高的烘干温度下，容易焦化而损失，并且使菌体颜色变黑。对于平菇、凤尾菇、草菇、蘑菇等食用菌，经干制后，其鲜味明显下降，口感变差。

二、脱水方法

1. 自然干制

自然干制一般是利用太阳光使菌体干燥，辅助自然风以提高干燥速度。此法简便，投入少，对量小或者易干燥的食用菌较为适用。

2. 人工干制

人工干制又称机械干制，是目前规模化干制经常采用的方法。其基础工艺路线见图11-3。常用的设备如烘箱、烘笼、烘房等，热源有炭火热风、电热、红外线等。目前大量使用直线升温式烘房、刨火烘房及热风脱水烘干机、蒸汽脱水烘干机、红外线脱水烘干机。

图11-3 机械干制食用菌基础工艺路线

除了常压干制外，真空冷冻干燥技术也逐渐在食用菌加工中得到应用。真空冷冻干燥是利用升华和凝华的物性，将鲜菇中水分脱出。水有固态、液态、气态，在一定条件下，这三态可以相互转化。在一定温度和压力下，使水降温凝结成冰，冰加热升华为水蒸气，水蒸气降温又可凝华为冰，冻干就是利用这种原理使鲜菇脱水干燥。真空冷冻干燥是将菌体在低温下冻结，真空环境中升华脱水，菌体能保持原有的形、色、味和营养成分，而且复水性能好，食用方便。菌体在干燥过程中，氧气接近于最低限度，其对菌体内物质氧化作用很弱，低温也抑制了菌体内酶作用的强度，对于保持菌体自然风味更具有明显优势。

真空冷冻干燥需要设备一般包括超低温冷冻装置（速冻床）、真空干燥机、真空泵、调温加热系统等。前处理车间必备台案、水槽、甩干机、夹锅炉等，后处理车间必备挑选台、振动筛、金属探测器、真空封口机等。真空冷冻干燥需要的设备投入较多，技术难度较高，能耗相对较大，适用于名贵食（药）用菌的干燥。

三、常见食用菌的脱水技术

1. 香菇的烘烤技术

（1）菌体处理　采收前一天停止喷水，清除菌柄下泥土或夹杂物，剔除畸形菇、残缺菇、病害菇，烘烤前在阳光下曝晒数小时，既能节约能源，又可提高营养价值。

（2）鲜菇摆放　凡薄的、小的、较干的置于热源远处、高处；而厚的、大的、较湿的置于热源近处、低处。

（3）脱水机或烘房预热　鲜菇进脱水机或烘房之前，脱水机或烘房预热达40~45℃；大量鲜菇进脱水机或烘房后，温度降到30~35℃。

（4）烘烤中调换位置　在烘烤过程中，应调换烤筛的上下、左右、前后、里外的位置。

（5）烘烤条件的控制

①用烤箱：烘烤温度一般从35℃开始，增温1~2℃/h，12h后水分散发50%，此后增温2~3℃/h，温度升至60~65℃水分散发70%以上，温度降至50~55℃，继续烘2~3h，当菌柄干燥时终止干燥。

图11-4　香菇脱水烘干

②用烘干机：开始时温度 30~35℃；30~45℃保持 6h 以上，大排风，半回风；50℃保持 6h，大回风；60℃±2℃，直到烘干，大排风，大回风，不超过 65℃。一般厚菇烘烤 18~22h，花菇 10~12h 为宜。

（6）回软　干燥结束后，再经过一段时间，使菌体水分均匀分散，菌体整体弹性回升，避免局部过干。

（7）分级包装、贮藏　回软后的香菇，即可按商品级别标准进行分级，采用真空或密封包装，放在阴凉、干燥的室内贮藏。

2. 黑木耳的脱水技术

新鲜黑木耳易腐烂，批量生产或大面积培植时，干制加工的好坏，会直接关系到生产者的经济效益。

黑木耳的干制方法有自然干制和人工干制两类。在干制过程中，干燥速度对干制品的质量起着决定性影响。干燥速度越快，产品质量越好。

（1）自然干制　利用太阳光为热源进行干燥，是我国最古老的黑木耳干制加工方法之一。加工时将菌体平铺在向南倾斜的竹制晒帘上，相互不重叠，冬季需加大晒帘倾斜角度以增加阳光的照射。鲜耳摊晒时，宜轻翻轻动，以防破损，一般要 2~3d 才能晒干。这种方法适于小规模培育场的生产加工。有的耳农为了节省费用，晒至半干后，再进行人工烘烤，这需根据天气状况、光照强度、黑木耳水分含量等灵活掌握。见图 11-5。

图 11-5　黑木耳自然干制

（2）人工干制　用烘箱、烘笼、烘房，或用炭火热风、电热及红外线等热源进行烘烤，使耳体脱水干燥。此法干制速度快，质量好，适用于大规模加工产品。目前人工干制设备的热作用方式可分为热气对流式、热辐射式和电磁感应式。我国现在大量使用的有直线升温式烘房、回火升温式烘房以及热风脱水烘干机、蒸汽脱水烘干机、红外线脱水烘干机等设备。干黑木耳等级标准见本章第一节。

3. 银耳的脱水技术

（1）晒干　银耳采收后，先在清水中漂洗干净，再置于通风透光性好的场地上暴晒，当银耳稍收水后，结合翻耳来修剪耳根。

（2）烘干　用热风干燥银耳时，将经过处理的好的鲜耳排放在烤筛中，放入烘房烤架上进行烘烤。烘烤初期，温度以 40℃ 左右为宜，用鼓风机送风排湿，当耳片 6~7 成干时，将温度升高到 55℃ 左右，待耳片接近干燥，耳根尚未干透时，再将温度下降到 40℃ 左右，直至烘干。

4. 金针菇的脱水技术

（1）脱水　选用菌柄 20cm 左右，未开伞、色浅、鲜嫩的金针菇，去除菇角及杂质后，整齐地排入在蒸笼内，蒸 10min 后取出，均匀摆放在烤筛中，放到烤架上进行烘烤，烘烤初期温度不宜过高，以 40℃ 左右为宜，待菌体水分减少至半干时，小心地翻动菌体，以免粘贴到烤筛上，然后徐徐增高温度，最高到 55℃ 时，直至烘干。烘烤过程中，用鼓风机送风排潮。

（2）包装　将烘干的金针菇整齐地捆成小把，装入塑料食品袋中，密封贮存，食用时用开水泡发，仍不减原有风味。

5. 草菇的脱水技术

用竹片刀或不锈钢刀将草菇切成相连的两半，切口朝下排列在烤筛上。烘烤开始时温度控制在 45℃ 左右，2h 后升高到 50℃，七八成干时再升到 60℃，直至烤干。该法烤出的草菇干，色泽白，香味浓。

6. 大球盖菇冻干技术

（1）原料处理　大球盖菇采收前不宜喷水，采后清除菌体外部黏附的培养基物料，削净菌柄的泥沙，保持菌体的朵形和清洁卫生，将鲜菇中的霉烂菇、浸水菇、病虫害和机械损伤菇剔除，按市场需求，分成整朵形和对切形菇片。

（2）进库冻结　鲜菇随泡沫箱，通过传送带传送至隧道内，依次通过预冻区、冻结区、均温区，进入冷冻库。鲜菇经速冻库−30℃ 以下的温度速冻后，把库内温度调控在−18℃ 以下，经 1~2h，然后再保温 1~2h，使菌体冻透，处于冰冻状态。

（3）冷冻干燥　冷冻干燥是利用冻结升华的物性将水脱出。将处理好的菇体放入速冻室，以 0.6℃/分钟的降温速率，快速冷冻到−40℃ 后，放入真空室干燥。冻干主要控制温度和压力。真空室内的绝对压力宜控制在 100Pa，加热板温度 35℃，冷藏温度−60℃。升华结束后，物化结合水处于液态，此时应进一步提高菌体温度，进入解析阶段，使这部分水分子能获解析，从而使菌体干燥。

（4）低温冷藏　真空冻干后的制品，应迅速转入干燥房内包装。室内空气相对湿度要求在 40% 以下，以免干品在干燥过程中吸潮。干品包装后置于−40℃ 低温下，冻结 40h，杀灭在储存过程中从外界侵入的杂菌、虫体及卵，然后起运出口。

四、干菇的贮藏方法

食用菌干燥后因其极易在空气中吸湿、回潮，所以应该待热气散后，再进行包装。包装前应检测干度，假如干度不足，还要置于脱水烘干机内，经过 50~55℃

烘干1~2h，达标后立即用塑料袋密封保存。

贮藏仓库应该干燥、清洁、尽可能的低温，使用时必须做好防虫、防鼠工作。贮藏仓库强调专用，不得与有异味的、化学活性强的、有毒性的、返潮的商品混合贮藏。制品进仓前仓库必须进行清洗，晾干后，用3g/m³气雾消毒盒进行气化消毒。库房内相对湿度不超过70%，可在房内放1~2袋石灰粉吸潮，仓库温度以不超过25℃为宜。度夏需转移至5℃左右保鲜库内保管，1~2年内色泽不会改变。仓库要定期检查，发现霉变及时处理。

第四节

食用菌的高渗浸渍

一般生物细胞处在等渗溶液环境中（按NaCl来计算，即9g/L的NaCl溶液），细胞内外水分处于相对平衡状态。当细胞处于高渗溶液中，细胞内的水分会通过细胞膜转移到高渗溶液中，造成细胞内水分不足，细胞不能正常进行生理活动。食用菌高渗浸渍加工时，鲜菇首先需经过预煮，促进细胞膜内外物质交流，尤其是促进细胞内水分向细胞外高渗溶液转移（图11-6）。细胞内水分的大量丢失，将会抑制菌体内细胞的生理活性物质的化学变化，有效地保持食用菌的营养与风味。在同样机理下，高渗溶液可造成其他微生物的生理干燥，抑制或破坏这些微生物的正常生理活动，使食用菌不致受到微生物的破坏而造成商品价值的降低。常见的高渗浸渍加工包括盐渍、糖渍。

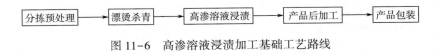

图11-6　高渗溶液浸渍加工基础工艺路线

一、盐渍

1. 盐渍加工原理

利用浓食盐溶液产生高渗透压，使鲜菇的酶活性和细胞活力受到破坏，菇体上的有害微生物的生长受到抑制，从而达到防止腐烂变质的目的。

食盐是一种常用的防腐剂，60g/L的盐水能抑制腐败菌（肉毒梭菌）的滋生；90g/L的盐水中只有乳酸杆菌能存在；120g/L的盐水中连乳酸杆菌也难以生存；150g/L的盐水大部分真菌停止繁殖；250g/L的盐水只有酵母个别存在。浓盐水能产生很高的渗透压。当微生物在这种渗透压很高的水中时，细胞中的水分会外渗而脱水，造成细胞的生理性干燥，使微生物处在一种休眠状态，甚至死亡。

2. 盐渍方法

工艺流程：选菇、处理 → 护色、漂洗 → 预煮、冷却 → 盐渍 → 翻缸 → 装桶

（1）选菇、处理　适时采收未开伞的七八成熟的菇，要求菇形完整，肉质厚，含水分少，组织紧密，菇色洁白，无泥根，无病虫害，无空心。如：蘑菇要切除菇柄基部；平菇应把成丛的逐个分开，淘汰畸形菇，并将柄基部老化部分剪去；滑菇则要剪去硬根，保留嫩柄 1~3cm 长。当天采收，当天加工，不能过夜。

（2）护色、漂洗　用 0.5% 的盐水或 0.05mol/L 柠檬酸液（pH 4.5）漂洗，以除去菌体表面泥屑等杂质，防止氧化变色。若用焦亚硫酸钠漂洗，先用 0.2g/L 焦亚硫酸钠溶液漂洗干净，再用 0.5g/L 焦亚硫酸钠溶液中"护色"10min，最后用清水冲洗 3~4 次，残留量不超过 0.002%。

（3）预煮（杀青）、冷却　目的：①杀死细胞，破坏膜结构，增大细胞的通透性，有利盐分渗入；②排除组织的空气，破坏酶活性，阻止氧化褐变。

方法：使用不锈钢锅或铝锅，加入 50~100g/L 的盐水或 0.5~1g/L 柠檬酸的水浸液，烧至盐水沸腾后放菇，水与菇比例为 10：4，煮制时间依菇的种类和个体大小而定（一般蘑菇 10~12min，平菇 6~8min，美味牛肝菌 2~3min），掌握菇柄中心无夹生，就要立即捞出。以菌体投入水中沉下者为度，如漂起则煮的时间不足。锅内盐水可连续使用 5~6 次，但用 2~3 次后，每次应适量补充食盐。

随即用自来水冲淋或分缸轮流冷却。

（4）盐渍　容器要洗刷干净，并用 5g/L 高锰酸钾消毒后经开水冲洗。将预煮后沥去水分的菇按每 100kg 加 25~30kg 食盐的比例逐层盐渍。缸内注入煮沸后冷却的饱和盐水。表面加盖帘，并压上卵石，使菇浸没在盐水内。经常测盐水波美度，当盐水低于 22°Bé 时，要及时加盐。一般盐渍 20d 即可装桶。

（5）翻缸（倒缸）　盐渍后 3d 内必须翻缸一次。以后 5~7d 翻缸一次。盐渍过程中要经常用波美密度计测盐水浓度，使其保持在 23°Bé 左右，低了就应加盐或倒缸。缸口要用纱布和缸盖盖好。

（6）装桶　盐水浓度稳定在 22°Bé 以上时，即可装桶。将菌体捞起，沥去盐水，5min 后称重，装入专用塑料桶内，每桶按定量装入；灌入新配制的 20% 盐水（用 0.2% 柠檬酸溶液或调整液将盐水的 pH 调整为 3~3.5，调整液用 42% 偏磷酸、50% 柠檬酸和 8% 明矾配制而成），加盖封存。食用时用清水脱盐，或在 0.05mol/L 柠檬酸液（pH 4.5）中煮沸 8min。

3. 双孢蘑菇盐渍实例

（1）清洗　切除鲜菇菌柄基部的杂质，按大小分级后清洗。清水中加入 1g/L 的柠檬酸护色。

（2）杀青　杀青又称预煮，可用 1g/L 的盐水做预煮液。将水烧开后倒入清

洗过的双孢蘑菇。加菇量是杀青液的 1/2，保证菇能全部浸入水中。不断翻动，使菇体预煮均匀，菇心煮透，使菇体的氧化酶完全破坏，以免菇色褐变。盐水开锅状态煮 5~8min 便可捞出，使其熟而不烂。煮好的菇微黄、有光泽、手捏有弹性。

（3）冷却　预煮后捞出立即放流动水中冷却，不停翻动，使温度快速降下来。

（4）分级　双孢蘑菇直径 1.5cm 以下的为一级；1.5~2.5cm 为二级；2.5~3.5cm 为三级；3.5cm 以上为四级。

（5）盐渍　将分级后的双孢蘑菇按每 100kg 加 25~30kg 盐的比例逐层放入池中。池底撒一层盐，然后放一层菇，一层盐一层菇直至装到池上部，表面再撒一层盐。要使菇能全部浸入盐水中。经过 25~30d 便可。此时盐渍的菇为淡黄色。

（6）装桶调酸　盐渍好的双孢蘑菇要装入塑料盐水菇专用桶。桶内衬双层塑料袋，每桶装 50kg，然后灌入饱和食盐水。并用 20g/L 的柠檬酸调 pH 为 3.5 左右。桶内盐水要灌足，能浸没双孢蘑菇，防止褐变。袋口扎紧，不让盐水溢出，检查全格后，贴上标签。

二、糖渍

食用菌糖制主要是用作食用菌蜜饯生产。与盐渍相比，糖类物质因其还原性基团的存在而具有抗氧化作用，利于食用菌色泽、风味的保持。

1. 食用菌蜜饯生产的工艺流程

分级拣选 → 漂洗整形切分 → 杀青 → 盐渍硬化 → 糖渍 → 烘晒上糖衣 → 整理包装

2. 操作要点

（1）前处理　对鲜菇进行分级拣选，清洗并沥干清水，按照商品要求切成小块。

（2）杀青　用沸水或水蒸气杀青，杀青标准是熟而不烂。

（3）盐渍、硬化　杀青后的菇体浸入 100g/L 盐水中盐渍 2~3d，同时加入 2.5~10g/L 的石灰进行硬化处理。

（4）糖渍　经过曝晒、回软和复晒后，菇体浸入沸腾的 400g/L 糖溶液中煮 2~3min，冷却 8~24h。冷却后的菇体再次浸入浓度提高 10% 的沸腾糖溶液中 2~3min，再次冷却 8~24h。如此反复 3~4 次。

（5）烘晒、上糖衣　糖渍后的菇体沥干糖液，烘烤或晾晒，干燥后的菇体糖含量在 72% 左右，水分含量低于 20%。菇体干燥后，浸入饱和糖溶液浸湿，立即捞出，再次烘烤，使菇体表面形成透明的糖膜。将菇体蜜饯整理，用真空包装或密封包装避免吸水回潮。

第五节

食用菌的罐藏

食用菌的罐藏，是基于密封的罐藏容器隔绝了空气和各种微生物，同时，加工过程中对食用菌进行了杀菌处理，对菇体保藏有很好的效果。一般情况下可保藏2年。

一、罐藏加工工艺

1. 食用菌罐藏的工艺流程

选菇 → 护色、漂洗 → 预煮、冷却 → 分级、修剪 → 装罐、注汁 → 排气、密封 → 杀菌、冷却 → 检验、入库。

2. 食用菌罐藏操作要点

（1）选料　选择大小均匀、质地致密、菇形完整、八成熟的鲜菇，淘汰病虫害菇、破损菇、畸形菇，削去基部杂质。

（2）漂洗　放流水中漂洗，洗水要足，迅速洗去泥沙及杂质。

（3）预煮　倒入沸水中预煮，预煮液为1g/L的柠檬酸液，煮锅应为不锈钢锅或夹层锅，不可用铁锅，以防菇褐变。加入菇量是预煮液量的1/2，预煮时间依菇类而定，应将菇心煮透，熟而不烂。

（4）冷却　杀青后立即捞出，放入流动的冷水中快速冷却。至手触无热感时，捞出沥干水分。若冷却时间过长，菇汁浸出，风味下降，影响产品质量。

（5）整修分级　整修时既要除去不可用部分，又要保证食用菌的形状，主要是对有泥根、病虫害、斑点等的菇进行修整。经修整的菇应平整、光滑，并按级别、大小分别盛放，便于装罐。分级时要挑出碎菇、畸形菇。食用菌分级有质量分级和振动筛分级之别。质量分级是按菇的质量分级，不受菇体形态限制；振动筛分级是按筛孔的直径大小进行分级，适用于双孢蘑菇、草菇等球形的菇体。

（6）空罐消毒　空罐采用高压清水冲洗（洗罐相水温72℃左右），然后用热蒸汽冲淋消毒3min。消毒后的空罐放到专用转箱内，罐口向下，进入装罐工序备用。

（7）装罐　装罐用菇应形态圆整，无裂口、无开伞。装罐量按各罐型规格要求装足，并使罐顶留有适量的空隙，在灭菌加热时有一定的膨胀空间，防止罐身因膨胀而变形或破裂。马口铁罐顶隙应留6mm，玻璃罐顶隙应留13mm。

（8）注汁　食用菌罐头有淡盐水罐头及风味罐头，风味罐头是在盐水中加入适量的糖、氨基酸、味精、酱油、柠檬酸、料酒等调味品，制成各式风味的汤汁，灌入罐中而成。

淡盐水罐头汤汁为20~30g/L的食盐和1g/L的柠檬酸溶于水中过滤而成，有时还加入0.1%的维生素C以护色。注汁前应将汤汁加热到80℃左右。一般采用注液机灌汤，既要保证汁量，又要均匀一致、提高效率。

（9）排气封罐　将盖放在罐口，让气体自由排出。排气方法有加热排气、真空排气。现在一般主要采用真空排气法。真空排气是在封口机中完成，即排气和封口同步进行。封罐机应将罐内真空度降至40~67kPa，可防止杀菌时罐头的变形、爆裂及玻璃罐跳盖，防止残存的好气性细菌在罐内生长，防止因氧气的存在而导致维生素损失以及食品色、香、味劣变及罐壁的腐蚀。一般在注入汤汁后，应迅速加热排气或抽气密封。为保证真空度，必须严格密封，此为保障储存效果的关键之一。

（10）灭菌　灭菌以罐型为依据，常见罐型灭菌公式见表11-15。

以761罐型为例，按灭菌公式：灭菌器升温至121℃的时间为10min，在121℃灭菌持续时间是23min，灭菌完毕由121℃降至50℃以下的时间为5min。保温结束后进行反压（压缩机反压）降温，压力0.01~0.02MPa。反压冷却可缩短冷却时间，有利于保持食用菌的色香味。

表11-15　　　　　　　　　　　常见罐型灭菌公式

罐型	灭菌公式	罐型	灭菌公式
761	10′-23′-5′/121℃	9124	10′-27′-5′/121℃
6010	10′-23′-5′/121℃	15173	15′-35′-10′/121℃
7114	10′-23′-5′/121℃		

在保证罐头安全贮藏的前提下，应尽可能地降低杀菌温度和缩短杀菌时间。对于罐内汤汁易于对流传热的产品，宜采用高温瞬时杀菌。

（11）冷却　杀菌后要及时冷却，将软包装罐头放入冷水中冷却至40℃以下。

（12）检验　在37℃恒温库中放置7d左右，进行质量检验。若发现胀袋、变色、有沉淀等情况，及时挑出。

（13）包装　检验合格后，擦干袋表水分和杂物，入箱包装。

3. 双孢蘑菇罐头加工实例

（1）选料　无褐斑、无霉变、无虫蛀，菌盖直径4cm以下，菌柄1cm左右，菇体表面不能有泥土等杂物。

（2）漂洗护色　漂洗并保持双孢蘑菇的白色，一般用1g/L柠檬酸漂洗5~10min或在6g/L食盐水中漂洗2~3min，以初步护色。漂洗后捞出用流水洗净。

（3）预煮　放入1g/L柠檬酸溶液中于100℃下煮制。不断搅动，菇与水的质量比为2∶3。煮熟为止，一般需8~15min。

（4）冷却　立即捞出于流动水中冷却，尽快使菇体降温，以免营养物质流失。时间为30~40min，冷透为准。待菇温降至室温时，捞出沥干水分。

（5）分级　将煮制后菌盖裂开、畸形、开伞或色泽不良的挑出。

（6）装罐（瓶）　按罐（瓶）的规格，加入产品规定的量。

（7）加汤汁　根据清水罐头、盐水罐头、调味汁液罐头的不同要求，加入汁液，加入量以淹没菇体为宜。加入汤汁的温度在80℃左右。

（8）排气封口　采用真空封口机封口，排气与封口同步进行。封罐机的真空度维持在66.7kPa。

（9）灭菌、冷却　根据罐型不同采用不同的杀菌公式。灭菌后放入流水中冷却到40℃以下。

（10）检验、装箱　随机抽样在37℃下保存5~7d。若无异样发生便可装箱贴标签入库。

4. 食用菌软罐头加工

软包装罐头特点是：能够杀菌，且杀菌时传热速度快；封口简便牢固，微生物不易侵入，贮存期长；不透气，内容物几乎不会发生化学变化，能较长时间保持质量；开启方便，包装美观。

（1）原料选择　原料要新鲜，菇形整齐，菇色正常，菌盖完整，无机械损伤和病虫害。菌柄切面平整。

（2）清洗　清洗迅速，水量充足，除去泥沙污物。

（3）预煮　用不锈钢夹层锅，沸水中预煮，预煮液为1g/L的柠檬酸。每次加入菇量是预煮液量的1/2。预煮时间根据菇类而定，要求菇心煮透，熟而不烂。

（4）冷却　放入流动冷水中快速冷却，手触无热感时，捞出并沥干水分。

（5）整修分级　对有泥根、病虫害、斑点等的菇进行修削。修整后菇面应光滑、平整。然后按级别、大小分级，便于装罐。分级时挑出碎菇、畸形菇。

（6）洗袋　挑选合适的软罐头包装袋，用净水清洗。

（7）装袋　按照不同规格、不同等级，分别称重和装袋，同一袋内要大小均匀，摆放整齐，且菌盖朝同一方向，使产品外观整齐一致。按各种罐头的规定重量称重装足。

（8）注液　汤液一般为6~20g/L的食盐水和1g/L的柠檬酸。还可加入0.1%的抗坏血酸护色。所用水的铁含量应低于100mg/kg，氯含量应低于0.2mg/kg，以防止产品变黑。配制汤汁时，先将精制食盐溶解在水中煮沸过滤后再使用。将汤汁加热到96℃以上备用。

（9）封口　先将封口机二道口的温度升至预定温度（170℃左右），开启空压机使空气压力大于0.8MPa，将热汤汁加入袋中，排除袋中空气，然后进行密封剪切。

（10）灭菌　根据菇类不同，选择不同的灭菌公式，如白灵菇、杏鲍菇灭菌公式为$\dfrac{15'-25'-20'}{121℃}$，即灭菌器升温至121℃的时间为15min，在121℃灭菌持续时间是25min，灭菌完毕由121℃降至50℃以下的时间为20min。巨大口蘑、真姬菇等灭菌公式为$\dfrac{15'-20'-10'}{110℃}$。即灭菌器升温至121℃的时间为15min，在121℃灭菌持续时间20min，灭菌完毕由121℃降至50℃以下的时间为18min。

（11）冷却　杀菌后要及时冷却，将软包装罐头放入冷水中冷却至40℃以下。

（12）检验　在37℃恒温库中放置7d左右，进行质量检验。若发现胀袋、变色、有沉淀等，及时挑出。

（13）包装　检验合格后，擦干袋表水分和杂物，入箱包装。

第六节

食用菌休闲与调味食品加工

休闲食品是快速消费品的一类，是在人们闲暇、休息时所吃的食品。调味食品是指能增加菜肴的色、香、味，促进食欲，有益于人体健康的辅助食品。食用菌休闲食品与调味食品在满足消费者多样化需求方面也有一席之地。

一、食用菌休闲食品加工

1. 食用菌脆片加工

工艺流程：

清洗切片 → 蒸汽杀青 → 料汁浸渍 → 沥干冷冻 → 真空脱水膨化 → 真空离心脱油
↓
密封包装 ← 后期调味

操作要点：

（1）清洗切片　清水冲洗菇体，沥干，切成5~6mm厚的菇片。

（2）蒸汽杀青　菇片采用100℃左右的蒸汽杀青，时间按照材料适当调整，一般为2~3min，以菇片透明为准。

（3）料汁浸渍　在调制好的浸渍液（甜、咸、辣等不同风味）中浸渍3~4h。

（4）沥干冷冻　快速冲洗、沥干；-25~-20℃快速冷冻，直至冻透。

（5）真空脱水膨化　将菇片装入容器，在真空釜中浸入80~100℃食用油内脱水，真空度为0.07~0.095MPa。

（6）真空离心脱油　脱水后的菇片在真空釜中离心脱油。

（7）后期调味　脱油的菇片放入调味容器中进行后期调味。

（8）密封包装　冷却后的菇片进行分拣，密封包装。

2. 菌柄芝麻片加工

工艺流程：

香菇柄+黑芝麻 → 配料 → 软化菌柄 → 鼓风干燥 → 压片成形 → 撒芝麻烘烤
↓
密封包装

操作要点：

（1）原料处理　鲜香菇柄剪去带培养基的菌根，去除杂物，洗净后晒干备用。黑芝麻用清水淘去泥沙和杂质，沥干后入锅炒熟，注意火候，切勿炒焦。

（2）称料　参考配方为：干菇柄 20kg，黑芝麻 3kg，优质食醋 80kg，精盐 4.2kg，蔗糖 3kg，风味调料 2kg，花椒粉 100g，鲜辣粉 150g，饴糖适量。

（3）软化干燥　将香菇柄分批倒入不锈钢锅中，加食醋浸泡 10~12h，促使软化。再加入食盐、蔗糖及风味调料，搅拌均匀。加热 30min，置压力锅中在 98~147KPa 压强下保持 20~30min，使其充分软化。待压力下降后，打开压力锅盖，取出香菇柄，沥干收水。然后摊在烘盘里，均匀撒上花椒粉、鲜辣粉等。再送入鼓风干燥箱中，在 60~70℃下进行鼓风干燥，待含水量降至 25% 时，终止加温。

（4）压片成形　将经干燥的香菇柄，置于模具中，压成 5cm 见方的薄片。

（5）撒芝麻烘烤　在每个薄片的上面刷一层饴糖，再均匀撒上一层芝麻。然后送入烤箱中，在 150~180℃温度下烘烤 3~5min，即可出烤箱。

（6）成品包装　待冷透后定量装入复合塑料袋内，用真空包装机进行包装封口。装袋后质检合格，即可装箱入库或直接上市销售。

3. 食用菌饮料加工

可采用食用菌的菇体超微粉碎材料、菇体提取物、菇体提取液酵母发酵液等，生产固体悬浮饮料、（提取物）混配饮料、发酵饮料等。加工工艺依产品种类不同而各异。基本工艺路线见图 11-7。

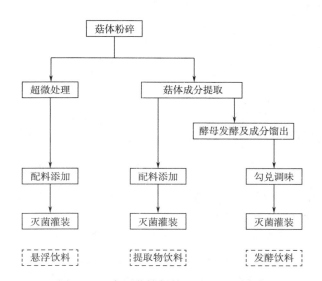

图 11-7　食用菌饮料加工基础工艺路线

除了利用食用菌的子实体外，也可利用其菌丝体，加工成饮料或其他产品，此举则事半而功倍。如蛹虫草发酵饮料的加工，其工艺流程：

蛹虫草培养 → 斜面菌种 → 液体发酵培养 → 放罐过滤 → 调配 → 均质与灭菌
↓
成品 ← 装罐

操作要点如下：

（1）培养基制备　斜面菌种培养基为 PDA 培养基；液体培养基：玉米粉 30g，蛋白胨 2g，硫酸镁 0.5g，磷酸二氢钾 1g，蚕蛹粉 2g，麦芽汁 100mL，水 1000mL。

（2）培养条件　发酵温度 20~25℃，通气量前期每分钟 1∶0.4（体积比，下同），中、后期 1∶0.6，罐压 0.5~0.8kg/cm²，搅拌速度 80~100r/min，发酵周期 7~15d。

（3）放罐　在培养后期，通过镜检，发现部分菌丝的原生质有凝集现象，有空泡，或菌丝体开始崩解时便可放罐。在放罐前通入蒸汽使发酵液加热至 70℃，然后进入胶体磨磨碎，过滤，滤渣可重复进行磨碎，再过滤取汁。

（4）调配　在过滤液中加入定量的甜味剂、柠檬酸及海藻酸钠等稳定剂，并再次过滤。将配制好的饮料经双联过滤器过滤，滤网 120~180 目。

（5）均质与灭菌　将过滤液经高压均质，压力 15~20MPa；高温瞬时灭菌，温度 115℃，时间 4s，出料温度 40℃。

（6）罐装　将均质灭菌后的料液用真空无菌罐装，即得成品。

质量标准为：饮品澄清，酸甜可口，具蛹虫草特殊风味，无异味，无致病菌，符合饮料卫生要求。

二、食用菌调味食品加工

1. 香菇黄豆酱加工

工艺流程：

操作要点：

（1）备料　主要原料有香菇母种、米曲霉（沪粮酒 3.042）菌种、优质大豆、食用精盐、麸皮、标准面粉、饮用水。

（2）菌丝培养　大豆浸泡至无皱纹，用清水洗净，装入三角瓶中，装量为瓶高的 1/4 左右，高压灭菌 30min，冷却至室温。无菌操作接入豆粒大小的香菇斜面菌种一块，置于 25℃恒温箱内培养，待菌丝长满瓶后取出备用。菌丝应洁白、健壮，有纯正的菌丝香味，无异味。

（3）豆曲制作　大豆浸泡 8h 左右，至豆粒胀发无皱纹时，洗净沥水后入锅煮，水要浸没豆，沸腾后维持 30min。种曲配方为：麸皮 80g、面粉 20g、水 80mL。

混匀后筛去粗粒，装入 300mL 三角瓶中，加棉塞，高压灭菌 30min，趁热把料摇松，无菌操作装入米曲霉，摇匀，于 30℃ 恒温箱里培养 3d，待长满黄绿色孢子即可使用。将煮好的大豆取出，当温度降至 40℃ 左右时，拌入烘熟的标准面粉，振荡曲盒，使每粒大豆都贴上面粉，然后拌入三角瓶种曲，接种量 0.3%，在斜面上覆双层湿纱布，置温室内 33℃ 下恒温培养。3d 后长出黄绿色孢子，至第 11d 菌丝长满豆，制成的豆曲具有浓郁的酱香。

（4）混合发酵　将香菇菌丝和豆曲以 1∶（3~5）的比例混合均镜头，装入保温发酵缸，稍加压实，待豆曲升温到 42℃ 左右时，加入 14.5°Bé 的盐水，盐水温度 60℃ 左右，盐水与曲用量比为 0.9∶1，让盐水向下渗透于曲内，最后覆一层细盐，曲内温度保持在 43℃ 左右，经 10d 发酵酱醅成熟。

（5）成品包装　发酵完毕，补加 24°Bé 的盐水和食盐适量，充分搅拌，使盐溶化、混匀，在室温下再发酵 4~5d，即为成品。装瓶或装袋，外装纸箱，密封保存或上市。

产品标准：

①感官指标：红褐色有光泽，中间夹杂有部分白色，具鲜味、咸淡适口、有豆酱独特的滋味，又有香菇菌丝的清香，无苦味、无焦煳味、无酸味及其他异味。黏稠适度、无霉花、无杂质。

②理化指标：氨基酸态氮≥0.3（g/100g）；污染物限量应符合 GB 2762—2017 的规定。

③微生物限量：符合关于酱的当前有效的国家食品安全标准（如 GB 2718—2014）。

2. 金针菇特鲜酱油加工

工艺流程：

原料处理 → 过滤浓缩 → 中和调料 → 调配兑制 → 澄清杀菌 → 装瓶压盖 → 成品装箱

操作要点：

（1）原料处理　原料为金针菇杀青水，应新鲜洁净，加热至 65℃ 备用。若是在加工过程中使用过焦亚硫酸钠或其他硫酸盐护色的金针菇，其杀青水必须充分加热，以彻底排除二氧化硫的残余。

（2）过滤浓缩　杀青水经 60 目筛过滤，或经离心机分离，以除去金针菇碎屑及其他杂质。将滤液吸入真空浓缩锅中进行浓缩，氮化物空度为 66.67kPa，蒸汽压力为 147~196KPa，温度为 50~60℃，浓缩至可溶性固形物含量为 18%~19%（折光计）时出锅。

（3）中和调料　加入柠檬酸预煮的金针菇杀青水，含酸量较高（pH 为 4.5 左右），应调整至中性偏酸（pH 为 6.8 左右），然后再进行过滤。将桂皮烘烤至干焦后粉碎，再与八角、花椒、胡椒、老姜等调料混合在一起，用 4 层纱布包好，放在锅中加水熬煮，取其液汁，加入酱色和味精适量，制成调料备用。

（4）调配兑制　取浓度为 18~19mol/L 的金针菇浓液 40~43kg，置于不锈钢夹层锅中，加入 8.0~8.5kg 的食用酒精，加热并不断搅拌，煮沸后加入一级黄豆酱油 9~11kg，加入上述调料液 500g、精盐 5kg，继续加热至 80~85℃。

（5）澄清杀菌　将兑制好的金针菇酱油进行离心分离，除去其中的微粒等，取上清液进行杀菌，温度 70℃，恒温 5~10min。

（6）装瓶压盖　在澄清的酱液中加入酱体量 0.05% 的防腐剂，充分搅拌均匀，装瓶、压盖，贴商标、装箱码为成品。

产品标准：

①感官指标：色泽黄褐，具有金针菇的特殊香味和滋味，无苦涩、无霉味、无沉淀和浮膜。

②理化指标：固形物含量为 18% 左右，pH 为 5 左右，氯化钠含量 17% 左右，防腐剂不超过总量的 0.05%。

③微生物限量：符合关于酱油的最新的国家食品安全标准（如 GB 2717—2018）。

3. 蘑菇营养酱油加工

工艺流程：

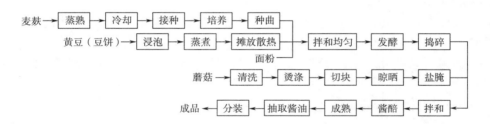

操作要点：

（1）制曲　取麦麸 5kg，加等量清水拌匀，用纱布包好，入笼蒸熟，冷却到 40℃，接种米曲霉，接种量 10%，拌匀，铺放在曲盘内，厚 3cm，置 25~28℃下培养 4~5d，即成种曲。

（2）作酱醅

①黄豆或豆饼用清水浸泡，至充分吸水，淘洗干净，蒸煮 5~6h，至手捻时豆皮滑脱、豆瓣分开面不烂为宜。

②蒸熟的黄豆摊放散热，料温降至 40℃ 左右时，按 100kg 黄豆加入 75kg 面粉、5kg 种曲的比例，拌匀，摊放在发酵盘内，厚 3~4cm，置 25~28℃ 的发酵室内培养，约经 24h，料温上升到 40℃，开窗通风，降至室温，再经 3~5d 培养，料面由白转黄，酱醅发酵完成。

③利用新鲜蘑菇或不符合制罐要求的开伞菇、畸形菇、次品菇、碎菇和菇柄做加工原料时，每 100kg 黄豆加鲜菇 10kg。鲜菇在加工前整理干净，清水漂洗，

在开水中烫漂5~8min，取出，切成1cm见方的小块，晾凉后，用饱和食盐水腌制备用。

（3）制作酱油

①将酱醅捣碎，与菇丁拌和，移入缸中，按100g酱醅/530mL食盐水的比例，注入盐水。置于室外，任其日晒夜露，雨天加覆盖物，约一周后，酱醅下沉，表面略带黑紫色时，将表面酱醅翻入下层，待露晒至酱醅表层有数厘米深呈深褐色时，再将底层翻转一次，露晒至满缸有酱香、呈褐色，并有光泽时，酱醅完全成熟。

②将成熟的酱醅放入篾笼内抽取酱油。

（4）包装　将抽取的蘑菇酱油，用干净的瓶（袋）分装封口，巴氏杀菌，加适量防腐剂，即为成品。

质量标准：色泽棕红，酱香浓郁，无异味，符合国家食品安全标准。

4. 食用菌味精加工　以双孢蘑菇柄和残次菇为原料，可加工成食用菌味精。其工艺流程：

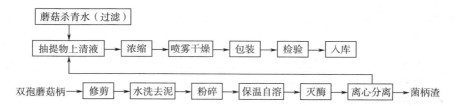

操作要点：

（1）原料处理　新鲜的双孢蘑菇切去菇柄，漂洗、护色，放入沸水中杀青，收集杀青水，用120目滤布过滤，备用。

（2）粉碎制浆　去掉菌柄上的菌托，漂洗，捞起沥干。按1∶3的比例加入纯净水粉碎，得菌柄浆。调菌柄浆pH至6.0~6.5，按其质量的1%分批加入氯化钠。在50~55℃、150r/min的搅拌条件下，保温自溶8h，并及时捞出泡沫。

（3）灭酶离心　自溶完毕，在30min内快速升温至95℃，保温10min。将自溶液离心10min，得菌柄细胞抽提液（上清液）。

（4）浓缩干燥　将菌柄细胞抽提液及蘑菇杀青水按1∶1混合后，在浓缩罐中进行浓缩。当含水量达60%~70%时，趁热进行喷雾干燥。控制干燥塔进口热空气温度在160℃左右，出口热空气温度在80℃左右，浓缩液进料速度为10kg/h，转头速度为12000r/min，即可得双孢蘑菇细胞抽提物固体粉末。

（5）检验入库　粉末冷却后，按不同规格分装入袋密封即为成品，对成品随机抽样检验，合格后即可入库。

产品标准：

①感官指标：黄褐色粉末，具有双孢蘑菇特有的气味，口味鲜美，无异味。

②理化指标及微生物指标。应符合关于复合调味料最新的国家食品安全标准（如 GB 31644—2018）

5. 食用菌方便汤料生产

吉林农业大学吕呈蔚等以姬松茸、杏鲍菇、银耳三种食用菌作为原料，研制一种风味独特、营养健康的食用菌方便汤料。

方法：采用顶空固相微萃取结合气相色谱-质谱联用技术，分别对鲜样及热风恒温干燥、微波干燥、真空冷冻干燥三种不同干燥方式的风味成分进行检测分析，以姬松茸风味成分的种类和含量为评定标准，筛选出最佳干燥方式为微波干燥。运用响应面分析法，以感官评分为考核指标，对影响食用菌方便汤料生产工艺的主要因素食盐添加量、鲜味剂添加量、姬松茸添加量进行优化。

结果：最佳工艺配方：食盐 14.00%、鲜味剂 1.00%、姬松茸 8.00%。在此条件下，食用菌方便汤料感官评分为 90.73。

结论：制得的食用菌方便汤料，食用便捷、天然美味、营养健康，符合市场需求。

食用菌方便汤料生产工艺流程：

原料→ 清洗 → 漂烫 → 切分 → 干燥 → 混合 → 包装 → 杀菌 → 检验 →成品

操作要点：

（1）原料预处理　挑选无病虫害、无霉变的新鲜食用菌，用流动水清洗，除去泥沙、杂草等不可食部分。清洗后，投入沸水中漂烫 5min，冷却后切分成 1~2cm 长的薄片，大小均匀一致。

（2）原料干燥　将预处理后的食用菌均匀平铺，进行微波干燥，每加热 2min 取出翻动一次，共干燥 15min。

（3）物料混合　将调味料（食盐、绵白糖、味精、鸡精、五香粉）按配方要求准确称量，温柔合均匀。

（4）包装　混合均匀的物料进行真空包装。

（5）微波杀菌　采用微波间歇式杀菌法，输出功率为 700W，间隔时间 30s，每次微波处理 30s，总计微波处理时间 5min。

关于干燥方式的选择：

（1）方法　分别采用热风恒温干燥（50℃、5h）、微波干燥（700W、15min）、真冷冻干燥（-50℃、真空度9Pa、8h）三种不同干燥方式，以干燥后姬松茸风味成分的种类和含量为评定标准，筛选最佳干燥方式。

（2）结果　热风恒温干燥有利于挥发性风味成分的形成，赋予姬松茸干制品浓郁的特殊芳香。热风恒温干燥设备投资少，操作简便，但干燥时间长，生产效率低；微波干燥姬松茸生成较多的醛类化合物，使干燥后的姬松茸具有特殊的肉桂香气和类似苦杏仁的香味。微波干燥生产效率高，可连续生产；真空冷冻干燥处理，姬松茸干品与鲜样在整体风味成分上较为接近，对姬松茸芳香程度及气味无明显增强作用。此种干燥方式设备投资大，干燥时间长。综合来看，应选用微波干燥。

食用菌的深加工

食用菌的深加工，是提取其具有高营养、药用或其他特殊价值的特定物质成分，进而生产出具有更高附加值的产品。食用菌中大分子物质主要包括蛋白质、核酸、脂类、多糖等，小分子物质包括三萜类化合物、核苷酸类、氨基酸、低聚糖或者单糖、固醇类、糖苷类等。由于食用菌中重要物质繁多，提取技术也多种多样，现仅对一些产品加工的工艺流程作介绍。

1. 香菇多糖提取

香菇多糖具有抗病毒、抗肿瘤、调节免疫功能和刺激干扰素形成等作用。香菇多糖提取的工艺流程：

香菇选择→清洗去杂→温水浸泡→机械捣碎→热水浸提（渣再浸提一次）→滤液浓缩→醇沉离心→粗品酶解→脱色→柱层析→醇沉过滤→湿品氧化铝层过滤→滤液浓缩→浓缩液醇沉→过滤→低温干燥→成品包装

2. 蘑菇保肝片加工

蘑菇保肝片可用于急慢性肝炎、血小板减少症、营养不良、食欲不振等疾病的治疗或辅助治疗。工艺流程：

蘑菇预煮液（折光计 2% ~ 4%）→过滤（60 目筛）→真空浓缩→过滤（60 目筛）→配料→加热保温→喷雾干燥→配料压片→上糖衣→装瓶→贴标装箱

3. 金耳胶囊加工

金耳具有增强免疫力、抗肿瘤活性、防治心脑血管疾病、保护肝脏、提高造血机能等作用。金耳胶囊加工工艺流程：

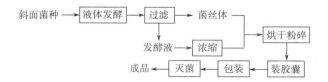

4. 竹荪减肥口服液加工
工艺流程：

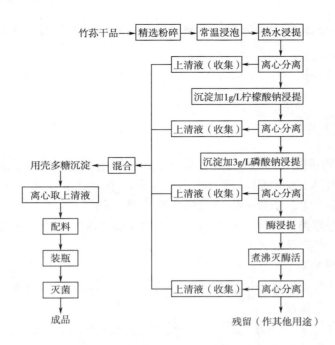

竹荪多糖不仅有抗肿瘤、降血压、降胆固醇的功能，而且能防止腹壁脂肪的积累，可利用竹荪多糖研制成减肥口服液。

习　题

一、填空

1. 食用菌的保鲜方法主要有＿＿＿＿＿＿＿＿＿＿＿＿、＿＿＿＿＿＿＿＿＿＿＿＿、
＿＿＿＿＿＿＿＿＿＿＿＿和＿＿＿＿＿＿＿＿＿＿＿＿。

2. 食用菌干制技术分为＿＿＿＿＿＿＿＿＿和＿＿＿＿＿＿＿＿＿两种方法。

二、简答

1. 食用菌初级加工包括哪些技术？简述其要点。

2. 何为食用菌的深加工？

技能训练

任务一　鸡腿菇香肠加工

1. 目的

（1）了解香肠加工原理。

（2）掌握鸡腿菇香肠加工技术。

2. 器材

（1）砧板、菜刀、斩拌机、灌肠机、烘箱。

（2）肠衣、猪腿肉、鸡腿菇、食盐、白糖、调味料、香辛料。

3. 方法步骤

工艺流程：

原料肉→切块→腌制→斩拌→灌肠→烘烤→冷却晾晒→成品
　　　　　　　　　　↑
鸡腿菇→分选→洗涤→烫煮

（1）原料选择　选检验合格的猪肉作原料，剔除筋腱、血管、皮、骨及淋巴组织，将肉切成 5~7cm 长的薄片。选择完整、肉厚、洁白新鲜的鸡腿菇，洗净备用。

（2）腌制　将食盐、白糖与肉混合，腌制 12h，与其他辅料一起放入斩拌机中斩拌，并控制肉温在 10℃ 以下。

（3）鸡腿菇处理　鸡腿菇在 100℃ 左右的热水中烫煮 5~8min，打浆备用。

（4）搅拌填充　菇浆与肉馅混合，搅匀至黏稠状，静置片刻即可填充。搅拌好的肉馅迅速倒入灌肠机中，真空条件下灌肠，然后用针刺排气，并适当打结，每节长 20cm 左右。

（5）烘烤晾晒　将灌好的香肠放入烘箱中烘烤 1.5h，使肠衣表面干燥，光亮呈透明状，烘箱温度在 90℃ 左右，将制好的香肠放在通风良好的场所，晾挂 10d 左右，即为成品。

4. 思考题

（1）菌类香肠加工的工艺流程及关键技术有哪些？

（2）鸡腿菇烫煮的目的是什么？

任务二　椒盐茶薪菇脯的加工

1. 目的

（1）了解果蔬脯类加工原理。

（2）掌握椒盐茶薪菇脯的加工技术。

2. 器材

（1）砧板、菜刀、剪刀、不锈钢锅、天然气灶、烘箱。

（2）大葱、柠檬酸、茶薪菇、食盐、白糖、味精、调味料、香辛料。

3. 方法步骤

工艺流程：选料→修整→洗涤→煮制→烘烤→冷却晾晒→成品

（1）原料选择　选八成熟的茶薪菇作原料，菌体粗细、长短均匀。调料为食盐、白糖、味精、葱段、柠檬酸、胡椒粉等。

（2）修整　将鲜菇剔除病害菇、虫蛀菇，除去污物及杂质，剪去根脚，漂洗干净后备用。如选用干菇，需先浸水泡大后，再剪去根脚。

（3）煮制　不锈钢锅中放入适量水，加糖、食盐及茶薪菇。先大火煮开，再小火煮 10~20min，加入胡椒粉、味精、柠檬酸、葱段，继续煮制，使菇根充分入味，当锅内料汁基本烧干时停止煮制。

（4）干燥　取出煮制好的茶薪菇干，放在烘筛上摊匀，放入烘箱，在 70~80℃通风烘干。烘干程度，以掌握最佳口感为准，不宜太干、太湿，烘干过程中需翻动二次，防止粘筛。

4. 思考题

（1）菇脯加工的工艺流程及关键技术有哪些？

（2）茶薪菇营养价值有哪些？

拓　　展

拓展一　食用菌菌丝体在食品药品产业中的应用

（1）研发功能或特色食品

食用菌菌丝体富含蛋白质等多种营养物质，具备研发功能或特色食品的潜在价值。日本已经研发出从菌丝体中提取营养和风味物质的工厂化技术。一些企业从培养出的香菇菌丝体中提取香菇鲜味成分（含有 14 种氨基酸），作为调味品或食品添加剂使用。同时也有企业利用蘑菇的菌丝体开发成保健饮料，其中含有 40 多种酶、多糖、多肽、18 种氨基酸、B 族维生素等多种营养物质，这些产品已经成为了备受青睐的健康饮料。朝鲜也研发出利用透明灵芝、杂色革盖菌、裂蹄木层孔菌和冬虫夏草的菌丝体制作饮料和化妆品的技术，并生产出相关产品。国内现在也有厂家开始培养菌丝体用以制作饮料，如在肉汤中培养银耳，将其用作胡桃甜食、薄脆饼、面包和饮料的添加剂。

（2）提取药用成分和制备医用生物材料

在菌丝体药用成分提取方面，日本科学家已经研发了从蘑菇菌丝体中提取多种药用成分的技术，如通过热水提取法从杂色革盖菌菌丝体培养物中提取了云芝多糖（PS-K）、从群交裂褶菌菌丝体培养物提取了西左喃（sizofilan）以及从埃杜香菇提取了香菇多糖，这些物质已作为抗肿瘤活性物质并得到了商业化运用。江苏神华药业股份有限公司利用液态深层发酵技术工厂化生产虫草菌丝体，干制后出口创汇。在制备医用生物材料方面，Chinghua Su 等利用灵芝类菌丝体制备成皮肤替代品。经小鼠皮肤切创试验，结果表明，覆有皮肤替代品的伤口 30d 后痊愈情况与 Beschitin 基本相同。可见利用菌丝体提取药用成分和制备医用生物材料具有一定的应用前景。

拓展二 食用菌辐照保鲜技术

辐照杀菌主要是利用高能射线在食品中产生-H、-OH 等活性自由基，与核内物质作用，杀死病原微生物和寄生虫等有害生物、抑制食品组织结构的劣变，从而延长食品的货架期。在适宜的辐照剂量下，食品中常见的致病菌如沙门菌、大肠杆菌 O157：H7、李斯特菌属等皆被杀死。因此，近年来在国内外得到广泛重视和推广。食品辐照技术经过几十年的发展，其安全性、可靠性和最大限度地保持食品原有风味与品质，得到广泛认同。

目前，国际上已经对双孢菇、草菇、香菇、白灵菇、平菇、松乳菇、金针菇和杏鲍菇等进行了辐照保鲜研究，这些食用菌物种来自世界各地，包括北美和南美（阿根廷、加拿大、日本和美国）、亚洲（中国、印度、韩国、菲律宾和新加坡）和欧洲（丹麦、荷兰、西班牙和瑞典）。食用菌辐照采用的辐照源有 γ 射线、电子束与紫外线等。

辐照处理可以显著延长食用菌的货架期。一般食用菌在常温下的货架期只有 1~3d。双孢菇经 3kGy 的 γ 射线照射后，在（10±2）℃、空气相对湿度（94±6）%下贮藏，可以将贮藏寿命延长至 11d，且风味无显著差异，贮藏寿命约为对照组的 3 倍。双孢菇经 1.2kGy 的 γ 射线辐照，在 4℃ 的低温下贮藏，货架期可达 30d 左右。双孢菇结合保鲜膜包装，经 2.0kGy 电子束辐照，在 4℃ 低温下贮藏，可延长货架期 9d。香菇经 γ 辐照 1.0kGy 和 1.5kGy，结合气调包装可以增加存储香菇货架期 20d。低剂量率有利于延长双孢菇的货架期，如累积辐照 2.0kGy，采用 4.5kGy/h 比 32kGy/h 的辐照剂量率，可增加双孢菇货架期 2d。辐照剂量率越高，辐照延长双孢菇的货架期效果越不明显，主要是因为高剂量率对食用菌细胞膜的完整性破坏较为严重，改变细胞膜的通透性，造成食用菌细胞防御功能衰减和外界有害物的侵入。

食用菌辐射保鲜技术属于物理杀菌技术，杀菌效果好，无污染无残留，能耗低，能最大程度保持食用菌的感官和品质，是一种具有广阔前景的食用菌保鲜方法。对于新鲜食用菌，一般采用 1~3kGy 辐照剂量辐照处理，就可显著延长其货架期，而不会改变其感官和营养品质；对于干食用菌，一般采用 10kGy 以下辐照剂量辐照处理，不会对其产品的安全性和营养价值有不利影响。因此，食用菌辐射保鲜在技术和安全性上是完全可行的。

附录1 培养料中碳氮比（C/N）的计算方法

碳氮比（C/N）的计算方法，以双孢蘑菇为例：假设用 1000kg 稻草、1000kg 大麦秸秆、750kg 黄牛粪、750kg 水牛粪进行堆料，经测定得知，稻草含碳量为 45.58%，含氮量 0.63%；大麦秸秆含碳量为 47.08%，含氮量 0.64%；黄牛粪含碳量为 38.60%，含氮量 1.78%；水牛粪含碳量为 39.78%，含氮量 1.27%。

堆肥材料中总含碳量为 1000×45.58%＋1000×47.08%＋750×38.60%＋750×39.78%≈1514.5kg，总含氮量为 1000×0.63%＋1000×0.64%＋750×1.78%＋750×1.27%≈35.6kg。如按双孢蘑菇堆肥材料的碳氮比（C/N）应为 33∶1 计算，1514.5kg 的碳量所需含氮量为 45.9 kg。如果用硫酸铵或尿素（含氮量分别以 21%、46%计算）来补充所缺少的 10.3 kg 氮量，它们各自的用量分别为 49.0、22.4kg。如果用花生饼或大豆饼补充所缺少的氮量，还应考虑饼肥本身的含碳量。

在实际应用中，应根据主要原料的用量，按上述的计算方法，求出所需添加的辅助氮源的用量，再补充适量的石膏和过磷酸钙等，即可进行堆料。

附表1　　　　　　　各种培养料的碳氮比（C/N）

培养料	碳含量/%	氮含量/%	碳氮比（C/N）
木屑	49.18	0.10	491.8
栎落叶	49.00	2.00	24.50
稻草	45.39	0.63	72.04
大麦秸	47.09	0.64	73.58
小麦秸	47.03	0.48	98.00
玉米秆	43.30	1.67	26.00
谷壳	41.64	0.64	65.06
马粪	11.60	0.55	21.09
猪粪	25.00	0.56	44.64
黄牛粪	38.60	1.78	21.70
水牛粪	39.78	1.27	31.32
乳牛粪	31.79	1.33	24.00
羊粪	16.24	0.65	24.98
纺织屑	59.00	2.32	25.43
沼气肥	22.00	0.70	31.43
花生饼	49.04	6.32	7.76
大豆饼	47.46	7.00	6.78

附录 2 部分食用菌生产环境及器具消毒方法

附表 2

名称	使用方法	适用对象
75%乙醇	浸泡或涂擦	接种工具、子实体表面、接种台、菌种外包装、接种人员的手
紫外灯	直接照射，紫外灯与被照物间距不超过1.5m，每次30min以上	接种箱、接种台等，不得对菌种进行紫外照射消毒
	直接照射，离地面2m的30W灯可照射9m²房间，每天照射2~3h	接种室、冷却室，不得对菌种进行紫外照射消毒
高锰酸钾/甲醛	（高锰酸钾15g+37%甲醛溶液30mL）/m³，熏蒸	培养室、无菌室、接种箱
高锰酸钾	0.1%~0.2%，涂擦	接种工具、子实体表面、接种台、菌种外包装
	0.5%~2%，喷雾	无菌室、接种箱、栽培房及床架
甲酚皂液（来苏儿）	1%~2%，涂擦	接种人员的手等皮肤
	3%，浸泡	接种器具
新洁尔灭	0.5%~2%，浸泡、喷雾	接种人员的手等皮肤、培养室、无菌室、接种箱，不能用于器具的消毒
漂白粉	1%，现用现配，喷雾	栽培房、床架
	10%，现用现配，浸泡	子实体表面、接种工具、菌种外包装等
硫酸铜/石灰	硫酸铜1g+石灰1g+水100g，现用现配，喷雾，涂擦	栽培房、床架

附录3 食用菌低毒杀菌剂性能及其使用方法

1. 百·福

（1）其他名称 菇丰。

（2）理化性质 制剂大鼠急性经口 LD_{50} 为 3.16g/kg，经皮为 5g/kg。为触杀性低毒杀菌剂。

（3）剂型 30%百·福可湿性粉剂（10%百菌清与20%福美双复配剂）。

（4）使用方法 菇丰对木霉、青霉、根霉、黄曲霉、毛霉、链孢霉、轮枝霉、疣孢霉、褐霉病和许多细菌性病害都有着很强的抑制和铲除作用。用于多种木腐菌培养料的生料拌料、熟料拌料和生长期的多种致病菌的防治。

①拌料处理：适用香菇、平菇、金针菇、灵芝、猴头菇、毛木耳、黑木耳、茶树菇、白灵菇、杏鲍菇、滑菇等品种的拌料处理。在拌料的清水中加入1500~2000倍的菇丰溶液（即100g药剂兑水150~200kg）将药水与干料拌均匀。将培养料装袋灭菌，灭菌的温度控制在100~120℃之间。经菇丰拌料过的培养料，各种霉菌的萌发受到明显的限制。

②覆土材料处理：先将土粒捣细晒干，在使用前5~7d将土粒摊开，用菇丰3000倍液喷洒施于土壤再建堆，闷堆3~5d，病菌杀灭后用于覆盖料面。

③菇房消毒：在菇架、地面等空间喷施菇丰100~500倍液，可杀灭残留在菇房内的病菌。

2. 噻菌灵

（1）其他名称 特克多，涕必灵，噻苯灵。

（2）理化性质 纯品为白色无味粉末，属低毒杀菌剂，无致畸、致癌、致突变作用。为内吸性杀菌剂，杀菌谱与多菌灵相同。

（3）使用方法 制剂有40%可湿性粉剂，450g/L悬浮剂，能有效地控制由子囊菌、担子菌、半知菌引起的病害，兼具治疗和保护作用。用于防治蘑菇褐腐病。用40%可湿性粉剂拌于覆盖土或喷淋菇床，用量为 0.4~0.6g/m³；用500g/L悬浮剂拌料，用量为 20~40g/100kg 料，喷雾用量为 0.5~0.75g/m³。

3. 咪鲜胺

（1）其他名称 并灭菌，施保克，丙氯灵。

（2）理化性质 纯品为白色结晶，对人、畜低毒。本品为高效、广谱、低毒的咪唑类杀菌剂，具有内吸传导、预防保护治疗等多重作用。通过抑制固醇的生物合成而起作用，在植物体内具有内吸传导作用。

（3）使用方法 剂型为450g/L水溶剂，对由子囊菌和半知菌引起的病害具有明显的防治效果，可用于防治蘑菇褐腐病。将咪鲜胺拌于覆盖土或喷淋菇床，用量为 0.4~0.6g/m³。

4. 农用链霉素

（1）理化性质　白色或类白色粉末，无臭或微臭。易溶于水，属低毒杀菌剂。

（2）使用方法　剂型为 72% 可溶性粉剂，可防治多种细菌和真菌性病害。主要用于食用菌出菇期间的细菌性病害的防治，平菇黄斑病、金针菇黑腐病、杏鲍菇腐烂病用 500 倍液喷雾，连续用药 2~3 次可将病情控制。

5. 二氯异氰尿酸钠

（1）其他名称　优氯净，优氯特，优氯克霉灵。

（2）理化性质　白色粉末或颗粒，对人、畜低毒。

（3）使用方法　剂型为 40% 可溶性粉剂和 66% 烟剂，对食用菌栽培过程中易发生的霉菌及多种病害有较强的消毒和杀菌能力。用于防治平菇木霉菌，拌料用量为 40~48g/100kg 干料。还可用于菇房杀霉菌，66% 烟剂熏蒸菇房，剂量为 3.96~5.28g/m³。

6. 硫黄

（1）其他名称　胶体硫，Cosan，Elosal，Thiolux 等。

（2）理化性质　纯品为黄色粉末，不溶于水，微溶于乙醇和乙醚。硫磺能挥发，在高温下特别明显，熔融即升华。对人畜低毒，但其蒸汽及硫磺燃烧后产生的二氧化硫对人体有剧毒。

（3）使用方法　剂型有 45% 悬浮剂、50% 悬浮剂。有杀菌、杀螨和杀虫作用，其杀菌、杀虫效力与粉粒大小有密切关系，粉粒越细，效力越大；但粉粒过细，容易聚结成团，不能很好分散，影响药效。常用于菇房的熏蒸消毒，用药量为 7g/m³，高温高湿可提高熏蒸效果。

附录 4 食用菌生产中不允许使用的化学药剂

1. 高毒农药

按照《中华人民共和国农药管理条例》，剧毒和高毒农药不得在蔬菜生产中使用，食用菌作为蔬菜的一类，须完全参照执行，不得在培养基中加入，也不能在栽培场所使用。高毒农药有三九一一、苏化 203、一六零五、一零五九、杀螟威、久效磷、磷胺、甲胺磷、异丙磷、三硫磷、氧化乐果、磷化锌、磷化铝、氰化物、呋喃丹、氟乙酰胺、砒霜、杀虫脒、西力生、赛力散、溃疡净、氯化苦、五氯酚钠、二氧溴丙烷、四零一等。

2. 混合型基质添加剂

含有植物生长调节剂工成分不清的混合型基质添加剂；植物生长调节剂类物质。

参 考 文 献

[1]王贺祥,刘洪庆.食用菌栽培学[M].北京:中国农业出版社,2014.

[2]申进文.食用菌生产技术大全[M].郑州:河南科学技术出版社,2014.

[3]王德芝,张水成.食用菌生产技术[M].北京:中国轻工业出版社,2007.

[4]丁湖广,丁荣辉,丁荣峰.食用菌加工新技术与营销[M].北京:金盾出版社,2012.

[5]陈青.食用菌循环生产实例剖析[M].北京:中国农业出版社,2012.

[6]严泽湘.菇菌保健食品加工技术[M].北京:化学工业出版社,2012.

[7]宋金俤.食用菌病虫图谱及防治[M].南京:江苏科学技术出版社,2011.

[8]陈士瑜.珍稀菇菌栽培与加工[M].北京:金盾出版社,2003.

[9]张金霞.中国食用菌栽培学[M].北京:中国农业出版社,2011.

[10]中华人民共和国农业行业标准.NY/T 1838—2010.黑木耳等级规格.

[11]中华人民共和国农业行业标准.NY/T 2715—2015.平菇等级规格.

[12]中华人民共和国国家标准.GB 7096—2014.食品安全国家标准 食用菌及其制品.

[13]中华人民共和国农业行业标准.NY/T 1790—2009.双孢蘑菇等级规格.

[14]中华人民共和国农业行业标准.NY/T 1061—2006.香菇等级规格.

[15]安徽省地方标准.DB34/T 1277—2010.双孢蘑菇采收、分级和盐渍技术规程.

[16]王德芝,刘瑞芳.现代食用菌生产技术[M].武汉:华中科技大学出版社,2012.

[17]常明昌.食用菌栽培[M].北京:中国农业出版社,2002.

[18]张智.食用菌栽培与加工技术[M].北京:中国林业出版社,2011.

[19]李应华.食用菌栽培与加工[M].北京:金盾出版社,2009.

[20]陈俏彪.食用菌生产技术[M].北京:中国林业出版社,2015.

[21]崔颂英.食用菌生产[M].北京:中国林业出版社,2017.

[22]牛贞福.食用菌生产技术[M].北京:机械工业出版社,2016.

[23]边银丙.食用菌栽培学(第3版)[M].北京:高等教育出版社,2017.

[24]潘明冬,黄建锋,陈铝芳.食用菌洁净车间的设计和建造[J].食药用菌,2017,25(06):355-356+362.

[25]金宇东,董飞.食用菌辐照保鲜技术研究进展[J].现代农业科技,2017(15):85-89.

[26]苏荣军.我国食用菌育种技术应用研究[J].农技服务,2016,33(15):65.

[27]陈强,魏金康.育种时间减一半[J].北京农业,2014(34):40.

[28]王磊.关于当前食用菌遗传育种技术及种质的分析研究[J].中国农业信息,2013(09):78.

[29]付立忠,吴学谦,魏海龙,吴庆其,李海波,张新华,贾亚妮.我国食用菌育种技术应用研究现状与展望[J].食用菌学报,2005(03):63-68.

[30]赵琰.老菇房怎样"返老还童"[J].中国食用菌,1990(06):35.

[31]李超,张敏,李红.信息技术在食用菌工厂化生产中的研究与应用[J].园艺与种苗,2016.(12):3-5.

[32]刘志远,谢纯良,朱作华,龚文兵,彭源德.食用菌菌丝体综合利用研究进展[J].中国食用菌,2017,36(03):7-9.

[33]吕呈蔚,刘通,刘婷婷,甄佳美,张艳荣.食用菌方便汤料生产工艺优化[J].食品安全质量检测学报,2016,7(03):1275-1282.

[34]沈高潮,姚庭永,徐爱芬.香魏蘑的生物学特性与栽培技术[J].浙江食用菌,2010,18(04):34-35.

[35]丁湖广.香魏蘑及其栽培技术简介[J].食用菌,2007(04):61.